广东省科学技术厅重大软科学项目成果（2008A070400003）

Investigation, Evaluation and Monitoring of Scientific Literacy of All Guangdong Citizens

广东全民科学素质调查评估及监测

周霞　廖颖宁◎著

中国经济出版社
CHINA ECONOMIC PUBLISHING HOUSE
北京

图书在版编目（CIP）数据

广东全民科学素质调查评估及监测/周霞，廖颖宁著
北京：中国经济出版社，2012.5
ISBN 978-7-5136-0240-2

Ⅰ.①广… Ⅱ.①周… ②廖… Ⅲ.①公民-科学-素质教育-研究报告-广东省 Ⅳ.①G322.765

中国版本图书馆 CIP 数据核字（2010）第 185683 号

责任编辑　焦晓云
责任审读　贺　静
责任印制　张江虹
封面设计　北京华子图文设计公司

出版发行　中国经济出版社
印 刷 者　三河市佳星印装有限公司
经 销 者　各地新华书店
开　　本　787mm×1092mm　1/16
印　　张　19.75
字　　数　350 千字
版　　次　2012 年 5 月第 1 版
印　　次　2012 年 5 月第 1 次
书　　号　ISBN 978-7-5136-0240-2/C·107
定　　价　59.00 元

中国经济出版社 **网址** www.economyph.com **社址** 北京市西城区百万庄北街 3 号 **邮编** 100037
本版图书如存在印装质量问题，请与本社发行中心联系调换（联系电话：010-68319116）

前　言

公民科学素质的高低对社会、经济发展的影响是深远的。2010 年，中国科协组织的全国公民科学素质调查显示，广东省的公民基本科学素质为 3.3%，略高于全国平均水平，但是广东省经济发展水平却远高于全国平均水平。科学素质与经济发展的不同步，直接影响了经济的转型升级，影响了创新型广东、幸福广东的建立。

公民基本科学素质的提高与什么因素有关，应该采取何种途径，才能不断提高人们的科学素质？为了回答这些问题，2008 年广东省科学技术厅专门立项进行研究。项目组选取广东省全民科学素质作为研究对象，紧扣《全民科学素质行动计划纲要(2006—2010—2020 年)》(以下简称为《全民科学素质纲要》)，从国内外相关文献研究入手，构建了科学素质要素模型，阐述了科学素质形成机理和表现形式，制定了广东省全民科学素质基准，设计开发出广东省全民科学素质量表。2009 年，项目组对广东省 21 个地级市进行抽样调查，共发放问卷 1900 份，共回收除深圳市外的 20 个地级市的 1796 份问卷，获得了丰富的第一手数据。接着，项目组通过建立数学模型，分析了广东省全民科学素质的群体特征；对公民行为与科学素质相关性进行分析，探讨了公民行为对科学素质的影响；构建了实施《全民科学素质纲要》监测指标体系，监测评估了广东省实施《全民科学素质纲要》情况；针对调查评估结果，提出了促进广东省全民科学素质提高的对策建议。

本书共分为八章。第一章，绪论。总体概述本书的研究背景、研究意义、研究目的以及研究思路。第二章，全民科学素质内涵。通过对国内外科学素质内涵的研究，以“能力”为导向，提出了全民科学素质的定义，并且对科学素质的要素进行了分析，找出各个要素之间的结构关系，构建科学素质模型。为了找出制约全民科学素质提高的主要影响因素以及提高其科学素质的方式和途径，项目组深入地剖析了全民科学素质的形成机理及其表现形式。第三章，广东省全民科学素质基准设计。通过对广东省全民科学素质建设的制度环境和社会经济文化环境的分析，制定全民科学素质的基准原则，运用关键绩效指标法 KPI、平衡计分卡 BSC 和标杆基准法对基准内容进行选择。第四章，广东省全民科学素质调查体系的设计。通过对国内外全民科学素质调查体系的比较分析，结合广东省在政治、经济、文化等多方面的现实状况，全面、科学、合理地针对广东省全民科学素质测评指标进行框架设计。选择部分样本进行测试，从而对问卷的鉴别度和难度进行检验，并基于分析结果调整、完善调查问卷。第五章，广东省全民科学素质状况调查分析。综合采用区域普查和分层抽样等方法，2009 年对广东省 21 个地级公众的科学素质实施抽样调查，在被调查的广东省公民中，具备基本科学素质的比例是 5. 16%，基本具备基本科学素质的比例是 54. 28%，基本不具备基本科学素质的比例是 38. 07%，不具备基本科学素质的比例是 2. 48%。在实施科学素质测试中，对评估体系的科学性和测试过程误差进行了有效控制。第六章，广东省全民科学素质群体性特征及制约因素分析。通过调查评估分析，发现影响公民科学素质提高的因素很多，其中，性别、年龄、文化程度、地区、城乡等方面的影响较大。同时，科学素质与公民的行为（如上网时间、看报频率、看电视时间、听广播时间、参加科普活动次数等）关系密切。第七章，广东省实施《全民科学素质纲要》监测体系设计。通过监测 21 个地级以上市相关机构关于科普资源投入和科普工作开展情况及所取得的成果，度量广东省实施《全民科学素质纲要》对公民科学素质水平提高的效果，以便及时发现问题，采取措施加以解决。第八章，提高广东省全民科学素质的对策建议。通过分析全民科学素质提高的主要制约因素，提出要切实提高人们对提高科学素质重要性的认识，加大对科学技术知识的宣传和普及力度，从政府、企业、社会等多方面采取必要措施，针对"四类"人群分别给出对策建议。

本书是广东省科学技术厅重大软科学项目（项目编号：2008A070400003）的研究成果之一，由周霞教授和廖颖宁博士主笔，李海基硕士、欧凌峰硕士、李红硕士、华南理工大学陈骁聪、东南大学夏宇周也参与了部分内容的编写。

在研究、调查、写作的过程中，得到了广东省科学技术厅原厅长、博士生导师谢明权教授的指导和帮助，还得到了广东省科学技术厅副巡视员廖兆龙、调研员龚建文、副处长谢伟胜多方面的帮助，广东省人才所所长袁兆亿、广东省科技信息中心副主任江涌在问卷发放、资料收集、对策研究方面也做了大量工作，在此一并表示衷心的感谢。在写作过程中，我们参考了大量国内外学者和专家的观点、成果及文献资料，在此也表示最诚挚的谢意。同时，本书的出版还得到中国经济出版社及焦晓云编辑的大力支持，在此深表感谢。

由于研究水平、研究时间的限制，书中难免存在不足之处，真诚地希望能得到各位读者的批评指正。

第一章　绪　论

当今世界科学技术迅猛发展，科技成果转化和科技产业更新的周期逐渐缩短。科学技术作为第一生产力的地位和作用日益突出。从根本上说，国际间的竞争已经转为科技的竞争、自主创新的竞争以及国民素质的竞争。在激烈的国际竞争中，人们逐渐认识到科学大师、工程巨匠、技术精英的实力直接决定着一个民族的国际竞争力。然而，没有重视国民科学素质提升的社会土壤，就无法实现科学技术人才的高效培养与产出。因此，许多国家都把提升国民的科学素质作为增强国际竞争力的重要途径，并对国民科学素质的现状进行深入的调研、评估与研究，以便对症施治，采取有效措施，切实提高国民科学素质。

美国是最早研究科学素质并开展公民科学素质（Civic Scientific Literacy）调查的国家。1957 年，美国首次在全美开展公众对科学技术态度的抽样调查，以期了解公众的科学素质及其对科学技术的兴趣和态度，争取公众对科学技术的支持。20 世纪 70 年代以后，美国基本维持着两年一次采用问卷的形式对公众科学素质进行抽样调查。除美国之外，英国、加拿大、欧盟、新西兰、韩国、日本等众多国家和地区也都分别针对本国、本地区的公众开展了定期和不定期的科学素质调查工作，并通过调查制定了有效的措施提升公众的科学素质水平。近些年来，开展和实施各种促进公众科学素质提升的计划已经成为一种世界潮流。

中国在 1990 年开展了全国性的公众科学素质试验性调查，并在之后分别于 1992 年、1994 年、1996 年、2001 年、2003 年、2005 年、2007 年、2010 年进行了八次大规模的全国公众科学素质调查。这些调查完全与国际接轨，是我国国情调查的重要组成部分，并对制定科教兴国战略和科普工作方案提供了重要的科学依据。

在全国开展公众科学素质调查的大形势、大背景下，广东省也于 2007 年首次开展了广东省公众科学素质调查工作，并于 2010 年展开第二次调查，为促进广东省教育、文化、科技事业的发展，提高广东省公众科学素质水平奠定了坚实的基础。

党的十七大提出“提高自主创新能力，建设创新型国家”作为国家发展战略的核心并将其放在促进国民经济又好又快发展的八个着力点之首。在创新型国家建设的过程中，我国从“国家科学传播战略”的高度针对提高公民科学素质、增强社会创新能力等目标颁布了诸如《中华人民共和国科学普及法》等一系列的措施与法规。此外，为贯彻落实《国家中长期科学和技术发展规划纲要(2006—2020年)》,提高全民族科学文化素质,国务院又于2006年颁布了《全民科学素质行动计划纲要(2006—2010—2020年)》。《全民科学素质纲要》明确提出要加强对科学教育与培训基础工程、科普资源开发与共享工程、大众传媒科技传播能力建设工程、科普基础设施工程四项基础工程的建设,并力求通过政策引导,综合政府、社会各团体、企业、全体公民等各方力量的集合,尽快推动全民科学素质整体水平的大幅提高,争取实现到21世纪中叶我国成年公民具备基本科学素质的长远目标。

广东省作为全国的经济和文化大省,提高公民科学素质的目标任重而道远。2007年广东省第一次公民科学素质调查结果显示,2007年广东省公民具备科学素质的比例为3.1%,略高于全国的平均水平2.25%,但低于东部的平均水平3.9%,与发达国家相比差距则更大。根据调查结果,广东省的公民科学素质呈现以下特点:①在具备科学素质的人群中,男性高于女性,城市高于农村,受教育多者高于受教育少者,不同行业人群科学素质水平差异很大;②受教育程度与科学素质成正相关关系;③仍有较多公民信赖封建迷信。2010年广东省的第二次公民科学素质调查显示,2010年广东省公民具备科学素质的比例上升为3.3% ,同比增长了0.18%,但是早在1989年加拿大已经达到了4%、美国更高达7%,日本也在1991年达到3%。总的来说,广东省公民科学素质的总体水平不容乐观,并已成为制约经济发展和社会进步的重要因素。因此,本书的研究将重点集中在全民科学素质的调查评估及监测体系这两方面,争取对广东省全民科学素质的提升工作提供一定的借鉴和参考价值。

构建全民科学素质调查评估及监测体系,不仅能够全面掌握广东省全民对科学技术知识的了解、对科学技术的态度及参与公共事务的途径等主要信息,还能监测全民密切关注的科学知识所在的领域,这对于积极引导公民提升科学素质水平并缩小我国全民科学素质与国外的差距有积极的意义。

中国作为正在发展中的大国、世界第二经济大国、金砖四国之一的新兴国家,在经济、政治、文化等诸多领域都和发达国家存在较为显著的差异,完全照搬发达国家的制度、体系、措施可能会适得其反。具体到科学素质评估,容易发现发达国家与发展中国家、大国与小国之间往往在提供科学素质方面有较明显的差异,采取的方法、经历的过程也存在差异,无法也不可能用相同的标准进行有效衡量,比如如果用高标准,评估对象的差异就有可能完全被掩盖,影响因素的重要性排序也无法判断。总之,基于差异性、异质性的考虑评估体系不能只做简单平移,必须结合国情、省情、特色、现状并在借鉴的基础上加以修正,方能正常使用。

回顾我国近些年来的公众科学素质调查以及2007年、2010年广东省公众科学素质调查,虽然"Miller模型"以及源于此模型的国际通用问卷一直是测试的主要构成、修正依据,然而,从调查结果也能发现,"Miller模型"及其问卷的部分内容不完全适合中国的国情、广东有的省情。事实上，由于我国广东省地域广阔、行政辖区多，区域间，无论教育、文化、人口、社会还是经济的发展均或多或少存在不平衡，因此，广东省全民科学素质的调查评估与监测体系不仅要适合我国国情，更要符合广东省的省情。

为了进一步完善调查体系，更好地服务于国家、广东省的经济建设与社会发展，需要重新审视公民科学素质调查与评估体系内部可能导致的系统性误差问题，改变由此引起的数据失真和对决策的误导。因此，本书将深入研究公民科学素质问题，根据调查评估的理论，明确广东省全民科学素质调查评估及监测体系的目标与定位，从全民科学素质内涵的形成和构成，到全民科学素质各维度的表现形式；通过设计全民科学素质基准、调查问卷和全民科学素质评估指标及评分系统，建立契合广东省实际的广东全民科学素质调查评估体系；通过全省性的抽样调查，掌握广东省公民基本具备科学素质的情况，了解广东省公民科学素质现状、公民获得科学技术知识和信息的渠道与方法以及公民对科学技术的看法和态度，进而跟踪、分析其发展变化趋势，为实施《全民科学素质纲要》，提高全民科学素质工作提供基础数据。力争按照《广东省实施〈全民科学素质纲要〉工作方案》，结合广东省全民科学素质的实际情况，建立广东省实施《全民科学素质纲要》情况的监测评估工作体系，为纲要的顺利实施提供指导和保障。

目前，对于“科学”仍没有一个公认的定义，但这并不代表科学是说不清、道不明的东西。科学社会学创始人默顿在《科学的规范结构》中指出了“科学”这个词汇是难以概括的，但它通常有四种含义：①支撑科学活动的文化价值和惯例；②特定的方法；③应用特定方法而获得的积累性知识；④上述方法、知识、文化价值和惯例之间的任意组合①。受习惯思维的影响，人们通常认为科学就是自然科学，这只是狭义的理解。我们这里讲到的“科学”应从广义上理解，包括人文科学、自然科学和社会科学等。

① R. 默顿．科学的规范结构[J]．哲学译丛，2000(3)：56－60.

第二章 全民科学素质内涵

2.1 全民科学素质内涵

科学素质这一概念诞生于美国。1952 年,《科学中的普通教育》(《General Education in Science》)中首次提出科学素质,随后,随着著名科学教育专家赫德的专著《科学素质:它对美国学校的意义》(《Science Literacy: Its Meaning for American Schools》)的公开出版,科学素质开始正式成为科学教育的主题,即 1958 年。赫德认为,科学素质不仅蕴涵着对科学的理解,而且包含着该种理解对社会经验的应用①。通过文献研究,可以发现与"科学素质"一词对应的英语表达主要有两个,分别是 Science literacy 和 Scientific literacy,前者主要指具体的知识、办法和技能,后者则主要表达一种内在品质。"科学素质"有时亦被翻译为"科学素养",它们都来自于 Scientific literacy(本书将科学素养与科学素质统一称为科学素质,以便于与《全民科学素质纲要》对接)。但不应该狭义地认为"科学素质"指的就是一种内在品质,应从广义上理解,它也包括 Science literacy 的内容②。1993 年,联合国教科文组织和国际科学教育理事会正式提出全民科学素质(Scientific and Technological Literacy for All)的概念,标志着科学素质的范畴已延伸至更广阔的领域而不局限于学校教育领域。至此,全球开始对于国民科学素质的重视。

2.1.1 国外对科学素质内涵的研究

20 世纪 60 年代,Pella 采用经验主义的归纳法,在系统地分析多种与科学素质相关的研究成果后得出,科学素质包括基本的科学概念和术语、科学的本质、科学家的伦理和道德原则、科学与社会的关系以及科学与技术之间的差异等③。

本杰明·沈(1975)研究科学素质的内涵后把科学素质分为了三类:①公民(civ-

---

① 丁邦平.国际科学教育导论[M].太原:山西教育出版社,2002.

② 彭利荣.大学生科学素质的现状及对策研究[D].湖北:武汉理工大学,2008.

③ Pella, M. O., Hearn, G. T., &Gale, C. G. Referents to scientific literacy [J]. Journal of Research in Science Teaching, 1966 (4): 199 - 208.

ic)科学素质,即公民在对科学相关问题和活动理解的基础上,参与公共事务并影响决策;②实用(practical)科学素质,即以解决实际问题为目的;③文化(cultural)科学素质,即科学是可以被理解和学习的,它是人类文化的一种存在方式①。

1981年,布兰斯康在本杰明·沈的理论基础上,将科学素质定义为一种能力,包括读写能力、理解系统化的人类知识的能力。他提出科学素质的8个范畴,分别是技术的(technological)科学素质、方法的(methodological)科学素质、专业的(professional)科学素质、业余的(amateur)科学素质、新闻业的(journalistic)科学素质、通用的(universal)科学素质、科学政策素质(science policy literacy)和公共科学政策素质(public science policy literacy)。上述不同的科学素质是特定背景下的科学素质②。

美国国际科学素质促进中心主任米勒(J. D. Miller)的研究具有历史性意义。他从三个维度对科学素质进行测评,这些维度分别是:①对报纸和杂志上的基本科学词汇和概念的充分理解;②对科学探究的过程或本质的理解;③对科技的社会影响的意识和理解③。随着研究的发展以及对多次调查结果的深入分析,米勒发现其中的第三个维度即对科学技术给个人和社会所带来的影响的理解,在一定程度上、在不同的国家的测试结果变化很大,用前二维对科学素质状况进行国际比较研究更合适④。

世界各国和许多组织也对科学素质进行了定义和研究。

美国科学促进会在20世纪80年代实施著名的"2061"计划。在美国科学促进会《面向全体美国人的科学》的报告中,科学素质被定义为:"包括数学、技术、自然科学和社会科学等许多方面,这些方面又包括熟悉自然界,尊重自然界的统一性;懂得科学、数学和技术相互依赖的一些重要方法;了解科学的一些重大概念和原理;有科学思维的能力;认识到科学、数学和技术是人类共同的事业,认识它们的长处和局限。同时,还应该能够运用科学知识和思维方法处理个人和社会问题"⑤。《科学素质的基准》是"2061"计划的一个重要成果,其中列出了科学素质的具体内容,包括以下方面:科学的性质、技术的性质、数学的性质、生存环境、自然环境、人类机体、人类社会、数学世界、被改造了的世界、历史展望、思维习惯、通用概念⑥。

美国国家科学院在《国家科学教育标准》中提到:"科学素质是指制定个人决策、参与公民和文化事务、从事经济活动所需要掌握的科学概念和科学过程。"美国国家

---

① Benjamin S. P. Shen. Science Literacy and the Public Understanding of Science[M]. Communication of Scientific Information, Karger, Basel. 1975:44-52.

② Laugksch. R. C. Scientific literacy: a conceptual overview (2000) [M]. Sci. Edu, 1984:77.

③ Miller, J. D. Scientific literacy: a conceptual and empirical review[M]. Daedalus. 1983, 112(2):29-48.

④ Miller, J. D. Scientific Literacy and Citizenship in the 21st Century[M]. Shiele B. and Koster E. H., Multimode. Science Centers for This Century. Multimondes, 2000:369-413.

⑤ 美国科学促进协会. 面向全体美国人的科学[M]. 中国科学技术协会译. 北京:科学普及出版社,2001.

⑥ 美国科学促进协会. 科学素养的基准[M]. 中国科学技术协会译. 北京:科学普及出版社,2001.

科学院认为科学素质应包括的内容如下：探究的科学、生命科学、物质科学、科学与技术、地球和空间科学、科学的历史和本质、从个人和社会视角所见的科学①。

国际经济合作组织(Organization for Economic Cooperation and Development，以下简称 OECD)开展了一个国际学生评估项目(Programme for International Student Assessment，以下简称 PISA)。PISA 认为："科学素质是运用科学知识，提出问题和做出具有证据的结论，以便认识自然界，理解人类活动对自然界的改变，并在这些认识和理解的基础上做出决定。"②

2001 年，一个关于提高印度公众科学素质的报告《全民基础科学》中提到，科学素质应是一种人为的科学素质，属于终生教育的范畴。一个真正具备科学素质的人，应该既能保持自身健康，也能为群体健康做出贡献，应该具备保护环境、掌握基本测量和计算方法的能力，应该具备从科学的角度理解工农产品的能力③。

2.1.2 国内对科学素质内涵的研究

关于科学素质研究，中国虽然起步较晚，但是经过一段时间的努力，也取得了不少成果。在借鉴国外科学素质的研究成果的基础上，中国学者不仅归纳总结了我国科学普及、科技传播、科学教育的实践，而且在理论方面做出了尝试。具体见表 2-1。

除了上述研究成果外，我国公民科学素质的基本内涵与结构课题组认为，公民科学素质是指公民了解和掌握必要的、基本的科学知识和科学方法，拥有正确的科学思想和科学精神，并具备科学地处理"生存与发展"、"生活与工作"和"参与公共事务"三类问题的能力④。全民科学素质纲要实施工作办公室认为，科学素质是指公民了解和熟悉必要的基本的科学知识和科学方法，掌握获取科技信息的基本技能，拥有正确的科学世界观和精神，并具备科学地处理个人和社会问题的能力⑤。

综上所述，国内外学者主要从三方面，即科学探究的过程、科学术语和科学基本观点、科学对个人和社会的影响，对科学素质进行探讨。在多年的发展中，对科学素质的研究在不断完善和进步：进入 20 世纪 70 年代后，科学素质的内涵增加了"科学与社会"的范畴；80 年代后，"技术"在科学素质的研究中受到广泛关注，同时科学过程和探究方法及能力的培养也成为焦点⑥；90 年代以后，科学技术有了重大突破，如基因食

---

① 国家研究理事会．国家科学教育标准[M]．戢守志等译．北京：科学技术文献出版社，1999.

② Centre for Edueational Research and Innovation. PISA Assessing Scientific, Reading and Mathematical Literaey: A Frame work for PISA 2006[J]. Source 0ECD Education & Skill, 2006(11): 1-190.

③ 史玉民，韩芳．印度公民科学素养发展概况[J]．科普研究，2008(1)：44-49.

④ 我国公民科学素质的基本内涵与结构课题组．我国公民科学素质的基本内涵与结构 A1-2[DB/OL]. http://www.cdstm.cn/c6/index.jsp. 2006-11-15.

⑤ 全民科学素质纲要实施工作办公室．我国公民科学素质的基本内涵与结构[DB/OL]. http://app03.cast.org.cn/portal/findportal.do? portalid=orgac19f0ab48218. 2007-03-29.

⑥ 丁邦平．国际科学教育导论[M]．太原：山西教育出版社，2002.

品、克隆人技术、DNA测序等,因此,科学决策和科学在人们日常生活中的作用受到重视;跨入21世纪后,对“能力”的研究备受关注。

表2－1　国内学者对科学素质内涵的研究

学者	时间	研究内容
林斯坦	1999	科学素质指的是“在具备文化和科学技术知识的基础上,对有关个人和社会的各种问题和现象能进行理性思维并做出符合规律的决策的能力,它要求人们对事物和所遇到的问题进行理智的独立分析、判断,并能创造性地解决问题”。①
李大光	2000	由于各国的社会传统、普遍的意识形态以及特有条件等不同的缘故,适用于所有国家公众的科学素质统一标准是不存在的,但提高公民对科学方法的理解和培养公众的探究精神是科学素质教育的共同内容。②
刘春华、张培成	2001	科学素质的含义包括科学知识和技能、科学思想、科学过程和科学方法、科学兴趣,其结构和功能表现出整体性、普遍性、基础性和稳定性四大特征。③
桑宁霞、孙少敏	2001	科学素质是以创新、理性、客观、思辨为特点的,包含科学精神、科学思维、科学思想、科学语言、科学方法和解决自然和社会问题的能力。④
魏冰	2001	科学素质概念的发展过程可划分为个人经验总结、理念框架奠定、教育目标提出和教育政策制定四个阶段。⑤
韩跃红、李浙昆	2003	针对科学精神的实质和内容,从科学素质薄弱或不健全的角度,分析了不同人群受害于邪教的认识论原因。⑥
萧莉	2003	科学素质是一种内在的综合品质,包括科学知识、科学态度和科学方法等,而文科大学生的科学素质主要表现为对科学的认识能力、探究能力、理解科学技术和社会关系的能力。⑦
龚雄	2008	科学素质包含科学知识、科学精神、科学世界观、科学态度和科学方法以及判断处理事务的能力。科学素质有三个构成要素,分别是“对科学知识的基本了解程度”、“对科学方法的基本了解程度”和“对于科学技术对社会和个人所产生的影响的基本了解程度”。⑧

2006年,中国由国务院颁布了《全国公民科学素质行动计划纲要(2006—2010—2020)》。在《全民科学素质纲要》中,科学素质被认为是国民素质的组成部分,并将科学素质诠释为:“公民应具备的基本科学素质一般指了解必要的科学技术知识,掌握基本的科学方法,树立科学思想,崇尚科学精神,并具备一定的应用它们处理实际问

① 林斯坦. 加强国民科学素质培养探略[J]. 中国教育学刊,1999(6):5－8.
② 李大光. 科学素养:不同的概念和内容[J]. 科学对社会的影响(中文版),2000(1):45－49.
③ 刘春华,张培成. 科学素质与创新教育的关系[J]. 江苏高教,2001(3):120－121.
④ 桑宁霞,孙少敏. 试论科学素质的培养[J]. 教育理论与实践,2001. 21(12):58.
⑤ 魏冰. 科学素养:由理念到实践 [J]. 学科教育,2001(1):46－49.
⑥ 韩跃红,李浙昆. 科学素质的层次结构及其与邪教易感性的关系[J]. 中国科技论坛,2004(1).
⑦ 萧莉. 文科大学生科学素质教育研究[D]. 湖北:武汉大学,2003.
⑧ 龚雄. 论我国公民科学素质建设[D]. 福建:厦门大学,2008.

题、参与公共事务的能力。"这也是本书研究的根本依据。

2.1.3 定义科学素质及其内涵分析

一、科学素质的定义

外国对科学素质的定义与研究很多，但由于经济发展水平、政治与文化等方面的差异，我国对科学素质的定义不能完全采用外国的说法，但可以借鉴。除了借鉴外国的研究，也结合国内对科学素质的研究，并以《全民科学素质纲要》的定义为基础，我们认为科学素质是国民素质的重要组成，公民应具备的基本科学素质是指了解和掌握必要的科学知识，包括科学术语、科学观点、科学方法；具备完好的科学人格，即具备科学思想、崇尚科学精神、拥有正确的科学价值观；并具有应用它们的科学能力包括阅读理解能力和处理实际问题的能力。

这个定义的简要说明如下：

1）该定义中的科学知识、科学人格与《全民科学素质纲要》所定义的"四科"——科学知识、科学方法、科学思想和科学精神基本保持一致，也与2002年《科普法》[①]所提出的"普及科学技术知识、倡导科学方法、传播科学思想、弘扬科学精神"一致。

2）该定义中的科学人格加入了"科学价值观"的内容。由于科学技术的快速发展，虽然给人类社会带来了好处，其不利之处也不容忽视。正确理解科学技术和人类社会的关系已是科学素质的要求之一，而且，这与国际上（如 Miller）"关于科学技术对个人和社会之影响的认识和理解"的内容是相对应的。

3）该定义以"能力"为导向，即科学能力是最终目的。其中，阅读理解能力是基本的，是其他科学能力的基础。"处理实际问题"具有两层意思：第一是从个人角度出发，指处理日常生活的能力；第二是从社会角度出发，指参与公共事务的能力。所以，这里的处理实际问题的能力是从广义出发的，与《全民科学素质纲要》中的"处理实际问题"的狭义理解（只包含上述的第一层意思）是有所区别的，突出的是"处理实际问题"和"参与公共事务"两者的统一。

二、科学素质的要素

何为要素？它是指"具有共同特性和关系的一组现象或一个确定的实体及其目标的表示，也就是说，要素是构成事物必不可少的因素或组成系统的基本单元"。[②]

1. 国外的研究

国外学者关于科学素质要素的研究取得了较大的进展，主要的观点可以归纳以下几种：

---

① 中华人民共和国科学技术普及法[EB/OL]. http://www.bjkp.gov.cn/kpf/kpf/kpf.htm. 2002-06-29.

② 百度百科．要素[EB/OL]. http://baike.baidu.com/view/290205.htm. 2008-06-01.

(1)“Miller”模型。美国是发达国家中较早开展科学素质调查的国家。在1957年,国家科学撰稿人协会(NASW)发起了一次有关美国公民理解科学的全国性针对成人的调查。20世纪70年代,美国国家科学理事会(NSB)委托Jon D. Miller研究科学素质的测评问题, Miller随即开发了一套用于评估公民科学素质的指标体系,并设计出相应的问卷,其核心就是著名的“Miller模型”。随着科学素质研究的发展,其测评体系逐渐完善,如英国的J. Durant和Jon D. Miller合作,在“Miller模型”的基础上对指标体系和问卷进行了修订,并用之于美国和前欧共体之间科学素质的比较研究。经过多年的实践应用和检验调整,一套成熟的科学素质测评体系逐渐形成并被广泛推广,例如被美国、欧盟、中国、日本、韩国等多个国家修订和采用,成为国际上科学素质评估的主流①。

尽管Miller没有从要素的角度出发研究科学素质,但通过Miller模型,我们可以看出,Miller所列出的科学素质的三个维度其实就是三个要素②,分别为:①对重要科学词汇及概念的理解;②理解科学研究的过程和本质;③理解科技对个人和社会的影响。在国内,对该三要素相应的描述是:①科学知识;②科学方法;③科技对个人和社会的影响,它属于科学思想、科学精神与“科学、技术和社会”的范畴。

(2)美国的“2061计划”。根据美国“2061计划”第一阶段的报告:《面向全体美国人的科学》对科学素质所作的广义定义,我们可以看出,科学素质的要素包括:①科学知识,如科学概念和科学原理;②科学思想,如科学的思维;③科学能力,如利用科学知识和科学思维达到个人和社会的目的。

(3)国际经济合作组织(OECD)的PISA项目。根据OECD的国际学生评估项目PISA中关于科学素质的定义,科学素质评估体系③被划分为知识、能力、态度三个维度,见表2-2。从该体系,我们可以看出PISA中科学素质的三个维度也是三个要素,分别是科学知识、科学态度、科学能力。这三个要素在内涵上分别与国内的科学知识与科学方法、科学思想与科学精神、科学能力相似。

从国外的研究来看,科学素质的要素至少应包含以下四个方面:①基本的科学知识,即科学概念和科学原理、规律等;②科学方法,即理解科学研究的过程和本质,了解其中的目标、产出等;③科学态度、科学思想或科学精神,即理解科技对个人和社会的影响或科学兴趣、思维等;④科学能力,即应用科学知识的能力和运用科学思维解决问题的能力等。

---

① Miller J D. The measurement of civic scientific literacy [J]. Public Understanding of Science. 1998. (3):203-223.

② Miller J D. Scientific literacy: a conceptual and empirical review [J]. Daedalus, 1983,(2):29-48.

③ Centre for Educational Research and Innovation. PISA assessing scientific, reading and mathematical literacy: a framework for PISA 2006. Source0ECD Education&Skills[J]. 2006,(11):1-190.

表 2-2 PISA 科学素质指标体系

一级指标	指标的说明
能力	鉴定用于查询科学信息的关键词； 识别可以被科学调查的主题； 识别科学调查的关键特征、主要影响因素。
	科学描述、解释一些现象，预测可能的变化； 在特定情境中应用科学知识、方法； 辨别科学描述、科学解释、科学预测的正确性、准确性。
	找出科学证据，解析并得出结论，传播结论； 理解科技发展对社会的直接影响、间接影响； 理解前提假设、得出结论的依据和原因。
知识	了解科学调查和科学解释的知识； 掌握生命系统、物质系统、技术系统、地球与空间系统的有关知识。
态度	持续保持对科学和科学相关命题的兴趣，如曾经考虑过从事与科学相关的职业、喜欢搜集科技信息；保持对科学和科学相关命题的好奇心； 愿意尝试使用不同的方法和资源获得更多的科学知识、科学方法和技能。
	尊重不同的科学观点，支持事实，承认科学讨论的重要性，支持合理解释； 认同经过符合逻辑的、严谨的研究过程所得出的结论才是可信的。
	意识到个人行为对环境的影响，愿意采取行动保护自然资源和环境； 具备保护环境的责任感、道德观。

2. 国内的研究

刘立等学者在进行“我国公民科学素质的基本内涵与结构”课题研究中，构建了一个科学素质内涵结构图，如图 2-1 所示。他们认为“基本文化素质是掌握科学素质的基本条件，任何提高科学素质的措施都要以基本文化素质，即以母语的基本读写能力作为前提”。这从科学素质的词源学上也可以看出：科学素质（Scientific literacy）是科学方面的读写能力，当然要以母语的读写能力（literacy）为基础，我们可以将科学素质看成是基本文化素质在当今科学技术时代的发展和延伸。因此，一方面基本文化素质是提高科学素质的基础和前提，另一方面它也是最基本的科学素质的组成部分。综上所述，公民科学素质是建立在基本文化素质基础上的、以科学素质的功能结构与要素结构相互耦合的系统。从图 2-1 中我们可以看出，科学素质的要素有五个，分别是科学技术与社会、科学技术知识、科学方法、科学思想和科学精神。但该图存在一定的缺陷，即不能看出这五个要素之间的关系，它们之间是否有一定的层次关系也不得而知。

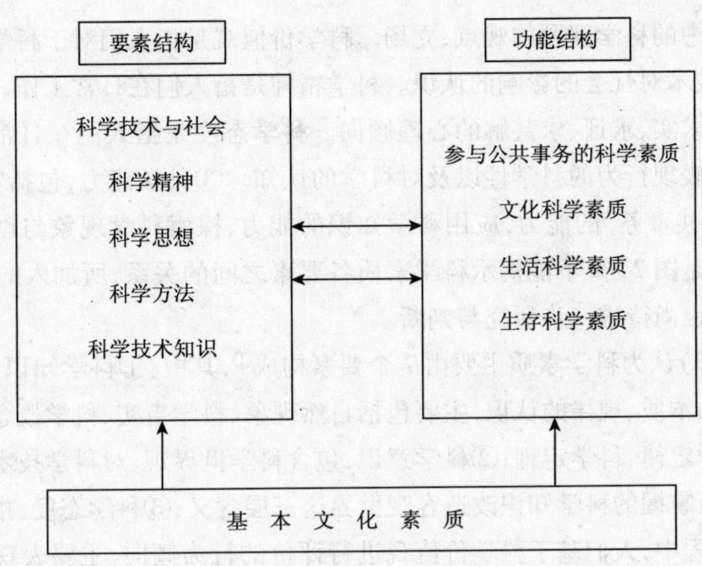

图 2-1　科学素质内涵结构图

李宪奇(2008)构建了一个公民素质的概念模型,如图 2-2 所示。从图 2-2 中我们可以看出,该模型是从科学素质的内容结构和科学的学科领域两方面出发所建立的,他认为科学素质的要素包括三方面:①科学知识,指的是基本的科学概念、科学术语、科学原理、科学定理等内容,对于科学研究过程、研究方法的认识。②科学意识,包括科学思想、科学精神、科学价值观和科学态度。科学思想是指人们对待日常生活、环

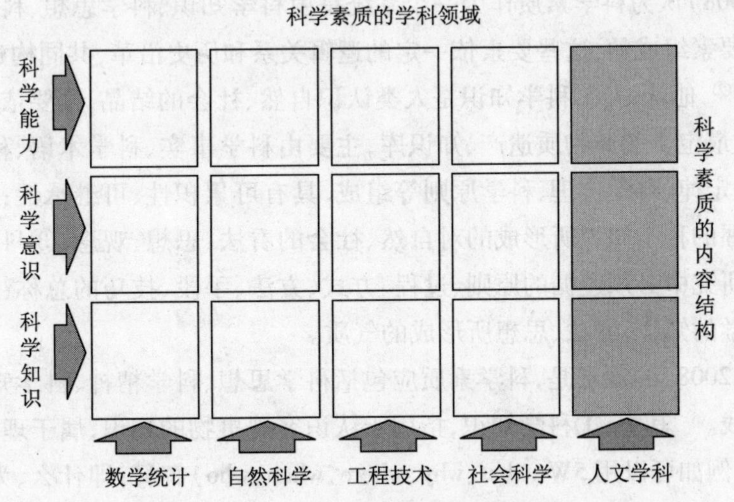

图 2-2　公民素质的概念模型[①]

① 李宪奇. 中国公民科学素质测评指标体系的建构与应用[J]. 中国科技论坛,2008(7):97-101.

境、工作、学习中的科学问题的观点、立场。科学价值观是指人们对于科学技术与社会的关系、科学技术对社会的影响的认识。科学精神是指人们在日常工作、生活、学习中的求知、求真、求实、求证、求甚解的心理倾向。科学态度是指人们在日常工作、生活、学习中选择和表现行为的科学性以及对科学的认知。③科学能力,包括“处理实际问题”和“参与公共事务”的能力,应用科学知识的能力、探索科学现象与创造性解决问题的能力。但是图 2 - 2 不能揭示科学素质各要素之间的关系,所加入的“科学价值”内容是否合适也尚待进一步研究与判断。

萧莉(2003)认为科学素质主要由 7 个要素构成[①],其中:①科学知识,是人们对客观世界、事物的本质、规律的认识,主要包括自然现象、科学事实、科学概念、科学术语、科学原理、科学定律、科学定理;②科学意识,包含科学世界观、对科学技术对社会影响的认识、运用所掌握的科学知识改造客观世界这三层含义;③科学态度,指的是在从事科学活动的过程中,人们基于科学价值观进行评价的行为倾向,主要表现为基于了解并理解科学知识、科学发展趋势所形成的科学信念、科学行为和习惯;④科学思想,是指人的科学的思维活动,包括活动的方式、观念;⑤科学方法,是“人类认识和解决自然和社会各种矛盾和问题、获得科学知识的具体手段、运作程序或过程的核心,是获取知识和探索新知识的潜在动力”;⑥科学能力,是指获取已有科学技术知识、基于所获取的知识处理和解决日常活动中与科学技术有关问题的能力;⑦科学精神,是指对待自然、社会、自我等精神方面事物的态度、价值取向,一般包括质疑、求证、创新、团队合作精神。

龚雄(2008)认为科学素质作为一个系统是由科学知识、科学思想、科学方法和科学精神四个要素组成的,这些要素依一定的逻辑关系和历史沿革,共同构建、形成科学素质的结构。[②] 他认为:①科学知识是人类认识自然、社会的结晶,主要依靠人类世代传承,是人类最宝贵的非物质遗产、知识库,主要由科学事实、科学术语、科学概念、科学原理、科学定律、科学定理、科学原则等组成,具有可累积性、可继承性;②科学思想是基于所掌握的科学知识所形成的对自然、社会的看法、思想、观念;③科学方法是指人们在科学研究中必须遵循的原则、过程、方式、方法、手段、技巧的总称;④科学精神是指基于科学的知识、方法、思想所形成的气质。

彭利荣(2008)的观点是,科学素质应包括科学思想、科学精神、科学知识、科学方法和科学实践。[③] 其中:①科学知识,指用于认识客观事物的知识,属于理解事物本质的知识体系,例如可以用 5W(what、why、where、when、who)解释,即什么、为什么、什么地点、什么时间、什么人五个角度或方面了解客观事物及其本质;②科学方法,指用于

① 萧莉. 文科大学生科学素质教育研究[D]. 湖北:武汉大学,2003.

② 龚雄. 论我国公民科学素质建设[D]. 福建:厦门大学,2008.

③ 彭利荣. 大学生科学素质的现状及对策研究[D]. 湖北:武汉理工大学,2008.

探究客观世界的自然现象及其规律所采用的方法；③科学思想，指“对科学现象和科学活动的理性思考、认识、看法和基本观点、观念”；④科学精神，一般指了解、理解、处理问题时所采取的态度、情感、价值观；⑤科学实践，指应用科学知识参与、处理公共事务和问题的能力。

3. 国内外研究对比

通过资料的整合，把国内外关于科学素质的研究进行对比后，可以发现：

（1）联系与区别。国内对于科学知识、科学方法、科学思想和科学精神的提法与国外的研究是相对应的，只是由于各国文化和语言的差异而导致说法的不一；另外，有些研究把科学方法归入科学知识的范畴，其他则将两者分开。如经典的“Miller 模型”，它提出的“掌握足够的基本科学概念”是科学知识的范畴；“理解科学研究的过程和本质”是科学方法、科学思想等的范畴；科学思想和科学精神是对“理解科技对个人和社会的影响”的诠释。OECD 所定义的科学知识包括科学方法，如“理解科学研究的目标、过程、产出”。

（2）重视程度。在研究科学素质的发展过程中，“能力”的要素被提出，并越来越受重视。如 PISA 中提到的“在特定情境中应用科学知识；科学地描述和解释现象，预测变化；辨别正确的科学描述、科学解释、科学预测”等能力和“2061 计划”中提到的“利用科学知识和科学思维达到个人和社会的目的”。国内的学者也认为科学素质的要素中应包括能力，《全民科学素质纲要》在定义科学素质时也提到“处理实际问题、参与公共事务的能力”。随着研究的深入，创新能力等也被提出。

（3）局限与不足。国内的学者虽然对科学素质的要素进行了研究和探讨，可是给出的图表或建立的模型并不能直接体现要素之间的联系。

综上所述，科学知识、科学思想和科学精神是科学素质的要素这一观点是被普遍认同的，虽然不同的人对这些要素有不同的定义，但区别不大。从 1994 年颁布的《中共中央国务院“关于加强科学技术普及工作的若干意见”》中，我们可以看出，科学素质的构成主要有科学知识、科学方法和科学思想三个方面①。2000 年，江泽民同志代表党中央提出，“应在全党全社会大力弘扬科学精神，普及科学知识，树立科学观念，提倡科学方法”②，科学精神越来越受到重视。而近些年来，在中共中央和国务院的有关文件中，关于科学素质的构成往往提及四个方面，即科学知识、科学方法、科学思想和科学精神，简称“四科”。从 2006 年国务院颁布的《全民科学素质纲要》中对科学素质的界定，我们可以发现，科学素质的要素构成比以前又更进一步，因为它

① 北京科普工作网．中共中央国务院“关于加强科学技术普及工作的若干意见”［EB/OL］. http://www.bjkepu.gov.cn/webNews.do? action = getNewsByID&nid = 79&look = 1. 1994 - 12 - 05.

② 新华网．江泽民：在中国科学院第十次院士大会和中国工程院第五次院士大会上的讲话［EB/OL］. http://news.xinhuanet.com/ziliao/2000 - 12/02/content_494000.htm. 2000 - 06 - 06.

在“四科”的基础上加上了一个能力，即应用“四科”来“处理实际问题、参与公共事务的能力”。

我们以《全民科学素质纲要》为基础，根据科学素质的定义，认为科学素质的要素应包括科学知识、科学人格（科学思想、科学精神）与科学能力；另外，科学人格还需加入“科学价值”的内容，而且科学能力不单单包括“处理实际问题、参与公共事务”，它的内容可以更加丰富。那么，科学知识、科学人格究竟指什么？为何要加入科学价值？科学能力增加了哪些方面的内容呢？这些问题的寻求和解答在接下来的部分展开。

4. 科学素质的要素构成

科学素质的要素包括科学知识、科学人格、科学能力。

（1）科学知识。科学知识的内容包括科学术语、科学观点和科学方法，三者呈递进关系，属知识性的内容。

科学术语、科学观点等主要是采用 Miller 模型三维度的第一维度，指的是对客观世界各种事物的本质及规律的认识、归纳和总结，它主要由科学术语、科学的基本概念、科学的基本原理和科学的基本规律等组成。在人的科学素质结构中，科学知识是基础，是最基本的构件，具备科学能力、科学精神的前提是拥有科学知识；人若没有掌握一定的科学知识，具备科学素质便无从谈起。一定的科学知识是指大众所需要也能够普遍了解、掌握的科学知识，如数学的基本运算、基本的几何形状及其特性，信息科学与技术、人文社会科学等方面的基本知识等；是在生活中将遇到或在实际应用中所涉及的科学知识，如衣食住行的科学知识、卫生保健（包括计划生育、心理健康）的科学知识、防灾知识、环境保护知识等。例如，因特网（Internet）是指由一些使用公共协议互相通信的计算机连接而成的全球网络；“DNA”是生物的遗传物质，存在于一切细胞中，是脱氧核糖核酸。因此，这里的科学知识不是科学精英研究探索的前沿科学知识，也不是尖端的科学知识。

科学方法是人类认识和解决自然和社会各种矛盾和问题、获得科学知识的具体途径、运作程序或过程。作为公民科学素质的组成部分，科学方法应该是最基本的、一般的科学方法，诸如观察法、实验法、测量法、调查法、比较法、分类、归纳、演绎、类比、想象、假说等，它既包括各门学科特有的研究方法，也包括各门学科共同的、普遍适用的研究方法，既包括通用方法，也包括专用方法。科学方法是保证人们取得创造性成果的重要手段。

下面举一个实验法的例子：

1）发现问题。在进行科学研究时，应当首先认识到问题的存在。例如，在研究物体的运动时，首先应注意到物体为什么会像它所发生的那样进行运动，如在某种条件下物体为什么会运动得越来越快（加速运动），而在另一种条件下则会运行得越来越慢(减速运动)。

2)剔除非关键因素。要把问题的非本质方面找出来,加以剔除。例如,一个物体的味道对物体的运动是不起任何作用的,应该剔除味道对物体运动的影响。

3)设计所有可能的方案。要把你能够找到的、同这个问题有关的、全部的数据收集起来,然后有意地或者有目的地设计并施以各种情况或条件迫使物体按一定的方式运动,以便取得与该问题有关的各种数据。例如,可以有意地让一些球从一些斜面上滚下来,这样做时,既可以用各种不同大小的球,也可以改变球的表面性质或者改变斜面的倾斜度等。这种有意设计出来的情况就是实验法。

(2)科学人格。科学人格主要从心理学的角度出发,通常表现为非外在行为而是人的心理活动,主要包括三个方面:科学思想、科学精神和科学价值。

1)科学思想。

马来平教授认为[①]对科学思想的认识通常有以下四点:①"一个人对科学本质和科学其他方面所持有的基本认识和观点"。如孙中山的科学思想,包括"三民主义"和社会互助理论("人类进化之原则与物种进化之原则不同,物种以竞争为原则,人类则以互助为原则。")等。②"科学家的重大理论或学说"。如达尔文的进化论思想、爱因斯坦的统一场论思想等。③"科学成果以及科学成果所反映出来的认识论、伦理学、社会学观点等"。如在物理学方面,"以太漂移实验"和"黑体热辐射实验中的'紫外灾难'"等成果诞生了量子力学。④"对于科学所持的一种相信、尊重、依赖和热爱的积极态度",如"树立科学思想,反对封建迷信"。这一意义上的科学思想主要是与迷信、反科学的态度和行为相对应,例如"信科学、爱科学、学科学和用科学"。在这个层面上的科学思想是"一种典型的面对知识的态度,是对知识的起点、知识的获得渠道、知识的证实原则的态度"[②]。科学态度是"更为具体的态度,它是人们在从事科学活动过程中,在科学价值观的支配下,对某一对象所持的评价和所具有的稳定的行为倾向,是通过对科学知识的正确理解和科学发展的整体把握而形成的科学信念与科学习惯"[③]。

前三种对科学思想的理解强调的是思想层面,与科学知识强调的知识层面不同,它是指公民对待日常生活、工作和学习中科学问题的立场和观念,表现为公民对宇宙与物质、人类与社会、发展与规律、生态与环境等科学现象和科学活动的理性思考、认识、看法和观念。这种科学思想是一种总体的看法、立场和观念。

2)科学精神。

学术界对科学精神的看法不一,如李惠国认为"科学精神是在科学漫长的历史发

---

① 马来平.中国公民科学素质基准的基本认识问题[J].贵州社会科学,2008(8):4-10.

② 季国清,刘孝廷.科学态度是科学素质的核心[J].北方论丛,2004(3):102-105.

③ 萧莉.文科大学生科学素质教育研究[D].湖北:武汉大学,2003.

展中形成的优良传统、认知方式、行为规范”;武夷山把科学精神定义为“为了追求科学真理而顽强不懈地工作、甚至为此而献身的决心和行动”。[①] 刘华杰的看法是:科学精神是“关于科学活动、科学作为一个整体所表现出来的一种非物质的东西”“相当于气质、境界、规范等”[②]。事实上,科学精神就是体现于公民的科学研究活动中,科学精神主要体现于公民的气质、风格、意志和修养中。

科学精神的内涵很丰富,江泽民曾经说过“最基本的要求是求真务实,开拓创新”[③],席泽宗认为科学精神要求“公正、客观、实事求是”;蔡德诚认为科学精神的实质性要素和内涵有“客观的依据、理性的怀疑、多元的思考、平权的争论、实践的检验、宽容的激励”;方舟子认为“探索、怀疑、实证、理性,是科学精神不可分割的四个方面”。[④]

综上所述,虽然学者对科学精神的界定和理解有所区别,但主体部分是共同的。我们认为科学精神应包括:求真务实精神、开拓创新精神、理性怀疑精神和探索求知精神等。

3)科学价值。

何为科学价值?研究学者们关于公民科学素质的界定和要求,可以从中窥见一斑。刘立指出,公民科学素质还应该包括“认识科学技术与社会的相互作用,坚持科学发展观”[⑤]。科学(Science)、技术(Technology)、社会(Society)的研究(简称为STS研究),主要是探讨和揭示科学、技术和社会三者之间的复杂关系以及研究科学、技术对社会产生影响。STS研究的目的是要使科学、技术更好地造福人类,避免科学、技术和社会脱节的情况出现。STS教育的宗旨是培养具有科学素质的公民,它要求教育面向公众,面向全体;重视科学、技术在社会生产、人们生活中的应用;强调理解科学、技术和社会三者的关系;重视科学的价值取向,强调科技的创造和应用要考虑社会效果,否则,需要承担因此而造成的不良后果,包括道义、道德、法律责任等。其实,STS教育就是要求公民具有正确的科学价值观,要求公民正确、深入认识科学技术与社会的关系,在科学活动或解决问题时有正确的价值导向。

因此,我们在科学素质的要素组成中加入“科学价值”要素,科学价值是指公民对科学有一个共同的基本信念和评估标准,对科学活动中的目的、行为、选择等都能做出正确判断,是指公民在科学技术与社会的关系、科学技术的作用及其社会影响等问题上的看法和评价,表现为公民对科学研究价值与作用的判断、科学技术与社会关系的

---

① 王大珩,于光远主编.论科学精神[M].一版.北京:中央编译出版社,2001:179.

② 王大珩,于光远主编.论科学精神[M].一版.北京:中央编译出版社,2001:210.

③ 新华网.江泽民:在中国科学院第十次院士大会和中国工程院第五次院士大会上的讲话[EB/OL]. http://news.xinhuanet.com/ziliao/2000-12/02/content_494000.htm. 2000-06-06.

④ 王大珩,于光远主编.论科学精神[M].一版.北京:中央编译出版社,2001:281-315.

⑤ 姜晓凌.科学素质评估:基准为限 分级落实[EB/OL].http://www.sast.gov.cn/onlive/kxnews/5074.shtml. 2009-04-09.

评价等。研究迹象表明，由于科学技术活动受到技术主体的利益大小、文化差异和利益格局等社会因素的显著影响，因而科学技术发展必定受制于特定的社会情境、社会所处的发展阶段，它“内含着社会价值和主体利益，并在与社会的互动整合中形成其自身的价值负荷。”①

以信息技术为例。互联网呈现的信息交流方式，缩短了人们沟通时的空间距离，使国家之间、部门之间、人与人之间距离拉近了。获取信息的成本降低了、速度加快了，给人们的学习和工作带来了很大的方便。新型媒介、媒体由此而出现并有取代一些传统媒体的趋势。例如微博，可以最短的时间、最低的成本，被多人自动选择阅览和转载分享，实现蒲公英式的传播。但网络技术的高速发展也带来不少负面影响，宅在屋里的时间多了，走出去的时间少了，“网络水军”来了，“黑客”有机会了，新增了不少由网络带来的问题，管理的难度加大了。又比如，在转基因技术方面，经过基因转换，人类的确可以避免或者战胜许多疾病，其带来的社会意义、经济价值近期十分明显，但是，其长期、远期效果尚未得知。美国伦理和毒性中心的一份实验报告称②，与一般大豆相比，耐除草剂的转基因大豆中，防癌的成分异黄酮减少了。在核能的利用方面，正负两面的影响都十分巨大。2011 年 3 月，日本核泄漏对人类的负面影响至今仍无法消除和估量，不断有关于日本公众的家园、生活、工作受到影响的报道，2011 年 10 月有媒体报道东京地区出现高辐射现象，使得日本公民忐忑，日本政府面临巨大压力和挑战。但是利用核能发电在常态下可以带来的经济、环保收益却又非常明显。合理、和平、安全使用核能为人类造福才是硬道理，否则将给人类带来毁灭性的灾难。

因此，在从事科学研究时，要有正确的科学价值取向，既要追求科学的实用性，重视科学的经济价值、社会价值，也要追求知识的逻辑完备性、崇尚科学的美学价值。所以，科学价值应表现为对他人的关切、对社会的责任、对自然的爱护，以及对周遭世界的善待，科学价值观蕴涵着对人生、对世界的生命体悟与伦理情怀。此外，在考虑技术的可行性、经济性的同时，还必须顾及技术对人类的长远影响特别是负面影响。在谋求技术发展时，要遵循技术发展的周期和发展的规律，力求社会发展与技术发展的同步、和谐，技术必须掌握在健康、正常、遵纪、守法、有道德、守伦理的人手中，才能为人类自身谋利、谋福。

综上所述，参照一些学者的观点③，我们认为现代公民应该：了解科学技术史包括科学技术发展的过去、轨迹、规律；了解科学技术发展的现状、特点、发展动态、发展的

---

① 朱法贞．现代科学技术的价值审视与伦理建构[J]．辽东学院学报(社会科学版)，2007(3)：19－23.

② 翟源静．从科学应用的两重性看科学的价值取向[J]．理论前沿，2007(10)：22－23.

③ 我国公民科学素质的内涵与结构课题组．我国公民科学素质的内涵与结构 A1－2[DB/OL]．http://www.cdstm.cn/c6/index.jsp.2006－11－15.

未来;了解科学技术具有持续性、动态性、周期性、可传承性及其发展模式;了解科学技术是人类活动的结晶,必然受到经济、政治、文化、教育、宗教、自然、政策、战争等诸多因素的影响,例如社会需求上涨、资源紧缺、战争爆发等均可以影响科学技术的发展包括改变周期、改变轨迹等,也必将推动或者限制科学技术的发展;深刻认识科学技术对于人类存在正反两方面的影响;了解科学技术对人类社会发展的深刻影响,目前已有的科学技术成果中类似袁隆平的水稻种植技术、克隆技术、核技术对人类的影响之深刻、深远、巨大,现代公民都必须了解;了解科学技术的发展遵循从量变到质变的规律;了解科学技术是第一生产力;等等。

(3)科学能力。心理学认为能力包含两个方面的内容:①能力“表现在所从事的各种活动中,并在活动中得到发展”,如一个有绘画能力的人,只有在绘画活动中才能施展自己的能力,也即表现能力需要等待机会、合适的平台;②能力是指“个体具有的潜力和可能性”,如创造力。[①] 除了《全民科学素质纲要》里面提到的“处理实际问题和参与公共事务的能力”外,一些学者认为科学能力还包含“获取已有科学知识的能力”[②]。借鉴学者们关于能力的定义及其相关研究成果,我们认为科学能力主要包括两部分:

1)阅读理解能力。阅读理解能力即获取已有科学知识的能力,包括观察能力、资料整理能力等。阅读理解能力首要的内容是读写能力,在该节的科学要素文献综述里已提到,一些学者认为科学素质以基本文化素质为基础(详细的分析见“公民科学素质的形成机理”一节),即具备母语的基本读写能力;其次,就是心理学所说的“内化”,指将生硬的理论知识以自己可以接受的方式进行接收、吸收和利用的过程;最后,就是转化能力,即把内化的知识应用于实践中。

2)处理实际问题的能力。处理实际问题的能力具体包括处理日常生活问题的能力和参与公共事务的能力两个方面。一个人仅仅做到理解和掌握“四科”还不够,更重要、最根本的是具有运用它们处理实际问题的能力。如运用“四科”胜任本职工作,提高生存技能,改善生活质量,抵制迷信和邪教,尊重科学家,关注并正确对待各类科学活动,全面认识科学技术对社会的影响,关注、参与科学政策的制定,参与地方和国家与科技有关的重大事务的决策等。这些能力既是对“四科”理解和掌握程度的一种试金石,也是科学素质水平的一种标志。

5. 各要素之间的结构关系

(1)科学知识与科学人格关系密切。首先,科学知识是基础,科学思想是出发点,当一个人具备科学知识并掌握科学方法后,在下一步行动之前,他/她需要科学思想作

① 彭聃龄. 普通心理学(修订版)[M]. 北京:北京师范大学出版社,2004:406-437.

② 萧莉. 文科大学生科学素质教育研究[D]. 湖北:武汉大学,2003.

为自己行为的出发点,思考应用什么观念、思维去探索科学现象和参与科学活动。其次,科学精神是一种内在动力,其求真务实、勇于探索等内容是人们参与科学活动和解决科学问题的推动力。再者,科学价值是一种判断标准,它要求公民在科学技术与社会的关系、科学技术的作用及其社会影响等问题上有自己的判断和评价,于是,当人们具备科学知识,掌握科学方法,用科学思想思考问题并在科学精神的推动下进行科学活动时,科学价值能提供正确的价值导向,避免危害社会的现象出现,否则需要为此负责任、承担后果。

(2)科学知识与科学人格相互依存,互相影响。"科学精神依托于科学知识的传播、科学思想的普及、科学方法的应用,单纯的、纯粹的科学精神难以存在"[①]。而科学精神的存在又能推动人们提高对科学知识的理解程度、科学方法的掌握力度等,总之,它们之间是互相影响,彼此依存的。

(3)科学能力是最终目的。PISA 认为知识、态度影响能力。一般而言,在一定的科学情境中,个体需要完成一些任务,如选择研究课题、识别科学议题、科学地解释现象、提供问题的解决方案、采用科学证据、运用科学方法等,我们可以通过观察任务的完成情况,判断人的能力高低,因为同一任务,能力不同的人所达成的效果会有差异,因此,提高人的科学能力才是最终目的,如图 2-3 所示。PISA 认为,能力并非和知识、态度并行,而是在一定情境中由知识、态度综合作用的结果[②]。从某种角度说,能力、态度、知识属于不同层次。

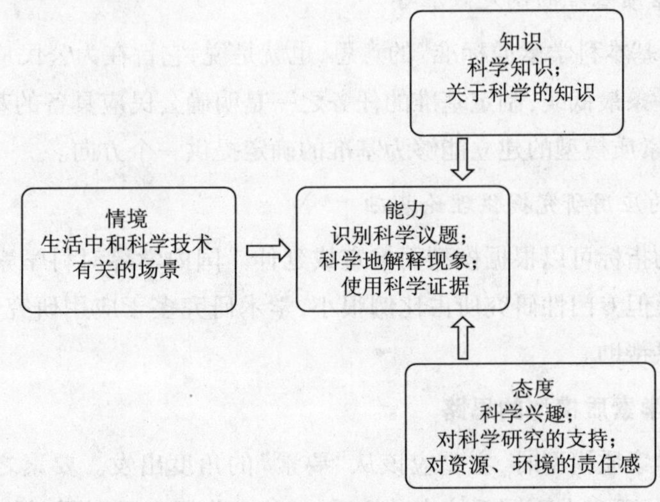

图 2-3　知识、态度、情境、能力的关系[③]

---

① 王大珩,于光远主编. 论科学精神[M]. 北京:中央编译出版社,2001:138-139.

② 汤书昆,王孝炯,陈亮. 国际科学素质评估的比较与启示[J]. 中国科技论坛,2008(1):127-131.

③ Centre for Educational Research and Innovation. PISA assessing scientific, reading and mathematical literacy: a framework for PISA 2006. SourceOECD Education&Skills[J]. 2006,(11):1-190.

在《全民科学素质纲要》对科学素质所下的定义中，认为理解科学需要科学知识、科学方法、科学思想和科学精神四个方面即“四科”，但马来平认为科学知识仅仅是一个部分，理解科学的重心、关键在于其他“三科”。在科学素质的全部内容中最应该侧重的是能力，因为理解科学只是手段，理解科学的目的是公民拥有能力、提高自身已有的能力，能力才是科学素质的重心和落脚点①。

我们认为提高公民科学素质的最终目的是提高公民的科学能力，科学能力是科学知识和科学人格共同作用的结果；理解科学包括科学知识、科学人格；科学知识是基础，理解科学的重点在于科学人格。

2.1.4 科学素质模型

一、构建科学素质模型的目的

模型是指“所研究的系统、过程、事物或概念的一种表达形式”②。建立科学素质模型也就是要用一种表达形式把科学素质展现出来，在建立模型之前，必须明确建立模型的目的。

1. 便于识别

模型的建立是为了表示一个具有科学素质的人应该是怎样的，也就是说我们可以通过模型去识别谁是一个具有科学素质的人。

2. 为科学素质基准的制定做准备

“基准”是“基本科学素质标准”的意思，也就是说，它旨在为公民应具有的基本科学素质水准画一条最低线；制定基准的任务之一是明确公民应具备的基本科学素质内容。因此，科学素质模型的建立能够为基准的确定提供一个方向。

3. 为后续的应用研究提供理论基础

调查评价的指标可以根据模型而推定或延伸。国内学界对科学素质问题的探讨已具有一定规模但专门性研究所占比例很小，学术研究多于应用研究，模型的建立能为应用研究提供帮助。

二、建立科学素质模型的思路

在建立科学素质模型时，主要应该从“要素”的角度出发。要素之间可能会具有层次性，因为同一要素在不同系统中其性质、地位和作用有所不同，所以它们之间或许会存在一定的联系性，因此可能存在某种结构关系。那么，何为结构？哲学的定义是

---

① 陶继新.《中国公民科学素质基准》的基本认识问题——《基准》起草小组成员马来平教授访谈[EB/OL]. http://www.view.sdu.edu.cn/news/news/mtbd/2007-12-25/1198573419.html. 2007-12-25.

② 百度百科. 模型[EB/OL]. http://baike.baidu.com/view/96500.htm. 2009-01-21.

"不同类别或相同类别的不同层次按程度多少的顺序进行有机排列；也可以被理解为事物各个组成部分之间的有序搭配"。① 因此，科学素质的要素结构主要指科学素质由哪些要素构成及各要素间的关系。

总的来说，在后面的建模过程中，我们将以要素为出发点，并探讨各要素之间的结构布局。

三、科学素质模型建立的原则

1. *以人为本的原则*

科学素质模型一旦建立，我们就可以通过模型去识别谁是一个具有科学素质的人。所以，这里所说的以人为本，主张的是建立模型的根本出发点是"人"，符合人的需要，符合人的本质，符合人的发展规律。

2. *通用性原则*

《全民科学素质纲要》中提出的公众科学素质建设目标都与主要发达国家的公众科学素质水平进行比较，而建立科学素质模型的目的之一是为基准的制定和调查评价工作做准备，因此，如果模型不能与国际挂钩、接轨，那么根据模型所进行的后续研究则难以进行国际比较，丧失可比性。在全球竞争的时代中，科学素质测评结果的重要用途之一是预测及确定每个国家或地区在某个领域的国际位置，从而更好地为该国、该地区的科技、教育等政策的制定提供依据。近年来，中国的科学素质调查越来越受国际重视，其数据也渐渐被认可并用于国际间的比较。随着中国在国际中产生的影响和作用越来越大，国际科学素质的比较越来越需要中国的参与，需要中国的数据。同理，广东省在全国地位、产生的影响、发挥的作用越来越大，作为改革中率先开放的省份，广东公民科学素质的衡量及其测评的科学性、可行性、可比较性在包括科学素质模型的体系设计中都必须体现、具有前瞻性。因此，模型的建立需要具备国际比较性，闭门造车只会导致落后。

3. *适用性原则*

由于文化、地域和经济等因素的影响，世界其他各国与中国的科学素质之间、全国其他省份与广东省的公民科学素质之间一定会有着巨大的区别，因为即使在中国，广东的南粤文化，广东省广州市的广府文化等呈现明显的差异特点，科学素质也有着自己独特的地方，因此，模型的建立在宏观上必须考虑中国国情，在微观上也要结合广东的实际情况。对通用性的需要并不就意味着要对主流或普遍被认可的东西全部接受，所以建立科学素质模型必须做到适用、实用，有针对性。

总之，鉴于对科学素质的要素和要素之间的结构关系的研究分析，构建的科学素

---

① 百度百科．结构[EB/OL]．http://baike.baidu.com/view/160039.htm. 2009-04-03.

质模型如图 2-4 所示。

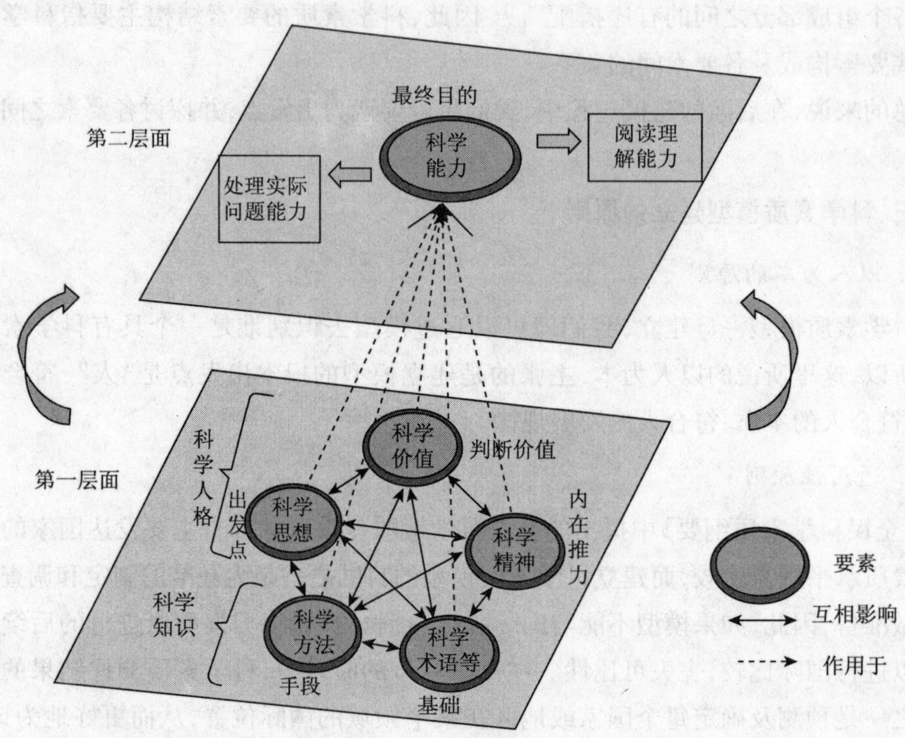

图 2-4 科学素质模型

2.2 全民科学素质的形成机理

何为形成机理？机理，“是指为实现某一特定功能，一定的系统结构中各要素的内在工作方式以及诸要素在一定环境条件下相互联系、相互作用的运行规则和原理。”①公民科学素质的形成机理就是公民在形成科学素质的过程中，各种影响要素在一定环境条件下作用于公民的运行规则和原理。也就是说，对形成机理的研究，最后是为了找出制约公民科学素质的因素，以及提高其科学素质的方式和途径。

2.2.1 科学素质建立的基础是基本文化素质

“素质”由英文 literacy 翻译而来，网络词典②中该单词的解释有四种：①读写能力——这是基于 105 个网页所得出的；②有文化，识字——这是基于 52 个网页所得出的；③识字，有文化，读写能力——这是基于 44 个网页所得出的；④有文化，有教养，有

① 百度百科．机理[EB/OL]．http://baike.baidu.com/view/925888.html? tp=0_11. 2008-12-08.

② 网络词典．literacy[EB/OL]．http://www.iciba.com/literacy/. 2009-04-25.

读写能力——这是基于37个网页所得出的。所以，literacy的基本含义是“读写能力”，也就是人们普遍认为的“有文化”。

Branscomb (1981)在《知如何知》(Knowing how to know)一文中考察了“科学”和“素质”(literacy)的拉丁词根，将科学素质定义为“阅读、书写和理解系统化的人类知识的能力”①。国际上科学素质的研究权威、国家公众科学素质促进中心主任Miller教授对科学素质下定义时也是基于这种观点：“有文化”是指起作用的读写能力②。

既然素质(literacy)的基本含义指的是读写能力，那么，具备怎样的读写能力才能算得上具备了素质或有文化呢？由于时代变化，社会不断发展，素质的标准也随之发生变化。在国际上，由于文化背景、社会经济发展程度、教育等方面的差异，各国关于基本读写能力的标准是不同的。历史上曾有过这样的状况，一个人能够写出自己的名字即被认为是有文化的。当报纸出现后，有文化随即被定义为具有读报的能力；社会经济文化进一步发展，在发达国家，基本文化素质指的是能够阅读汽车时间表、贷款协议书或者药瓶上的说明；也有学者把受教育的年限作为测定素质的尺度，不过该尺度是动态的③。比如，20世纪70年代，当中国刚刚步入改革开放的时代，本科生即为很有文化，因为研究生极少。现在很有文化通常指的是研究生，事实上随着硕士研究生数量的不断增加，研究生也不再是稀缺的高素质人群。

《我国公民科学素质的内涵与结构》课题组认为素质是有层次结构的，公民的科学素质是在基本文化素质基础上发展而成的。国际上有学者将素质(literacy)划分为两个层次：①最起码的素质(inert literacy)，比如，能够签写自己的名字，能够阅读一段短文；②通变素质(liberating literacy)，即“能够熟悉自如地查找到并能阅读自己所需的信息和知识”，所以，公民素质的培养，是一个由低到高的渐进过程，公民在具备了最起码的素质后，应该向通变素质方向提升。“基本文化素质是掌握科学素质的基本条件，任何提高科学素质的措施都要以基本文化素质，即以母语的基本读写能力作为前提”④。郭传杰、褚建勋、汤书昆、李宪奇(2008)认为，“科学素质是一个有结构的完整系统，它以基本文化素质为基础，内涵部分由不同的要素构成，外在部分具有不同的功能”⑤，也即在科学素质这个系统中，包含有基础部分、功能部分、要素部分三方面，有层次之分。

---

① 我国公民科学素质的内涵与结构课题组．我国公民科学素质的内涵与结构 A1 - 2[DB/OL]. http://www.cdstm.cn/c6/index.jsp. 2006 - 11 - 15.

② Miller, J. D. Scientific literacy: a conceptual and empirical review[M]. Daedalus. 1983, 112(2): 29 - 48.

③ 我国公民科学素质的内涵与结构课题组．我国公民科学素质的内涵与结构 A1 - 2[DB/OL]. http://www.cdstm.cn/c6/index.jsp. 2006 - 11 - 15.

④ 我国公民科学素质的内涵与结构课题组．我国公民科学素质的内涵与结构 A1 - 2[DB/OL]. http://www.cdstm.cn/c6/index.jsp. 2006 - 11 - 15.

⑤ 郭传杰，褚建勋，汤书昆，李宪奇．公民科学素质：要义、测度与几点思考[J]. 科普研究，2008(2): 26 - 33.

综上所述,公民的科学素质是建立在基本文化素质的基础上。至于这个基本文化素质的具体标准如何,在不同的国家、地区、省份,其标准会有区别。在广东,我们认为基本文化素质是指起作用的读写能力。具体到科学素质,"起作用"即在科学技术方面,具有母语的基本读写能力,并且我们将科学素质看成是基本文化素质在当今科学技术时代的扩展。

2.2.2 个体经历社会化过程受到社会影响

从社会学的观点出发,"个体从尖声哭叫、自我中心的新生儿,发展成具有社会功能的人,这个过程被通称为社会化"[①]。美国学者雅诺斯基(Thomas Yanoski)在探寻公民社会时,认为现代文明社会是由国家领域、市场领域、公众领域以及私人领域这四大既相互重叠又相对独立的领域构成的(如图2-5所示)。

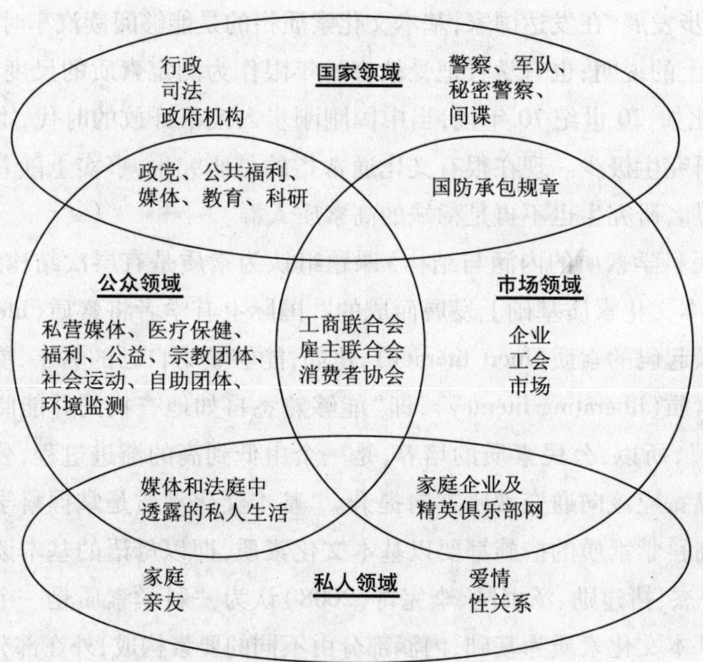

图2-5 雅诺斯基的公民社会示意图[②]

其中,公众领域,即为公共领域,常指公益性组织机构,包括政党、社团、教育、科研、医疗保健、传媒、公共福利、环境监测等机构。公众领域与国家领域的重叠包括教育、媒体、科研、公共福利、政党等,它们与公民科学素质建设的主体、渠道、路径具有直

① 孟昭兰主编. 普通心理学[M]. 北京:北京大学出版社,1994:563-564.

② 转引自我国公民科学素质建设的渠道、机制与环境课题组. 我国公民科学素质建设的渠道、机制与环境[DB/OL]. http://www.cdstm.cn/c6/index.jsp. 2006-11-15.

接的关系,公民科学素质建设作为一项"社会公共性事业,不但与国家领域的政府机构具有紧密联系,而且与市场领域的企业、私人领域的家庭和个人等具有密切关系"①。由此可以看出,公民科学素质是受社会各种因素影响的。

国内其他学者也对影响公民科学素质的因素进行了有意义的研究。如《我国公民科学素质现状和影响公民科学素质的因素》课题组认为,体制与政策环境、传统文化、社会经济和教育是影响公民科学素质的主要因素,它们之间的相互影响与层次如图2-6所示。李骏(2008)通过对昆明市农村公众科学素质现状的分析,发现昆明市农村公众接受学校教育的程度、接受社会教育的机会和主动性、生活的社会文化环境等与其科学素质水平密切相关②。彭利荣(2008)通过对大学生科学素质现状的分析,总结出大学生科学素质的特点,发现这些特点的形成是多种因素相互影响的结果,尤其是传统文化因素和社会环境因素③。

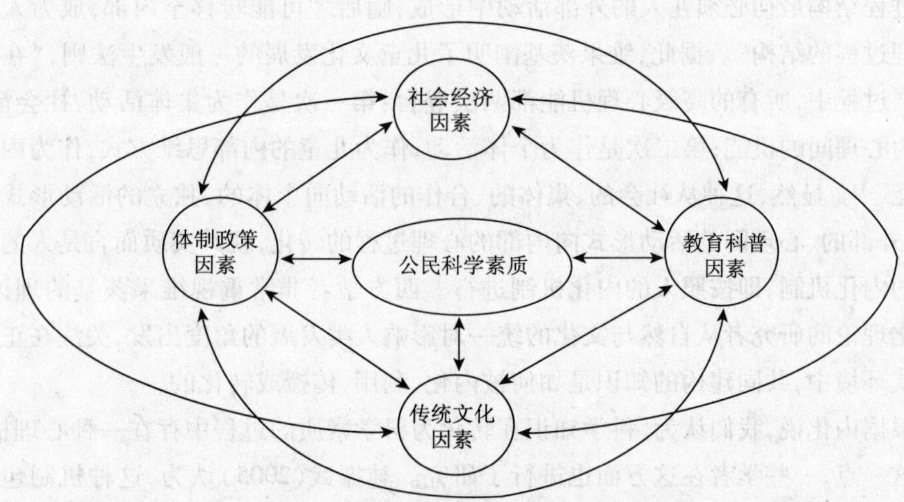

图2-6　影响公民科学素质的因素④

文献研究表明,公民科学素质的影响因素主要是社会经济因素、教育科普因素、体制政策因素和传统文化因素。

(1)社会经济因素。如国家或地区的经济结构、发展水平、人口结构、竞争力、资金投入等,这些对提升公民科学素质来说,既是机遇也是挑战。

(2)教育科普因素。如教育的基础是否厚实,发展是否均衡,教育供给、结构、布

① 我国公民科学素质建设的渠道、机制与环境课题组．我国公民科学素质建设的渠道、机制与环境[DB/OL]. http://www.cdstm.cn/c6/index.jsp. 2006-11-05.

② 李骏．昆明市农村公众科学素养状况分析及改进研究[D]．浙江大学,2008.

③ 彭利荣．大学生科学素质的现状及对策研究[D]．武汉理工大学,2008.

④ 我国公民科学素质现状和影响公民科学素质的因素课题组．我国公民科学素质现状和影响公民科学素质的因素[DB/OL]. http://www.cdstm.cn/c6/index.jsp. 2006-11-15.

局等方面是否和社会经济发展相适应等,都直接影响着公民科学素质的提高,其中,影响最大的是教育体制的完善和良好教育氛围的营造。

(3)体制政策因素。如社会运行机制、相关立法和配套政策、措施、管理体制等。

(4)传统文化因素。传统文化、文化模式是制约公民科学素质发展的社会基础,人们的思维模式和科普传播媒体也是重要的影响因素。

2.2.3 科学素质转化的动力机制

个体在科学素质提升过程中受到多种外在因素的影响,这些影响在开始时只会以"科学知识"的形态为人们所接触,那么,科学知识是怎样转化成科学素质的呢?

从心理学的角度出发,我们可以发现,维果茨基的"内化说"能为人们了解科学知识如何向科学素质的转化提供一定的帮助。维果茨基(2005)认为,"人所特有的新的心理过程结构最初必须在人的外部活动中形成,随后才可能转移至内部,成为人的内部心理过程的结构"。据此,维果茨基阐明了儿童文化发展的一般发生法则,"在儿童的发展过程中,所有的高级心理机能都两次登台:第一次是作为集体活动、社会活动,即作为心理间的机能;第二次是作为个体活动,作为儿童的内部思维方式,作为内部心理机能"①。显然,这种从社会的、集体的、合作的活动向个体的、独立的活动形式的转换,从外部的、心理间的活动形式向内部的心理过程的转化,就其实质而言是人的心理发展的内化机制,即按照人的内化机制进行。西方学者非常重视维果茨基的理论,社会文化理论的研究者从自然与文化的统一对影响人类发展的角度出发,关注在正式与非正式环境中,共同建构的知识是如何被内化、利用、传授或转化的。

根据内化说,我们认为,科学知识在转化为科学素质的过程中存在一种心理机制。关于这一点,一些学者在这方面也进行了研究。林振武(2005)认为,这种机制包括转化的动力系统(责任心和荣誉感)、心理路径(理解—兴趣—感情的共鸣—价值判断—证实)和转换表现标志(科学美与信仰真)等②。马传普(2004)认为人的素质除遗传因素外,主要由知识内化而来,由知识内化为素质是一个复杂的过程,"由知识概括而升华"、"由心理体验而顿悟"、"由行为积累而巩固"是主要途径③。在从科学知识到科学素质的转化过程中,内化是至关重要的环节。

在内化过程机制中,首先,是对知识的正确理解。人们在接触科学知识之时,可能会对其产生歧义、误解、误读。例如,中医是以调理为主,因此往往见效慢,有人会因此认为中医无用,其实并不然。所以,正确理解是科学素质形成的第一步。接着,是心理体验而产生的共鸣或顿悟,即认可、接受。因为科学知识得到认可了,才会被接纳,共

---

① (苏)维果茨基. 维果茨基教育论著选[M]. 北京:人民教育出版社,2005.

② 林振武. 从科学知识到科学素质转化机制研究[J]. 嘉应学院学报(哲学社会科学),2005(2):9-12.

③ 马传普. 从知识到素质的内化过程[J]. 高等农业教育,2005(1):20-23.

鸣与顿悟是前提。然后,是价值判断,形成观念。当科学知识得到认可后,人们会逐渐对其产生信念、崇拜、依赖,继而使之成为一种价值观。最后,是巩固,人们需要用事实来支撑自己的信仰,科学知识经过事实的推敲、时间的拷问、实践的证实,还仍然被认为是合理的,那么科学知识就得到了一个质的飞跃。内化的过程完成,从科学知识顺利转变成科学素质。

2.2.4　个体科学素质的提升有赖于实践活动

公民科学素质是由低向高发展的,因此,中间会有不断提升的过程、阶段。在提升时,必不可少、或多或少地要受到周围环境的影响,即要受到社会经济、教育、政治和传统文化等因素的影响。除了这些外在因素的作用,科学素质的提升是否还要受其他因素的影响呢?这值得我们深入研究。一个人的科学素质有高有低,最直观的判断是什么?答案可以很简单,人们在解决问题、参与公共事务的过程中所展现出来的科学能力是最直接、最好的答案。通过前述分析,我们知道,科学素质的要素中,科学能力是最终目的,而科学素质的外在体现也正是科学能力。因此,科学素质的提升也意味着能力的提高,而实践活动正好是锻炼、提升、表现能力的最好机会和手段。

一、心理学角度

从心理学的角度出发,人的各种能力是在社会实践活动中最终形成起来的,而且能力的提高离不开人的主观努力,离不开人的主观能动性[①],实践活动能影响甚至决定公民科学素质的高低。

二、社会学角度

从社会学的角度出发,人的社会化是制约性与主动性的统一,主动性即指自身的努力,即实践活动,它包括自我学习与主动参与社会各种活动等。它是"个体社会化的内因"、"个体社会化发展的能动因素",个体社会化过程有赖于"个体与社会的相互作用"、"个人生理上的禀赋与社会环境的充分接触"、"个体参加社会实践活动"才能得以最终实现[②]。在实践过程中,人会表现出一种主观能动性,即个体对社会价值文化的认识、选择和掌握,有着自觉性、目的性、针对性和积极性[③]。个体科学素质的提高是在社会化过程中完成的,因此,社会化中的实践活动是影响个体科学素质的形成和提升的一个关键因素。

综上所述,个体在从仅具备基本文化素质到具备科学素质的转变过程中,存在或者必须经历一个提升环节或阶段。在这个环节或阶段里,个体通过实践活动,即学习

---

① 彭聃龄主编.普通心理学[M].北京:北京师范大学出版社,2000:561－570.
② 百科百度.社会化[EB/OL].http://baike.baidu.com/view/79745.htm.2009－01－08.
③ 侯力,左伟清编著.新编社会学[M].广州:华南理工大学出版社,2002:63－88.

和参加活动等,最终让自身的科学素质得到提高。

2.2.5 形成机理

综上所述,公民科学素质的形成机理可以归纳为以下几点,如图 2-7 所示。

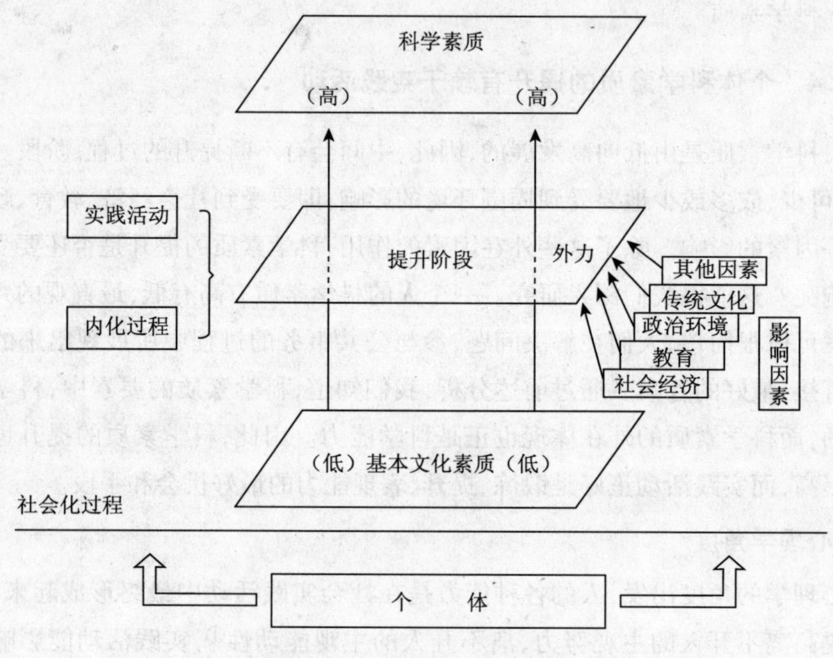

图 2-7 公民科学素质的形成机理

(1)个体从诞生的那一刻起,就已经进入社会化的过程。

(2)公民的科学素质需要经历一个从低到高的过程,当其具备基本文化素质,也就是基本的读写能力后,通过提升的阶段,才会具备科学素质。

(3)在这个提升的过程中要受到来自于社会经济、教育、政治环境和传统文化等因素的影响,即要受到外在因素的作用。

(4)从科学知识到科学素质的过程中存在一个内化的过程。

(5)处于提升阶段时,个体不仅要受到"外力"作用,而且还通过自我的学习、实践活动等使自身科学素质得到提升。也就是说,个体在"外力"与"内力"的竞合作用下使科学素质得到了提升。

(6)最终,提升阶段完成并形成科学素质。

2.3 全民科学素质的表现形式

何为表现形式?"表现"是指表示出来的行为、作风或言论等;"形式"是指事物的形状、结构等；“表现形式”就是事物的特征、规律等通过某些独特且稳定的行为、作风或言论等形式表示出来。不同国家或地区的公民科学素质的表现形式是不一样的，有着各自的特殊性，我国公民科学素质的表现形式有以下一些情况。

一、四类重点人群的科学素质呈现不同的层次性

四类重点人群的科学素质因人群的特性不同而呈现不同的层次性。公民所具有的科学素质的层次性，是科学技术社会化、大众化的必然结果。在全体公民中，或者在全体劳动适龄人口中，其成员之间在文化水平、职业、年龄、个人经历、家世背景等方面的广泛差异必然导致其科学素质的广泛差异，从而表现出明显的层次性①。Ellen K. Henriksen 认为，科学素质可以理解为实用、经济、民主和文化这四个观点。实用观点是指，“在科学技术起重要作用的社会中，人们需要具有基本科学素质以适应日常生活”；经济观点着眼于从用工角度看经济发展对科学素质的需求；民主观点主要指处在民主社会中的公民虽然有权参与科技政策，但是行权与否却取决于人们是否具有必要的科学素质；以文化的观点看，人们不仅需要具备科学素质才能理解文化的本质，而且科学本身也是人类文化宝库的重要组成②。科学素质也可分为：生活的科学素质、经济的科学素质、民主的科学素质和文化的科学素质③。实用的观点与生活的观点有相同之处，因为实用是指能否为生活带来便利。

《全民科学素质纲要》里提到的四类重点人群——未成年人、农民、城镇劳动人口、领导干部和公务员，他们因文化、年龄、职业等不同而在科学素质上表现出不同的层次。

（1）未成年人。

未成年人是国家和民族的未来，正处于受教育阶段，以文化武装、充实、提升自己是他们现阶段的任务，因此他们的科学素质受文化影响深刻，属于文化层面的科学素质。

（2）农民。

对农民来说，掌握足够的科学知识和技能，依靠科学技术的力量摆脱贫困，过上殷实、文明、健康、体面的生活，即改善生活质量，提高生活水平，是其首要需求，因此他们的科学素质以实用为主。

（3）城镇劳动人口。

他们是工业社会的主力军，经济的发展需要他们的贡献，要走新型工业化道路，满足发展现代服务业和加快城镇化进程的要求，就必须努力提高第二、第三产业从业人

---

① 程东红．关于科学素质概念的几点讨论［J］．科普研究，2007（3）：5－10.

② 李大光．科学素养的概念化过程与中国的理解［J］．科学（上海），2006（3）：25－28.

③ Benjamin S. P. Shen. Science Literacy and the Public Understanding of Science［M］. Communication of Scientific Information, Karger, Basel. 1975：44－52.

员的学习能力、职业技能和技术创新能力，提高进城务工人员的职业技能水平和适应城市生活的能力，提高失业人员的就业能力、创业能力和适应职业变化的能力，这要求城镇劳动人口的科学素质是经济的科学素质。

(4)领导干部与公务员。

他们是国家的决策者和领导者，必须要增强科学决策能力和科学管理能力，带领国家和人民走向更好的未来，这需要他们具备民主的科学素质。

二、科学知识方面的表现和差异

在科学知识方面，公民普遍高估自己对科学知识的掌握程度，其实际掌握的深度和广度因外在环境的影响而有所不同。

有学者在2005年对广东公众科学素质进行调查研究，其中一个测量的指标是“公众对重要科学术语和科学知识的理解”，调查涉及的问题涵盖了分子、Internet等基本科学术语，结果显示，自认为了解这些术语的人数高于能基本正确解释术语的人数，这种差异表示，人们都乐观地估计了自己对科学知识的掌握[①]。有学者在调查大学生科学素质时，发现大学生对传统的科学成果了解不多，对我国古代文明成果特别是在天文、地理、数学方面的成果的关注也十分有限；文史类大学生对前沿性科学知识的了解程度比理工类大学生要差得多，而在对中国传统科学成就的了解上，文史类大学生则比理工类大学生了解多一些[②]。这表明，公民的科学素质会因受生活、工作环境或受教育环境的影响而产生某种偏离、偏差，从而导致科学素质的不平衡，导致所应掌握的科学知识在深度和广度上的缺陷与不足。

三、科学方法方面的表现和差异

科学方法是人类认识和解决自然和社会各种矛盾或问题以及获得科学知识的具体途径、运作程序或过程。公民获取科学知识的渠道有很多，包括电视、报纸、因特网、广播、科学期刊、一般杂志、与人交谈、图书、微博、博客、手机短信等；获取科学知识的科普设施有动物园、水族馆、植物园、科技馆、博物馆、艺术馆、图书馆、科学活动中心等，科技类场馆、自然博物馆、人文艺术类场馆、公共图书馆、美术馆、展览馆、科普画廊、宣传栏、图书阅览室等。

2007年的中国公民科学素质调查显示，四类重点人群中，若不把未成年人群体计算在内，其他三个人群的科学素质按照领导干部和公务员、城镇劳动人口、农民的顺序递减[③]。一些学者针对领导干部和公务员科学素质进行了典型调查，结果显示领导干

---

① 张鹏，赵卓慧．2005年广东公众科学素质调查分析[J]．科技管理研究，2006(10)：252－255.

② 彭利荣．大学生科学素质的现状及对策研究[D]．湖北：武汉理工大学，2008.

③ 何薇，张超，高洪斌．中国公民的科学素质及对科学技术的态度——2007中国公民科学素质调查结果分析与研究[J]．科普研究，2008(6)：8－37.

部和公务员接触相关设施和活动比较多，他们主要通过报纸、电视和因特网获取相关科技信息，对因特网使用率远高于全国水平，自我学习意愿较高，较多地利用报纸和图书阅览室，较多参加相关培训①。一些学者在对湖北公民科学素质进行调查时发现，科技类藏书越多的人，其科学素质的水平越高②。可见，科学素质高的人获取科学知识的途径多，而且愿意投入时间参与相关活动，积极性较强，即科学素质高的人会努力让自己从多个渠道获取知识，并参加更多与科普有关的活动。

四、科学思想与科学精神方面的表现和差异

在科学思想和科学精神方面，科学素质高的人信念坚定，对科学新发现也十分感兴趣，他们会主动通过有效途径提高科学素质，能不断适应社会的变化。例如，一次关于领导干部和公务员科学素质的典型调查中，数据显示（如表2-3），新发现、新发明和新技术是领导干部和公务员最感兴趣的内容，而生产适用技术等则不容易引起这类人群的关注。

表2-3　科学技术信息感兴趣程度（%）③

	1. 感兴趣	2. 一般	3. 不感兴趣	4. 不知道
A. 科学新发现	80.9	15.6	0.4	0.5
B. 新发明和新技术	67.0	27.3	0.5	1.0
C. 医学新进展	60.3	29.2	3.5	1.9
D. 国际与外交政策	61.8	31.6	1.7	0.7
E. 文化与教育	61.4	31.5	1.6	0.5
F. 国家经济发展	77.5	17.7	0.7	0.4
G. 农业发展	42.4	45.5	5.4	1.2
H. 生产适用技术	29.9	48.9	11.2	3.4
I. 体育和娱乐	39.6	45.2	8.8	1.0
J. 公共安全	69.2	24.6	1.4	0.6
K. 节约资源能源	64.3	29.1	1.2	1.0

另外，科学素质高的人崇尚科学，科学信念坚定，如他们有病即就医，不信偏方，不求助于星座、占卜，不信邪教。为了提高自身的科学素质，他们会不懈地努力，追求真善美，能持续保持求真务实的探索精神。

① 张超，何薇，高鸿宾．2007领导干部和公务员科学素质典型调查[J]．科普研究，2008(6)：59-64，80.

② 胡仕勇，杨怀中．湖北省公民科学素养研究——对湖北省境内1234名公民的调查[J]．科普研究，2007(3)：31-38.

③ 张超，何薇，高鸿宾．2007领导干部和公务员科学素质典型调查[J]．科普研究，2008(6)：59-64，80.

五、科学价值方面的表现和差异

在科学价值方面，科学素质高的人更善于用辩证的观点分析科学技术发展带来的各种社会问题，更能了解和判断科学技术给人类可能带来的正反两方面的影响，所拥有的科学伦理和道德观也更趋合理。

从辩证的观点出发，世间万物皆有两面性，科学技术也不例外。科学技术史表明，科学技术既能促进社会的发展，同时也能产生负面影响，制约社会的发展。关于这一点，人们的认识需要一个过程，不同群体的认识也不同步。通常，大学生属于科学素质高的群体，他们肯定科学技术发展对社会的正向作用，认为科学技术的发展将更多地改善人们的生活。他们相信随着医疗技术的不断进步，人们会更加健康，寿命会更长；随着环境、生物科学的研究与发展，人类保护环境的手段也将越来越多；随着核能技术、安全技术的发展，人类可以有效摆脱资源不足的困境；随着水稻种植技术的发展，人类饥饿的状况将大大改善。但是，在道德、伦理、和平方面，他们则认为科技发展带来的影响是正负相当，甚至负面的影响大于正面的影响，这表明大学生不仅“关注科学技术对社会的影响，也能以辩证的眼光看待科学技术的发展”①，对人类社会而言，科学技术既可以产生积极作用，也会产生消极作用。

其他科学素质高的人也同样对科学技术有较为全面的认识，他们并不盲目地全盘肯定或全盘否定科学技术的存在价值和作用，也能认识到科技所带来的有利影响与不利影响，可以用辩证的观点分析问题，他们的科学伦理和道德比科学素质低的人更具合理性。

六、科学能力方面的表现和差异

在科学能力方面，“公民参与公共事务的能力”所关注的是与自身利益相关的信息，素质高的人要求参与决策，即参与公共事务的意愿强烈；另就“公民处理日常生活问题”的能力而言，不同人群的特点、专长不同。

在心理学上，有一种信息过滤的现象，那些与人们切身利益相关的信息将被保留，而无关紧要的、与自己利益相关不大的则不被接收。举一个日常生活的例子，早晨6点，即使浴室里有流水声，或者有人在厨房里准备早餐，或者有人按响了门铃，甚至电话或闹钟的铃声响起，熟睡中的妈妈也许不会被吵醒，也许醒了但仍然睡眼惺忪，信息因被过滤掉而不被接收；但是孩子的哭声一旦出现，妈妈一般会立刻醒来，跑到孩子身边照顾孩子，这是母性使然。其实，孩子之于母亲就相当于母亲最切身的利益，孩子的哭声相当于母亲的利益在受损，这时信息不仅会被保留下来而且会立即被接收：最直接地表现为采取行动。类似的现象也出现在公民参与公共事务的活动中。当公民参与公共事务时，留意最多的是与自身相关的信息，而科

① 彭利荣．大学生科学素质的现状及对策研究[D]．湖北：武汉理工大学，2008.

学素质高的人不仅会表现出关心的意向，还会要求参与决策以保障自己利益不被损害，或者保护自己利益的最大化。

另外，由于公民的科学知识受外在环境的影响，接收信息的渠道也各有侧重，导致公民在处理日常生活问题时，技能存在差异，专长不同。专长指的是公民擅长的技能和能力，它不包括基本的技能和能力。例如，每个公民都知道应节约用水，知道采取基本的创伤应急措施，但是农民擅长种植作业、工人擅长自己所在岗位的工作、领导干部和公务员在决策方面更得心应手。

第三章　广东省全民科学素质基准设计

3.1　广东省全民科学素质建设的社会环境

广东省全民科学素质的社会环境是指广义上的环境，即外部环境，它包括所有对广东省全民科学素质产生影响的外部要素的总和[①]。外部环境主要指制度环境，包括正式的和非正式的。公共政策、法律法规属于正式的制度环境范畴，非正式制度环境主要包括社会环境、文化环境、就业环境、经济环境、教育环境、人口环境等。

3.1.1　制度环境

早在1994年，根据《中共中央、国务院关于加强科学技术普及工作的若干意见》和国家科委《关于建立科普工作联席会议制度的通知》的精神，当时的广东省科委开始正式承担起综合协调全省科普工作的职责。1996年8月，经广东省政府同意，广东建立了广东省科普工作联席会议制度，联席会议办公室设在当时的省科委。此后，广东省委、省政府为促进广东省科普工作走向规范化、制度化和法制化的道路而不断努力，颁发了如《中共广东省委、广东省人民政府关于加强科学技术普及工作的通知》（粤发[1997]11号）等政策，加快了制定《广东省科学技术普及条例》的步伐。在1997年10月，广东省科普工作联席会议批准印发了《广东省科学技术普及工作"九五"计划及2010年远景规划》。另外，科普组织网络建设启动并逐步开始着手完善，如科普场馆和各种类型的科普基地认定等，还把广东省内各市的科普经费纳入统计范围。由此，科普工作在广东省逐步深入、推进。

这些年来，虽然广东省在科普工作上取得了很大的进步，但是科普工作的总体水平与广东建设经济强省、科技强省和创新型广东的要求还不完全相符，主要表

---

① 我国公民科学素质现状和影响公民科学素质的因素课题组．我国公民科学素质现状和影响公民科学素质的因素[DB/OL]. http://www.cdstm.cn/c6/index.jsp. 2006-11-15.

现为[①②]：

(1)政策法规建设滞后。这表现在《广东省科学技术普及条例》至今仍未制定颁布，导致科普投入、科普场馆建设、科普工作者的工作条件及生活待遇等方面缺乏法律保障，科普工作长效运行机制尚未形成。

(2)科普投入依然不足且不平衡。从投入看，2004 年广东省常住人口人均占有科普经费仅 0.75 元；从投入分布看，广东省发达地区的科普经费投入占了绝大部分，不平衡情况十分明显。2005 年，珠江三角洲的科普经费财政投入约占全省投入总量的 70%，其他地区县区级科普经费财政投入平均只有 15.6 万元、其中还有 28% 的县级科普经费财政预算在 5 万元以下，有的县甚至根本没有科普经费的财政投入。即使经过四年时间，在 2009 年我国全社会科普经费筹集额也只有 87.12 亿元，人均科普专项经费 2.10 元。2010 年，广东全省科普的经费使用总额 5.3 亿，年人均科普经费不足 5.5 元，而此时同为经济发达区域的上海市，其人均科普经费投入已经超过 11.82 元，北京市则在 2008 年就做到了人均科普经费投入 11.59 元。显然，广东在人均科普投入方面虽高于全国平均水平，但明显落后于上海，更远远落后于北京。

(3)科普组织网络仍有待完善。仅以科普场馆为例，目前广东全省各类科普活动场馆总量虽居全国第二，但与人口相比为 1∶417，即 417 万人才享有 1 个场馆，而全国平均水平为 1∶223、日本为 1∶22、美国为 1∶41。不仅如此，真正具有科技馆功能的场馆也有限，一些科技馆的装备、设施亟待更新、改造。

根据党的十六大精神，依照《中华人民共和国科学技术普及法》和《国家中长期科学和技术发展规划纲要(2006—2020 年)》(国发[2005]44 号)，2006 年，国务院颁布《全民科学素质行动计划纲要(2006—2010—2020)》。该纲要指出要把公民科学素质建设放在非常重要的位置，其指导方针之一就是要求政府推动全民科学素质建设，要求各级政府必须将公民科学素质建设作为全面建设小康社会的重要工作，各级政府要将《全民科学素质纲要》的精神和要求整合并纳入有关规划中，加大公共投入，制定有关政策法规，以政策、措施、示范推动《全民科学素质纲要》的实施。这显然要求广东省在科普工作上加大力度，为提高公民科学素质做出积极贡献。

早在 2007 年 3 月份，《上海市实施〈全民科学素质行动计划纲要〉工作方案(2006—2010)》正式发布，该工作方案提出了市民科学素质指标、上海实施《全民科学

① 中国民主促进会广东省委员会．关于加快制定颁布《广东省科学技术普及条例》的建议[EB/OL]．http://www.gdmj.org.cn/index2008lh6.htm.2008.

② 广州日报，2011－10－07.

素质纲要》的主要目标[①]。2008 年,中国科协原副主席徐善衍在广州召开的"2008《全民科学素质行动计划纲要》论坛暨第十五届全国科普理论研讨会"上明确指出,"广东公众的整体科学文化素质低于上海、苏州等地"[②]。要扭转这一局面,要建设公民科学素质,任务是艰巨的,虽然我们有信心完成,不过也要正视现实:广东省全民科学素质的建设十分迫切。

广东省根据《全民科学素质纲要》的要求和自身实际情况,为提高全民科学素质做了很多工作,举例如下:

(1)成立了广东省全民科学素质工作领导小组办公室并举行多次会议,参与会议的包括省委组织部、省科技厅、省教育部等部门的成员。

(2)实施《全民科学素质纲要》推进大会举行。

(3)2007 年 1 月,省政府在广州召开电视电话会议,部署全省农村义务教育学校危房改造和免收课本费有关工作;省委印发《中共广东省委关于印发〈2006—2010 年全省干部教育培训规划〉的通知》。

(4)全国第一个专门扶助优秀外来工作家的机构"广东外来青工文学创作中心"成立,"广东建设社会主义新农村文学创作会议"举行。

(5)由省委宣传部、省直机关工委、省文明办、省教育厅、省新闻出版局、省总工会、团省委和省妇联联合开展的"书香岭南"活动于 2009 年 4 月 23 日即世界读书日启动,同时宣告全民阅读专家指导委员会成立。

这些政策法规的建立和活动的举行都是广东省重视全民科学素质建设的具体表现。广东省全民科学素质在政府的领导下不断被提升,即使制度还不完善,但是建设的热情却很高涨。

3.1.2 经济文化环境

经济、教育、文化以及医疗卫生等环境,直接影响着公民科学素质的提高。这里,我们分析所用的数据主要来源于《广东统计年鉴》[③]、《30 年来广东教育事业发展综述》(刘建民,2008 年)[④]。

一、经济环境

广东省的经济环境可以从以下数据中窥见一斑。2008 年,广东省全社会固定资

---

① 中国上海.上海市实施全民科学素质行动计划纲要工作方案正式发布[EB/OL].http://www.shanghai.gov.cn.2007-03-15.

② 闻琦,卜浩健.中国科协原副主席称广东人科学文化素质低于上海[EB/OL].http://news.eastday.com.2008-07-07.

③ 数据来源:广东统计年鉴 2009. http://www.gdstats.gov.cn/tjnj/ml_c.htm.

④ 刘建民.30 年来广东教育事业发展综述[EB/OL].http://www.gdstats.gov.cn/.2008-11-03.

产投资总额为11 165.06亿元；若以1979年为基期，30年的平均增长速度为22.2%；生产总值为35 696.46亿元，比上一年增长了14.8%；社会消费品零售额为12 772.21亿元，与上一年比，增长率为20.5%；海关进出口总额为6 834.92亿美元，增长率为7.8%；财政一般预算收入为3 310.32亿元，比上年增多了524.52亿元。可见，广东省经济一直在稳步增长。虽然2008年以来，国际经济衰退，出现了经济危机，但广东经济基本面良好。中国社科院发布的2009年度《中国城市竞争力报告》蓝皮书显示：东莞、中山、惠州位列全球经济增速最快的前十位城市，广东省其他城市的经济也表现良好。

良好的经济正是科学素质建设的有效保障，它能提供雄厚的资金，可以保证设施建设和完善的顺利进行；同时，它还能保证教育经费充足，如2009年4月，广东省物价局、省教育厅、省财政厅联合发出《关于取消义务教育阶段借读费有关问题的通知》，取消义务教育阶段中小学校学生借读费。其他与科学素质建设有关的方面，也能享受到经济健康发展所带来的益处。

二、教育环境

广东省的教育环境对于形成、提高公民科学素质意义重大。广东省教育环境现状可归结为以下四点。

1. 教育体系基本形成

时至今日，广东已基本形成由学前教育、义务教育、普通高中、职业技术教育、成人教育、高等教育所构成的较为全面的教育体系。以普及义务教育为目标，在广东全省城乡取消学杂费、课本费，使得适龄青少年可以便利地接受义务教育，实现了村设小学、乡镇设初中、县城设高中；在“技工荒”的强烈市场需求下，职业技术教育以高等职业教育和中等职业教育两个层次向前发展，截至2010年，广东省高职高专院校已有76所；高校扩招向着跨越式发展又进了一步。显然，广东教育事业已呈现出快速发展的局面，并走向教育强省的通道。

2. 教育规模持续扩大

以普通高校的发展规模为例，1995年广东普通高校只有42所，2008年增加到108所，2009年达到129所，2010年又增加到131所，普通高校教育规模持续扩大。其他方面，在1995年，广东省普通中学3 845所、小学2.46万所、幼儿园7 923所，到2008年，普通中学增加到4 352所、小学1.93万所（经过整合）、幼儿园10 533所；1978年，广东全省专任教师42.92万人，2008年，专任教师增加到90.33万人，增长超过一倍；1978年，广东普通高等学校、中等学校和小学在校生人数分别为3.07万人、316.96万人、743.02万人，总计达1 063.05万人，2008年全省在校生数量是1978年的1.8倍，其中普通高等学校、中等学校和小学在校生人数分别是1978年的39.62

部、2.63 倍、1.29 倍，显然从在校生规模上看，广东高等教育扩张速度最快。

3. 教育经费投入加大

广东省一直在不断加大教育经费支出力度，教育投入逐年增加：1990 年，广东全省财政用于教育经费支出仅 21.34 亿元；2008 年，该项支出达到 703.32 亿元；2011 年，计划安排 111.83 亿元，以推进公共教育均等化。随着教育经费投入的增长，全省学校质量、办学条件得到了极大的改善，包括对中小学教学建筑、危房校舍、教学等设施进行改造，有效地改善了城市和农村中小学的办学条件。

4. 各类教育入学率大幅提升

自从改革开放以来，广东采取各种措施，提高学生入学水平。其里程碑可归纳如下：①1985 年，广东省基本普及小学教育，居全国领先水平；②1996 年，基本普及初中教育，全部扫除青壮年文盲；③1999 年，高等院校开始大幅扩招；④2006 年，农村义务教育阶段学生全部免收学杂费；⑤2008 年，城镇全面实施免费义务教育，免除义务教育阶段学生的学杂费和课本费。

此外，2008 年，广东全省小学学龄儿童入学率、毕业生升学率分别达 99.67%、96.57%，全省高中、高等教育毛入学率分别为 72.0%、27.0%。从 2005 年到 2010 年的六年间，广东学前三年教育毛入园率从 66.66% 提高到 82.57%，全省大中城市城区和珠三角地区基本普及学前三年教育，其他地区基本普及学前一年教育。广东省教育厅目前已经着手出台政策措施，进一步解决入园难问题。

三、文化环境

广东省的文化环境对形成、提高公民科学素质意义重大。广东省教育环境良好，某些方面，如公共文化设施人均面积、公共文化设施建设水平等，甚至位居全国前列。广东省文化环境的现状可归结为以下几点。

1. 广东省文化事业稳步发展

广东全省文化部门的基本情况可以用一些数据描述。2008 年，艺术表演团体 130 个，国内演出场次达 1.42 万场，具体见表 3－1 所示。广东省对文化事业的投资正在加大，2010 年，广东文化事业的经费支出已经超过广东财政总支出的 1%。广州已率先在全国建成四级公共文化服务体系以“圈”覆盖城乡。

2008 年，广东省电影放映单位 1 450 个，公共图书馆、博物馆分别为 132 个（包括少儿图书馆 4 个）、152 个，群众艺术馆、文化馆、档案馆分别为 22 个、121 个、188 个，文化站 1 600 个。而在 1978 年，公共图书馆、博物馆只有 76 个、30 个，没有档案馆。2010 年，广东的市或县级图书馆、博物馆、文化馆已达 431 座，文化广场超过 5 000 个面向农村的农家书屋也已经有 12 291 家。广东非物质文化遗产展示中心已经获得立项，正在筹建。

表 3-1　2008 年广东文化部门艺术表演团体演出基本情况

项　　目	剧团数(个)	国内演出（万场）	国内演出观众（万人次）
合计	130	1.42	1946
集体经营剧团	7	0.09	113.0
	按剧种分		
话剧、儿童剧、滑稽剧团	4	0.03	63.0
歌剧、舞剧、歌舞剧团	9	0.11	209
歌舞团、轻音乐团	29	0.16	381
乐团	3	0.03	33
文工团、文宣队	3	0.03	19
戏曲剧团	61	0.81	1032
曲、杂、木、皮团	14	0.22	160
综合性艺术表演团体	7	0.03	49

新闻出版行业是文化领域的重要组成之一，包括图书、报刊、音像、电子、网络、数字出版和发行、印刷、复制、进出口 10 个门类。2008 年，广东全省图书、杂志、报纸出版数量如表 3-2 所示，由表中数据，可看出其迅猛发展之势。随着转企改制的完成，广东省新闻出版行业的发展更值得期待。

表 3-2　广东省图书、杂志、报纸出版规模

项　　目	1995 年	2000 年	2005 年	2008 年
图书出版(种)	2 510	4 374	5 908	6 318
总印数(万册)	36 911	26 978	22 600	28 005
总印张数(千印张)	1 800 632	1 482 942	1 514 191	2 036 526
杂志出版(种)	329	337	366	380
总印数(万册)	22 740	26 299	20 371	24 608
总印张数(千印张)	674 634	919 514	1 116 814	1 393 465
报纸出版种数	130	101	102	101
总印数(万份)	226 441	346 268	398 152	439 352
总印张数(千印张)	4 747 000	17 669 099	28 996 964	39 628 060

总之，广东省的文化事业在不断往前发展。文、卫、体等社会事业和人口工作得到加强，重点公共文化设施建设稳步推进，农村和城市社区文化设施加快建设，体育事业健康发展，例如，成功举办了全国第八届少数民族运动会，2010 年第 16 届亚洲运动会在广州成功举行，2011 年世界大学生运动会在深圳成功举行等。

2. 广播、电视事业不断发展

广东省广播、电视事业稳步前进，相关设施逐渐完善。2008 年，广东省拥有广播电台 22 座，中波广播发射台和转播台 21 台，比 2000 年的 10 座增长了一倍多；电视台 24 座，1 000 瓦及以上电视发射台和转播台 83 座，比 1990 年的 23 座增加了 2 倍多。在 2005 年到 2008 年四年间，广东有线广播电视用户从 1 121.9 万户增加到 1 493.82 万户，数字电视用户从 100.6 万户增加到 517.16 万户，增长超过 4 倍；广播、电视综合人口覆盖率分别为 97.1%、94.4%（见表 3－3），是提高公民科学素质的有价值的渠道。

表 3－3　广东省广播、电视事业发展情况

项　　目	2005 年	2008 年
广播电台（座）	22	22
中波广播发射台和转播台（座）	16	21
电视台（座）	24	24
1000 瓦及以上电视发射台和转播台（座）	40	83
县、市广播电视台（座）	78	79
有线广播电视用户（万户）	1 121.9	1493.8
数字电视用户（万户）	100.6	517.2
广播综合人口覆盖率（%）	96.1	97.1
电视综合人口覆盖率（%）	96.4	94.4

四、其他方面

广东省在体育、卫生、社会福利等方面成果突出，机构、设备、人员等不断完善，稳健发展，如表 3－4 所示。

表 3－4　广东省体育、卫生、社会福利基本情况

指　　标	1995 年	2005 年	2008 年
举办运动会次数（次）		2072	
举办全民健身活动次数（次）		7 838	8 072
参加 1000 人以上活动的人数（万人）		771.76	
卫生事业机构数（个）	8 848	16 318	15 821
卫生事业机构床位数（万张）	14.88	20.97	25.05
卫生技术人员数（万人）	22.99	29.73	38.39
平均每千户籍人口医院、卫生院床位数（张）	2.03	2.44	2.77
平均每千户籍人口有卫生技术人员数（人）	3.39	3.76	4.59
优抚收养性单位收养人数（人）	1 918	2 600	3 059
社会救济总人数（万人）	337.80	262.28	271.61

3.2 制定全民科学素质基准的原则

科学素质基准指的是基本的科学素质标准，目的是针对中国公民应具有的基本科学素质水准设定一个最低要求①。科学素质基准是一个参照标准，通过这个标准，我们可以判断一个人是否具备基本的科学素质。

《全民科学素质纲要》明确要求，要制定《中国公民科学素质基准》。其方法是从建设社会主义现代化强国的战略高度，在借鉴国外先进经验的基础上，结合我国国情，围绕中国公民工作、生活中的实际需求，设计公民应具备的基本科学素质的内容和测量标准并提供指导，“为《全民科学素质纲要》的实施和监测评估提供依据”②。基准要达到的目标是：①列出基本科学素质的内容；②提供公民提高自身科学素质的衡量尺度和指导；③提供实施和监测评估《全民科学素质纲要》效果的依据。广东省全民科学素质基准的制定也同样要做到这三点。在这三点目标的指导下，要考虑国内外与广东的实际情况。

广东省全民科学素质基准的制定应遵循以下原则：

一、通用性原则

制定的基准要有较大的适应范围，公民个体有差异，又鉴于基准的制定目标之一是为监测评估提供依据，所以，它需要有一定的通用性。中国关于公民科学素质的研究起步较晚，国际上较成熟的科学素质测评体系无疑是我国广东省在构建公民科学素质测评指标体系时的重要参照系和依据，同时，在全球化的时代，建立通用性的科学素质基准，可以得到适用于国际比较、对比研究的公民科学素质测评结果，以便为迅速赶超发达国家、国内发达省份，制定科学合理的科技政策、科学教育政策、科普政策提供决策依据。《全民科学素质纲要》中提出的公众科学素质建设目标都与主要发达国家的公众科学素质水平进行了比较③，广东是中国的重要行政区域之一，经济、社会发展在国内领先，广东省全民的科学素质在中国具有代表性，如果基准不能与世界标准紧密挂钩，后续的研究、实施效果的评估、针对性的赶超就将失去有效的方向。

二、适用性原则

科学素质基准的制定必须有针对性、适合目标，具体而言就是适合广东省公民。遵循通用性原则并不是要求我们对国际上主流体系或国内普遍观点全盘接受，因为那是不切实际的。我国正处于社会主义初级阶段，与发达国家相比，我国公众的科学素

① 马来平.《中国公民科学素质基准》的基本认识问题[J]. 贵州社会科学，2008(8)：5－10.

② 全民科学素质行动计划纲要。

③ 汤书昆，王孝炯，徐晓飞. 中国公民素质测评指标体系研究[J]. 科学学研究，2008(1)：78－84.

质还比较低。因此,基准的制定不能盲目地照搬国际标准,加之广东的发展虽然在国内处于前沿,但与发达国家还存在一定的差距,所以,基准应根据我国的情况并结合广东的实际设定一个最低要求。另外,考虑到现实城乡二元结构的存在和受教育程度等因素会导致公民科学素质的不平衡,这就要求基准必须具有一定的普遍性,否则不适用。我国是一个历史悠久的国家,具有独特的科技文化,广东更是具有自己独有的文化魅力。如果抛弃这些,那么制定出来的基准是没有实际效用的。总之,理想的基准应该适用于广东,内容的确定需要考虑广东的具体情况,以增强应用上的整体适用性。

三、前瞻性原则

当今时代,科技与社会不断快速发展,瞬间千变万化。基准的制定除了要符合适用性原则外,还需要对未来有较为准确的把握。如果基准未能着眼于未来的发展,那么将会在短时间内出现与实际不符的情况,从而渐渐被淘汰,经不起考验的基准是失败的,频繁地修改基准对于制度、措施的稳定性是不利的。虽然我们不能奢求制定的基准能持续到下个世纪,但最起码的要求是在未来五年内即“十二五”期间,基准的内容仍然能适用,与我国社会、经济、科技的基本需求和公民整体素质发展的基本状况相符。因此,基准的制定需要建立在对广东未来发展的正确预测基础上,必须有前瞻性。

四、科学性原则

基准的制定不是随意的主观判断,必须符合科学性。例如,美国“2061 计划”的成果之一——《科学素质的基准》在“科学世界观”一节中写到,读完二年级,学生们“应该知道在不同的地方进行同样的科学调查,一般应采用相同的方法”;而到五年级结束,学生们应该知道,相似的科学调查所得到的结果一般不会完全相同,“有时是因为所调查的事物有出乎意料的区别,有时是因为对采用的调查方法和进行调查的环境有认识不到的区别,有时仅仅是由于观察不准所致,总之,人们往往不知道是哪一个原因”①。我们不能要求二年级的学生知道五年级学生应该知道的东西,而五年级的科学素质基准一定要高于二年级,如果情况不是如此,那么基准就是不科学的,因为它至少没有考虑到人的本质与发展需要。科学性原则还要求基准选择的内容必须是科学的,如有学者提出②在基准中加入“中医药学”的内容,但是“中医实际上是中国古人对人体和疾病的认识的思想产物,是中国的文化和思想在医学领域的延伸。我们要研究中医是不是伪科学,不仅要看中医的理论和治疗手段是否科学,还要看隐藏在中医背后的那些思想是否科学”,“与西医相比,中医则是基本上原封不动地保持了自己的古老传统,仍将古代的文献奉为经典”③,因此,倘若真要把中医药学的内容加入基准,那

① 美国科学促进协会. 科学素养的基准[M]. 中国科学技术协会译. 北京:科学普及出版社,2001.
② 张泽玉,李薇. 中国公民科学素质基准研究[J]. 科普研究,2007(6):15-18.
③ 百度百科. 中医[EB/OL]. http://baike.baidu.com/view/8915.htm#2. 2009-04-07.

么就必须是那些被检验为正确的方面,不可抛开科学而盲目接受。

总之,基准的内容必须能接受实践的检验,体现科学的本质,否则,非科学的基准是经不起考验和推敲的。

3.3 广东省全民科学素质基准的具体内容

3.3.1 基准内容的选择

一、设计方法

如果把广东全民的科学素质基准与企业中的员工素质基准进行类比,我们在基准选择时可以运用管理学的理论,比如可利用关键绩效指标法(KPI)、平衡计分卡(BSC)和标杆基准法作为选择方法。

1. 关键绩效指标法(Key Performance Indicators,简称 KPI)

由美国学者弗拉赖根和巴拉斯共同创立的关键绩效指标法又称关键事件法①。KPI 的应用需要进行工作记录,即考评者必须通过记录考评对象的好的工作方式、不良行为或事故等关键绩效,进行系统地、可测量、可控制的绩效评估。所以,关键绩效指标法是要寻找那些关键的因素,如行为因素、最关心的工作产出等。

将这种方法应用于科学素质基准的选择,那就要求要素或者编写领域的选择是最基本、最标准化的,是最能反映全民科学素质的,必须抓住关键,抓住重点,而且这些关键的因素可以进行测量与控制,即能组成可量化或可行为化的标准体系。

2. 平衡计分卡(Balanced Score Card,简称 BSC)

平衡计分卡(BSC)是为解决传统的以财务指标为主的绩效管理体系的不足,由哈佛大学教授罗伯特·卡普兰与复兴全球战略集团总裁戴维·诺顿合作发明的一种全新的绩效管理工具。使用时必须基于对企业总体发展战略的共识,将 BSC 分成四个不同维度的运作目标和相应的评价指标,再按照既定的实施步骤进行考核与评价。BSC 最突出的特点是集综合测评、管理控制与交流功能于一体,从结构上看,它是一个纵横交错的统一体。在编写科学素质基准时应吸收 BSC 的核心理念,即需要综合性,而且以广东可持续发展以及建设创新型省份的目标作为前提,制定符合实际情况的基准。根据 BSC 的思想,基准编写所选择的内容应该构成一个有机的统一体,彼此间存在一定的因果关系,否则,会有割裂和衔接不当的情况出现。

3. 标杆基准法

标杆,即学习的榜样。运用于企业的标杆基准法是“不断寻求和研究业内外一流

---

① 余泽忠.绩效考核与薪酬管理[M].武汉:武汉大学出版社,2006:78-87.

的、有名望的企业的最佳实践，以此为标杆和基准，结合自己的实际情况从产品、服务、管理等方面与之进行定量化评价与比较，分析这些标杆企业达到优秀水平的原因，在此基础上建立企业可持续发展的关键绩效标准及绩效改进的最优策略的程序与方法”①。标杆基准法的标杆是指最佳实践和最优标准，其核心是向最优的榜样学习，它是指在相关领域或最广阔的全球视野上寻找基准。标杆基准法是直接的、片段式的、渐进的，注重比较和衡量。

科学素质基准的制定也需要标杆，因此标杆基准法是适用于设定公民科学素质基准的。标杆的实质是以领先的事物为参照，摒弃落后无用的，如此方能站在潮流尖端，符合时代要求。所以，基准的编写不能是闭门造车，应参考国内外的先进研究成果，如美国的 2061 计划、OECD 以及我国的科学课程设置等，进行国内外的比较，编写符合广东实际的基准。

二、选择方法的应用

上述提到的三种方法不能单独采用，应把三者的优点结合起来综合运用，下面将讨论如何针对科学素质把 KPI、BSC 和标杆基准法应用于基准内容的选择。

科学素质基准的内容可以无穷无尽，要尽数列出是不可能的，因此，我们需要取舍和选择。可以考虑从《全民科学素质纲要》所提出的科学知识、科学方法、科学思想、科学精神即“四科”，以及处理实际问题和参与公共事务的能力即“两能力”出发，对构成科学素质的每一部分进行取舍。用这种思路设计科学素质的内容，结构必然清晰，但必须满足一个前提，那就是“四科”、“两能力”相互独立，没有交叉和关联，是独立变量。但在实践中，即便知晓科学能力与知识、态度属于不同层次，科学能力属于结果变量，操作时将它们完全分离也着实困难。因为他们之间是有联系的，比如知识越多则能力提升越快，能力越强则越容易获取知识、掌握知识。因此，还可以采用另一种方法，将科学素质划分为一系列的能力，然后对应地填充内容，这样可以突出能力的重要性，但能力之间的交集过多，若要清晰地划分将难以实现。再者，可以尝试以点带面，以某几个主要的领域为基点，展开论述。总之，运用科学的方法设计科学素质基准的内容是必然的选择，方法多样，关键是遵循制定科学素质基准的原则。

科学素质基准的内容要从科学素质的构成要素出发，单从能力出发是难以实现的。最好的做法是选择某些科学领域进行编写，这恰恰是国际的主流做法，如美国“2061 计划”的成果之一——《科学素质的基准》，该书共十二章，分别是科学的性质、数学的性质、技术的性质、自然环境、生存环境等，每章下面再设小节，小节的内容都是在这个主题下展开的，如自然环境，其下的小节有宇宙、地球、影响地貌的因素、物质结

① 石金涛. 绩效管理[M]. 北京：北京师范大学出版社，2006：134－136.

构、能量转换、物体运动、自然力七个[①]，这些小节都是属于自然环境这个领域的内容。因此，我们在广东省全民科学素质基准内容的制定时参照此法，选择一些领域进行编写，这也是通用性原则指导下的选择。

1. 确定选择的原则

首先，我们必须要确定选择的原则：

(1)依据"基准"即基本标准，我们选择的领域必须是构成广东省全民科学素质最基本的方面，而且这些领域与公民的日常生活和工作关系密切；

(2)科学素质基准的制定是为了更好地提升公民的科学素质，以适应社会经济的发展，所以选择的领域应是社会经济发展所迫切要求的。一些学者选择了六个领域，分别是物质与能量、环境与生态、生命与健康、个体与社会、信息与交往、认识与方法[②]。

2. 设计基准内容的脉络

文献研究表明，一些学者经过分析并多次听取专家意见后，认为基准制定的脉络为：①用科学的眼光看世界(突出科学的本质、精神和态度)；②科学如何解释世界(突出科学知识)；③用科学解决问题(突出科学方法)；④科学技术与社会。

这种脉络组织的特点是：①突出了科学的本质、精神和方法，以及科学技术与社会的关系；②关注公众的日常生活和工作中面临的实际问题，以解决问题为目的，展现有关的科学内容；③避免了贪多求全却不精练深入的情况，按照主题在不同的背景下逐步展开，循序渐进，不断强化和发展[③]。根据前面的有关分析可知，如果按照科学知识、科学方法、科学精神等要素以条块的方式制定基准，会使各要素的联系性和综合性被割裂，但上述脉络采用突出重点的方法，解决了被割裂的问题，且条目清晰，是可取的。

鉴于此，我们尝试以下面的脉络组建基准的内容：

(1)用科学的眼光看世界。这部分的内容分三块，分别是科学的世界观、科学事业和科学探究，这些内容突出了科学的性质、科学思想、科学精神和科学知识中的科学方法。

(2)科学如何解释世界。这部分的内容有四块，分别是"物质与能量"、"环境与生态"、"生命与健康"和"被人工改造过的世界"，这里突出了科学知识，但是其他要素的内容也有所涉及。

---

① 美国科学促进协会著．科学素养的基准[M]．中国科学技术协会译．北京：科学普及出版社，2001.

② 马来平．《中国公民科学素质基准》的基本认识问题[J]．贵州社会科学，2008(8)：5－10.

③ 面向全体公民的科学素质标准课题组．面向全体公民的科学素质标准 B3－1[DB/OL]．http://www.cdstm.cn/c6/info.jsp? id＝3358. 2006－11－15.

● 选择“物质与能量”的理由是:《广东省国民经济和社会发展十一五规划纲要》中提到,“要构建绿色广东,实施绿色广东战略,走绿色发展之路,促进经济增长方式转变,构建资源节约型社会:在生产、建设、生活等各领域,广泛推行节约各种资源活动,特别要加强对重点行业的能源、原材料、水和土地等资源的消耗管理。大力节约和集约利用土地,实行更加严格的土地管理和保护制度,设定区域绿地和环城绿带。全面推行清洁生产和绿色消费,从源头减少废弃物和污染物的产生。鼓励使用‘热电冷’联产、洁净燃煤发电等节能、环保发电技术,提高能源利用效率。在各行各业推行节水措施,鼓励水资源的再生利用。加强节约资源的宣传教育,在全社会树立节约意识”。因此,广东全民需要拥有这方面的科学素质。另外,我们周围到处都是材料,它是人类生活、生产的物质基础,而且新材料技术对经济的发展有强大的推力,是广东创新性的表现。

● 选择“环境与生态”的理由是:经济的发展不可避免地要损害环境,随着经济的发展,广东的环境和生态会受到很大影响。党的十七大报告提出,要“建设生态文明,基本形成节约能源资源和保护生态环境的产业结构增长方式、消费模式”;而《广东省国民经济和社会发展十一五规划纲要》提出,要“建立环境友好型社会,加强生态保护,加快建立林业生态省,加强水资源保护,保护海洋生态环境,改善农村生态环境”,“保护环境,从我做起”,因此,广东全民需要具备这方面的科学素质。

● 选择“生命与健康”的理由是:《全民科学素质纲要》中提到,科学素质建设的目标之一是要“形成科学、文明、健康的生活方式和工作方式”。热爱生命、健康生活是一种积极的生活态度,一个拥有科学素质的人应该懂得如何珍爱生命,懂得如何让自己和他人健康成长。因此,这方面的重要性是不言而喻的。

● 选择“被人工改造过的世界”的理由是:“被人工改造过的世界”主要涉及农业、材料、能源等方面。

(3)科学技术、人、社会。这部分的内容主要有两块,分别是个人与社会、科学技术与社会,这些内容突出的是科学价值和科学能力的内容。

(4)重点人群的特殊要求。由于人群的年龄、社会经验、教育背景等存在差异性,其科学素质会有自己的特殊性,却又是本人所在、所属群体所应具备的基本内容。因此,这部分将对四类重点人群的特殊内容进行列举。

3.3.2 基准的定位

广东省全民的科学素质应该定位在什么水平上?我们认为要注意以下两点。

一、科学素质的定位应与广东全省的文化教育相适应

从教育环境的分析中可知,广东省一直在采取各种措施来提高学生的入学水平,而且珠三角部分地区已实现城乡免费义务教育,普及或基本普及高中阶段教育。但总

体上来说，广东大部分地区的教育层次只是处于初中水平。

二、科学素质的定位应与人口文化程度相对应

2005年，广东全省具有大学、高中、初中和小学文化程度的人口分别为498万人、1 328万人、3 491万人和2 809万人，大学、高中和初中文化程度的人口比重分别上升到5. 42%、14. 44%和37. 97%，小学文化程度人口比重则下降到30. 55%。文盲、半文盲人口则由1982年的864. 5万人下降到2005年的434万人，6岁以上人口的平均受教育年限达到8. 35年，这种情况与义务教育的时间相当。由以上数据可知，处于初中文化程度以上的人口比重为57. 83%，超过一半。

因此，广东省全民科学素质的定位应该是初中水平（还没完全接受九年义务教育的未成年人除外），基于此，其他三类重点人群（农民、城镇劳动人口以及领导干部和公务员）都应具备九年级学生的水平。至于那些尚未来得及接受九年义务教育的未成年人的基准，应分阶段进行编写：根据国家科学课程标准，可分为幼儿园到二年级、三年级到六年级、七年级到九年级。

借鉴包括美国“2061计划”丛书之一的《科学素质的基准》、国家科学课程标准①②商向东主编的《公众科学素质读本》四卷③④⑤⑥以及国家的一些政策法规（如《全民科学素质纲要》），可得出基准的内容。

3.3.3 基准的具体内容

一、用科学的眼光看世界

1. 科学的世界观

(1)到二年级结束，应该：

1)进行科学调查时，采用曾经用过的方法，预计得到类似的结果；

2)进行同样的科学调查时，即使是在不同的地方，一般也可以选用同样的方法。

(2)到六年级结束，应该：

1)了解相似的科学调查的结果很少能完全相同。原因可能是所调查的事物有区别，也可能是因为在不同的调查环境之下调查方法出现差异情况，又或者是因为调查

① 课程标准．国家课程标准专辑 科学课程标准（3 - 6年级）[EB/OL]. http://www. being. org. cn/ncs/index. htm. 2003 - 02 - 23.

② 课程标准．国家课程标准专辑 科学课程标准（7 - 9年级）[EB/OL]. http://www. being. org. cn/ncs/index. htm. 2003 - 02 - 23.

③ 商向东．公众科学素质读本未成年人卷[M]. 沈阳：辽宁科学技术出版社，2007.

④ 商向东．公众科学素质读本农民卷[M]. 沈阳：辽宁科学技术出版社，2007.

⑤ 商向东．公众科学素质读本城镇劳动人口卷[M]. 沈阳：辽宁科学技术出版社，2007.

⑥ 商向东．公众科学素质读本领导干部和公务员卷[M]. 沈阳：辽宁科学技术出版社，2007.

者的观察不准确。

2)认识到科学不会停滞不前,它是不断发展的。

(3)到九年级结束,应该:

1)了解当类似的调查取得不同的结果时,需要做进一步的研究才能确定差异的结果是否重要。即使结果相似,但为了结果的准确性,仍要重复进行许多次实验。

2)了解无论是出现新的认识,还是出现新的理论,科学知识都将被修正。

3)了解完全否定旧的科学知识是不对的,因为它们至今仍有一定的应用价值。

4)了解不能用科学的方法有效地考察某些事物,如道德问题。即使人们可以用科学证明或者预测某种行为可能产生的后果并据此做出选择,但依然不能确定这些行为和选择是否合乎伦理、道德。

2. 科学的事业

(1)到二年级结束,应该:

1)能在科学方面提出一些自己的想法;

2)认识到若以小组形式,同学们一起进行科学研究是有益处的,因为彼此可以分享,还可以从中得出自己的结论;

3)学生们可以在对植物、动物的观察中得到知识,知道它们的需要,并在观察过程中保护好它们。

(2)到六年级结束,应该:

1)认识到科学的普遍性和重要性,科学是一项开创性的工作,世界各地的人都能参与;

2)知道交流是从事科学工作和促进科学发展的基本条件之一;

3)了解有许多不同年龄、不同背景的人在从事科学工作科学研究,这些研究工作包括不同种类。

(3)到九年级结束,应该:

1)了解在不同时代,对科学教学、技术进步做出贡献的人中,包括不同文化背景和不同类型的人;

2)了解不论何时何地,人们从事科学工作所产生的知识和技术,最终都将积累下来并在不同程度造福世界上的每一个人;

3)了解科学家们在不同领域工作,包括企业界、学校、商业界、医院、经济界和许多政府机构等领域,工作场所也可能不同,包括工厂、教室、商店、办公室、病房、实验室、农场等;

4)清楚地知道在科学道德方面的要求:对选定的实验对象,要事先告知可能面临的风险、利益,确保他们在知情的条件下选择是否参与研究;如果事先未告知、未获得许可,研究人员不能使他人的健康或财产受到危害;即使科学研究以动物作为实验对

象,也应该特别小心;

5)认识计算机对于科学研究有重要作用,如可以加快并拓展人们在收集、存贮、汇编和分析资料方面的能力,与全世界的研究人员共享资料和观点。

3. 科学探究

(1)到二年级结束,应该:

1)知道对于事物的了解可以通过观察的方法,如果人们还能够记录所发生的事情,就可以学到更多的知识;

2)了解借助工具,比如尺、温度计、天平、放大镜、秤等,在观察事物时将可以获得更多的信息;

3)了解应该尽量准确地描述事物,让人们互相比较观察结果,这样做对科学研究很重要。

(2)到六年级结束,应该:

1)知道科学探究涉及的内容包括提出问题、解答问题、将自己的结果与已有的科学结论作比较;

2)知道使用不同的科学方法研究不同的问题;

3)知道工具对于科学研究的作用比感官更有效的原因;

4)知道科学探究中证据、逻辑推理及运用想象建立假设的重要性,并能体验这种重要性;

5)知道科学探究的结果能被重复验证;

6)知道合理地提出质疑是科学探究的一部分,也是科学进步的动力;

7)知道科学探究所得到的新经验、新现象、新方法、新技术能促使研究的进一步发展;

8)敢于对周围事物提出问题,如"这是什么"、"为什么会这样"等,并对所提出的问题进行简单比较和评价;

9)能选择适合自己探究的问题,提出进行探究活动的大致思路,做出书面计划;

10)能应用已有知识和经验对所观察的现象作假设性解释,区分什么是假设,什么是事实;

11)知道如何用感官感知自然事物,并小心谨慎,能用语言或图画描述所观察的事物的形态特征;

12)能用简单的工具(如放大镜)对物体进行进一步的观察,并能用图和文字表达;

13)能把所学的知识综合利用起来,制作出带有一定创造性的科技作品;

14)在分析和解读数据时,敢于尝试多种不同的方式,对现象作出最合理的解释;

15)得出探究结果后,能反思自己的探究过程并不断完善;

16）不迷信权威，爱提问，喜欢大胆想象；

17）尊重证据，尊重他人劳动成果。

（3）到九年级结束，应该：

1）保持好奇心，能提出一些可能通过科学探究解决的问题；

2）领会提出问题的途径和方法，理解提出问题对科学探究的意义，在此基础上，依据已有的科学知识、经验，经过思考后做出猜想和假设；

3）在探究过程中，针对探究目的和条件，能选择合适的方法（实验、调查、访问、资料查询等）；

4）能使用基本仪器进行安全操作；在进行一系列观察、比较和测量过程中，能记录和处理观察、测量的结果；

5）懂得筛选，能从多种信息源中选择有用的信息；

6）将证据与科学知识建立联系，得出合理的解释和结论，如果结论与预想结果不一致，能作出简单的解释；

7）经过实际的探究后，能提出改进工作方法的具体建议；

8）了解科学原理、模型和理论对科学探究有重要作用；科学决策的产生可能是来源于探究的成果。

二、科学如何解释世界

1. 物质与能量

（1）到二年级结束，应该：

1）描述物体时，可以从物体组成的材料（黏土、布、纸等）以及物体的物理特性（颜色、体积、形状、重量、质地、可塑性等）出发；

2）材料的某些性质可以通过一些方法得到改变，但同样的方法并不能对所有的材料都产生同样的结果；

3）许多材料都能再循环、再利用，但形态可能会发生变化；

4）太阳温暖了陆地、空气和水；

5）物体运动的方式很多，如直线运动、曲线运动、往返运动以及快慢运动等；

6）除非有些东西支撑，否则，靠近地球的物体会落到地面。在不接触的情况下，用磁铁可使某些物体移动。

（2）到六年级结束，应该：

1）知道土壤的构成；知道主要的能源矿产、金属矿产及其提炼物的名称；

2）意识到人类生存与陆地物质有着密切关系，保护陆地物质对于人类生存意义重大；

3）知道自然界水资源的分布，知道水能溶解一些物质，意识到水与生物的密切关系，知道水域污染的危害及主要原因；

4）了解人类对空气性质的利用，知道空气对生命的意义；

5）能用感官判断物体的特征并加以描述，如大小、轻重、形状、颜色、冷热、沉浮等，能根据特征对物体进行简单分类或排序；

6）知道温度的改变可使物体的形状或大小发生变化，能列举常见的热胀冷缩现象；

7）能判断物体的组成材料，如木头、金属、塑料、纸等，并据此对物体进行分类；

8）认识某些材料的性质（如是否导电，是否溶解，是否传热，沉浮性等）并据此对材料进行分类，知道材料的不同特性对应不同的用途；

9）能区分常见的天然材料和人造材料；

10）对新事物有着强烈的敏感性，有创新意识；

11）了解物质有三种常见的状态——固态、液态和气态，知道这些状态的改变通常是温度变化所造成的，知道水的冰点与沸点；

12）知道物质在变化过程中可能仅仅是形态的变化，也可能会产生新的物质，了解物质的变化既有可逆也有不可逆的，认识物质变化对人类生活的影响；

13）知道物质有可再生的和不可再生的，保护资源对人类的生存和地球的发展有重要意义；

14）意识到物质的利用对人可能有利，也可能有害，学会正确使用物质；注意安全与健康，知道一些常用的安全和健康知识；

15）意识到物质的利用会给环境带来正面和负面的影响，而人类有责任保护环境；

16）描述物体的运动时应包括位置、方向和快慢等方面；

17）知道一些生活中常见的力，如风力、水力、重力、弹力、浮力、摩擦力等；

18）探究让天平和杠杆保持平衡的条件；

19）机械的利用可以提高工作效率，掌握斜面、杠杆、齿轮、滑轮等简单机械的使用；

20）知道声音到达人的耳朵是要经过物质传播的；

21）了解噪声的危害及其防治方法；

22）知道温度是表示物体冷热程度的，知道温度的单位，会使用温度计；

23）了解热总是从高温物体传向低温物体的，当物体间的温度相等时，温度传递才会停止；

24）光是沿直线传播的，但某些物质可以改变光的传播路线，如平面镜或放大镜；

25）知道电是人类日常生活和工作中常用的能量，了解安全用电常识，知道常用电器的工作原理，知道开关的功能，能用一些基本组件连接一个简单电路；

26)知道不同材料的导电性是不一样的;

27)探究磁铁的方向特性,知道磁铁间"同极相斥,异极相吸"的规律;

28)知道电、光、热、声、磁等都是能量的不同表现形式,它们可以相互转化,而能量是让物体工作必须满足的条件。

(3)到九年级结束,应该:

1)能够了解物质的主要物理性质的含义,如沸点、熔点、密度等,以及化学性质的含义,如溶解性、酸碱性等;能区分物质的物理变化和化学变化,解释一些出现在自然界、生活中的现象;

2)知道物质的性质受外界条件影响;

3)知道水的组成和主要性质,了解水及其他常见的溶剂;能举例说出水对生命体和经济发展的影响,知道水污染的主要原因,了解我国的水资源情况,增强节约用水的意识并用实际行动保护水资源;

4)能够说明二氧化碳、氧气等物质的主要性质和用途,大气臭氧层的形成和作用,近地臭氧的形成与危害,温室效应的形成与危害,空气中主要污染物及其来源,空气质量指数的含义;

5)能区别金属和非金属,了解常见金属如铝和铁的主要性质、用途,知道废弃金属对环境的影响并自觉回收金属,关注金属材料的发展并了解改善金属材料性能的主要方法;

6)能够说出某些重要的盐的性质(如食盐、纯碱、小苏打、碳酸钙等);举例说明酸和碱在日常生活中的用途和对人类的影响,了解强酸、强碱的使用注意事项;

7)具备节约能源的意识、习惯;

8)知道一些如葡萄糖、蛋白质等对生命活动具有重大意义的有机物,有机合成材料及其对经济生活和环境的重大影响;

9)知道物质由分子、原子或离子构成,了解它们大小的数量级;了解纳米材料及其应用前景;

10)说出组成人体、地球的主要元素,了解重要化肥的有效元素;

11)学会根据物质的组成对常见物质进行分类;

12)知道化学反应的过程中伴随着能量变化;

13)了解燃烧的条件,掌握安全用火常识,了解火灾自救的一般方法,以及剧烈氧化和缓慢氧化的差别;

14)了解一些常见化学物质,如一氧化碳、苯、甲醛、尼古丁、毒品等,对人体的危害并学会防范措施;

15)能列举生活中常见的力(重力、摩擦力、弹力),并理解其意义;

16)了解牛顿第一定律,了解与惯性有关的常见现象;

17）了解压强的含义，知道增大和减小压强的方法；了解液体压强及其特点；

18）知道阿基米德原理和浮沉条件；

19）知道电路的基本原理和组成；会连接串联电路和并联电路；会正确使用电流表、电压表；了解常用电器、家庭电路以及安全用电的常识，增强安全用电的意识；

20）知道半导体和超导体及其应用对科学技术发展的作用；

21）了解波的简单知识及其在信息传播中的作用；

22）了解光的反射定律和折射现象，知道平面镜的成像原理；

23）知道凸透镜的原理，并能解释照相机、放大镜和人眼球的作用；了解近视眼、远视眼的成因，增强保护眼睛和卫生用眼的意识；

24）能够描述声音及其传播的条件，人耳接收并听到声音的原因，噪声的形成及其危害，防止噪声的途径和方法；

25）了解我国古代在光学和声学方面取得的成就；

26）关注现代通信技术（如电视、移动电话、同步卫星通信、激光通信、网络等）的发展，知道其与社会发展的关系；

27）知道机械功的概念，了解做功伴随能的转化（或转移）；

28）知道克服摩擦做功与物体内能改变的关系；知道如何改变内能；知道热量能测量热传递过程中的能量变化；

29）知道电功是电器消耗的电能量度方法，会计算用电器消耗的电能，知道电功率的含义，能从说明书或铭牌了解家用电器的额定功率；

30）初步了解能量的转化与传递有一定的方向性，了解能量转化与守恒定律；

31）了解能源的分类及其特点；认识到太阳是地球生命活动所需能量的最主要来源；

32）认识提高效率和节能的关系，努力提高效率；

33）了解世界和我国的能源状况，认识到能源合理利用和开发与可持续发展战略的关系，认识到过度开发不可再生能源带来的危害。

2. 环境与生态

（1）到二年级结束，应该：

1）知道天空中星星的数量比人们所能数到的要多得多，它们的亮度不相同；

2）知道太阳只能在白天见到，月亮有时能在夜晚见到，太阳、月亮和星星看起来是在天空缓慢地移动；月亮每一天看上都有一点不同，大约每隔一个月循环一次；

3）知道自然界的一些事情会重复发生，如气候，尽管每天的天气都有所不同，但是一般来说，每年相同月份的气候都很接近；

4）知道水可能是液体或固体，它可以从一种形式转换成另一种形式；当水放在敞开的容器中时会消失，放在密闭的容器中则不会；

5）知道各个岩石块具有不同的体积和形状；

6）知道许多事物都会发生变化；

7）知道环境的变化可能是动物和植物所造成的。

（2）到六年级结束，应该：

1）能观察植物的外形，知道其外形与周围环境的关系；

2）了解植物适应环境的几个特性，如向光性、向水性、向地性；知道冬眠、保护色、拟态等是动物适应环境的行为；

3）知道环境影响生物的生长、生活习性等，懂得食物链的含义；

4）认识到人类与环境的关系，知道人类是自然的一部分，影响其他生物的生存；

5）知道地球的形状、大小，地球是由小部分陆地和大部分水域构成的，内部有炽热的岩浆；

6）了解人类对地球形状认识的历史过程；了解地球仪的主要标识和功用，学会使用地图；

7）知道温度、风向、风力、降水量、云量等是描述天气的量；知道雨、雪和风的成因；

8）知道天气变化对动物行为的影响，知道天气对人类工作、生活的影响和人类活动对大气层产生的不良影响，从中意识到保护大气层的重要性；

9）知道地球在不停地自转，自转一周为一天，约需 24 小时；了解昼夜变化对动植物行为的影响；了解古人对昼夜成因的猜想与哥白尼的贡献；

10）了解地球表面是在不断变化的，人类活动是使地表改变的重要原因；了解各种自然现象，如海啸、火山喷发和地震，知晓自然力量对地表改变的作用；

11）知道四季变化与地球的公转有关，对动植物有着一定的影响；

12）知道太阳是一个温度很高的大火球，知道它每天在天空中运动的模式；认识到一天中温度和影子的变化与太阳的运动有关，学会利用太阳辨认方向；了解人类对太阳能的利用；认识到没有太阳，地球上就没有生命；

13）知道月球是地球的卫星，了解其运动模式；

14）了解人类对宇宙的探索历史，知道太阳系的组成及九大行星的排列顺序，知道太阳系、银河系及宇宙的关系；

15）关注我国空间技术的最新发展，知道一些重要的探测宇宙的工具，知道人类为探索宇宙奥秘付出了很多努力，随着技术的进步，人类对太空的认识越来越多。

（3）到九年级结束，应该：

1）认识到自然环境有着一定的人口承载量，了解人口过度增长给自然环境带来的不良后果，认识生态平衡的现象和意义；

2）自觉行动以保护生物多样性，了解生物保护与自然保护的意义和措施；

3）知晓阳历的含义及其与地球公转的关系；

4）了解太阳、月球火星的基本概况，日、地、月的相对运动和距离，日食与月食的成因；

5）能描述银河系的构成、大小与形状，说出太阳系在银河系中的位置；了解九大行星、卫星及小行星带，知道太阳系的总体构成和运动；关注太阳活动对人类的影响；

6）了解陨星对地球的撞击带来的现象和影响；

7）关注我国航天事业的成就，知道人类飞向太空的历程和人类对月球与行星的探测研究活动；

8）了解宇宙是均匀的、无边的、膨胀的，由大量不同层次的星系构成的；

9）了解宇宙和生命的起源与演化、恒星和地球的演化，从中领悟人与自然的关系；

10）了解地心说到日心说的发展过程，培养追求真理的精神；

11）知道卫星遥感技术和卫星定位仪在制作地图和生活、工作中的作用，能使用地球仪和地图以确定地理位置，了解不同时区的区时及计算时间差；

12）了解地球内部的圈层结构；认识地壳是变动的，知道火山和地震是地壳运动的表现，了解世界上火山地震带的分布，关注人类如何提高防震抗灾能力；

13）了解外力作用对地形的影响；

14）知道土壤由水分、空气、矿物质和腐殖质构成，土壤中有大量的生物，并具有不同的质地和结构；了解不同性状的土壤对植物生长有不同的影响，植被对土壤有保护作用；

15）懂得保护土壤和防止土壤污染的重要性及主要措施；了解水土流失、土壤荒漠化、土壤污染的情况及其危害性；

16）能描述自然界中水循环的过程；知道淡水资源的严重危机，了解合理开发和利用水资源的措施；

17）知道天气与气候两个概念的区别；会从各种媒体收集天气资料，初步看懂简单的天气云图；知道人工降雨的主要方式；知道人类活动给气候带来的影响。

18）列举主要的气象灾害和防灾抗灾的措施，知道我国自然灾害的概况和减灾防灾的措施，如水旱灾、风灾、地震、虫灾、滑坡、泥石流、沙尘暴；

19）了解大气污染、水体污染和土壤污染的危害性及其防治措施；

20）了解可持续发展的思想及其意义。

3. 生命与健康

（1）到二年级结束，应该：

1）了解有些动物和植物的外观和它们的行为方式是相像的，而有些却彼此不同；

2）知道植物和动物所具有的特性（如外部特征）使得它们能适应不同的环境；

3）知道在一些故事中，动物和植物被赋予本身并不具有的属性；

4）知道生物的后代与它们的父母及同代有很多相似之处却不完全相同；知道人有不同的外部特征，如大小、形状、头发、皮肤和眼睛的颜色等；

5）了解放大镜有着放大作用而使人们观察那些肉眼看不到的东西；

6）了解大多数生物需要水、食物和空气；植物和动物都需要水，而动物还需要吃食物，植物需要阳光；

7）知道动物以植物或者其他的动物为食物，而且可能利用其他植物或动物保护自己或栖息；

8）知道生物几乎遍布世界每个角落，在不同的地方有不同的种类；

9）知道一些曾经在地球上生活过的生物体已经完全消失，如恐龙；

10）知道人类生存需要水、食物、空气和排除废物，还需要生存环境具有一个适当的温度范围；

11）了解人生活在家庭和社会里，并扮演着不同的角色；

12）知道人的胚胎在出生以前一直在母亲体内生长；出生后，婴儿需要成年人的照顾；

13）知道当人感到饥饿时，人体的眼睛、鼻子、手等感官会帮助寻找、发现和取用食物；

14）知道人类用大脑进行思考，以协调身体各部位的工作；

15）知道人们须有意识地从事一些活动，如踢足球、阅读和写作；一个人学习的好与坏，与学习方法、学习的经常性以及努力的程度有密切关系；

16）知道人们可以通过讲和听、演示和观看、模仿等方式来互相学习；

17）知道健康的饮食和适当的锻炼及休息，有助于人们保持健康；

18）知道有些疾病由细菌引起，带菌的人可能会传播疾病；用肥皂和水洗手是一种良好的生活习惯，可以减少进入身体的细菌的数量，或者减少对其他人的传染；

19）知道人们对于各种事情，会表现出悲哀、愉快、气愤、恐惧等不同感受。

（2）到六年级结束，应该：

1）了解更多的植物种类，能说出周围常见植物的名称并对常见植物进行简单分类；了解当地的植物资源，能意识到植物与人类生活的密切关系；

2）了解更多的动物种类，知道生活中常见动物的名称，能用不同标准对动物进行分类；认识常见动物的几种类型，如昆虫、鱼类、两栖类、爬行类、鸟类、哺乳类；

3）认识动物运动方式的多样性，了解保护动物特别是保护濒危动物的重要性；

4）了解植物和动物生长的过程，感受不同生物生命过程的复杂多样；

5）知道繁殖是生命的共同特征，能列举常见的几类动物的不同生殖方式，关注与生物繁殖有关的生物技术问题；

6)能指认植物的六大器官和动物的一些主要器官,并知道各种器官的作用;

7)知道细胞是生命体的基本单位;

8)认识到生物维持生命都要从外界吸收水分和营养;知道动物吃不同食物是为了得到维持生命所需的能量;

9)了解绿色植物的光合作用;

10)知道生物的很多特性是遗传的,知道遗传和变异是生物的特性;

11)能解释适者生存、自然选择的含义,能阐述生物进化的大致过程;

12)了解人类需要哪些营养及其来源,懂得营养全面合理的重要性;了解人体的消化过程,养成良好的饮食卫生习惯;了解人体呼吸的过程,知道常见呼吸系统疾病的产生和预防;

13)了解心脏和血管的作用及保健;

14)探究心跳的快慢与哪些因素有关;

15)了解感觉器官的作用,知道人体的各种感觉是对外界的反应;

16)知道大脑在人的语言、思维、情感方面的作用;

17)了解人的一生成长的大致过程,了解影响健康的各种因素;

18)了解青少年身体发育的特点,了解青春期的主要身心发展特点;

19)能认识到养成良好生活习惯的重要性,意识到个人对自身健康负有责任,能积极参加锻炼,注重个人保健。

(3)到九年级结束,应该:

1)能识别生物与非生物,能描述常见生物的形态和生活习性;知道生物多样性的意义;

2)知道细胞是生命活动的基本单位,细胞分裂及其意义,可以用细胞说解释某些生命现象;

3)能识别种群,区别不同生物群落,从不同环境的生物比较中了解到生物对环境的适应性;

4)能概述生态系统的组成部分、结构及功能,能用生态系统的概念来解释实际生产、生活中的一些简单问题;

5)了解生物圈,知道生物界是一个复杂的开放系统,生命系统的构成具有层次性;

6)了解绿色植物的根、茎、叶的结构,水和无机盐对植物生长的作用;

7)了解绿色植物的光合作用、呼吸作用及其重要意义;

8)能描述消化系统的结构和食物的消化吸收过程,人体循环系统的结构和血液循环,人体呼吸系统的结构、气体交换过程、呼吸的作用,尿的生成和排出过程,人体泌尿系统的结构;

9)了解血液的组成,血液、骨髓造血的功能,血型与输血的条件,认同献血是公民的义务;

10)了解新陈代谢中物质与能量的变化;

11)了解动物的行为及其基本类型;

12)能列举人体的主要感官和感受器的结构及功能,说出人体神经系统的组成、结构和功能,了解人体的主要内分泌腺及其功能,知道激素对生命活动调节的作用;

13)知道绿色植物的生殖方式及其在生产中的应用,认识花的结构和果实、种子的形成;能说出种子萌发的过程和必要条件,可以描述芽的发育;

14)了解人体生殖系统的功能、结构;

15)了解人类受精、胚胎发育、分娩、哺乳及其过程;

16)了解人体的发育、过程及其特点;

17)了解青春期生理、心理的变化特点,拥有正确的性道德、伦理观;

18)了解动物的生殖方式、发育过程;

19)了解克隆技术在动物研究领域的一些进展,科学工作者必备的社会责任感;

20)识别遗传与变异的现象;

21)能说出何谓遗传物质、基因工程,知道DNA、基因和染色体之间的关系;

22)知道人类基因组计划,能举例说明基因的作用;

23)能够列举遗传与变异在育种方面的应用;

24)能够说明优生的重要性;

25)了解生物进化现象、达尔文进化论的主要观点;

26)了解健康、养生的概念;

27)了解并能识别免疫的现象、类型,能举例说明;

28)能够说出营养素的概念、作用,有平衡膳食的意识;

29)了解人体各系统卫生保健知识,有健康的生活方式、习惯,了解吸烟、酗酒、毒品的危害;

30)能列举青春期的常见疾病,如青春期肺结核等;

31)了解遗传病,了解引起常见病如病毒性感冒的主要因素及其预防措施;

32)认识影响人体健康的重要因素;

33)了解传染病的特点、传播环节及预防措施,包括性传播疾病及其预防措施;

34)了解环境毒物,如有毒植物,掌握一般的防毒知识;

35)了解一般的急救措施、方法,如触电、烧伤、蛇虫咬伤的急救措施、方法。

4. 人工被改造过的世界

(1)到二年级结束,应该:

1)人们的大部分食品来自于农业谷物,必须保护它们免受杂草和害虫的伤害,否则可能由于遭受虫害或霉烂而损失；

2)机器可以帮助人们种植和收割谷物，可以利用包装和冷藏来保存食物，还可以进行长途运输将食物从其生长的地方运到人们居住的地方；

3)知道一些材料在制造某些特定的物品时相对于其他材料更适用，在某些方面较好的材料(如更结实或更便宜)，在其他方面可能就较差(如较重或较难切割)；

4)了解制造物品要使用工具，各种工具有特定的用途；

5)了解有的材料可以反复、持续使用；

6)了解可以通过燃烧燃料如天然气或接通电源来做饭、取暖。

(2)到六年级结束，应该：

1)知道某些植物品种和动物品种具有更多的优良特性，但可能更难种植和饲养或成本更高；了解某种农作物是否可种植取决于当地的气候、土壤条件；了解在水源稀少或土壤贫瘠的地方，灌溉和施肥有助于农作物的生长；

2)知道使用农药可以降低由啮齿动物、杂草和害虫造成的对农作物的毁坏，但这可能会伤害其他的植物和动物，害虫也会产生抗药性；

3)了解加热、腌制、熏制、干燥、冷藏和密封包装都是减缓微生物毁坏食品的方法，可使食物在被食用前保存较长的时间；

4)了解现代技术提高了农业的生产效率，因此从事农业生产的人数比以前减少了；

5)了解太冷或太干燥、不适宜种植作物的地方，可以从气候适宜的地方获取食物；

6)了解自然存在的材料，如黏土、动物的皮等，也可以通过加工等改变它们的性质；

7)了解科学技术的功能之一就是可以有效利用非自然材料，如塑料；

8)了解废弃物品引起了废物处理问题，可以将废物循环利用，但各种材料被再利用的难度有很大的不同；

9)了解大规模生产可以极大地减少制造产品所需要的时间和成本，自动化生产设备的效率比手工制造高，但是即使是自动化的设备也要有人来监控；

10)了解流动的空气和水可以用来发电；

11)了解太阳是人类的主要能源，人们通过各种方法利用它；矿物燃料能源(如石油和煤)间接地来自太阳，它们是很久以前的植物所形成的；

12)了解能源的成本有高低之分，其污染的程度也不同；

13)了解人们应尽量节省能源，以减缓能源的枯竭和省钱。

(3)到九年级结束，应该：

1)了解在人类社会的早期阶段，人们由狩猎和群居转变成耕种，这使得男人和女

人的分工、孩子和成年人的劳动分工发生变化,并形成了新的管理模式;

2)了解人们通过选育来控制动物的特性;人们保存发生变异的种子,以便在植物生长条件改变时使用;

3)了解人们可以从许多不同的地方获取食物,但要依赖于分布很广的市场之间的运输和通信。如若专门种植一种作物,难免有受灾的危险,一旦气候发生变化或者虫害加剧,农作物可能就会被毁掉;此外,土壤的某些养分也会由此耗尽,而通过轮耕适宜的农作物可以使养分得到恢复;

4)了解随着技术的不断改进,只有一小部分人真正从事农作物的种植和收获,而大部分工人从事这些产品的加工、包装、运输和销售;

5)了解在进行某项工作时,材料的选择取决于材料的特性以及材料之间的相互作用;

6)了解制造常包括一系列的步骤,了解步骤是有序的;

7)了解现代技术降低制造成本,研制出来的新型合成材料可以减缓某些自然资源的枯竭;

8)了解由于自动化能改变一些工作的性质,因此,手工的工作将可能被具有高级技术和高知识含量的工作所取代;

9)了解能源可以从一种形式转换成为另一种形式,如电能转变成热能;

10)了解能源获取、转换和输送的方法不同,会对环境产生不同程度的影响;

11)了解各种能源都能产生电能,电能也可以转换成其他任何形式的能。现代技术让电能在远距离输送时既快捷又方便;

12)了解来自太阳的能用之不竭,太阳能被利用时需要使用庞大的收集系统,其他的能源不能更新,或者更新的速度很慢;

13)了解世界各地可用的能源数量不同、种类不同,并非所有的资源都无限。

三、科学技术、人、社会

1. 个人与社会

(1)到二年级结束,应该:

1)知道社会中的人们有共性也有各自的特殊性;

2)知道不同的家庭或学校有不同的规定和文化,某些行为方式普遍地被家庭或学校拒绝;

3)了解人的行为方式常常受到相处的其他人的影响;

4)了解变化发生在每个人的生活之中,有的变化快,有的变化慢,有些变化甚至可能失控;

5)了解人们会因为不同的原因而作出不尽相同的选择,不同选择所产生的后果也不同；

6）了解人们通过工作得到财富的收入，钱是财富的一种表示方式，人们通过钱可以购买所需的产品或服务；

7）了解公平待遇是人们希望得到的，而社会的相关规定有助于实现公平待遇；

8）了解意见不统一是很普遍的，即使在家庭成员或朋友之间也常常如此，不同的处理方法会产生不同的效果；

9）了解信息可以用多种方式发送和接收，每种方式都有优点和缺点，使用互联网或手机可以使发送和接收信息更加方便。

（2）到六年级结束，应该：

1）了解人们可以从自身经验、大众传播媒体或者他人的经历中学习；

2）了解与生活习惯和方式不同的人相处时，人们会感到不舒服；

3）了解人们生活在不同的社会团体中，他们通常排斥不同社会团体的人，喜欢同一社会团体的人。团体对其成员的行为表现有着不同的期望；

4）了解虽然在家庭、学校以及社会上的绝大部分规定保持不变，但是，有时这些规定也会发生变化；

5）了解鱼与熊掌不可兼得，人们为了得到所需的东西很可能要放弃某些东西；

6）了解在决策时，花费一些时间来考虑各种方案的优势和不足是很有用处的；

7）了解让利益相关者参与决策可能使各种方案更加完美；了解一些精心设计的方案也可能有不可预料的后果；

8）了解资源是有限的，必须通过一些方式合理地分配资源；

9）了解有些工作相对于其他工作需要付出更多的代价，但同时会有一定的补偿；

10）了解讨论和交流对于解决问题的作用；

11）了解用暴力解决问题可能有很多不良后果，而协调也许更有效；

12）了解某人的自由行为，可能会与他人的自由产生冲突；解决这些冲突可能需要运用法律手段；

13）了解贸易行为；

14）会查阅书刊及其他信息源获得有用信息，知道因特网的基本含义、作用，可从网络查信息；

15）能利用表格、图形、统计、标记和分类等方法整理资料；

16）能选择合适的方式表述研究过程和结果；

17）能倾听和尊重他人的不同观点和评议，愿意合作与交流，懂得交流与讨论可能会引发新的想法；

18）了解评议研究过程和结果，乐于与别人交流研究心得；

19）了解人类社会记录信息的方式发生了变化；

20)了解语言是人们最常用的交流方式;

21)了解科学技术使长距离的信息交流成为现实,而且更加可靠和方便;

22)了解事物之间的比较之所以不可能保证绝对公正,是因为客观条件无法保持相同;

23)能够尝试对自己相信的事情找出合理的理由或依据,而不仅因为这是主流观点。

(3)到九年级结束,应该:

1)了解不同的文化、经历会造成人们不同的行为模式,在其中成长的人们基本会遵循这种模式;

2)了解在一个大型社会里,会同时存在许多团体组织,如不同宗教和种族的团体组织、不同亚文化的社会阶层所形成的团体组织。

3)了解许多法律法规的建立都是为了减少社会矛盾设计的;了解法律的处罚方式在不同社会中有很大的不同,如国家法律、地方法;

4)了解科学技术对于信息的传播作用巨大,文化习俗和社会行为可能会因此受影响;

5)了解团体的凝聚效应有可能导致不好的后果,如盲目崇拜、排斥其他团体的成员;

6)知道人们在不同时代的生活方式有共同点,也有不同点;

7)了解所有的社会协调平衡都有一个共性,即个人的利益和权利与社会的利益和权利既有对立的一面,也有一致的一面;了解人们在决策时需要协调和平衡多方面的因素,如健康、名誉和教育,其影响有时候是长期的;

8)了解政府领导人通过选举、任命等不同的方式产生,如市长;

9)了解大部分团体对成员间的冲突有正式或非正式的解决程序和仲裁标准;

10)了解鼓励创新能促进经济的发展;

11)了解国家之间或者国际组织之间的各种条约是为了促进合作;了解世界各地的科学家可以通过国际科学组织进行联系;

12)了解全球的生态环境(如废物处理、能源利用、制造业和人口、生态管理)受到人类活动和国家政策的影响;

13)学会通过图书、报刊、光盘以及计算机数据库收集信息,学会利用网络收集信息;知道在信息编码、传输和解码过程中可能会出现错误,需要采用某些方法检查其准确性;了解将信息编码转换成电流、电磁波或光在不同的介质中传送,可以使传输速度加快;

14)了解计算机在处理资料和传播信息上既快捷又准确,所以它在办公室和家庭中得到大范围普及;了解虽然通过计算机控制的机械系统速度比人控制得更快,但复杂的系统仍然离不开人的管理；

15)认识到表达和交流对科学探究的意义,能倾听和尊重他人提出的不同观点和评议,并交换意见；

16)能使用直角坐标和极坐标确定和描述地图上的位置；能读懂别人制作的表格、曲线图、饼图、条形图等,可以用文字描述其含义；

17)敢于对含糊的、由著名人士或由非专业认识所作的陈述提出质疑；敢于对缺少资料或资料带有偏见的论断提出质疑；

18)了解在消费品的比较中使用特性、功能和成本、有效期等指标。

2. 科学技术与社会

(1)到六年级结束,应该：

1)关心日常生活中的科技新产品、新事物并乐于用学到的科学知识改善生活；

2)关注与科学有关的社会问题；

3)意识到科学技术具有两面性：可以给人类与社会发展带来好处,也可能产生负面影响。

(2)到九年级结束,应该[①]：

1)知道科技是不断向前发展的,了解科技的过去与现状并感知未来的发展趋势；

2)知道科学技术的发展属于一种人类活动,受社会因素影响,这些因素包括经济、政治、文化等；

3)认识到科学技术是第一生产力,是现代人类社会发展的重要力量；

4)认识到科学技术与人文的紧密关系,科技不但能提高人们的物质生活水平,也能促进精神文明方面的发展；

5)了解科学发展观的主要内容,认识到要落实可持续发展,需要依靠科学技术,它在解决贫富差距、生态环境和资源使用等问题时能发挥重要。

6)认识到科学技术是一把双刃剑,必须科学地使用技术以避免科技带来的负面效果；

7)基本了解国家的科教兴国和可持续发展战略及相关的政策,积极参与讨论,发表自己的见解；

8)认识到创新特别是科技的创新是当代社会的发展方向,了解创新对个人和社会发展的影响和意义；

9)关注当代重大课题：

• 现代农业与基因工程领域：①关注现代农业技术(集约化农业、设施农业、生态

① 我国公民科学素质的内涵与结构课题组．我国公民科学素质的内涵与结构 A1－2[DB/OL]．http://www.cdstm.cn/c6/index.jsp. 2006－11－15.

农业）对提高农业生产力的作用；②能够列举基因工程技术在农业上的应用。

• 通信与交通领域：①关注现代通信技术对科学、技术和社会经济发展的影响；②关注交通工具的发展对人类生活方式和经济发展的影响。

• 材料领域：①能够举例说明以下传统材料和新型材料对人类生活方式和生活质量的影响，对社会经济发展的影响，以及对环境的影响；②了解常用的传统材料，如钢铁、铜、铝、橡胶、陶瓷、水泥、玻璃、塑料等；新型材料，如稀土材料、超导材料、特种纤维、纳米材料等。

• 空间技术领域：①关注航天器技术（如运载火箭、人造卫星、载人航天飞船、航天飞机、空间站）的基本功能及其应用；②关注空间资源开发和空间环境保护的概况；③关注空间技术对改善人类物质生活水平的作用。

3.3.4 重点人群的特殊科学素质要求

重点人群包括未成年人、农民、城镇劳动人口以及领导干部和公务员四类。我们通过文献研究得出这四类重点人群的科学素质基准设计内容，其中，关于农民的科学素质基准设计主要参考农业部和中国科学技术协会牵头、农民科学素质行动协调小组组织编写的《农民科学素质教育大纲》①。

一、未成年人

未成年人应该：

（1）能使用校内外的科学教育资源，以便得到更好的教育。

（2）积极参与丰富多彩的科普活动，尤其是自己感兴趣的和多元化、创新的科普内容；具有创新意识和实践能力。

（3）能接受正确的家庭教育。

（4）能接受社会提供的良好的非正规教育；农村校外未成年人在接受非正规教育时，能积极参加培养自己生产技能和生活能力的科普活动。

（5）能通过参加多种形式的科普活动和社会实践，增强对科学技术的兴趣和爱好。

（6）初步认识科学的本质以及科学技术与社会的关系。

（7）具有社会责任感。

（8）具有合作、交流能力；具有综合运用知识解决问题的能力。

二、农民

农民应该：

---

① 农业部，中国科学素质技术协会．农民科学素质教育大纲［DB/OL］．http://www.cast.org.cn/n35081/n35473/n35518/10012009.html. 2007－11－15.

(1)能够学习邓小平理论和“三个代表”重要思想,贯彻落实科学发展观。

(2)了解公民的基本权利和义务,积极参与民主选举和农村社区事务。

(3)具有法律意识,做一个学法、知法、守法的好公民。

(4)拥有正确的人生观和价值观;拥有健康、文明的生活方式。

(5)能够拒信邪教,反对封建迷信;能够远离“黄赌毒”。

(6)拥有自强、自立意识;能够积极主动地进行自我教育;能够积极主动地谋求自身的发展。

(7)能够具有科技富民、科技兴民的意识;能够认识到科技富民、科技兴民的作用与趋势;具有一定的掌握科技的能力。

(8)拥有环境保护意识;能够反对“脏乱差”现象,愿意改善居住环境,努力建设生态家园。

(9)了解党的“三农”政策,能够利用政策进行经济、乡村建设。

(10)拥有务农技能,敢于应用新品种并采用科学种养技术,敢于应用新的技术设备。

(11)了解安全生产知识;不使用违禁药品;掌握重大疫病的防治方法,懂得常见病虫害的防治技术。

(12)拥有节约资源意识,掌握节约资源的相关技术,具有合理利用农业废弃物的能力。

(13)了解农业产业链;了解若利用特有的资源发展旅游、休闲、观光等产业,就可以发展农业经济,提升效益。

(14)了解安全生产、生活的常识;掌握农机操作和农药使用技术;能够正确使用家电器具。

(15)了解现代信息传播工具和技术;具备使用电话、互联网获取有用信息的能力。

(16)具有一定的自主创业能力;了解经营管理理论可以指导人们优化配置农业生产资源。

(17)了解与农业相关的金融和税收政策;具备合理合法融资、发展生产的能力。

(18)了解农村社会保障的资讯;了解并参与社会保险。

(19)了解与灾害相关的基本常识,掌握防护方法,学会自我保护和救助。

(20)学会预防生理和心理疾病的知识和措施,了解卫生健康的生活方式,具有良好的饮食习惯,能够坚持锻炼身体,不讳疾忌医。

(21)了解新时代公民的含义,能够以礼仪、文明、诚信待人处事。

(22)具有学习进取的精神;具备参与公共事务、维护自身合法权益的能力。

三、城镇劳动人口

城镇劳动人口应该：

(1)掌握科学发展观；具备环境保护、节约资源、安全生产等观念和意识，掌握相关知识。

(2)掌握健康生活的知识，了解科学文明健康生活方式，远离“黄赌毒”，反对迷信愚昧。

(3)掌握基本的法律知识，如劳动合同法、工商管理条例、个人所得税、婚姻法等，了解劳动保障的含义和实质，具备运用法律武器保护自己的合法权益的能力。

(4)具备爱岗敬业、诚实守信、奉献社会的职业道德。

(5)了解预防生理和心理疾病的常识，了解合理安排膳食、坚持锻炼身体、有病及时就医的必要性，拥有健康生活的意识和观念。

(6)掌握文明礼仪的基本常识，具备诚信待人的观念。

(7)拥有学习、进取的意识和观念；参与在岗科技培训和继续教育；具备适应时代新变化的能力；具备适应科技进步、经济社会发展的能力。

(8)失业人员还应该：①了解就业形势；具备自主就业的意识。②掌握职业需求信息、求职的方法；掌握制定个人再就业计划和措施的知识。③参与职业技能培训；具备再就业能力；具备适应职业变化的能力。④参与创业培训；了解创业必备的知识、程序和经营管理方法；熟悉国家有关创业的政策和法规；具备制订科学、切实可行的创业方案的能力。

(9)准备就业的青年城镇劳动人口，还应该：参与劳动预备制培训；在就业前掌握一定的职业技能，取得相应的职业资格；具备适应工作的能力。

(10)农民工还应该：了解科学文明健康的生活方式；参与职业技能培训；具备职业技能水平；具备适应城市生活的能力。

四、领导干部和公务员

领导干部和公务员应该：

(1)了解邓小平理论和“三个代表”思想；拥有科学发展观；了解并坚持党解放思想、与时俱进的思想路线。

(2)具备求真务实、开拓创新的科学精神；了解并遵循社会主义建设规律、共产党执政规律、人类社会发展规律；具备科学的思想；具备用科学的思想、方法和制度领导人民建设中国特色社会主义事业的能力。

(3)了解科技发展的趋势、现状及影响。

(4)了解世界政治、社会、经济发展的趋势。

(5)了解人类认识和改造自然的新方法；具备改善和保护生态环境、节约资源的观念。

(6)掌握社会管理和经济管理的新知识和方法;了解创新社会管理的方法和趋势。

(7)具备适时了解科技领域的最新研究成果的能力;掌握新兴产业尤其是战略性新兴产业的概念和发展趋势;了解科学技术在国际经济发展与结构调整中的影响。

(8)树立终身学习的理念;具备学习能力;参与科学发展观、科学技术与社会、科学民主决策、电子政务等专题培训。

(9)具备科学决策、科学管理的知识、能力;了解决策民主化和电子政府与政务的建设实施措施与方法。

(10)掌握提升科学素质的作用、方法、途径。

(11)具备全面实施科学素质建设的概念和意识;具备制定相关政策法规以引导、推动、监督各级政府开展科学素质建设的能力。

(12)应该掌握以下概念和与之相关的内容:①国家发展战略:科学发展观;和谐社会论;可持续发展;“五个”统筹;创新型国家,自主创新;资源节约型社会,环境友好型社会;循环经济,科教兴国战略、科技强国;社会主义新农村战略。②科技部分:研究与试验发展(R&D)活动,科技经费,科学事业费,科技“三项”费用;计算科技经费与国内生产总值比率的意义;技术贸易;高新技术产业;科技进步贡献率;知识产权,专利。③综合部分:国内生产总值(GDP),社会生产总值,绿色 GDP;物价指数,居民消费价格指数;恩格尔系数,基尼系数;宏观调控,通货膨胀,通货紧缩,经济政策,财政政策,货币政策;利率和汇率;人权;政府采购;产业结构,产业升级;能源消费总量。

第四章　广东省全民科学素质调查体系的设计

4.1　国内外全民科学素质调查体系的比较研究

素质调查是监控公民科学素质发展、了解科学素质促进效果的最基本方式。科学素质调查主要通过对特定人群的科学素质进行界定，选取敏感的指标，抽取样本进行调查，来考察人群的科学素质水平。因此，科学素质调查就意味着对人群的科学素质及其相关环境进行评价。在这种情况下，大多数科学素质调查均重点研究公众科学素质与既定目标相比的缺乏状况，因此也被称为"科学素质缺乏研究"。科学素质调查的最大优点在于它能够对人群的科学素质进行客观和定量化的测量，既省时又省力。

4.1.1　美国的"公众理解科学技术调查"

一、评估目标

美国是一个把公众教育看成是民主基础的国家，它把自己的未来建立在其科学与技术能力领先的基础之上。美国评估公民科学素质的目标是通过了解公民科学素质的起源及找出影响公民科学素质的关键因素，制定并采取相应的政策提高公民科学素质，以帮助公民更好地理解科学研究、技术创新、科技政策，提高公民参与科技政策的能力，最终实现公民的民主权利。

二、概念与维度

1. NSF 模型

在美国，公众理解科学的经验研究始于 1957 年的全美调查，但真正系统地对公众科学素质进行调查，则要追溯到 1979 年的全美的 Science & Engineering Indicators 调查[①]。从 1979 年开始，美国科学基金会（NSF）便不间断地进行美国公众对科学技术的态度和理解的调查。NSF 每两年便会对公众的态度和对科学技术知识的了解程度进行一次调查，调查内容涉及公众对科学技术感兴趣程度和科学技术知识水平、公众对

---

① 中国科普研究所．公民科学素质建设的监测与评估[R]．北京：中国科学技术协会．

科学技术的态度和理解、科学团体的公众形象、获得科学技术信息的渠道以及科学与伪科学五个方面，具体见表 4－1。

2. Miller 模型

科学素质最早被定义为具备科学知识而且博学。不过 Miller 对此却有不同见解，并将其见解以论文的形式发表(1983 年)。他将科学素质定义为“阅读、理解、表达科学观点的能力”①，明确强调科学的传播属性。此后更是构建了科学素质模型，即著名的 Miller 模型，如表 4－2 所示。

表 4－1　NSF 的科学素质调查指标体系

一级指标	说　明
对科学技术感兴趣程度和科学技术知识水平	对科学技术和其他问题的感兴趣程度；对科学观点和术语的了解程度及对科学研究过程的理解
对科学技术的态度和理解	对科学技术、科学研究、联邦政府对科学研究的财政支持和对特别科学相关问题的态度；对科学研究及其相关问题、教学的态度
科学团体的公众形象	对科学团体领导能力的信心；对科学家及科学职业的认识
获得科学技术信息的渠道	互联网；电视上；报纸；博物馆等
科学与伪科学	对科幻的兴趣；科学和伪科学

表 4－2　Miller 模型中的科学素质评价指标

一级指标	说　明
关于科学概念的知识	掌握足够多的基本科学术语，理解如 DNA、计算机软件等常用科学概念的定义
关于科学研究过程的知识	理解科学研究的过程和本质
对科学技术的态度	理解科技对个人和社会的影响

“Miller 模型”测量标准和方法：

首先，在测量体系的构成上，Miller 通过计算科学概念语汇与科学过程这两个维度的相关性，论证了他们二者有密切的关系，同时足以成为两个独立的测量维度。

其次，在科学概念语汇维度上，建立了一套稳定的测量语汇。在科学过程的维度上，库恩的科学范式、波普的科学证伪理论成为 Miller 测量公众对科学过程理解水平的标准。

多年来，Miller 模型被英国、加拿大、欧盟、新西兰、韩国、日本、中国等 20 多个国家广泛采用。这不仅源于 Miller 模型的有效性、可操作性、权威性，也源于 Miller 不断运用统计学方法和统计软件的最新研究成果丰富、完善公众科学素质的调查方法，源于 Miller 不断总结调查结果与实际的拟合度。研究发现，由于各国在文化、经济方面差异明显，不同的国家处于不同的发展时期，对于科学素质的要求差异较大。1998 年，Miller 指出“对科学技术的态度”维度应根据国家经济、文化差异应赋予不同的内

① Jon D. Miller. Scientific literacy: a concetual and emprirical review[J]. Daedalus, 1983(2): 29－48.

容、构建不同的标准。致力于科学素质研究的 Miller 以其严谨的科学研究态度，身体力行地为我们提供了科学精神的又一示范。

4.1.2 欧共体国家的“欧洲人、科学和技术的调查”

一、评估目标

以英国和瑞典为代表的欧盟成员国素有重视科学事业的传统，科学被认为是其文化中最显赫的成就。欧洲调查委员会（Euro barometer）系列调查是欧洲目前最大的欧洲跨国调查项目，获得的数据不仅用来做比较研究，而且为欧盟各成员国研究本国公众的实际科学素质水平提供依据，并对正规教育中的科学教育起着非常重要的作用。

二、概念与维度

欧洲调查委员会于2001 年5 月10 日 ~6 月15 日，对15 个欧盟成员国进行了“欧洲人、科学和技术”（Europeans，science and technology）的调查。调查涉及公众科学知识状况、对科学技术的兴趣，价值观、对科学技术发展的看法，科学家的责任和义务，对基因修改有机体（GMO）的看法和认识，对科学团体的信心，年轻人对科学职业的选择看法以及对欧洲科学研究的态度等共 27 个问题。

4.1.3 加拿大的“VOSTS 科学素质评价表”

一、评估目标

加拿大的设想是：所有的加拿大学生，不论文化背景和性别，都有机会提升科学素质。科学素质是包括科学相关的态度、技能和知识在内的综合体。加拿大教育系统致力于培养学生的探究能力、解决问题的能力和决策能力，让他们成为终身学习者，对周围的世界保持好奇心。

二、概念与维度

以埃肯海德（Aikenhead）、弗莱明（Fleming）、瑞安（Ryan）等人为代表的研究科学课程的专家们，开发出一种针对学生科学素质的评价工具：Views on Science – Technology – Society（以下简称 VOSTS）。VOSTS 是一种科学—技术—社会观点评价表，能够有效地评价学生所具备的科学素质情况。它有效推进了加拿大科学教育评价实践的改革进程。

VOSTS 的设计思路为：

（1）针对每个测试项目确定一个关于 STS 关系认识或看法的论题，如表 4 – 3 所示①；

---

① 周勇．加拿大关于科学课程评价的研究与启示［J］．全球教育展望．2003（7）：66 – 70.

(2)收集、归纳学生对每个论题的各种代表性观点和论据,再将其开发为选项,形成 VOSTS 测试项;

(3)收集学生反馈信息,对选项进行修订(旨在提高项目的测试效度);

(4)组织大样本测试,根据测试结果对选项进行修正。最终获得由 114 个测试项所组成的 VOSTS。

表 4-3 STS 关系范畴及其指标

指标	说明
科学认识	科学探究方法,如观察、建模、分类、表征等;科学知识,如术语、定理、定律等;科学探究过程,如流程;科学中的逻辑推理与演绎;科学技术知识的局限
科学与技术的关系	科学与技术的概念,研究与开发的概念,科学与技术的相互依存关系,科学与技术的属性
科学技术的外部社会学——科学技术与社会的关系	科学技术对社会的影响:涉及科学家与技术专家的社会责任,科学技术对社会决策、经济发展、军事力量的影响及其对社会思维方式的影响,科学技术导致的社会问题及其对解决社会实际问题的贡献 社会对科学技术的影响:如政府、企业、军事、伦理道德、教育、特殊团体和公众对科学的影响 学校科学课程对社会的影响:包括不同文化间的桥梁作用,对社会决策的影响,对科学发展的影响
科学技术的内部社会学	科学家的人格特征:包括科学家的个人动机、生活和工作的标准与价值观、意识形态、科研能力及其对科学过程及结果的影响,女性科学家的地位 科学知识的社会性建构:涉及科学集体主义、科学决策、科学家之间的学术交流与学术竞争,社会与科学知识的相互作用,个人对科学的影响,国家对科学技术的影响,个人和公众的科学 技术的社会性建构:涉及技术的自发性及技术决策

4.1.4 印度的"ISR 科学调查"

一、评估目标

作为世界上第二大的发展中国家,印度非常重视提高全民的科学素质。印度于 1999 年发布的报告《提高科学文化素质》以及关于科技政策的文献中都突出强调了公民获得和理解科学知识的重要性。在《2003 年科学技术政策》中又进一步明确,科技政策的首要目标是确保科学信息可以传达给每一个印度公民,并使每一个公民都可以参与科学技术的发展以及其在人类福利方面的应用。

二、概念与维度

2004 年,印度国家科学院(INSA)委托印度国家应用经济研究委员会(NCAER),从"科学与工程教育"、"科技类人力资源"、"公众理解科学与技术"三方面进行了第一次科学调查(India Science Report ,简称 ISR)①。该调查所采用的公民科学素质测

① Rajesh Shukla. India Science Report[R]. New Delhi:Na-Tional Council of Applied Economic Research,2005.

评体系借鉴了美国及世界经合组织评估体系①,结合印度经济发展水平和公民受教育程度的现状,自行设计了一套符合印度国情、强调科技对公众日常生活有影响力的评估体系。

4.1.5 国际经合组织的"国际学生评估项目"(PISA)

2000 年,经济合作与发展组织(OECD)启动了专门面向 15 岁学生的"国际学生科学素质评估项目"(Programme for International Student Assessment,简称 PISA),共有 32 个国家包括 28 个成员国约 25 万名学生参与调查,测评范围包括阅读素质、数学素质和自然科学素质②。PISA 主要针对成员国义务教育阶段科学教育效果进行测评,也可以进行公民科学素质的国际比较。

一、评估目标

PISA 立足于科学技术对日常生活的作用显著,认为很多时候人们必须首先理解科学技术,然后才能顺利处理各种问题;各种与科技相关议题的决策都需要人们的广泛参与,而只有具备良好科学素质的未成年人才有机会、才能够更好地适应未来,才有机会更好更多地行使其作为公民的参政议政权利。PISA 的目标是测度学生的科学知识及科学技能水平,解析社会、经济、教育等因素对未成年科学素质形成的影响与关联,从而为制定科学教育政策提供参考依据。

二、概念与维度

在 PISA 中,科学素质的定义涉及知识、能力,即科学素质是指"一种人们使用科学知识发现问题、得出结论的能力,具有科学素质将有助于人们制定与自然相关的决策,有助于人们理解这些决策对自然的影响"③;评估从知识、能力、态度三个维度进行,如表 4-4所示。

4.1.6 我国的公众科学素质调查

1. 评估目标

世界经济的发展,特别是发达国家的经济发展,主要依靠科技创新和技术进步。科学技术在经济发展中的地位日趋重要,随着知识经济的兴起,世界各国之间的竞争愈演愈烈,国家竞争的焦点已转向有效地占有和支配科技资源。作为世界上的资源大国,同时也是人口大国,中国面临着亟须解决的问题,那就是如何提高国民的综合素

---

① 汤书昆,王孝炯,徐晓飞. 中国公民科学素质测评指标体系研究. 科学研究. 2008(2):78-81.

② Miller, J. D. Scientific Literacy and Citizenship in the 21st Century[M]. Shiele B. and Koster E. H.

③ Contre for Educational Research and Innovation. PISA 2003 assessment framework - machematics. reading, science and problem solving knowledge and skills[J]. 2006,(11):1-190.

质，尤其是科学素质。基于国家发展与进步的要求，中国有必要在了解公民科学素质的基础上，提出对应的方针和政策。

表 4-4　PISA 科学素质指标体系

一级指标	二级指标	二级指标的解释
能力	识别科学议题	识别可以被科学调查的议题；知道科学信息的关键词；理解科学调查的关键特征
	科学的解释现象	在情境中应用科学知识；科学的描述、解释现象，预测变化；辨别正确的科学描述、科学解释、科学预测
	使用科学证据	解释证据、得出结论、传播结论；理解结论背后的假设、证据、推理过程；理解科技发展对社会的影响
知识	科学知识	掌握物质系统、生命系统、地球与空间系统、技术系统四个领域的知识
	关于科学的知识	理解科学研究的目标、过程、产出
态度	科学兴趣	保持对科学议题的好奇心；愿意使用各种方法获得更多的科学知识和技能；喜欢搜集信息并拥有对科学的持续兴趣
	对科学研究的支持	承认科学讨论的重要性；坚持使用事实来说明问题，得出结论时坚持逻辑性和严谨性
	对资源、环境的责任感	拥有环境保护的责任感；知道个人行为对环境的影响；愿意采取行动保护自然资源

2. 概念与维度

在我国，自 1992 年以来，共进行了五次公民科学素质调查，建立了一个全国规模的中国公众科学素质变化观测网，确立了若干客观、敏感的科学素质观测指标，积累了大量数据与分析结果。值得指出的是，我国的公众科学素质调查对美国和欧洲有关公众科学素质的研究方法进行了重要借鉴，包括对科学素质的概念界定和具体测量。

综上所述，国际国内对公民科学素质的测量评估相对比较成熟，而对学校、社会团体、传播媒体等科普活动开展的组织机构的监测评估则处于起步阶段，尽管各种部门、各个地区都开展了一些局部研究，但还缺乏广泛被认可的评估指标体系和规范科学的评估操作方法。

4.2　广东省全民科学素质调查指标的设计

在科学素质的调查中，指标体系设计的全面、准确与否直接影响着对公民科学素质真实状况的了解，从而也会影响到据此制定的计划、政策与措施。我国目前所采用的指标体系基本参照美国等发达国家的标准，但事实上，由于我国科技、社会、经济、文化的急剧变化和特殊国情，现有的指标体系在一定程度上可能难以反映我国公民科学素质的真实水平，尤其是科学素质的发展与变化。鉴于此，广东省全民科学素质调查指标应该基于广东省在政治、经济、文化等多方面的现实状况进行有针对性的设计。

4.2.1 广东省全民科学素质测评指标的构建原则

本次研究除了考虑人员测评指标体系设计过程的通用原则①外，还考虑到科学素质测评的特殊性，重点突出了以下四项原则②：

一、通用原则

1. 明确性原则

明确性原则是指每个测评指标内容的明确、直观、合理。一个测评指标只能有一个明确的测评内容，不能模棱两可，含糊不清。

2. 科学性原则

测评指标体系应以心理学、管理学、领导科学、人才学等科学原理为依据，运用科学的方法，结合广东省全民科学素质历年测评的经验来确定。

3. 创新原则

测评指标体系应在借鉴国际成熟的测评体系理念以及我国尤其是广东对科学素质测评经验总结的基础上，有所创新和发展。另外，测评指标体系还应体现广东省的特殊省情及民情。

4. 精练性原则

从理论上讲，测评内容越全面、越完整，就越能清楚地反映各类人员的各种素质水平和素质结构。

二、重点突出原则

1. 导向性原则

2006 年，中国从国家战略的高度，颁布了《全民科学素质纲要》，明确了现阶段政府工作的重点之一就是全面提升公民科学素质。随着《全民科学素质纲要》的颁布，各级政府特别是省一级政府纷纷依据《全民科学素质纲要》制定了实施纲要的工作方案。广东省将依循政策导向，并基于《全民科学素质纲要》中的公民科学素质的内涵、目标和任务，建立广东省公民科学素质测评指标体系。

2. 连续性原则

纵横向比较是比较研究常用的方法，观测公民科学素质的变化需要在时间序列上进行对比研究。目前，我国大约两年进行一次全民科学素质调查，而广东省公民科学素质调查仅仅开展了两次，间隔也是两年。考虑到公民科学素质的明显变化需要较长的时

---

① 况志华，张洪卫．人员素质测评．[M]上海：上海交通大学出版社，2006.

② 汤书昆，王孝炯，徐晓飞．中国公民科学素质测评指标体系研究[J]．科学学研究，2008(2)：78－81.

间，调查也需要占用较多的资源，开展公民科学素质测评必须经历一个较为长期的过程，跟踪研究揭示了研究的连续性特征。对同一问题的群体回答的变化，同一个人在不同时间点对相同问题回答的变化，我们都有必要了解，这些研究必须连续进行。

3. 针对性原则

Miller 模型具有国际影响力、权威性，但是发明者本人也明确了其在不同国家使用的局限。为了确保可比性，我们应该借鉴主流或者常用的测评指标，为了保证针对性和使用效果，我们必须依据国情做适当调整，即采取针对性原则，有机融合、兼顾可操作性、可比性、适应性。

4.2.2　广东省全民科学素质指标体系建立的步骤

建立指标体系的过程就是将总目标分解为各个分目标的过程，根据通用原则和重点突出的原则，建立广东省全民科学素质指标体系一般要经过以下几个步骤：

1. 明确指标体系的建立思路

广东全民科学素质测评指标体系是按不同等级的评价指标，依据被测对象的特征形成的有机整体，是紧密联系并能够反映评价对象的具体指标的集合。

2. 进行指标体系的初步设计

这一步骤的基本途径就是分解目标，通过对目标的分解形成指标体系的框架。对指标的分解如图 4－1 所示。

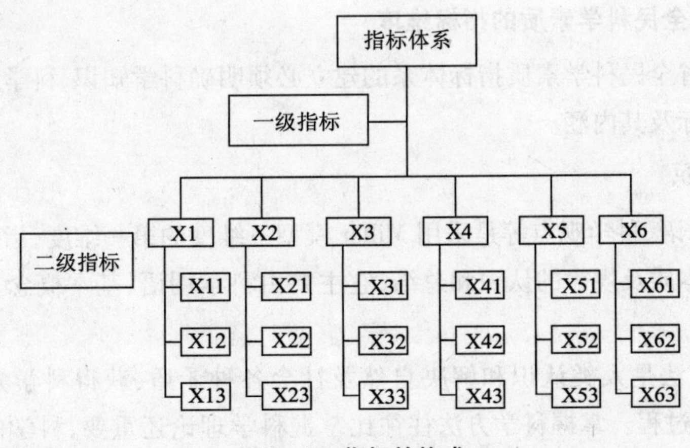

图 4－1　指标的构成

3. 分析并界定各指标的含义

了解各指标的内涵，对指标进行明确的界定；分析各个指标之间的相互关系，保证指标的独立性和完整性。

4. 完善指标体系

提高指标体系的可行程度,即可行性、可操作性。在设计指标体系时,必须从客观实际出发,认真权衡指标收集的成本和其所发挥的作用并进行指标体系的完善。

5. 筛选并优化评价指标体系

通过上述内容建立起来的评价指标体系,进一步筛选和优化,并综合采用合并、剔除、替换等手段进行优化设计,对指标体系进行修改和完善。对于由评价人员选择的评价指标体系,还要广泛征询各方面专家的意见,并综合运用各专家的知识、经验以及信息等对评价指标体系进行修改后,最终确定项目的评价指标体系。

4.2.3 广东省全民科学素质测评指标体系的设计

一、广东省全民科学素质调查指标的设计思路

在《全民科学素质纲要》中,公民科学素质是指"了解必要的科学技术知识,掌握基本的科学方法,树立科学思想,崇尚科学精神,并具有一定的应用它们处理实际问题、参与公共事务的能力"。本书主要依据《全民科学素质纲要》中关于公民科学素质的定义,并结合广东省现状,将科学素质进一步定义为:人们了解必要的科学知识(包括基本的科学方法)、具备健全的科学人格(包括树立科学思想,崇尚科学精神,拥有正确的科学价值观)、具备应用科学的能力(包括阅读理解能力、处理实际问题的能力)之总和,同时从科学知识、科学人格、科学能力三个维度对广东全民科学素质进行测评。

二、广东省全民科学素质的指标维度

测评广东省全民科学素质指标体系的建立必须明确科学知识、科学人格和科学能力三个一级指标及其内涵。

1. 科学知识

(1)科学术语、科学观点等是采用 Miller 模型三维度的第一维度,指的是对客观世界各种事物的本质及规律的认识和总结,它主要由科学用语、基本概念、基本原理、基本规律等组成。

(2)科学方法是人类认识和解决自然及社会各种矛盾、获得科学知识的具体途径、运作程序或过程。掌握科学方法往往比掌握科学理论还重要,科学的方法论可以在更高的层次上有助于良好科学素质的养成。

2. 科学人格

科学人格主要包括科学思想、科学精神和科学价值三方面。

3. 科学能力

科学能力主要包括阅读理解能力和处理实际问题的能力。

(1)阅读理解能力是指对给定文字、图表所包含的科学知识、科学信息的理解程度。

(2)处理实际问题的能力。

三、广东省全民科学素质的二级指标及解释

测评广东省全民科学素质指标体系的建立必须明确二级指标及其内涵,具体如表4－5所示。

表4－5　公民科学素质调查指标体系

一级指标	一级指标的解释	二级指标	二级指标的解释
科学知识	对客观世界各种事物的本质及规律的认识和总结	科学概念	了解基本的科学概念及定义
		科学观点	理解基础的科学观点
		科学方法	认识和解决自然和社会各种矛盾和问题、获得科学知识的具体途径、运作程序或过程
科学人格	隐于人的外在行为之下的心理活动	科学思想	公民对待日常生活、工作和学习中科学问题的立场和观念
		科学精神	关于科学活动、科学作为一个整体所表现出来的一种非物质的东西
		科学价值	公民在科学技术与社会的关系、科学技术的作用及其社会影响等问题上的看法和评价
科学能力	获取科学知识的能力、科学地处理实际问题与参与公共事务的能力及创新能力	阅读理解能力	获取知识的途径,从短文、图表中获取知识的能力等
		科学地处理实际问题与参与公共事务的能力	如应对SARS,应对突发灾害(火灾、地震、泥石流),生活习惯等,还包括了参与公共事务能力,如了解当地政府的发展规划等

1. 科学知识

科学知识的测评因子包括科学概念、科学观点和科学方法。

(1)科学概念:了解基本的科学概念及定义。

(2)科学观点:理解基础的科学观点。

(3)科学方法:①获取科学知识的手段,如自学、请教等;②对科学研究的了解,主要包括科学研究过程及科学研究方法(如观察、实验、测量、调查、比较、分类、归纳、演绎、类比等)。

2. 科学人格

科学人格的测评因子包括科学思想、科学精神和科学价值。

(1)科学思想:①对人类自身的看法,如人生价值、人类社会的发展、是否相信算命等;②对自然的看法,如物质与意识、宇宙与物质、生态与环境等;③对人类与自然关系的看法,如科学发展观等。

(2)科学精神:①求真意识——对科学知识的求证;②求知意识——观察事物的

兴趣、思考现象背后的联系；③务实意识——目标的合理性。

(3)科学价值：①科学与人类社会的关系，如科学对经济社会发展的作用、科学对环境的作用等；②人对于科学的影响，如人该如何利用科学等；③对科学团队的看法。

3. 科学能力

科学能力的测评因子包括：阅读理解能力，科学地处理实际问题的能力。

(1)阅读理解能力：如获取知识的途径，从短文、图表中获取知识的能力等。

(2)科学地处理实际问题的能力：包括处理日常生活问题能力，如应对SARS，应对突发灾害（火灾、地震、泥石流等），生活习惯等；还包括参与公共事务的能力，如了解当地政府的发展规划等。

4.2.4 基于广东省全民科学素质测评指标的问卷设计

广东省全民科学素质调查问卷是在对国内外全民科学素质调查体系研究的基础上，基于广东省全民科学素质测评指标的构建原则、设计框架以及一级指标和二级指标的内涵及意义设计而形成的。

在设计广东省全民科学素质的调查问卷的过程中，我们主要考虑以下两点：

1. 一卷两体

所谓“一卷两体”就是指在调查问卷中，设计反映两方面内容的题目，既收集公众科学素质测评的信息，也收集公民科学素质相关行为的信息。“一卷两体”设计的目的是在一次调查中既能了解广东省全民科学素质的真实水平，又能了解对广东省科学素质相关监测工作的实施情况。“一卷两体”的安排，有利于更便利地发放问卷和调查数据的统一。此外，由于影响公民科学素质的因素包括性别、年龄、教育程度、职业、地区等，因此，问卷中应该出现能反映公民这些方面的基本信息。

综上所述，我们在调查问卷中设计了三个模块：第一个模块是公民基本信息；第二个模块是公民科学素质的具体调查；第三个模块是公民行为。

2. 一通多专

“一通多专”是指要在建立一套面向全体公民的通用型测评体系的同时，逐步形成多个面向不同社会群体和不同用途的专用型测评体系。“一通多专”的格局形成以后，对于落实未成年人、农民、城镇劳动人口、领导干部和公务员四类细分群体的科学素质评价，引导社会各界参与第三方测评，以及利用社会力量开展个性化的科学素质建设延伸服务都有积极的意义。

一、预调查问卷的形成

1. 公民基本信息

旨在从公民信息的角度，分析不同性别、年龄、职业、教育程度、地区及民族的科学素质有何不同,并基于广泛的视野对全民科学素质的现状有更加深入的了解,从而对我们分析全民科学素质的影响因素并制定相应的措施有一定的指导意义。

2. 公民科学素质的具体调查

预测试问卷在借鉴中国前五次的全国公民科学素质调查问卷,以及各省市有关全民科学素质调查问卷的基础上,对应新的指标体系,并参考2001年、2003年中国公众科学素质调查、2007年广东公众科学素质调查问卷中的测试题目,整合设计形成了《广东省全民科学素质调查》问卷Ⅰ(见附录1)。

本问卷从科学知识、科学人格和科学能力三个一级指标,科学概念、科学观点、科学方法等九个二级指标入手设计相应的测试题目。其中,大部分试题都沿用了国外相对成熟的题目,有小部分试题针对广东省的实际情况做了略微改动。整套调查问卷共有26道测试题,每道测试题具体对应的相关指标,见表4-6。

表4-6　问卷题目所对应的指标

一级指标	二级指标	题　号
科学知识	科学概念	1
	科学观点	2
	科学方法	3、4、5、12
科学人格	科学思想	6、7、8、9
	科学精神	10、11、13
	科学价值	14、15、16、17、18
科学能力	阅读理解能力	19、20、24、25、26
	科学地处理实际问题与参与公共事务的能力	21、22、23

根据指标选取的原则,并参考国内外对科学素质的评价,具体指标选择依据分述如下。

(1)衡量科学知识的指标选择依据。科学知识是科学素质最基本内容,直接影响到全民科学素质的高低,科学知识水平的高低直接影响人口素质的其他方面。根据国际上通用的评价准则,我们主要选择科学概念、科学观点和科学方法三个指标评价公民对科学知识的掌握情况。测试题如下:

1)科学概念。此次调查,我们共选取6个基本科学术语,调查广东省公民对科学概念的掌握程度,包括"INTERNET"、"分子"、"DNA"、"纳米"、"酸雨"和"通货膨胀"。

需要说明的是,在以前的多次全民科学素质调查中,只有"INTERNET"、"分子"、"DNA"及"纳米"科学术语的调查,并没有对"酸雨"和"通货膨胀"科学概念的调查。之所以增加"酸雨"的内容,是因为我们考虑到工业革命之后的全球性环境污染问题越来越严重,尤其是作为改革发展前沿的广东省,环境污染问题更是需要加倍关注。从这个角度出发,我们决定通过观察公众对"酸雨"这个科学术语的理解,以推断广东省公民对于环保问题的关注及了解程度。

此外,增加"通货膨胀"的内容,是基于科学技术的发展与经济的发展密切相关。随着经济全球化的浪潮席卷全世界,中国近些年来的经济形势也发生着日新月异的变化,公众尤其是广东省公众有更多机会了解到关于贸易与经济法方面的信息,因此在这次调查中,我们增加了"通货膨胀"这个概念,以期了解广东公民对于经济变化和发展的关注和了解程度。

2)科学观点。关于广东省公众科学观点的调查,由题项 1 – 14 组成,分别的调查的是"地心非常热"、"人类呼吸的氧气来自植物"、"激光因汇聚声波而产生"、"电子比原子小"、"抗菌素能杀死病毒"、"千百年来我们生活的大陆一直在缓慢地漂移"、"就我们目前所知,人类是从早期动物进化而来"、"早期人类与恐龙生活在同一时代"、"地球围绕太阳转"、"父亲的基因决定孩子的性别"、"被辐射过的牛奶经过煮沸后可以安全饮用"、"相信直觉是一种唯心主义的表现"、"月亮本身不会发光"、"光速比声速快"等方面公民的认知程度。

关于基本科学观点测试题的内容涉及物理、生物、医疗保健、地理、天文、医学、航空、数学等与人类生活息息相关的问题。其中 1 – 8 题是国际通用的公众掌握基本科学观点的测试题,其他问题则是针对广东省公民而特别设置的。

3)科学方法。关于广东省公众科学方法的调查,由问题 3、4、5、12 组成,涉及对比方法的选择、概率问题测量方式的选择会通过何种方法去验证方面的调查。

其中,问题 3 是有关对比方法的选择的调查,是参照国际通用的衡量基本科学方法的测试题目。

问题 4 是概率问题的调查,是在国际通用测试题的基础上作了一些改动。因为国际上通用的测试概率的题目,涉及遗传学的基本知识。而遗传学作为生物学的核心学科,以我国的平均受教育水平而言具有较大的难度。因此,我们以概率为导向,通过公民日常生活中可能比较熟悉的扔骰子来测试公民对概率问题的掌握情况。

问题 5 是调查测量方式的选择,目的是考察公民对科学测量方法的理解程度。题目内容较为贴近生活,需要公众从科学的角度出发,选择最为合理的方案进行测量;

问题 12 通过测试公民会采取何种方法对观点进行验证,来测试公民获取科学知识的手段,可供选择的答案包括:找权威(如专家等)、上网查相关资料、查阅相关书籍、杂志等刊物及其他方法。

(2)衡量科学人格的指标选择依据。衡量科学人格的测评因子包括科学思想、科学精神和科学价值。

1)科学思想。关于广东省公众科学思想的调查包括:对人类自身的看法,如人生价值、人类社会的发展、是否相信算命等;对自然的看法,如物质与意识、宇宙与物质、生态与环境等;对人类与自然关系的看法,如科学发展观等。

其中,关于广东省公众对人类自身的看法,包括问题 6"您认为根据生辰八字来算命是否科学?”。

关于广东省公众对自然的看法,包括问题7“我国七大水系中有一半河段有机物或重金属污染,86%的城市河段水质污染超标,全国35个较大的淡水湖,有17个遭到严重污染。你对以上问题有何看法?”。

关于广东省公众对人类与自然关系的看法,包括问题8“科学发展观具体包括哪些内容”、问题9“人类已经可以摆脱自然界客观规律的束缚。您是否赞成这种观点?”。

具体来说,公众对迷信和伪科学的看法可以反映公众的人生价值和对自身的看法,由此得出问题6;问题7是通过调查公众对环境污染问题的看法及人类是否能很好地解决污染问题,评价公众对自然的态度;人类与自然的关系,是衡量公民科学思想的最后一个指标,问题8和问题9分别通过调查公众对科学发展观具体内容的了解及人类是否能摆脱自然界的规律,都是测试公众对人与自然之间关系的看法的有效途径。

2)科学精神。关于广东省公众科学精神的调查包括:求真意识,即对科学知识的求证;求知意识,即观察事物的兴趣、思考现象背后的联系;务实意识,即目标的合理性。

其中,关于广东省公众求真意识的调查,包括问题11“在学习、工作中,我们经常会与他人的看法不一致,对自己和他人提出的观点、数据、方法,你会去对比验证,看谁对谁错吗?”。

关于广东省公众求知意识的调查,包括问题10“在生活中,我们经常会遇到一些新鲜的名词,如3G时代、和谐社会、绿色GDP等,对这些新概念,你是怎么看的?”。

关于广东省公众务实意识的调查,包括问题13“假如现在你要制定一项计划来实现一个目标,你非常清楚,要达到那个目标起码需要一年的时间,但是你周围的很多人都认为其实九个月的时间就够了,而且其中有些是你比较敬重的人。你会怎么办?”。

3)科学价值。关于广东省公众科学价值的调查包括:科学与人类社会的关系,如科学对经济社会发展的作用、科学对环境的作用等;人对于科学的影响,如人该如何利用科学等;对科学团队的看法。

关于广东省公众对于科学与人类社会的关系的调查,包括问题14“你认为‘科学技术是第一生产力’对吗?”、问题15“随着核技术的发展,核能给人类提供了一个重要的能量来源,但同时核泄漏、核武器等也给人类带来了危害。你认为核技术的发展给我们生活带来的利弊分析是什么?”和问题16“针对核泄漏、核武器给人类带来的危害,你有何看法?”。

关于广东省公众就人对于科学的影响的调查,包括问题17“对于核技术是否应该被禁止,你有何看法?”和问题18“21世纪,中国的发展进程不可避免地遭遇到很多问题,如人口三大高峰(即人口总量高峰、就业人口总量高峰、老龄人口总量高峰)相继来临的压力,能源和自然资源的匮乏,生态环境的恶化,等等。你认为科学技术能解决以上问题吗?”。

(3)衡量科学能力的指标选择依据。这可以说是构建整个全民科学素质测评体系的难点。我们经过分析,选取了阅读理解能力和处理实际问题的能力这两个测评因子。这就要求公民必须学习和掌握马克思主义辩证唯物主义和历史唯物主义的立场、观点和方法,必须学会由此及彼、由表及里、去粗取精、去伪存真,从感性到理性,从现象到本质,从原因到结果,去观察、分析、解决工作中的各种问题。

1)阅读理解能力。关于广东省公众阅读理解能力的调查,包括问题19,通过看图表得到信息;问题20,通过阅读文字获得信息;问题24、25的脑筋急转弯和问题26。

2)科学地处理实际问题与参与公共事务的能力。关于广东省公众科学地处理实际问题与参与公共事务的能力的调查,包括问题21“传染性非典型肺炎(严重急性呼吸综合征SARS)是由SARS冠状病毒(SARS)引起的一种具有明显传染性、可累及多个脏器系统的特殊肺炎。其症状主要有哪些?”,问题24“5·12汶川大地震作为新中国成立以来震级最高的地震,造成了严重的人员伤亡,截至2008年9月25日12时,汶川地震已确认69 227人遇难,374 643人受伤,失踪17 923人。请问面对突如其来的地震,你认为下面哪些做法是错误的?”,问题25“绿色亚运是2010年广州亚运会的重要理念之一。您做过哪些支持环保的行为?”。

3. 公民行为

通过对公民行为的调查,分析公民的日常行为与公民科学素质是否存在相关性影响,并通过对公民行为的调查监测当前公民科学素质监测系统工作的实施情况,进而提出改进措施。

二、预调查及问卷修改

本次预调查以广东省华南理工大学及广东省高速公路有限公司湛江分公司员工为调查对象,采用随机发放当场回收的形式。本次调查发放问卷78份,回收问卷78份,回收率为100%;其中有效问卷70份,有效问卷回收率89%。

在70份有效问卷中,从性别分布来看,其中39个为男性样本,31个为女性样本;从年龄状况来看,10%的被调查者年龄在19-20岁之间,30.43%的被调查者年龄在20-29岁之间;50.86%的被调查者年龄在30-39岁之间,8.71%的被调查者年龄在40-49岁之间。从学历来看,高中或中专学历占61.2%,大专学历占12.4%,大学学历的占26.4%;从民族分布来看,67个样本为汉族,2个样本为壮族,1个样本为其他少数民族;从户籍状况来看,50.6%为城镇户籍,49.4%为农村户籍,城镇和农村户籍占比相差不大。

本研究设计的量表主要是在参考国内外学者所采用的量表基础上修订而成。因此在进行问卷项目开发，形成初始问卷后，需要对初始问卷进行测试。对初始问卷进行测试，一方面可以初步了解部分信息，为研究设计的修正和改进提供数据支持；另一方面可以通过测试对初始问卷进行检验，改进问卷设计，为最终的正式调查打好基础。

通过问卷的预测试，我们大致了解了广东省公众的公民科学素质水平。在做预测试的时候，一些被调查者就预测试中的某些指标的相似度提出了疑问，我们通过分析初始问卷中的相关指标和测评因子的重要程度及相关性，同时参考了一些被调查者的建议，通过添加、删除、修改，整合成一份重新调整的调查问卷，见附录2。

最终的问卷与预测问卷相比，修改之处及其原因分析如下：

(1)在"基本信息"的职业分类一栏中，我们把"中小学生"改成了学生，这是因为很多在读的本科生和研究生无法在这一栏中表达自己的身份。而改成学生之后，身份是学生的都可以勾选"学生"这一选项，再根据"文化程度"选项，我们便可知道被调查者的基本信息。

(2)预调查中，问题3的准确率高达93%以上，我们认为该题的内容及选项的设置不够科学合理。于是，我们将该题换成一道逻辑推理题。逻辑推理也是一种重要的科学方法，是测量科学方法的有效手段。该题置换后，具体题目如下：

面试是成功的招聘程序中必要的一部分，因为有了面试以后，性格不符合工作需要的求职者可以不予考虑。以上的论证在逻辑上依据下面哪个假设？

A. 如果一项招聘程序是包含面试的，它一定是成功的

B. 一项成功的招聘程序中，面试比求职信更重要

C. 面试可准确识别出性格不符合工作需要的求职者

D. 面试的目的是评价求职者的性格是否符合工作需要

E. 在做出招聘决定时，求职者的性格符合工作需要曾经是最重要的因素

此外，在征集被调查者的修改意见之后，我们对一些题目的语言表达及选项做了一些细微的调整，以便被调查者能够更好地理解题目的本意，具体见附录1和附录2。附录1为预调查问卷，附录2为经过预调查修正后的问卷。

三、问卷题目鉴别度和难度检验

在对问卷题目进行相应的修改后，我们再次在广州发放问卷85份，回收问卷85份，回收率为100%；其中有效问卷83份，有效问卷回收率97.6%。

在83份有效问卷中，从性别分布来看，52个为男性样本，31个为女性；从年龄状况来看，8.4%的被调查者年龄在19－20岁之间，91.6%的被调查者年龄在20－29岁之间；从学历来看，小学学历占2.41%，高中或中专学历占1.2%，大专学历占2.41%，本科学历的占93.97%，从调查样本来看，大部分被调查者都具有本科学历；从职业分

布来看，81 个为学生样本，2 个为本科教师样本；从民族分布来看，78 个样本为汉族，4 个样本为壮族，1 个样本为其他少数民族，多数被调查者均为汉族；从户籍状况来看，62.4% 为城镇户籍，37.6% 为农村户籍，城镇和农村户籍占比相对不大。

我们对问卷题目进行了鉴别度和难度检验。其中，鉴别指数 D 和难度指数 P 是重要而比较简便的区分度指标。

$$\text{鉴别度指数 } D = Ph - Pl \tag{4-1}$$

$$\text{难度指数 } P = (Ph + Pl)/2 \tag{4-2}$$

式(4-1)、式(4-2)中，Ph 为测验总分前 27% 组通过人数百分比，Pl 为测验总分后 27% 组通过人数百分比；鉴别指数 D 值越大，题目的鉴别能力越强，难度指数 P 值越大，题目越容易。心理测验学家认为，鉴别指数大于 0.2 的题目都是可接受的。他们认为，鉴别指数分为四个等级：0.19 以下为劣；0.2 - 0.29 为尚可，可进一步修改；0.3 - 0.39 为良好；0.4 以上为优良①②。至于难度指数 P，较好的测验应该是大部分试题的 P 值在 0.2 - 0.8 之间③。一般来说，难度为 0.5 的题目能够产生最大的分数离散度，也就是说，能够对受试者产生最大的鉴别力④。

根据式(4-1)、式(4-2)，不难计算出全民科学素质调查问卷各测验题的鉴别度指数和难度指数（见表 4-7）。科学观点 12、科学思想 3、科学精神 2、科学精神 3、科学精神 4、阅读理解能力 1(1)、阅读理解能力 11、处理实际问题能力共 7 道题的鉴别度指数小于 0.2。但是为保证能够鉴别素质高端和低端人群的区分度，必须保留一些难度指数很高或很低的题目，而这些题目的鉴别指数有可能低于 0.19。鉴于此，我们认为应该保留鉴别度指数小于 0.2 的这 7 道题。

表 4-7 全民科学素质调查问卷各测验题的鉴别度和难度分析

各测验题	鉴别度指数	难度指数
科学术语 1	0.55	0.57
科学术语 2	0.42	0.44
科学术语 3	0.59	0.70
科学术语 4	0.58	0.64
科学术语 5	0.50	0.62
科学术语 6	0.53	0.68
科学观点 1	0.35	0.73
科学观点 3	0.45	0.36

① Kenneth D. HoPkins. Estimating Reliability and Generalizbaility in Coefficients in tow facet designs. The Journal of Special Educational, 1983, 17(3): 371 ~ 373.

② 金瑜. 心理测量. 上海：华东师范大学出版社，2001：171 - 312.

③ 吴明隆. SPSS 统计应用实物[M]. 科学出版社，2003：41.

④ Anthony J. Nitko. Educational Tests and Measurement: An Introduction. In: Hacrourt Brace Jovnavich, Ine., 1983: 283 - 304, 537 - 562.

续　表

科学观点 4	0.35	0.36
科学观点 5	0.43	0.34
科学观点 6	0.45	0.72
科学观点 7	0.29	0.77
科学观点 8	0.52	0.63
科学观点 9	0.30	0.83
科学观点 10	0.36	0.37
科学观点 11	0.37	0.66
科学观点 12	0.11	0.31
科学观点 13	0.31	0.82
科学观点 14	0.27	0.86
科学方法 1	0.56	0.48
科学方法 2(1)	0.21	0.38
科学方法 2(2)	0.67	0.57
科学方法 3	0.22	0.29
科学思想 1	0.26	0.51
科学思想 2	0.24	0.87
科学思想 3	0.04	0.23
科学思想 4	0.45	0.40
各测验题	鉴别度指数	难度指数
科学精神 1	0.26	0.57
科学精神 2	0.16	0.41
科学精神 3	0.14	0.35
科学精神 4	0.13	0.49
科学价值 1	0.23	0.86
科学价值 2	0.32	0.76
科学价值 3	0.42	0.66
科学价值 4	0.36	0.79
阅读理解能力 1(1)	0.10	0.25
阅读理解能力 1(2)	0.25	0.35
阅读理解能力 2(1)	0.21	0.65
阅读理解能力 10	0.52	0.32
阅读理解能力 11	0.08	0.26
处理实际问题能力 2(2)	0.30	0.41
处理实际问题能力 3	0.25	0.74
处理实际问题能力 4	0.24	0.79
处理实际问题能力 6	0.34	0.60
处理实际问题能力 7	0.38	0.69
处理实际问题能力 8	0.17	0.34
处理实际问题能力 9	0.21	0.36

由表4－7可知，全民科学素质调查问卷大部分的测验题具有较高的鉴别力（题目鉴别指数在0.2以上），测验题的难度指数大部分介于0.2～0.8之间，且各测验题的难度指数均值在0.5左右，少量测验题的难度系数分别在0.2以下和0.8以上两个极端。这表明，全民科学素质调查问卷以中等难度的题居多，加上少量难度大和难度小的题，具有较好的可行性与适合度。尽管有些题鉴别指数度较低，但那主要是为了区分能力高端和低端这两个极端人群而保留的。

4.3 广东省全民科学素质抽样调查方案设计

问卷法节省时间、经费和人力，具有很好的匿名性，可以避免偏见、减少调查误差，便于定量分析和处理。鉴于此，我们参照国内外关于科学素质调查的通行做法，采用问卷法的方式了解和掌握广东省全民科学素质的具体现状，具有较强的可行性。

此次调查采用分层抽样调查的方式。所谓分层抽样，就是先将总体依照一种或几种特征分为几个子总体，每个子总体成为一层，然后从每一层中随机抽取一个子样本，将它们合在一起，即为总体的样本，称为分层样本。分层抽样有以下优点：

（1）当一个总体的内部分层明显时，分层抽样能够克服简单随机抽样的缺点。它是按群体的特征分布从不同层抽取尽可能均衡的样本数，使样本与总体更相似，从而改善了样本的代表性。

（2）分层抽样可以提高总体参数估计值的精确度。由于它可以将一个内部差异很大的总体分成一些内部比较相似的子总体，从每一个子总体内抽出一个小样本就能较好地代表总体，因此，在样本数相同的情况下，分层抽样比简单随机抽样的精确度高；或在同样的精确度要求下，分层抽样的样本规模较小。

（3）有些研究不仅要了解总体的情形，还要了解某些类别的情形，分层抽样可以同时满足这两个要求，因为我们可以将每一层看成一个总体。此外，对总体的不同部分还可以采用不同的抽样方法。

（4）便于行政管理。因为可以看做是一个总体，因此每层可由专人进行管理。

正因为具备以上优点，分层抽样才在社会研究中得到了广泛的应用。由于此次广东省全民科学素质调查面向的调查对象非常广泛且复杂，异质性程度较高，参照《全民科学素质纲要》的划分办法，有必要将他们按不同特征分为四个不同类型，分别为未成年人、农民、城镇劳动人口、领导干部和公务员。此外，此次调查范围是在广东省内的多个市县，因此，有必要将他们按不同特征分为不同类型，进行分层抽样。

任何抽样调查都需要解决一个样本容量大小的问题。所谓样本容量，又称样本大小、样本规模，指的是样本内所含数量的多少。样本容量不仅影响其自身的代表性，还直接影响到调查的费用和人力的花费，太大的样本会浪费人力、财力，增加工作量，甚至使工作难以完成;太小的样本会削弱调查的效果。因此,样本大小"适当"是非常重要的,适当的样本依研究目的和总体性质而定,并且受制于客观条件以及抽样方法等。一般来说,样本容量的确定是综合考虑以下几方面因素:

(1)研究的精度。样本越小,误差越大。因此,样本容量视研究所要求的精确度,即误差与置信水平而定。对样本的精确度要求越高,所允许的误差则越小,样本就越大,反之亦然。表4-8[①] 是从1%到7%的允许误差和两种置信水平下,简单随机抽样所需的样本数。

表4-8　不同允许误差下的置信水平

允许误差	置信水平	
	95%	99%
1%	9604	16589
2%	2401	4147
3%	1067	1849
4%	600	1037
5%	384	663
6%	267	461
7%	196	339

(2)研究的范围、地域特点。抽样容量到底多少才合理,这在社会科学研究领域中,似乎并无统一标准。其中,学者 Sudman 研究认为[②],如果是地区性的研究,平均样本数在 500-1 000 人较为合适;如果是全国性的研究,平均样本数在 1 500-2 500 人较为合适。

由于公民科学素质及其建设的监测评估对象数量往往非常庞大,因此从中取样是必要的。总的说来本评估可以选择两种取样方法:①随机取样,即从评价对象中随机抽取;②分层取样,即首先根据评估对象的不同属性将其分为若干群体,然后从不同的群体中抽取评估样本。

从本评估的性质和目的来看,我们更倾向于使用分层抽样,因为这样能让我们对不同属性群体的科学素质进行对比分析,提高了评估的针对性,而且也有助于对评估数据进行更为深入的分析。但是,分层取样的前提是明确区分评估对象具有哪些不同的属性,如地域、经济收入、受教育程度、家庭环境、年龄、性别等,而这些需要更为细致的调查和甄别,如根据档案,某些评估对象的受教育程度是初中,但由于某些原因其在校时间大大低于9年;还有对评估对象的经济收入和家庭环境的判断,也是一项比较复杂的工作。因此,必须制定明确的、具体的、可操作的指标来界定评估对象的不同属性,分层抽样才是有价值的,才有可能得到真实的、有价值的数据。

---

① 于真等著. 当代社会调查研究科学方法与技术[M]. 工人出版社,1988 年.

② Sudman, S(1976), Applied Sampling, New York, Academic Press.

基于此,我们选择抽样调查方案是从未成年人、农民、城镇劳动人口、领导干部和公务员四类人员中,综合采用区域普查和分层抽样、分段抽样、复合抽样等随机抽样方法,选取调查对象。以广东省行政区域内人口为总体,以各地级以上市人口为子总体,在全省采样1 900个。

调查以全民科学素质监测评估指标体系和统计方法为基础,同时根据广东的实际特点进行必要的调整。我们从21个地级以上市抽选区、县(市),每个市抽选3个区、县(市);从抽选出的区、县(市)中抽选中小学校、村委会或居委会、企业和行政机关,每个区、县(市)抽选1所中学、1所小学、2个村委会或居委会、2家企业、2个行政机关;从抽选出的最终单元(调查个体)中抽选20个人,如遇某个单位可调查个体不足20人,应返回第二阶段并在相应的区、县(市)的相应类别中接着抽选,如图4-2所示。

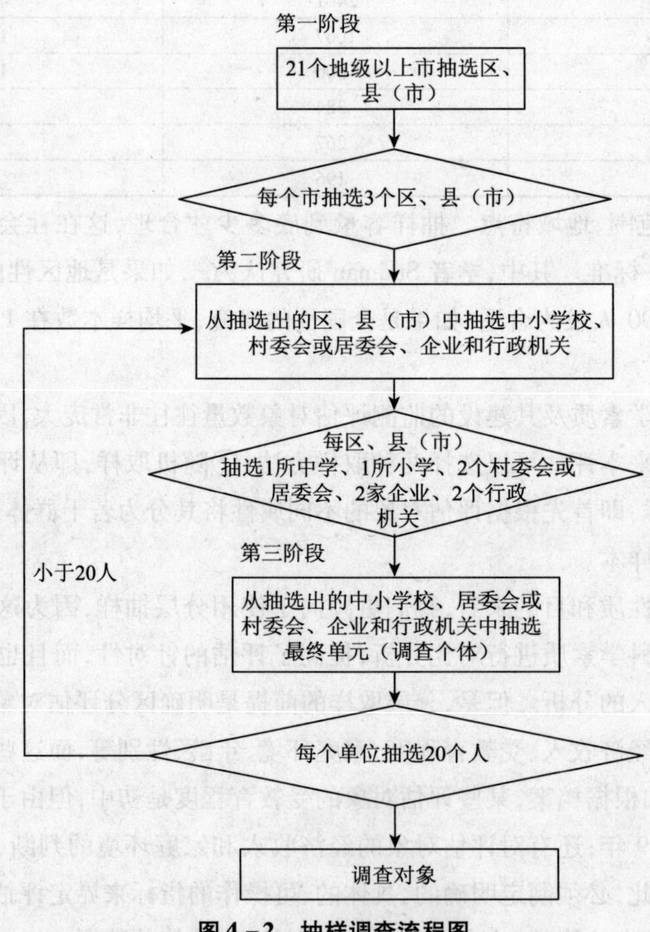

图4-2 抽样调查流程图

第五章 广东省全民科学素质状况调查分析

5.1 问卷测试题的分值设置

5.1.1 数据处理方法的选择

中国已经开展了八次全民科学素质调查。以往我国对于调查数据的处理都采用综合计算法,即用在科学素质各部分取交集后而产生的具备科学素质的人数除以总人数,并以百分比表示公民的科学素质水平。20 世纪 90 年代初,中国公民(公众)科学素质(素养)调查,采用的是米勒科学素质评估体系,而当时世界上其他主要国家或组织在对本国或地区公民科学素质进行调查、研究时也是采用的米勒科学素质理论,或者主要借鉴米勒科学素质理论。用百分比的方法表示公民的科学素质水平非常普遍,因为百分比的表示方法简单直观。

5.1.2 分值的选择

多年来,世界各国对科学素质的分析一直是基于"具备"、"不具备"两种状态之间的选择、评估与分析,又由于公民分布于宽泛的年龄层、空间区域,受教育程度、工作性质、信息的获取成本差异大、个体差异大等,客观上使得具备科学素质的个体远少于不具备的个体,导致我们研究科学素质的形成机理、变化规律、阻碍科学素质形成的主要影响因素等一直困难重重。因为"具备"的数据样本少、数据区分度过于简单化,难于达到统计分析的要求,归因分析、策略分析都很难突破,加之总体样本量本身也有限,个体的重复性调查难以实现,故此,我们调查所取得的丰富数据大多难以派上用场,多数只能用于数据储备,已备来年之需。

鉴于此,同时为了能量化分析广东省公民科学素质的情况,本书借鉴由经济合作及发展组织 OECD 策划的学生基础能力国际研究计划 PISA 中,对量表中的测试题目答案进行编码处理的做法,对问卷进行编码量化处理,其主要思路就是在满足调查评估要求的前提下,把问卷设计成一张满分为 100 分的"试卷"。

(1)正如前文所介绍到,问卷包含了科学知识、科学人格、科学能力、公民行为四个方面的题目。其中,公民科学素质主要是通过科学知识(包含科学术语、科学观点、科学方法)、科学人格(包含科学思想、科学精神、科学价值)、科学能力(包括阅读理解能力、处理实际问题的能力)这三个维度八个层面的题目来测度的。通过对国内外公民科学素质量表中题目的分析,我们发现,八个层面的题目对于测度公民科学素质的重要程度是有所不同的,主要通过题目数量来反映。例如,中国科协、广东省科协进行科学素质调查的问卷中关于科学术语的题目有5题,关于科学观点的题目有21题,关于科学方法的题目有3题,关于科学与社会之间关系的题目有5题。所以,为了在问卷题目构建全面的基础上突出重点,需要对八个层面题目的数量进行合理的设定,对各道题目赋予合理的分值。

(2)为了提高量表的区分度,本书参照PISA设置题目答案的做法,对单选题目的答案按照准确程度不同,分为完全正确、基本正确、错误三个级别;对多选题目的答案则是分正确答案和错误答案,选对答案加分,选错答案则要扣分。

(3)确定评分规则。为了合理拉开差距,本书将对准确程度不同的答案赋予不同的分值。例如,将测度题目的完全正确答案设为3分、基本正确答案设为1分、错误答案设为0分。

5.1.3 权重的选择

那么,问卷中科学术语、科学观点、科学方法、科学思想、科学精神、科学价值、阅读理解能力、处理实际问题的能力这八个层面题目所占的分值又该如何安排呢?关于这一点,本书将通过专家打分法来确定其所占分值比重。之所以选用专家打分法,是由于纵观国内外的相关研究,对于这八个层面题目所占分值的比重安排并无一个可以直接参考的标准,且难以采用技术方法对分值的比重安排进行定量分析,而采用专家打分法可以对专家意见进行统计、处理、分析和归纳,客观地综合多数专家经验与主观判断,从而对分值权重作出合理估算。

(1)经过多轮意见征询、反馈和调整,最后得出八个层面题目所占分值的比重依次是:0.12、0.12、0.12、0.12、0.12、0.12、0.12、0.16。

(2)对八个层面每道题目进行赋分。由于每个层面都含有数量不等的题目,为了能对八个层面题目均值赋分,以方便计算与统计,本书对其所占分值的比重进行了小小的调整,调整后的比重依次为:0.12、0.14、0.12、0.12、0.08、0.12、0.12、0.18,即在总分为100分的问卷中,八个层面题目的分值分别是12分、14分、12分、12分、8分、12分、12分、18分。

(3)对各道题目答案的分值设计。我们对正确程度不同的答案进行赋分,并遵循合理拉开差距的原则。经过认真分析,认为对于单选题,选择完全正确答案可以得到该题目100%的分值,选择基本正确答案可以得到35%左右的分值(若该题目35%的分值不是整数,为方便统计则进行四舍五入),选择错误答案得分为0。对于多选题,假设其正确答案个数为n,该题目的分值为p,则每选择一个正确得p/n分(若p/n不是整数,为方便统计则进行四舍五入),若选错答案则要扣0.5分,各题目答案的分值具体见附录2。

5.2　问卷调查的基本情况

本次调查在广东省21个地级市共发放问卷1 900份,除深圳市外的20个地级市共回收1 796份(见图5－1),为避免对数据产生不良影响,剔除不合格问卷205份(未完成问卷作答或者未按要求作答),最终有效问卷1 591份,占回收问卷的88.6%[①]。

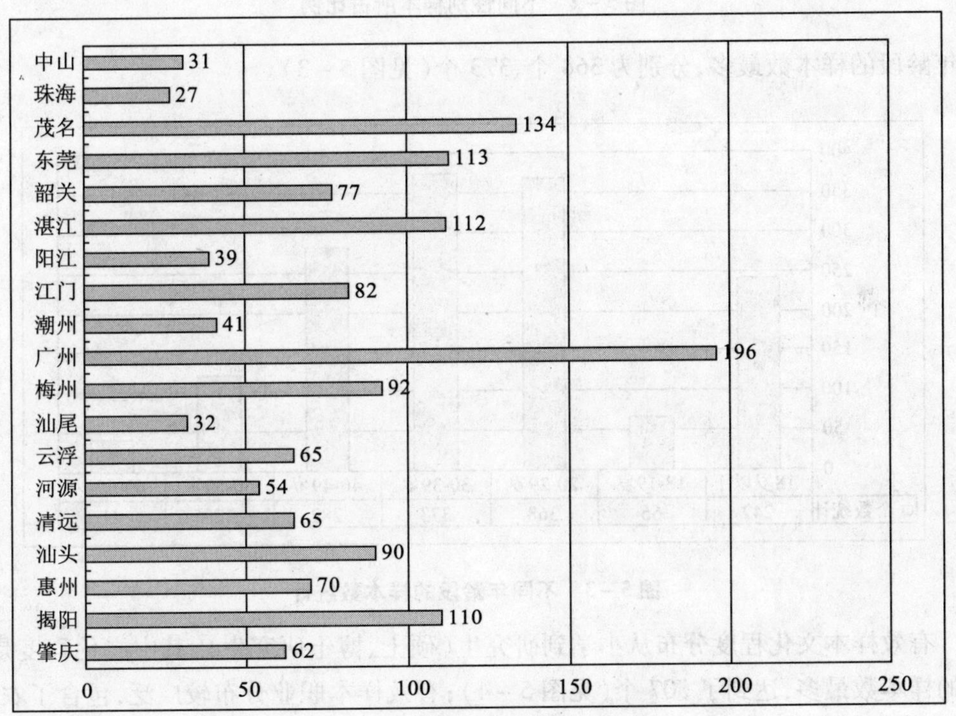

图5－1　不同地区的有效样本数统计

有效样本来自城镇的有1323个(88.6%),来自农村的有169个(11.4%);样本中男性和女性分别为889名、603名(见图5－2)。

有效样本年龄分布在18岁以下到60－69岁七个年龄段,其中20－29岁、29－39

① 由于佛山市的112份问卷(有效问卷99份)的回收滞后超两月,考虑到该市问卷仅占问卷总数的6.2%及结题时间要求,故本书未将其纳入问卷数据的统计分析,而只是单独对其进行了简单的统计与分析。

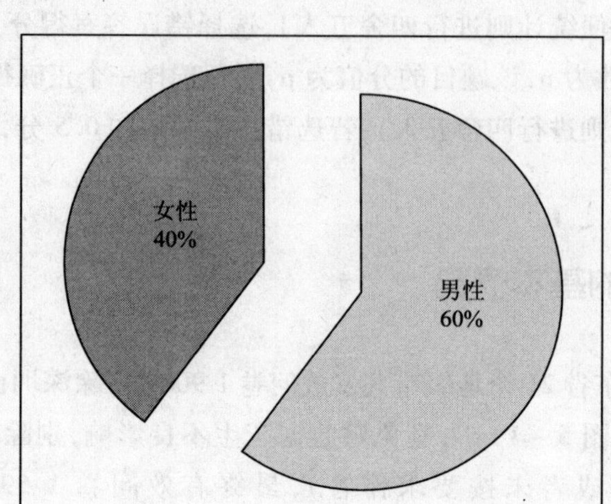

图5－2　不同性别样本所占比例

岁年龄段的样本数最多，分别为368个、373个（见图5－3）。

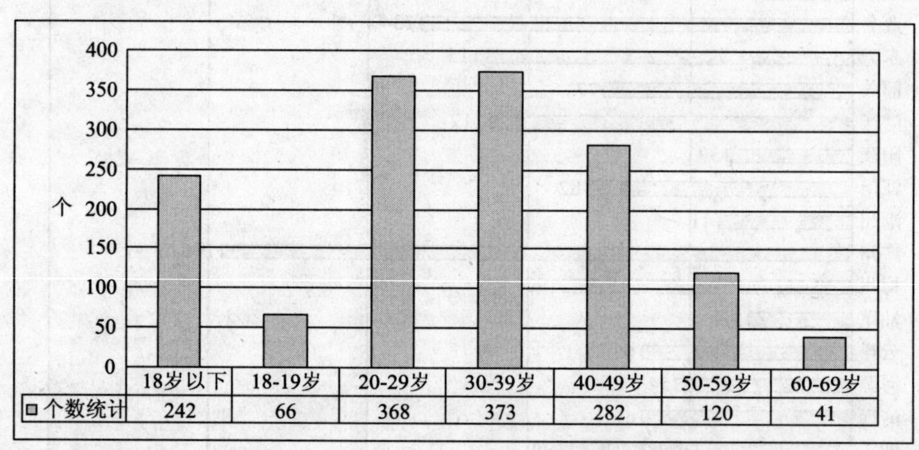

图5－3　不同年龄段的样本数统计

有效样本文化程度分布从小学到研究生（硕士、博士研究生），其中文化程度是大学的样本数最多，达到了507个（见图5－4）；有效样本职业分布较广泛，包含了农民、公务员、学生等（见图5－5），其中学生、国家机关等人员最多，分别有304个、298个。

根据上面问卷发放基本情况的分析，同时结合前面关于抽样要求的介绍，我们可以知道调查样本来自广东省各地级市，符合分层抽样的要求；有效问卷数量1 492份（不包括佛山市的有效问卷数量），达到了地区性研究抽样容量的要求①。

① Sudman, S(1976), Applied Sampling, New York, Academic Press.

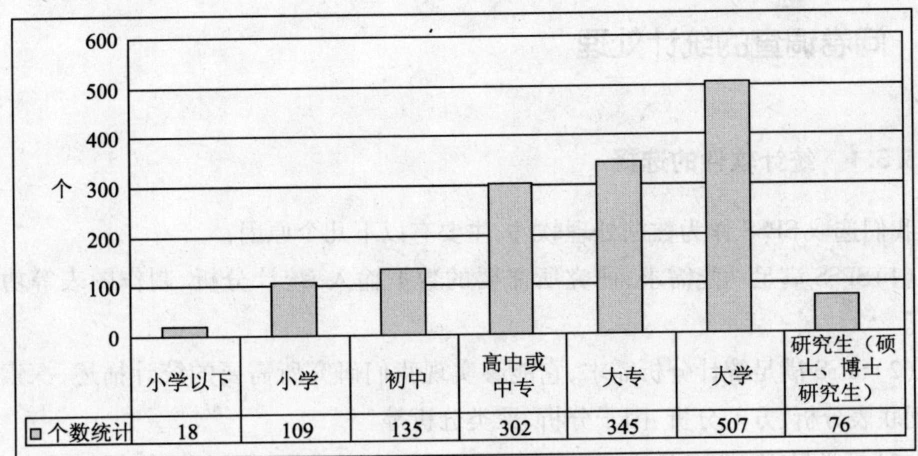

图5-4 不同文化程度的样本数统计

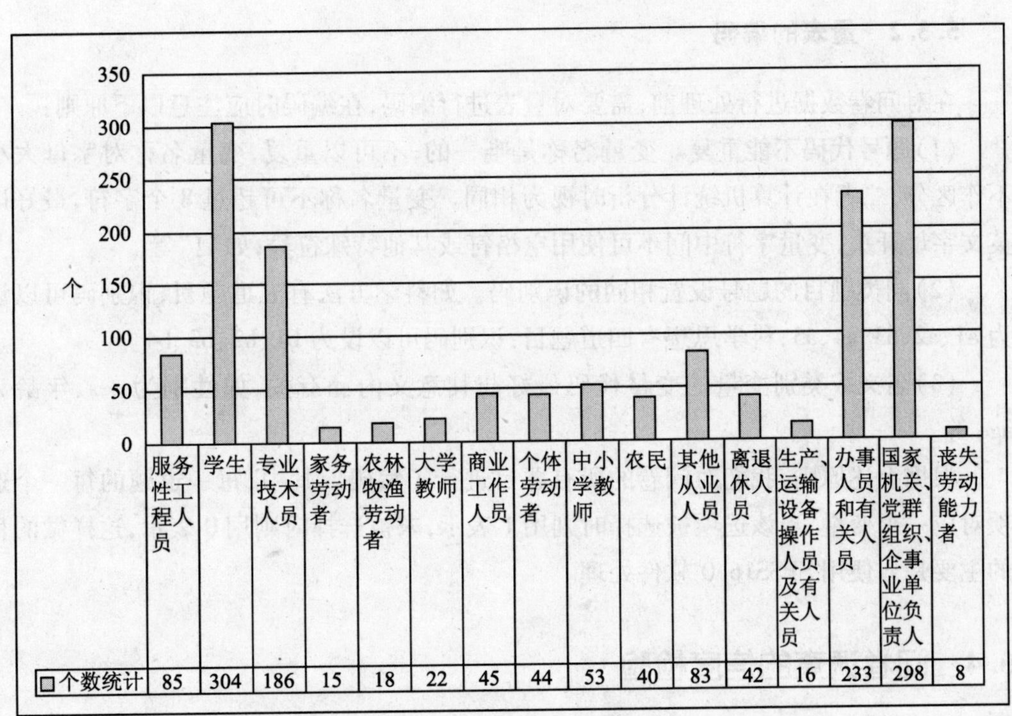

图5-5 不同职业的样本数统计

5.3 问卷调查的统计处理

5.3.1 统计软件的选择

我们选取 SPSS 作为数据处理软件,主要有以下几个原因:

(1)SPSS 满足功能需求,研究所需要的数据输入、统计分析、制作图表等功能均具备。

(2)SPSS 满足统计分析需求,它能够实现我们研究所需要的统计描述、探索性分析、列联表分析、方差分析、因子分析、聚类分析等。

(3)易学易用,SPSS 的许多操作均可以通过自学掌握,通过菜单、提示等完成,这使其不但能满足我们研究之所需,我们掌握它也很便利。

5.3.2 量表的编码

在对问卷数据进行处理前,需要对量表进行编码,在编码时应注意以下原则:

(1)题号代码不能重复。变量名称是唯一的,不可以重复,变量名称对字母大小不作区分,二者在计算机统计分析时视为相同。变量名称不可超过 8 个字符,最好以英文字母开头,变量字符中间不可使用空格符或其他特殊符号,如"!"等。

(2)同类题目的题号设置相同的识别码。如科学方法有五道题目,识别码可以设为 a1、a2、a3、a4、a5;科学思想有四道题目,识别码可以设为 b1、b2、b3、b4。

(3)名义或类别变量的变量代码最好与其意义内涵有关,如性别为 sex,年龄为 age 等。

根据上述原则,我们对问卷的所有题目进行了编码。其中,每一道题的每一个选项对应一个变量,当该选项被选择时则用 1 表示,未被选择时则用 0 表示,这样做的目的主要是方便使用 SPSS16.0 软件处理。

5.4 问卷调查的信度检验

信度又称为可靠性,它主要通过检验结果的一贯性、一致性、再现性和稳定性表现问卷的可信程度。信度高表示对同一事物用同一个测量工具,进行反复多次测量,其结果应该始终保持不变。信度的估计方法有很多,本书主要通过 Alpha 信度、测量标准误、重测信度三个广泛应用的评价指标对问卷信度进行检验。其中,重测信度主要针对时间取样,测量标准误针对真实分数的偏差进行检测。

5.4.1　Alpha 信度

Alpha 信度系数法是目前最常用的信度分析方法,其公式为:$a = [k/(k-1)] \times [1-(\sum Si^2)/ST^2]$。其中,K 为量表中题项的总数,$Si^2$ 为第 i 题得分的题内方差,ST^2 为量表总分的方差。从公式中可以看出,a 系数评价的是量表中各题项得分间的一致性,属于内在一致性系数。

DeVellis(1991)研究认为,当 Alpha 信度系数为 0.60 ~ 0.65,最好不要;0.65 ~ 0.70 为最小可接受值;0.70 ~ 0.80 则相当好;0.80 ~ 0.90 为非常好。由此,一份高度可信的问卷,信度系数好的量表或问卷,Alpha 信度系数最好在 0.80 以上,Alpha 信度系数在 0.70 ~ 0.80,当然可以接受;若量表或问卷 Alpha 信度系数为 0.65 ~ 0.70,虽然可以接受但要警惕,若量表或问卷 Alpha 信度系数落在 0.60 ~ 0.65 之间,应考虑重新修订量表或增删题项。

根据 SPSS 统计结果可知,我们采用全民科学素质调查问卷的信度系数为 0.840(见表 5 - 1),达到了非常好的程度。

表 5 - 1　问卷信度系数

Cronbach's Alpha	Cronbach's Alpha Based on Standardized Items	N of Items
0.801	0.840	35

一般来说,一份好的问卷或者量表,其总问卷的信度系数最好在 0.80 以上,分量表(层面)的信度系数最好在 0.6 以上①。虽然整份问卷的信度系数已经达到了非常好的程度,但为了检验问卷各部分的信度系数是否达到要求,本书还对问卷的科学知识、科学人格、科学能力三维度题目的信度系数进行了分析。

根据 SPSS 统计结果可知,科学知识维度的信度系数为 0.777(见表 5 - 2),也在可以接受的范围,按照 DeVellis 的要求,也是问卷相当好的范围。

表 5 - 2　科学知识层面信度系数

Cronbach's Alpha	Cronbach's Alpha Based on Standardized Items	N of Items
0.709	0.777	22

科学人格维度的信度系数为 0.651(见表 5 - 3),已经超过了 0.6,达到了可以接受的程度。

表 5 - 3　科学人格层面信度系数

Cronbach's Alpha	Cronbach's Alpha Based on Standardized Items	N of Items
0.628	0.651	12

---

①　吴明隆. SPSS 统计应用实物[M]. 北京:科学出版社,2003,109.

科学能力维度的信度系数为0.631(见表5-4),同样超过了0.6,达到了可以接受的程度。

表5-4 科学能力层面信度系数

Cronbach's Alpha	Cronbach's Alpha Based on Standardized Items	N of Items
0.529	0.631	12

5.4.2 测量标准误

测量标准误是指测量误差分布的标准差。测量标准误与信度负相关,即信度越高,测量标准误越低,测量标准误越高则信度越低。测量标准误的公式为:

$$SE_M = SD(1 - r_{xx})^{1/2} \qquad (5-1)$$

其中,SD表示量表的标准差,r_{xx}表示量表的信度系数。

通过文献研究可知,测验的题数在24~27个,SE_M应不大于3①。全民科学素质调查问卷的测验题数为48个,问卷的SD=13.66,问卷的$r_{xx}=0.84$,根据式(5-1)可求得$SE_M=5.46$。考虑到问卷测验题数48几乎是24~27的两倍,而测量误差5.46却小于3的两倍6,因此全民科学素质调查问卷的测量标准误差在可以接受的范围内。

5.4.3 重测信度

重测信度又称稳定系数,指通过对同一组受试者用同一问卷前后测验两次,计算两次测验结果的Pearson相关,主要考验问卷在时间上的稳定性、一致性。通常用测验的时间稳定性考量测验结果的可信度,问卷各分测验的重测信度越高越好,若超过0.8则比较合理。

我们从华南理工大学随机选取了30名受试者,即被调查者,在第一次调查17天后,让他们再次填写相同的问卷,最后回收了23份问卷。通过对前后两次问卷调查结果进行积差相关分析,得到的相关系数为0.87,超过了0.8,这说明问卷达到了较高的重测信度。

5.5 问卷调查的效度检验

效度即量表或问卷能够测量目标对象的程度。希望测量的内容与能够测量的内容之间往往有很大差距,不能混为一谈。为了加以区别,通常要进行效度检验。在考查量表或问卷的效度时,一般从测验的内容效度、结构效度和区分效度入手。内容效

① 陈英豪,吴增益.测验与评量.台北:复文图书出版社,1989,457-462.

度主要表现为一个逻辑分析的过程,大多在题目筛选、量表的形成过程中完成[①]。本书从区分效度、结构效度两个方面对量表的效度进行检验。

5.5.1　问卷题目的项目分析

为了检验问卷题目是否能鉴别不同受试者的反应程度,即检验问卷题目的区分效度,本研究将对问卷题目进行项目分析。项目分析的具体做法是,把各分测验的总分由高到低排序,取测验总分前27%为高分组,测验总分后27%为低分组,求高低二组在每个测验题的平均差异显著性。项目分析原理与独立样本的T检验相同,项目分析完成后再将未达到显著性水平的题目删除。

运用SPSS统计软件,本书对广东省全民科学素质调查问卷的各测验题进行了项目分析,发现科学知识第2题“人类呼吸的氧气来自植物”的t检验值的显著性大于0.05,这表明该道题目未能鉴别出不同受试者的反应程度(见表5-5),区分效度低,应该删去。统计结果显示,其余题目的t检验值的显著性均小于0.05,都通过了项目分析检验,应予保留。

表5-5　单独样本t检验

	Levene's Test for Equality of Variances		t-test for Equality of Means						
科学观点题2	F	Sig.	t	df	Sig. (2-tailed)	Mean Difference	Std. Error Difference	95% Confidence Interval of the Difference	
								Lower	Upper
Equal variances assumed	13.720	0.000	0.579	822	0.563	0.02812	0.04858	-0.06724	0.12347
Equal variances not assumed			0.579	818.073	0.563	0.02812	0.04859	-0.06726	0.12349

5.5.2 结构效度

结构效度指测验能够测量出理论的特质或概念的程度。如我们根据理论的假设结构,编制一份量表,实际测试后,受试者所得的实际分数,经统计检验能有效解释受试者的心理特质,则此测验或量表即具有良好的结构效度[②]。由于有理论的逻辑分析为基础,同时又根据实际所得的资料来检验理论的正确性,因此结构效度是一种相当严谨的效度检验方法。统计学上,检验结构效度最常用的方法是因素分析,即有效地抽取共同因素,当它与理论结构很接近时,则认为此量表具有结构效度。

---

① Hopkins, K. D, Stanley J. C, Hopkins, B. R. Educational and Psychological Measurement and Evaluation, Prentice-Hall, Inc, 1990, 143-164.

② J. Seottlong. Confimratoy factor analysis. Sage Publications. 1983, 11-13.

因素分析有探索性因素分析、验证性因素分析两种。探索性因素分析用于在影响观测变量的公共因素数量、公共因素之间的关系、公共因素与唯一性因素之间的关系未知的情况下对数据进行强制性拟合，以探究变量间潜在的结构①；验证性因素分析用于检验由探索性因素分析或先前研究派生出来的模型，通过具体数据和理论模式之间的吻合程度来计算测验的结构效度②③。鉴于此，根据研究的需要，我们将通过验证性因素分析考查科学素质模型与实测数据之间的拟合程度，以验证科学素质模型的正确性。

本书选取层面题项加总分析法来对科学素质构成模型进行验证性分析。之所以选择这种方法，是因为在因素分析时，若将全部变量纳入分析，抽取的因素往往过多或与原先编制的理论结构差距过大，尤其是在变量数目较多的情况下，这种情况更容易发生④。采取层面题项加总分析法则将每个层面的奇数题汇总、偶数题也汇总，这样每个层面就剩下两个子层面，再分别将这些子层面选入因素分析的变量栏中以进行因素分析，这样就可以较有效地避免直接将全部变量进行因素分析所带来的问题。

那么，问卷是否适合进行因素分析呢？根据学者 Kaiser 的观点，可以从取样适当性数值（Kaiser – Meyer – Olkin Measure of Sampling Adequacy）的大小来判别。其判断准则如表 5 – 6 所示。

表 5 – 6　KMO 统计值与因素分析适合性

KMO 统计量的值	因素分析的适合性
0.9 以上	极适合进行因素分析
0.8 ~ 0.9	适合进行因素分析
0.7 ~ 0.8	尚可进行因素分析
0.6 ~ 0.7	勉强可进行因素分析
0.5 ~ 0.6	不适合进行因素分析
0.5 以下	非常不适合进行因素分析

一、科学素质要素模型验证分析

在进行了项目分析筛选后，广东省全民科学素质调查问卷中的“科学知识维度”保留了 23 题，“科学人格层面维度”保留了 12 题，“科学能力维度”保留了 12 题，分别将其奇数题与偶数题题项相加，变成了六个层面：科学知识单题和、科学知识双题和、科学人格单题和、科学人格双题和、科学能力单题和、科学能力双题和。因素分析时，就以这六个层面为新变量进行因素分析。其中 KMO 的统计值为 0.844（见表 5 – 7），

① 王权．现代因素分析．杭州：杭州大学出版社，1993，298 – 300.

② Hoyle，R. H（Ed.）. Structural equation modeling：Concepts，issues，and applications. Thousand Oaks，CA：Sage，1995.

③ 侯杰泰，温忠麟，成子娟著．结构方程模型及其应用．北京：教育科学出版社，2004，12 – 18.

④ 吴明隆．SPSS 统计应用实物［M］. 北京：科学出版社，2003，101.

适合进行因素分析。

表 5－7　KMO and Bartlett 检验

Kaiser－Meyer－Olkin Measure of Sampling Adequacy.		0. 844
Bartlett's Test of Sphericity	Approx. Chi－Square	2. 603E3
	df	15
	Sig.	0. 000

转轴后的成分矩阵中有三个共同因素（见表 5－8），第一个共同因素包括了科学人格双题和、科学人格单题和，第二个共同因素包括了科学知识双题和、科学知识单题和，第三个共同因素包括了科学能力双题和、科学能力单题和，即科学素质由科学知识、科学人格、科学能力三个因素构成，这与原先的理论结构相符。

表 5－8　转轴后的主成分矩阵[a]

	Component		
	1	2	3
科学人格双题和	0. 846	0. 208	0. 156
科学人格单题和	0. 794	0. 192	0. 273
科学知识双题和	0. 132	0. 904	0. 183
科学知识单题和	0. 381	0. 723	0. 278
科学能力双题和	0. 170	0. 150	0. 884
科学能力单题和	0. 277	0. 308	0. 606

Extraction Method：Principal Component Analysis. Rotation Method：Varimax with Kaiser Normalization.

a. Rotation converged in 5 iterations.

二、科学知识要素模型的验证性分析

经过项目分析筛选后，科学术语保留了 6 题，科学观点保留了 13 题，科学方法保留了 4 题，分别将其奇数题与偶数题题项相加，变成了六个层面：科学术语单题和、科学术语双题和、科学观点单题和、科学观点双题和、科学方法单题和、科学方法双题和。因素分析时，同样以六个层面为新变量进行分析。其中 KMO 的统计值为 0. 757（见表 5－9）。

表 5－9　KMO and Bartlett 检验

Kaiser－Meyer－Olkin Measure of Sampling Adequacy.		0. 757
Bartlett's Test of Sphericity	Approx. Chi－Square	1. 809E3
	df	15
	Sig.	0. 000

转轴后的成分矩阵中有三个共同因素，第一个共同因素包含了科学术语单题和、科学术语双题和、科学方法单题和，第二个共同因素包含了科学观点双题和、科学观点单题和，第三个共同因素只包含了科学方法双题和（见表 5－10），即科学术语可以形成一个共同因素，科学观点可以形成一个共同因素，但科学方法未能形成一个共同因

素，这与原先的理论结构不太符合，因此，科学知识维度的构成因素值得进一步深入研究。

表 5－10　转轴后的主成分矩阵[a]

	Component		
	1	2	3
科学术语单题和	0.817	0.259	0.073
科学术语双题和	0.805	0.223	0.010
科学方法单题和	0.677	0.017	0.063
科学观点双题和	0.081	0.918	0.012
科学观点单题和	0.467	0.602	0.059
科学方法双题和	0.079	0.035	0.996

Extraction Method：Principal Component Analysis.

Rotation Method：Varimax with Kaiser Normalization.

a. Rotation converged in 5 iterations.

三、科学人格要素模型的验证性分析

经过项目分析筛选后，科学思想保留了4题，科学精神保留了4题，科学价值保留了4题，分别将其奇数题与偶数题题项相加，变成了六个层面，即科学思想单题和、科学思想双题和、科学精神单题和、科学精神双题和、科学价值单题和、科学价值双题和。因素分析时，同样以六个层面为新变量进行分析，其中 KMO 的统计值为0.681（见表5－11）。

表 5－11　KMO and Bartlett 检验

Kaiser－Meyer－Olkin Measure of Sampling Adequacy.		0.681
Bartlett's Test of Sphericity	Approx. Chi－Square	925.833
	df	15
	Sig.	0.000

转轴后的成分矩阵中有三个共同因素，第一个共同因素包含了科学价值单题和、科学价值双题和，第二个共同因素包含了科学思想单题和、科学思想双题和，第三个共同因素包含了科学精神双题和、科学精神单题和（见表5－12），即科学人格包含了科学价值、科学思想、科学精神三个共同因素，这与原先的理论结构符合。

四、科学能力要素模型的验证性分析

经过项目分析筛选后，阅读理解能力保留了5题，处理实际问题能力保留了7题，分别将其奇数题与偶数题题项相加，变成了四个层面：阅读理解能力单题和、阅读理解能力双题和、处理实际问题能力单题和、处理实际问题能力双题和。因素分析时，同样以四个层面为新变量进行因素分析。其中 KMO 的统计值为0.530（见表5－13）。

表 5-12 转轴后的主成分矩阵[a]

	Component		
	1	2	3
科学价值单题和	0.841	0.069	0.054
科学价值双题和	0.820	0.124	0.116
科学思想单题和	-0.047	0.889	0.064
科学思想双题和	0.365	0.628	0.100
科学精神双题和	-0.009	-0.025	0.921
科学精神单题和	0.259	0.298	0.520

Extraction Method：Principal Component Analysis.

Rotation Method：Varimax with Kaiser Normalization.

a. Rotation converged in 4 iterations.

表 5-13 KMO and Bartlett 检验

Kaiser-Meyer-Olkin Measure of Sampling Adequacy.		0.530
Bartlett's Test of Sphericity	Approx. Chi-Square	551.082
	df	6
	Sig.	0.000

转轴后的成分矩阵中有两个共同因素，第一共同因素包含了阅读理解能力单题和、阅读理解能力双题和，第二个共同因素包含了处理实际问题能力单题和、处理实际问题能力双题和（见表 5-14），即科学能力包含了阅读理解能力和处理实际问题的能力，这与原先的理论结构符合。

表 5-14 转轴后的主成分矩阵[a]

	Component	
	1	2
处理实际问题能力双题和	0.857	-0.041
处理实际问题能力单题和	0.812	0.264
阅读理解能力双题和	-0.039	0.792
阅读理解能力单题和	0.233	0.709

Extraction Method：Principal Component Analysis.

Rotation Method：Varimax with Kaiser Normalization.

a. Rotation converged in 3 iterations.

通过上面的验证性因素分析，我们可以看出，科学素质构成要素模型得到了很好的验证，这也说明了全民科学素质调查问卷具有良好的结构效度。

五、分测验与总测验

测验的同质性或内部一致性，不仅是信度指标，也是与结构效度相关的一个指标。为了检验量表或问卷的内部一致性，统计学上常通过考查分测验题目之间的相关系数进行检验。本书将采用计算问卷各分测验之间以及各分测验与总测验的相关系数的方法，检验量表的内部一致性（见表 5-15）。

由表5-15，我们可以知道科学知识维度、科学人格维度、科学能力维度与科学素质有较强的相关性，且达到了0.01的显著水平。这也说明了全民科学素质调查问卷具有较好的内部一致性。

表5-15 分测验与总测验的相关系数

		科学知识总分	科学人格总分	科学能力总分	总分
分测验：科学知识	Pearson Correlation	1	0.541**	0.547**	0.892**
	Sig.(2-tailed)		0.000	0.000	0.000
	N	1492	1492	1492	1492
分测验：科学人格	Pearson Correlation	0.541**	1	0.528**	0.787**
	Sig.(2-tailed)	0.000		0.000	0.000
	N	1492	1492	1492	1492
分测验：科学能力	Pearson Correlation	0.547**	0.528**	1	0.801**
	Sig.(2-tailed)	0.000	0.000		0.000
	N	1492	1492	1492	1492
总测验：科学素质	Pearson Correlation	0.892**	0.787**	0.801**	1
	Sig.(2-tailed)	0.000	0.000	0.000	
	N	1492	1492	1492	1492

**. Correlation is significant at the 0.01 level (2-tailed).

5.6 广东省公民科学素质基本情况

5.6.1 全民具备基本科学素质的评定标准

要对广东省全民科学素质进行对比评价分析，就需要先制定一个广东省全民科学素质评定标准。本书在研究了美国科协、中国科协以及广东省科协的相关判定标准基础上，制定评定标准如下：当全民同时了解了基本科学知识、具备了基本科学人格与基本科学能力，才算是具备了基本的科学素质。那么，如何判定全民是否了解基本科学知识、具备基本科学人格与基本科学能力呢？当前国内外普遍认可的是美国科协所制定的一个判定标准。以科学知识为例，该标准认为，公民能答对5道科学术语题，算是了解基本科学术语；公民能答对9道科学观点题中的6道以上，算是了解基本科学观点；公民能答对3道科学方法题目，算是理解科学方法；公民能答对4道关于科学技术对社会影响的题目中的3道或4道，算是理解科学技术对社会的影响。中国科协以及广东省科协的评定标准与美国科协的标准基本相同。国内外的公民科学素质评定标准为广东省全民科学素质评定标准的制定提供了很好的借鉴。

但是同时，我们也应该看到，国内外现行的公民科学素质评定标准还存在不足：首先，评定结果的划分太粗，只能区分出具备基本科学素质与不具备基本科学素质两类人群。因为不具备基本科学素质人群占了总人群的85%以上，未能对其进行进一步的划分，只把这么一个大群体当做一类来分析，实在是太过于笼统，缺乏精确性。其次，定性程度过高，只是以答对题目数量来作为主要评定标准，忽视了每道题目的难易程度。最后，不方便分析，正如前面提到，该评定标准定性程度过高，很难进行定量分析，这也限制了对科学素质的进一步深入分析。

有鉴于此，本书在参考了国内外现行评定标准的基础上，对广东省全民科学素质评定标准进行了量化处理，并把广东省全民基本科学素质情况划分成了五个级别，以科学术语为例，具体评定标准为：科学术语有6题，共12分，若答对5题以上，即得分为10分以上，算是了解基本科学术语；若答对3~5题，即得分为6~10分，算是基本了解基本科学术语；若答对2~3题，即得分为2~6分，算是基本不了解基本科学术语；若答对0~1题，即得分在2分以下，算是不了解基本科学术语。当全民同时了解科学术语、科学观点、科学方法时，则认为其了解基本科学知识，具体评定标准见表5-16。

表5-16　全民了解基本科学知识的评定标准

	了解	基本了解	基本不了解	不了解
科学术语（满分12分）	10~12分	7~10分	3~7分	3分以下
科学观点（满分14分）	10~14分	8~10分	3~8分	3分以下
科学方法（满分12分）	10~12分	7~10分	3~7分	3分以下
科学知识（满分38分）	30~38分	22~30分	9~22分	9分以下

科学人格层面、科学能力层面也采取类似的量化处理（具体见表5-17、表5-18）。

表5-17　全民具备基本科学人格的评定标准

	具备	基本具备	基本不具备	不具备
科学思想（满分8分）	6~8分	5~6分	2~5分	2分以下
科学精神（满分12分）	8~12分	6~8分	3~6分	3分以下
科学价值（满分12分）	8~12分	6~8分	3~6分	3分以下
科学人格（满分32分）	22~32分	18~22分	8~18分	8分以下

表5-18　全民具备基本科学能力的评定标准

	具备	基本具备	基本不具备	不具备
阅读理解能力（满分12分）	9~12分	7~9分	3~7分	3分以下
处理实际问题能力（满分18分）	15~18分	11~15分	5~11分	5分以下
科学能力（满分30分）	24~30分	18~24分	8~18分	8分以下

全民具备基本科学素质需要同时了解基本科学知识，具备基本科学人格，具备基本科学能力（具体评定标准见表5-19）。

表 5-19　全民具备基本科学素质的评定标准

	具备	基本具备	基本不具备	不具备
科学知识(满分 38 分)	30~38 分	22~30 分	9~22 分	9 分以下
科学人格(满分 32 分)	23~32 分	18~23 分	8~18 分	8 分以下
科学能力(满分 30 分)	24~30 分	18~24 分	8~18 分	8 分以下
科学素质(满分 100 分)	77~100 分	58~77 分	25~58 分	25 分以下

5.6.2　全民了解基本科学知识情况

全民科学知识水平的测度包含科学术语、科学观点、科学方法三个层面,共有 28 道题目,其中有 14 道选择题和 14 道判断题,共 38 分。调查结果显示,被调查者中了解基本科学知识的比例是 12.13%,基本了解的比例是 43.03%,基本不了解的比例是 36.26%,不了解的比例是 8.58%(见图 5-6)。

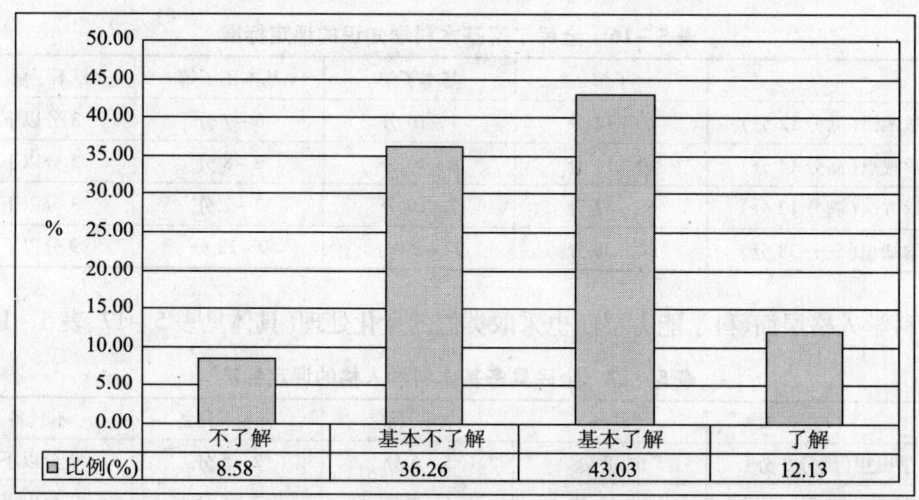

图 5-6　全民了解基本科学知识情况

科学知识作为人们对客观规律的认识和总结,是人类心智征服物质世界、发现客观真理的记录①。它是科学素质形成的基础,没有掌握一定的科学知识,所谓的科学素质便无从谈起。从图 5-6 中可以看出,基本了解和基本不了解科学知识的人数占总人数的比重较大,各人数比例呈现"中间大,两头小"的分布,可见广东省全民对科学知识的了解程度不算高,需要进一步提高。下面是对科学知识各测试题目作答情况的具体分析。

① 黄娟. 浅议大学生科学素质教育[J]. 高等教育研究,2002,4(23):91.

一、科学术语

基本科学术语共有 6 道选择题，包括了 Internet、分子、DNA、纳米、酸雨、通货膨胀。测度全民对科学术语了解程度分为两部分进行，问卷首先询问了公众是否了解 Internet、分子、DNA、纳米、酸雨、通货膨胀六个科学术语，紧接着在后面设置了前面六个科学术语内涵的选择题。在前面部分中，分别有 79.1%、80.7%、86.8%、78.5%、80.8%、82.1% 的全民选择了解 Internet、分子、DNA、纳米、酸雨、通货膨胀六个科学术语（见图 5－7）。

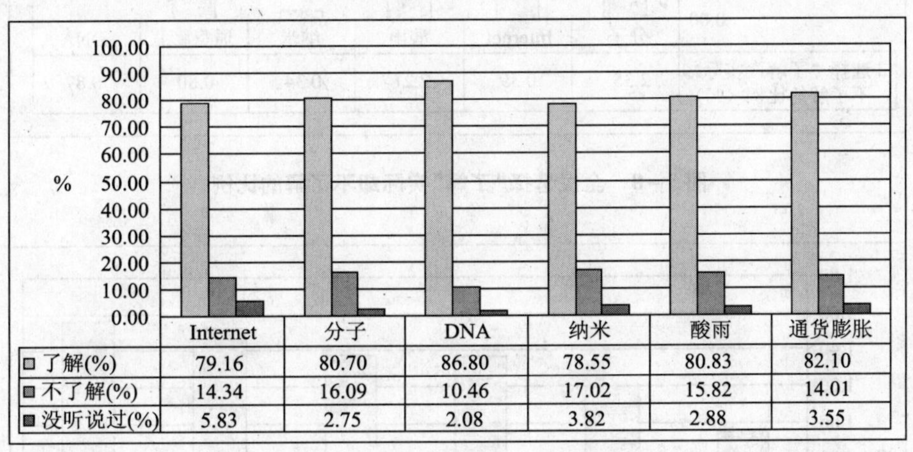

	Internet	分子	DNA	纳米	酸雨	通货膨胀
了解(%)	79.16	80.70	86.80	78.55	80.83	82.10
不了解(%)	14.34	16.09	10.46	17.02	15.82	14.01
没听说过(%)	5.83	2.75	2.08	3.82	2.88	3.55

图 5－7　全民了解科学术语情况

在选择了解六个科学术语的全民中，有一部分全民其实并不了解科学术语。调查结果显示，在 Internet、分子、DNA、纳米、酸雨、通货膨胀六个科学术语中，被调查者选择了解而其实不了解的比例最高的是 Internet，为 10.39%（见图 5－8）。其他五个科学术语，被调查者选择了解而其实不了解的比例均不超过 2.5%，如此低的比例，一方面可以看出被调查者对于分子、DNA、纳米、酸雨、通货膨胀五个科学术语的了解比较准确，另一方面还可以看出绝大部分被调查者在做问卷时，并没有随意乱写，而是较认真地作答，这也说明问卷调查结果的可信度较高。

调查结果显示，被调查者对六个科学术语了解的程度并不相同（见图 5－9），被调查者对 DNA 和通货膨胀的了解程度最高，而对分子和 Internet 的了解最少。被调查者对经济术语通货膨胀的了解程度比较高，从侧面说明广东省作为经济发展水平较高的省份，全民对经济发展比较关注。广东作为酸雨危害严重的省份，但全民对酸雨的了解程度却并不算高，以酸雨重灾区佛山为例，只有 9% 的佛山市公众选择不了解酸雨，但在随后的“酸雨是什么？”的调查中，却有 1/4 的佛山市公众选择了错误的答案。这也从侧面说明广东省全民对环境污染及保护的关注程度不算高，广东省关于环境污染及保护的科普宣传仍需进一步加强。

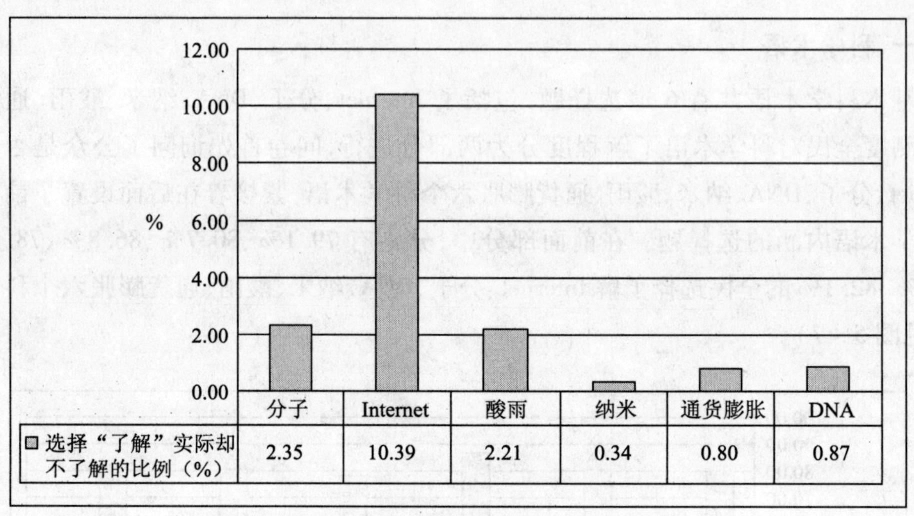

图 5-8 全民选择“了解”实际却不了解的比例

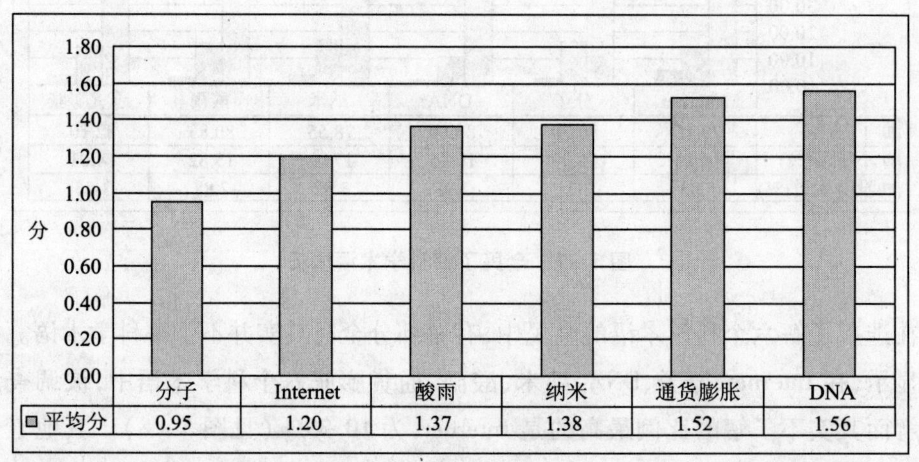

图 5-9 科学术语各题平均分

调查结果显示，在相同评定标准下，被调查者了解科学术语的比例为 29.98%（图 5-10），比广东省 2007 年了解科学术语的公民比例增加了，这说明广东省全民了解科学术语的程度正不断提高。但是，不了解或基本不了解科学术语的比例还有 14.5%、18.51%，基本了解的比例是 36.9%，因此，广东省全民了解科学术语程度仍有待提高。

二、科学观点

科学观点共 14 道题目，全部是判断题，共 14 分。各题作答情况具体可见图 5-11，据此可知，被调查者对 14 个各类基本科学观点的了解并不相同，被调查者对物理学基本观点比较了解，如“光速比声速快”，91% 的被调查者认为是正确的，只有 3.7% 的被调查者持相反看法；被调查者对遗传学基本观点了解程度最低，如“父亲

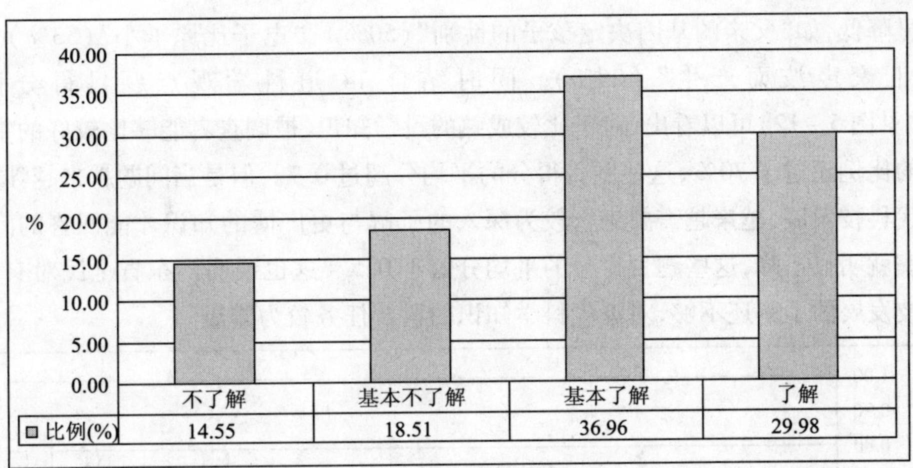

图 5－10　了解基本科学术语情况

的基因决定孩子的性别"，有 50.3% 的被调查者认为是正确的，但也有 42.9% 的被调查者认为是错误的，这说明广东省全民对生命科学知识的了解程度并不高，需要进一步普及这方面的知识。

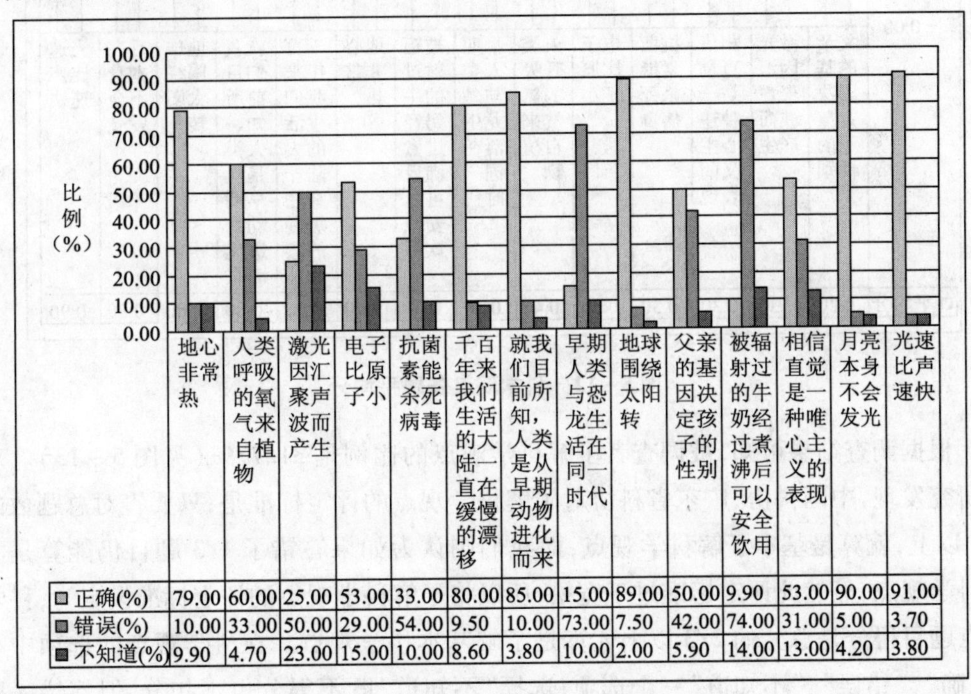

图 5－11　全民了解科学观点情况

总体上，被调查者中超过七成的全民答对的题目都局限在知识层次浅、相对容易的科学知识范围内，如"光速比声速快"（91%），"月亮本身不发光"（90%），"地球围绕太阳转"（89%），"地心非常热"（73%）。对于需要更深入了解的问题，则答对的比例明显降低,如"父亲的基因决定孩子的性别"(50%),"电子比原子小"(53%),"激光因汇聚声波而产生"(25%)。同时结合 14 道科学观点题目得分情况(具体见图 5-12)可以看出,对于比较成熟的科学知识,被调查者能够比较好的掌握,答对的比例超过了 70%,这些题目得分的平均分超过 0.7。但是当问题越来越涉及有关近代科技发展,越来越需要进行较为深入的了解与更广博的知识才能回答的问题,正确率就明显下降,这些题目得分的平均分低于 0.5。这也说明广东省全民对有关近代科技发展的了解还不够,对近代科学知识的科普任务较为繁重。

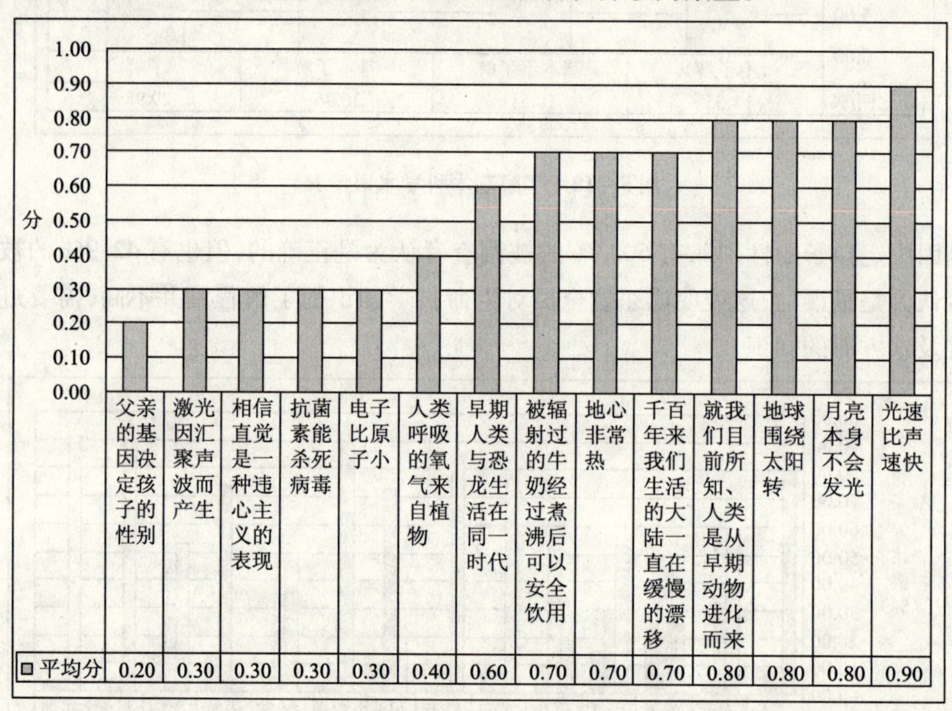

图 5-12 科学观点各题平均分

根据调查结果可知,被调查者了解科学观点的比例是 31.77%(见图 5-13)。对比研究发现,中国科协、广东省科协对了解科学观点的评定标准是,只要答对总题数的 2/3 以上,就算是基本了解科学观点,而我们则认为如果答错了 1/3 题目仍能算是了解科学观点,显然此评定标准过于宽松,所以将了解科学观点的评定标准设定为,科学观点题目得分是总分的 2/3 以上才算是了解基本科学观点。在科学观点的选项中有"正确"、"错误"、"不知道"三个选项,选择"不知道"既不得分也不扣分,但答错一题要倒扣该题分值的一半,因此在 14 道科学观点题目中要答对 2/3 题数即 10 题以上,也不一定能得到总分的 2/3。在这种较为严格的评定标准下,被调查者基本了解基本科学观点的比例是 23.99%,基本不了解比例是 38.54%,不了解的比例是 5.7%。由于科学观点是科学知识重要的组成部分,是各类科学知识的基础,不能了解基本的科学观点，显然不可能掌握基本的科学知识。广东省还有接近45%的全民对基本科学观点，尤其是近代科学知识的基本观点，基本不了解或不了解，这再次表明广东省仍需要加大对近现代的科学知识的宣传普及、加大科技宣传的力度。

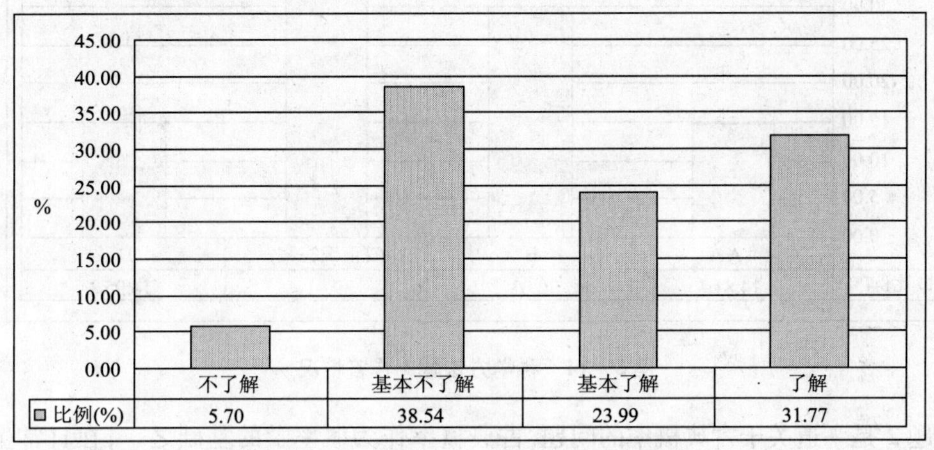

图5-13　全民了解基本科学观点情况

三、科学方法

科学方法一共有3道选择题，共13分。

题1：如果科学家希望知道某种降压药品的疗效，应该采取哪种试验？

A. 给1 000个高血压病人服用，观察有多少人血压下降

B. 给500个高血压病人服用，500个不服用，对比两组各有多少人血压下降

C. 给500个高血压病人服用该药，500个服用无效无害的安慰剂，观察两组各有多少人血压下降

D. 不清楚

题1是一道关于科学研究方法的问题，测度广东省全民是否理解科学研究中最常用的方法——比较对照法。通过统计分析，被调查者答对题1的比例是39.41%，有30%的被调查者选的是次优答案B，仍有接近30%的被调查者完全不了解比较对照法（图5-14），可见广东省全民对于科学研究基本法——比较对照法的理解并不深。

题2：

（1）一个六面的骰子，六面的点数分别是1、2、3、4、5、6。将此骰子随机抛出，点数为1的那面朝上的概率是多少？

A. 1/6　B. 1/3　C. 1/2　D. 不确定

（2）若骰子六面的点数分别是1、1、1、4、5、6。将此骰子随机抛出，点数为1的那面朝上的概率是多少？

A. 1/6　B. 1/3　C. 1/2　D. 不确定

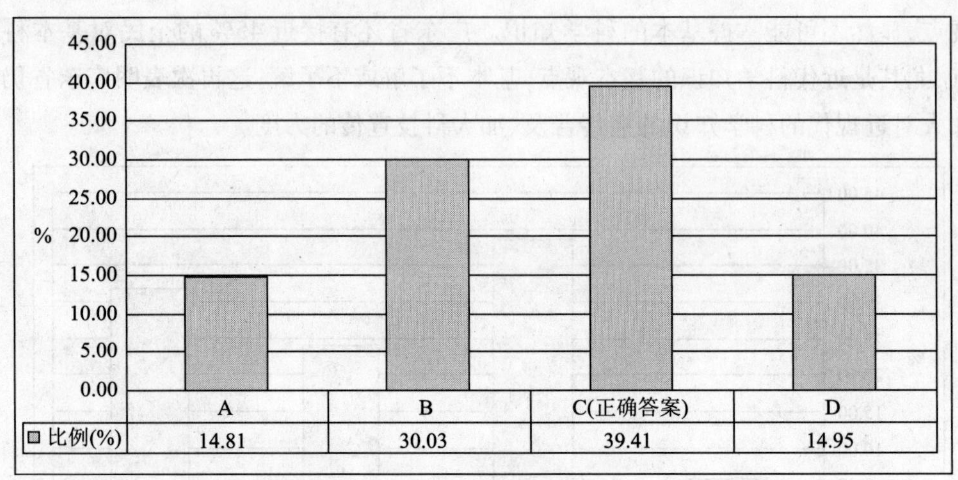

	A	B	C(正确答案)	D
比例(%)	14.81	30.03	39.41	14.95

图 5-14 科学方法题 1 作答情况

题 2 是一道关于古典概率的问题,古典概率作为概率学的基础之一,在日常生活中应用非常广泛。此题测度的是广东省全民对古典概率的理解程度。其中题 2(2)是题 2(1)的延伸和扩展,更能测出广东省全民是否真正理解古典概率。通过统计分析,被调查者答对题 2(1)的比例是 83.45%,答对题 2(2)的比例是 64.08%(具体见图 5-15)。20%左右的被调查者答对了题 2(1)却没答对题 2(2),这就表明有接近 20%的广东省全民其实并没有真正理解古典概率。总的来讲,广东省全民对古典概率的理解程度还较低,需要进一步提高。

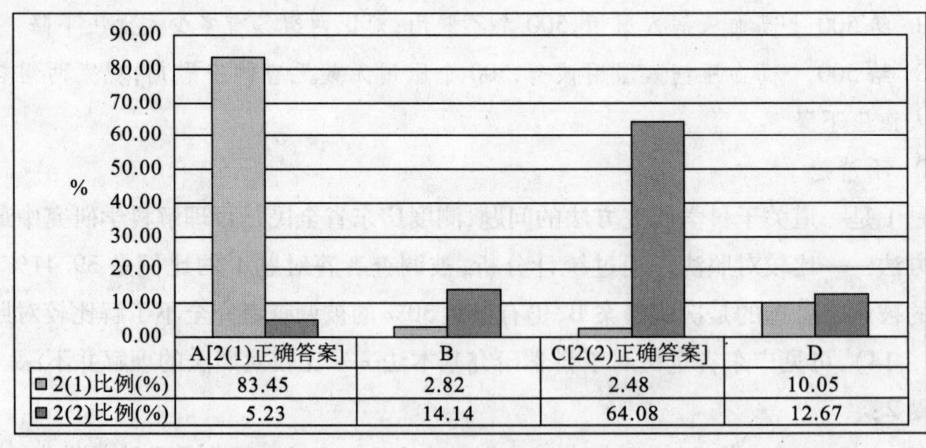

	A[2(1)正确答案]	B	C[2(2)正确答案]	D
2(1)比例(%)	83.45	2.82	2.48	10.05
2(2)比例(%)	5.23	14.14	64.08	12.67

图 5-15 科学方法题 2 作答情况

题 3:面试是成功招聘程序中必要的一部分,因为面试以后,性格不符合工作需要的求职者可以不予考虑。以上论证在逻辑上依据下面哪个假设?

A. 如果一项招聘程序是包含面试的,它一定是成功的

B. 一项成功的招聘程序中,面试比求职信的情况更重要

C. 面试可准确识别出性格不符合工作需要的求职者

D. 面试的目的是评价求职者的性格是否符合工作需要

E. 在作出招聘决定时，求职者的性格符合工作需要曾经是最重要的因素

题3是一道关于逻辑推理的问题，逻辑推理是公众在日常生活中分析与解决问题所必不可少的一种能力。此题测度广东省全民理解逻辑推理假设的程度。通过统计分析，被调查者答对题3的比例仅有23.32%，这也说明广东省全民对于逻辑推理假设的理解程度并不高（如图5－16所示）。

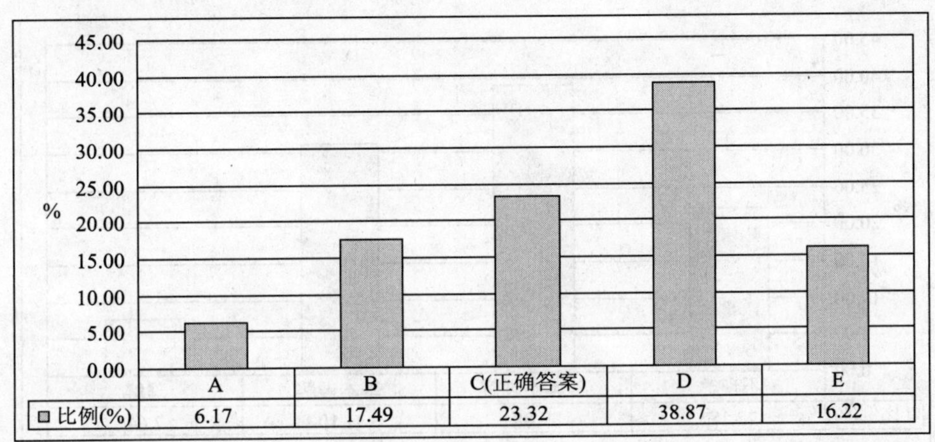

图5－16 科学方法题3作答情况

通过对上面3道题目作答情况的分析，结合各题得分情况（见图5－17），我们能看出，广东省全民对概率的理解程度较高，对于比较对照法和逻辑推理的理解程度偏低。

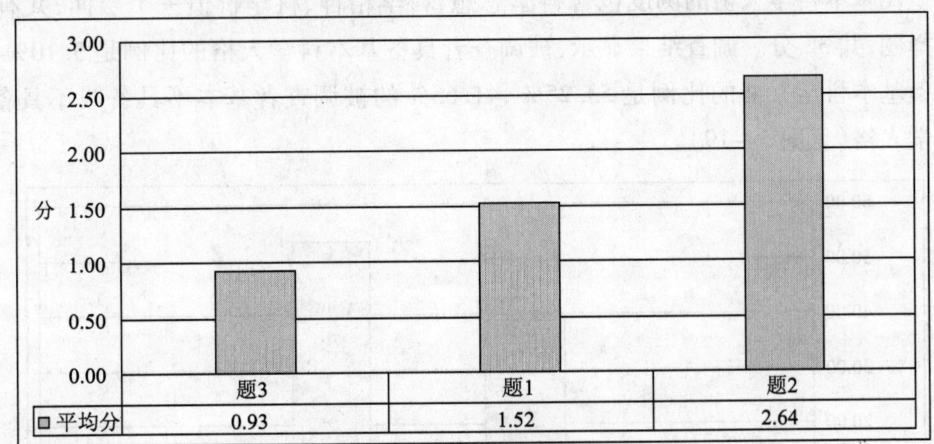

图5－17 科学方法各题平均数

在科学技术迅速发展的今天，尤其是在中国进行改革开放后，科技转化为商品的速度在日益增快，与此同时，迷信也在打着科学的旗号蒙骗公众。如果公众不了解科学研

究的本质，没有掌握科学的研究方法，就无法分辨生活中的科学与迷信活动，就不能有效地防止伪科学和迷信学说的欺骗，全民就不可能有效地摆脱愚昧的束缚，不可能真正地崇尚科学和热爱科学，全民的科学素质水平也不可能得到真正的提高。调查结果显示，广东省全民理解科学方法的比例是 7.64%（见图 5－18），表明广东省全民理解科学方法的程度还明显偏低，基本不理解或不理解科学方法的比例竟达 60% 以上，这应该引起广东省全社会及相关部门的重视，广东省应该重点加强对本省全民关于科学方法的科普宣传、科技宣传，促进全民运用科学方法分析问题能力的提升。

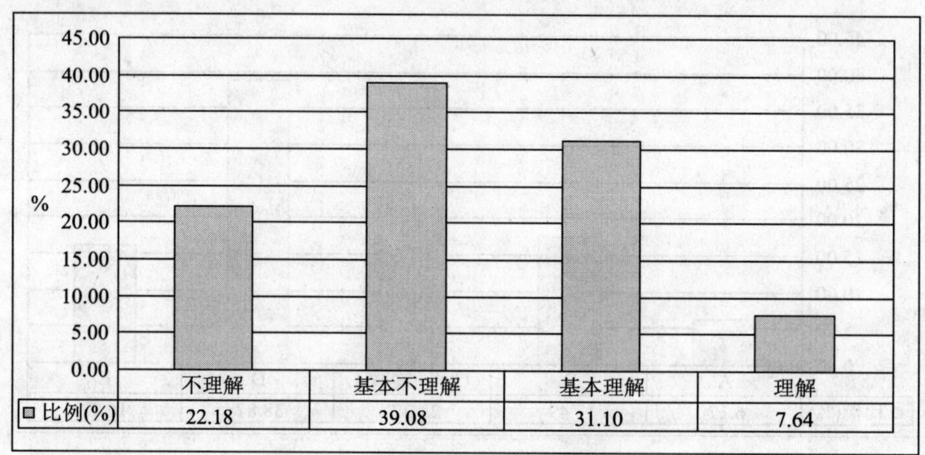

图 5－18　全民理解科学方法情况

5.6.3　全民具备基本科学人格情况

全民基本科学人格的测度包含科学思想、科学精神、科学价值三个层面，共有 12 道选择题，共 32 分。调查结果显示，被调查者具备基本科学人格的比例是 5.10%，基本具备基本科学人格的比例是 53.25%，41.65% 的被调查者基本不具备或不具备基本科学人格（见图 5－19）。

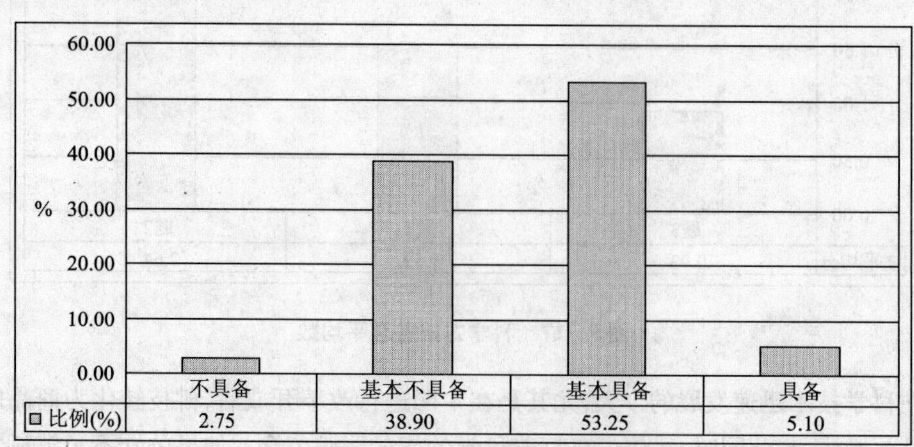

图 5－19　全民具备基本科学人格情况

因为人的行为是在一定的意识作用下发生的，若不具备科学人格，全民拥有再多的科学知识也无法转化为科学能力，全民科学素质的提高也无从谈起。由图5－19可知，广东省全民具备科学人格的比例仅为5.10%，明显偏低，需要大力加强培养。接下来是对科学人格各测验题目作答情况的具体分析。

一、科学思想

科学思想有4道选择题，共8分。其中，题2得分最高为1.81分，题3得分最低，仅为0.95分（见图5－20）。各题作答情况的具体分析如下。

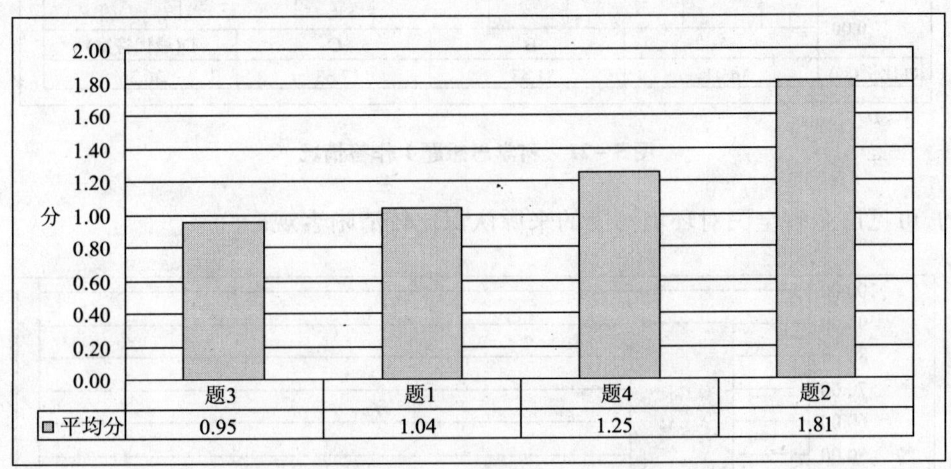

图5－20　科学思想各题平均分

题1：您是否根据生辰八字算过命以及您对算命的看法？

A. 曾经算过，认为具有一定的科学性　　B. 曾经算过，但觉得没有科学性

C. 没算过，以后有机会可能会尝试　　D. 没算过，不相信算命，完全不科学

题1是关于算命是否科学的问题，命运是由生辰八字决定还是由自身意志决定？这是探讨人生的基本性问题之一，对于人的价值观、世界观都会有很大的影响。调查结果显示（见图5－21），有36.26%认为算命是完全不科学的，但仍有14.41%的被调查者认为它有一定的科学性。此外，17.63%的被调查者对算命比较摇摆不定，可见广东省破除迷信思想需继续努力。

题2：我国七大水系中有一半河段有机物或重金属污染，86%的城市河段水质污染超标，全国35个较大的淡水湖中，有17个遭到严重污染。您对以上问题有何看法？

A. 这主要是人类的不合理行为造成的

B. 这主要是自然环境本身的问题

C. 无法判断到底是何种原因造成的

题2是关于环境恶化原因的问题，用来测度公众对人类行为与环境恶化关系的看法。调查结果（见图5－22）显示，有90.35%的被调查者认为是人类的不合理行为造

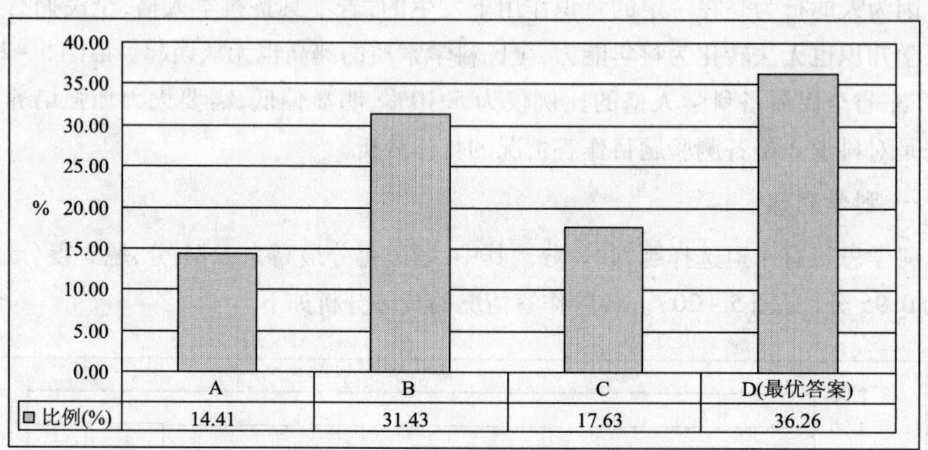

图5-21 科学思想题1作答情况

成的，可见广东省全民对环境污染的来源认识比较清晰客观。

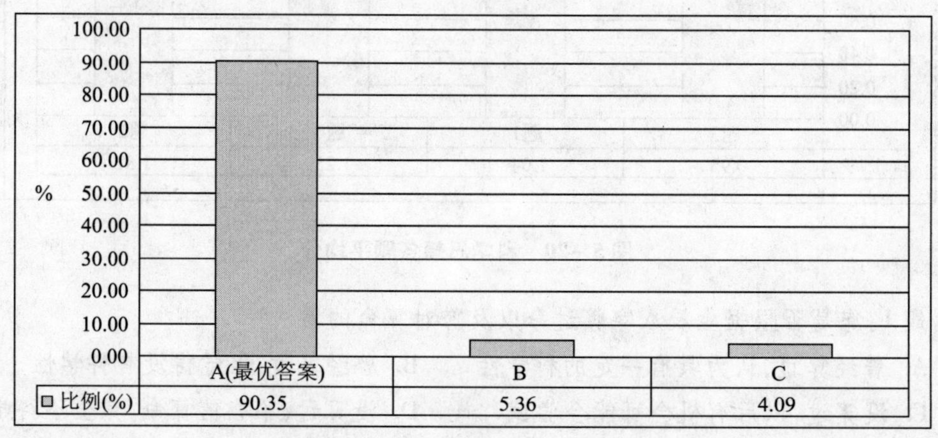

图5-22 科学思想题2作答情况

题3：党的十六届三中全会提出了科学发展观作为我国经济社会发展的根本指导思想，科学发展观具体包括哪些内容？（可多选）

A. 以经济增长为本的发展观　　B. 以人为本的发展观

C. 全面的发展观　　D. 协调的发展观

E. 可持续的发展观

对于题3，调查结果（见图5-23）显示，大部分被调查者对科学发展观的内涵有较深的了解，可见科学发展观作为重要指导思想，广东省全民都能较好地理解其内涵，这也反映了全社会对社会经济发展的方式达成了广泛的一致。

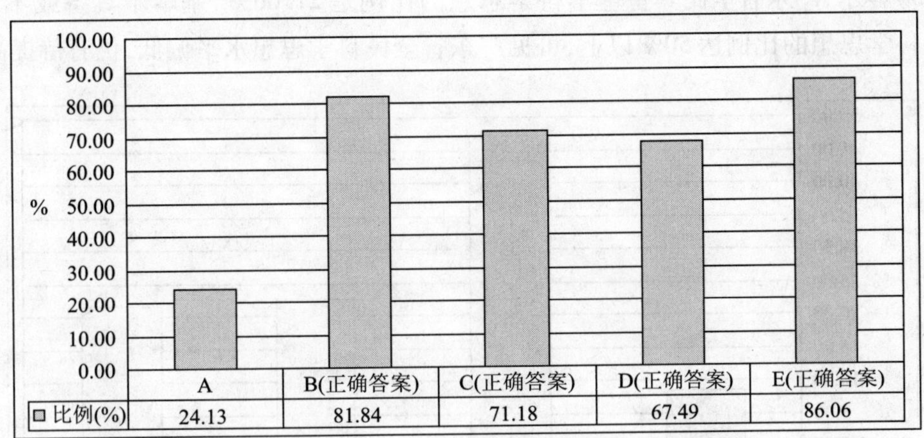

	A	B(正确答案)	C(正确答案)	D(正确答案)	E(正确答案)
比例(%)	24.13	81.84	71.18	67.49	86.06

图 5－23　科学思想题 3 作答情况

题 4:随着科技的发展,人类能通过制造大型风扇、人工降雨实现"呼风唤雨",能通过网络实现"千里眼""顺风耳"的愿望,如此可见,人类已经可以摆脱自然界规律的束缚。请问,您赞成这种观点吗?

A. 完全赞成　　B. 基本赞成　　C. 不确定

D. 基本不赞成　　E. 完全不赞成

题 4 是关于人类能否摆脱自然规律的问题。一个具备科学素质的人应该认识到自然规律的客观性。调查结果(见图5－24)显示,有 75% 的被调查者基本不赞成或完全不赞成,这说明广东省 3/4 左右的全民能正确理解自然界客观规律是不以人类的意志为转移的。

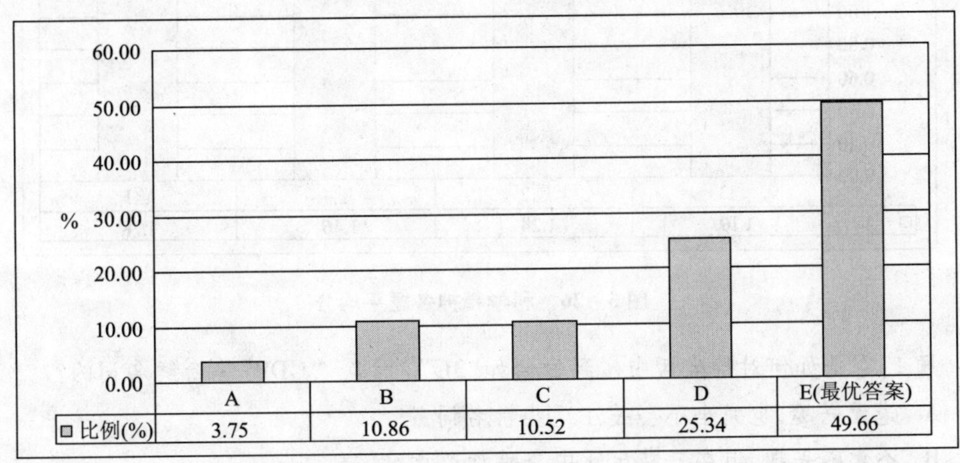

	A	B	C	D	E(最优答案)
比例(%)	3.75	10.86	10.52	25.34	49.66

图 5－24　科学思想题 4 作答情况

思想决定行为,若无科学思想的指导,科学行为也就无从谈起。调查结果(见图

5－25）显示，广东省全民具备基本科学思想的比例是21.66%，基本不具备或不具备基本科学思想的比例达50%以上，可见广东省全民科学思想水平偏低，仍有待提高。

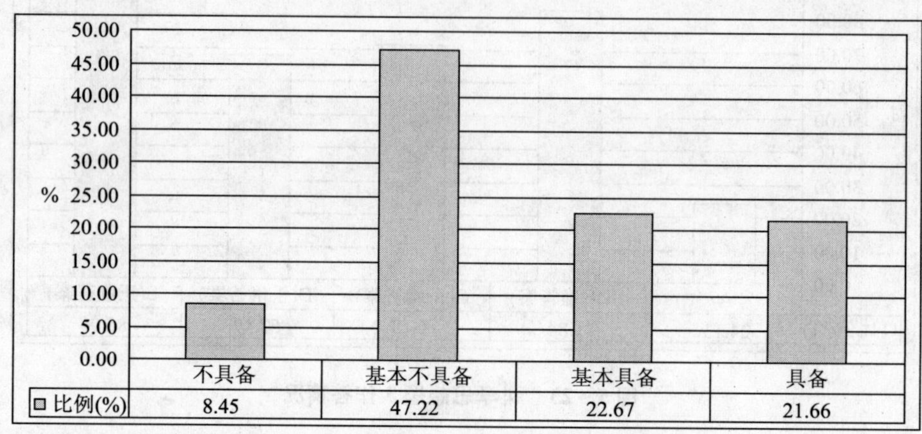

图5－25　全民具备科学思想情况

二、科学精神

科学精神有4道选择题，共12分。其中题1得分最高为1.78分，题3得分最低，仅为1.1分（见图5－26）。各题作答情况的具体分析如下：

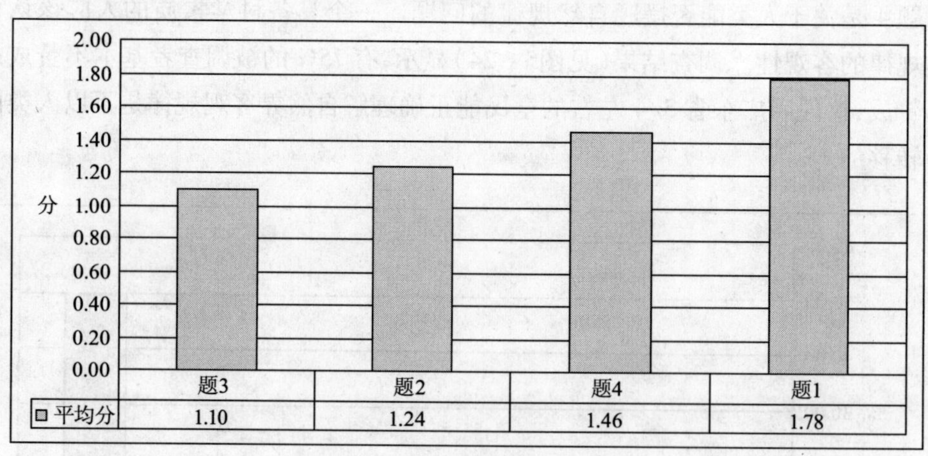

图5－26　科学精神各题平均分

题1：您是如何对待生活中碰到的诸如"3G""绿色""GDP"等新鲜名词的？

A. 毫无兴趣，也完全不会关注这些新名词

B. 不太感兴趣，但在日常生活中会稍加留意

C. 比较感兴趣，可能会主动了解一些相关信息

D. 很感兴趣，会详细了解其具体内涵及相关背景

对于题1，调查结果（见图5－27）显示，有18.97%的被调查者对新事物很有兴

趣，并会详细了解其具体内涵及相关背景，47. 86% 的被调查者会主动了解一些相关信息。好奇心作为科学研究的老师，是科学精神的重要组成部分，超过 65% 的广东省全民对新事物都有较强的好奇心，并会主动去了解新事物。广东省作为改革开放的先行省份，广东省全民对新事物有较强的好奇心，有良好的开放心态去接受新事物。但我们也应看到，广东省全民会主动去了解新事物的来龙去脉的比例只有不到 19%，并不算太高，仍有 7. 51% 的广东省全民对于日常新事物视而不见。可见，在科普方面，广东省应该加强对科技新发展情况的宣传，同时也应注意宣传形式，要能吸引群众的兴趣。

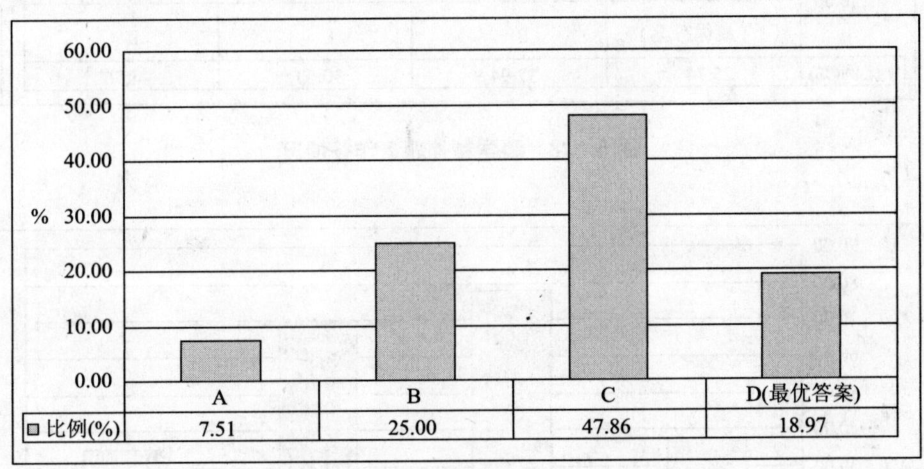

图 5 – 27　科学精神题 1 作答情况

题 2：当您的观点、数据或方法与其他人不一致时，您会去对比验证，看谁对谁错吗？

A. 一定会这么做　　　　　　B. 经常这么做

C. 偶尔这么做　　　　　　　D. 从来不这么做

对于题 2，调查结果（见图 5 – 28）显示，有超过 60% 的被调查者会经常或一定去对比验证，有 30. 63% 的被调查者偶尔会这么做，这说明 2/3 左右的广东省全民有较强的求证精神，也有 1/3 左右的广东省全民的求证精神有待提高。

题 3：假如您会去验证的话，您会通过什么方法进行验证？（可多选）

A. 找权威（如专家等）　　　　B. 上网查相关资料来进行验证

C. 通过查阅相关书籍、杂志等　　D. 其他方法

对于题 3，调查结果（见图 5 – 29）显示，77. 95% 的被调查者都选了上网查相关资料来进行验证，69. 77% 的被调查者选了通过查阅相关书籍、杂志等。可见在众多获取信息的途径中，广东省全民喜欢通过自己上网或看书的方式查找资料，同时也可看到网络在广东省全民生活中的重要作用。广东省科普宣传应该充分利用网络这个渠道。

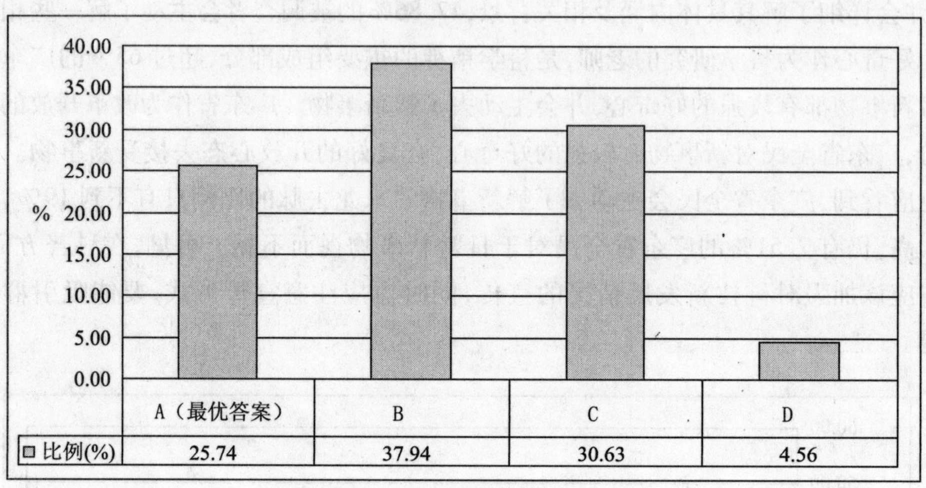

图 5-28　科学精神题 2 作答情况

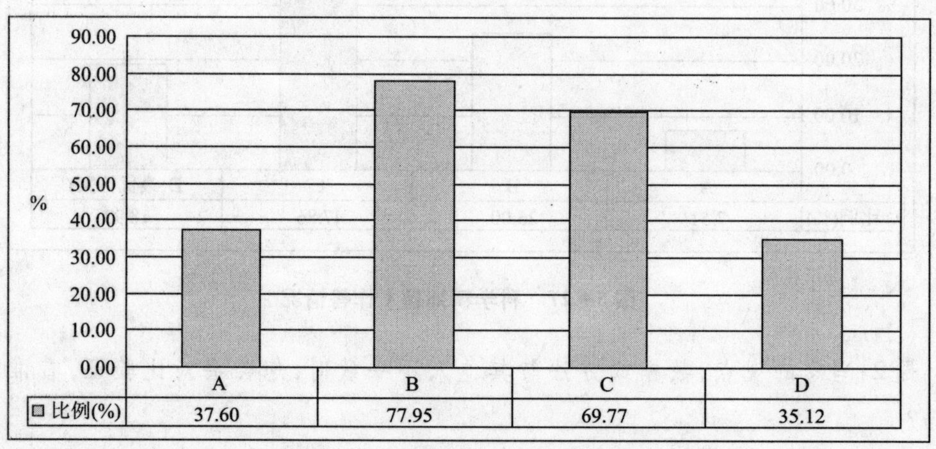

图 5-29　科学精神题 3 作答情况

题 4:假如现在您要制定一项计划来实现一个目标,您非常清楚,要达到那个目标起码需要一年的时间,但是您周围的很多人都认为其实 9 个月的时间就够了,而且其中有些是您比较敬重的人。您会怎么办?

A. 会采纳周围的人的意见,把自己的计划改为 9 个月

B. 不会改变自己的计划

C. 进行折中,如把自己的计划改为 10 个月或 11 个月

D. 看看再说

题 4 主要测度的是广东省全民是否具有务实精神,是否会因为周围人的干扰而放弃自己正确的判断。调查结果(见图 5-30)显示,32.71% 的被调查者不会改变自己的计划,19.37% 的被调查者会因受他人影响改变计划,24.13% 的被调查者因他人的

影响在一定程度上改变自己原来的计划，23.73%的被调查者会因为他人的影响而变得犹豫不决，采取观望的态度。由此可见，超过60%的广东省全民有较强的从众心理。从众心理强也往往意味着周围人，尤其是权威人士，能在很大程度上影响其决策。这也说明广东省全民的自我意识不强，喜欢崇拜权威。

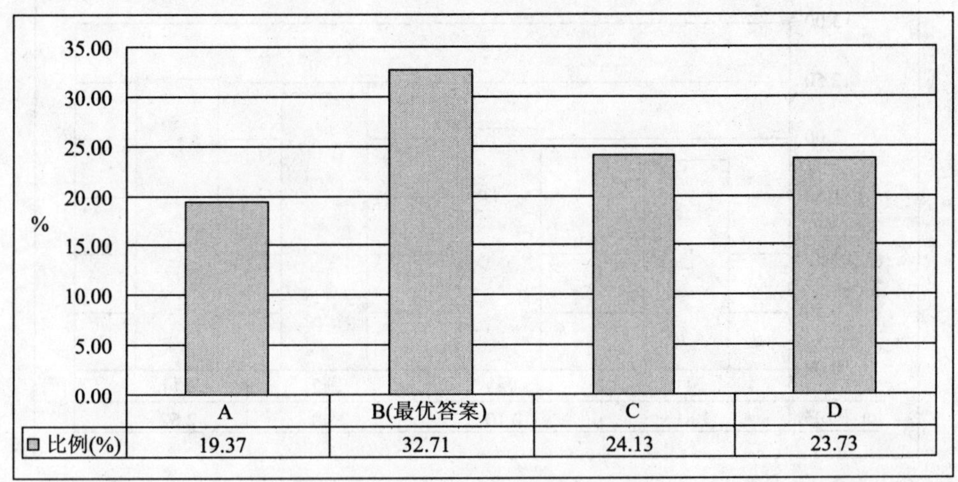

图 5－30 科学精神题 4 作答情况

依据广东省全民具备科学精神的评定标准以及统计结果，我们可知，广东省全民具备基本科学精神情况（见图 5－31）：8.25%的广东省全民具备基本科学精神，29.24%的广东省全民基本具备基本科学精神，同时有62.5%的广东省全民基本不具备或者不具备基本科学精神。这也说明了广东省全民的科学精神比较淡薄，需要进一步加强。

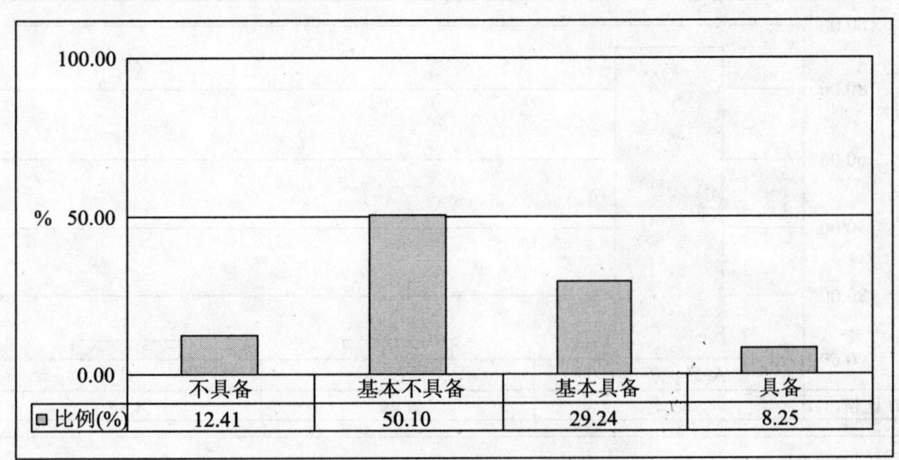

图 5－31 全民具备基本科学精神情况

三、科学价值

科学价值有 4 道选择题，共 12 分。其中，题 1 得分最高为 2.52 分，题 3 得分最低，仅为 1.81 分（见图 5－32）。各题作答情况的具体分析如下：

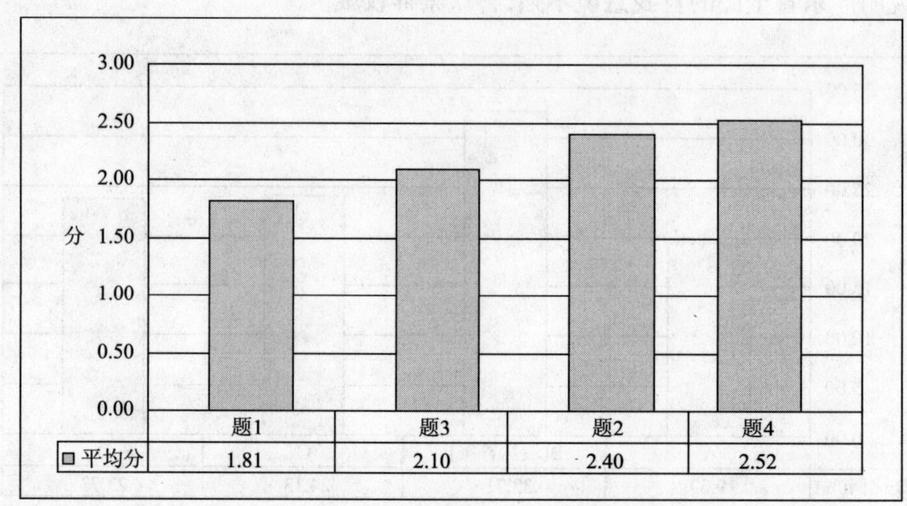

图 5－32　科学价值各题平均分

题 1：您认为“科学技术是第一生产力”对吗？

A. 对　　　　B. 不对　　　　C. 无法判断

对于题 1，调查结果（见图 5－33）显示，90.42% 的被调查者认为“科学技术是第一生产力”是对的。这说明广东省绝大部分的全民都认可科学技术的重要作用，了解科学技术的价值。

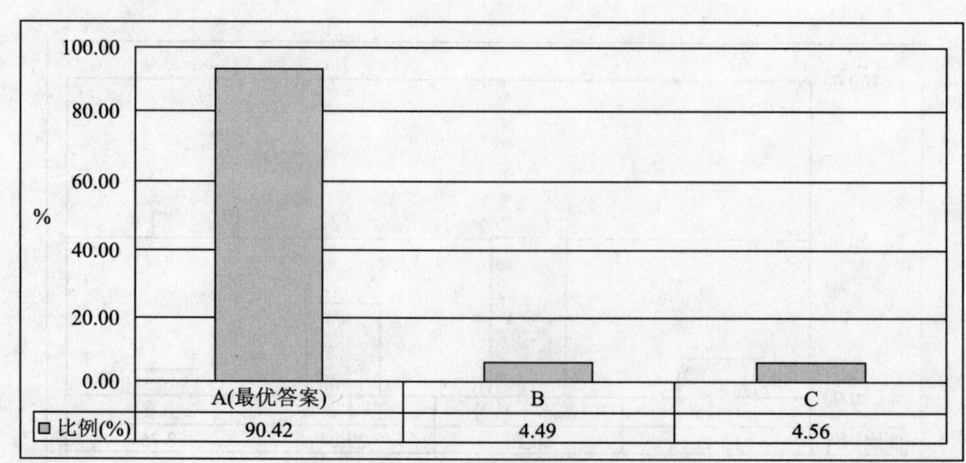

图 5－33　科学价值题 1 作答情况

题 2：随着核技术的发展，核能给人类提供了一个重要的能量来源，但同时核泄漏、核武器等也给人类带来了危害。您认为核技术的发展给我们生活带来的利弊分析是：

A. 有利有弊，但利大于弊　　B. 有利有弊，但弊大于利

C. 有利无弊　　D. 有弊无利

E. 无法判断

对于题2，调查结果（见图5－34）显示，75.67%的被调查者认为核技术的发展是“有利有弊，但利大于弊”，13.47%的被调查者认为是“有利有弊，但弊大于利”。可见，有接近90%的广东省全民认识到了科学技术的两面性，且大部分的广东省全民都认为科学技术带来的好处多于坏处，这也说明广东省全民对科学技术的价值有较为客观理性的认识。

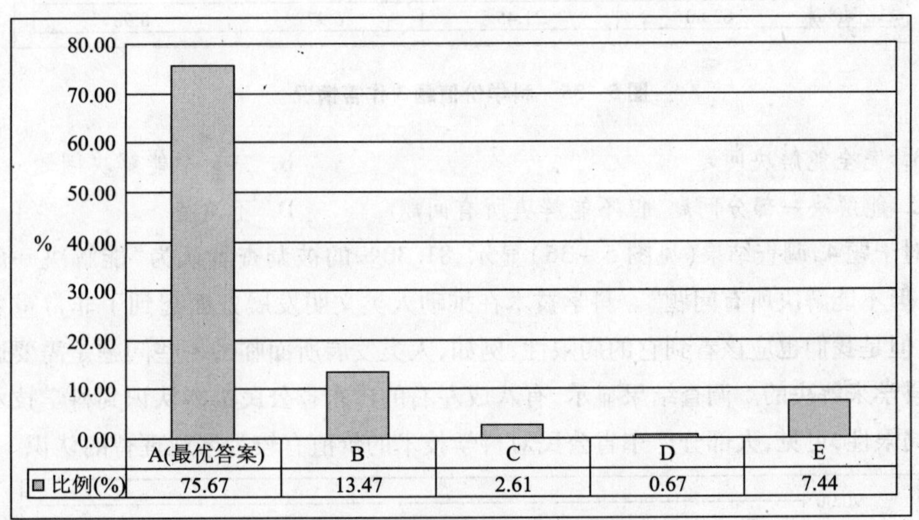

图5－34　科学价值题2作答情况

题3：针对核泄漏、核武器给人类带来的危害，您有何看法？

A. 这种危害可以预防，但无法根除　　B. 这种危害可以预防，也可以根除

C. 这种危害无法预防，也无法根除　　D. 不确定

对题3，调查结果（见图5－35）显示，有62.80%的被调查者认为这种危害可以预防，但无法根除。人类在使用核技术的时候，就必然存在核泄漏等风险，虽然人类可以通过各种措施来预防，但却并不能完全消除这种风险，所以广东省六成以上的全民对科学技术所带来的负面影响有理性客观的认识。此外，也有6.97%的被调查者对此持悲观态度，认为人类无法预防此危害，也无法根除此类危害。

题4：21世纪，中国的发展进程不可避免地遭遇到很多问题，如人口三大高峰（即人口总量高峰、就业人口总量高峰、老龄人口总量高峰）相继来临的压力，能源和自然资源的匮乏，生态环境的恶化，等等。您认为科学技术能解决以上问题吗？

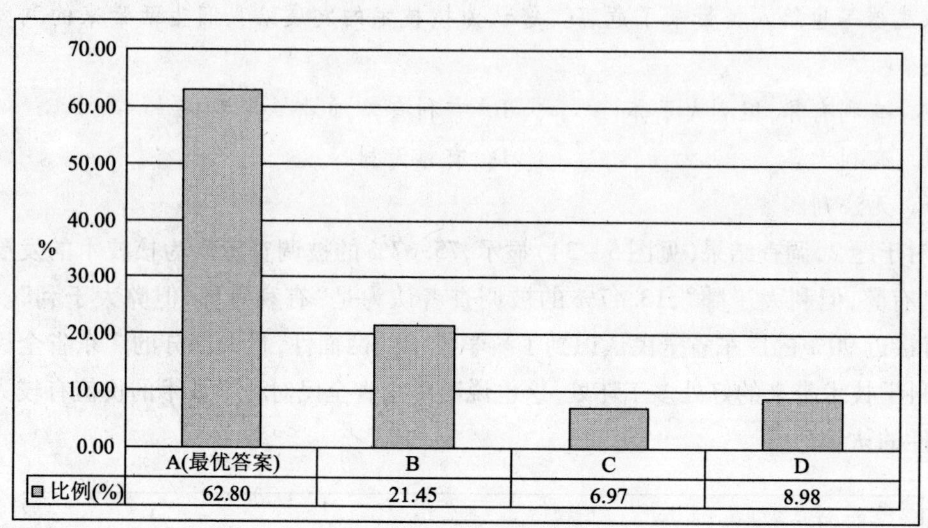

图 5-35 科学价值题 3 作答情况

A. 完全能解决问题　　B. 完全不能解决问题

C. 能解决一部分问题,但不能解决所有问题　　D. 不清楚

对于题 4,调查结果(见图 5-36)显示,81.30% 的被调查者认为"能解决一部分问题,但不能解决所有问题"。科学技术在推动人类文明发展方面起到了非常重要的作用,但是我们也应该看到它的局限性,例如,人类发展所面临的一些问题是需要通过人文科学来解决的。调查结果显示,有八成左右的广东省公民都能认识到科学技术作用的局限性,可见,大部分广东省公民对科学技术的价值有较为客观理智的认识。

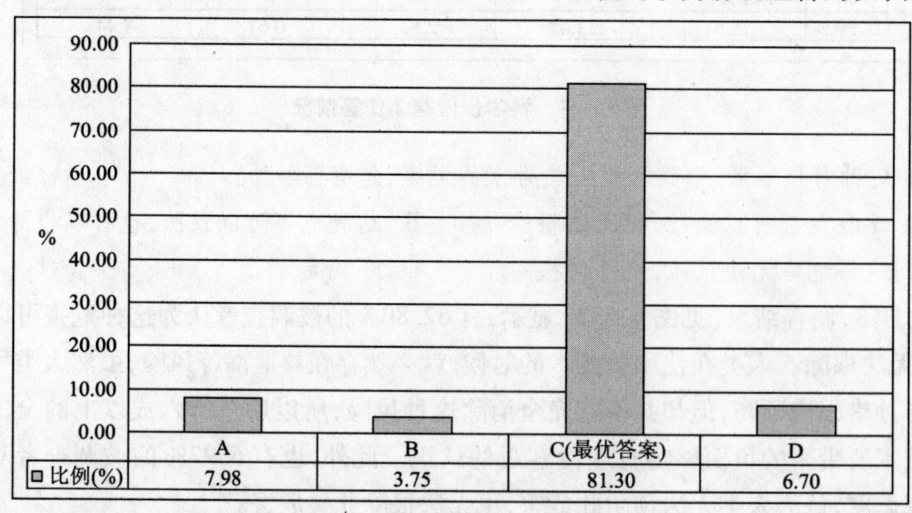

图 5-36 科学价值题 4 作答情况

5.6.4　全民具备基本科学能力情况

全民科学能力测度包含阅读理解能力、处理实际问题的能力两个层面,有12道选择题,共30分。调查结果(见图5－37)显示,被调查者具备基本科学能力的比例是5.70%,基本了解的比例是35.32%,基本不了解比例是53.95%,不了解的比例是5.03%。

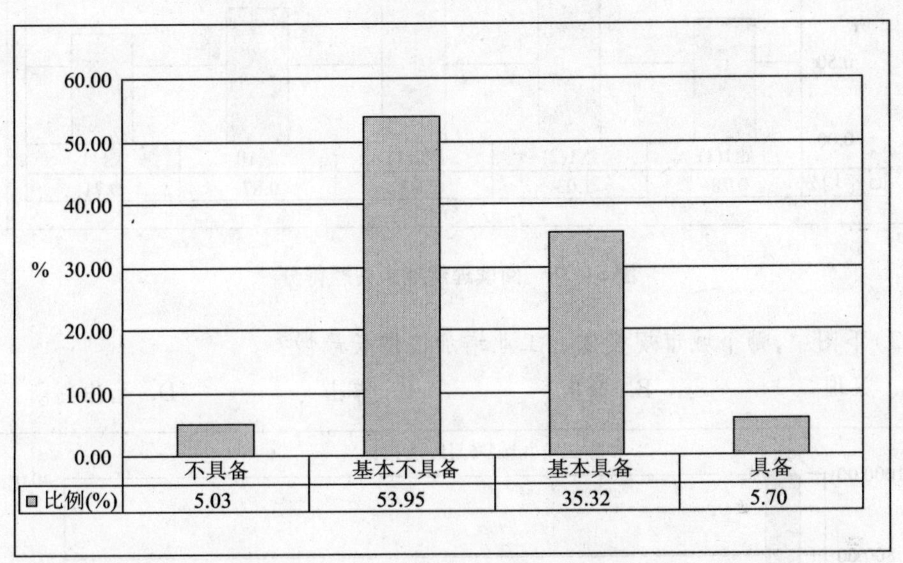

图5－37　全民具备基本科学能力情况

科学素质的三个组成要素中,科学知识是基础,科学人格是关键,科学能力是目的,是科学素质的重心和落脚点[①]。从图5－37中可以看出,广东省全民基本具备或具备基本科学能力的比例只有41.02%,超过半数以上的广东省全民基本不具备或不具备基本科学能力,可见广东省全民具备基本科学能力的程度不算高,需要进一步提高。接下来是对科学能力各测验题目作答情况的具体分析。

一、阅读理解能力

阅读理解能力有5道题目,共12分。其中,题2平均分最高为2.02分,题4平均分最低,仅为0.71分(见图5－38)。各题作答情况的具体分析如下:

题1:

(1)下图中,哪个城市规模以上工业增加值最多?

A. 深圳　　B. 肇庆　　C. 佛山　　D. 无法判断

---

① 陶继新.《中国公民科学素质基准》的基本认识问题——《基准》起草小组成员马来平教授访谈[EB/OL]. http://www.view.sdu.edu.cn/news/news/mtbd/2007－12－25/1198573419.html. 2007－12－25.

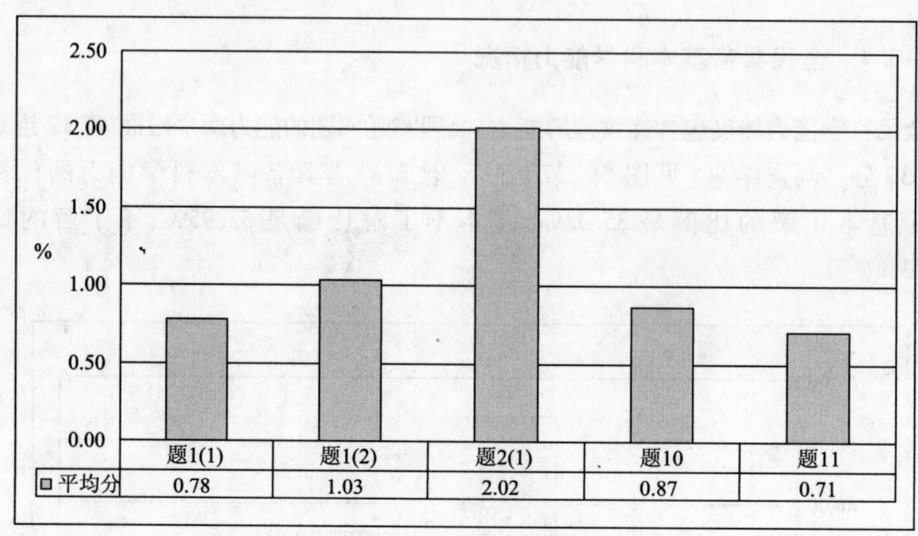

图 5－38 阅读理解能力各题得分

(2)下图中,哪个城市规模以上工业增加值增长最慢?

A. 深圳　　B. 肇庆　　C. 佛山　　D. 无法判断

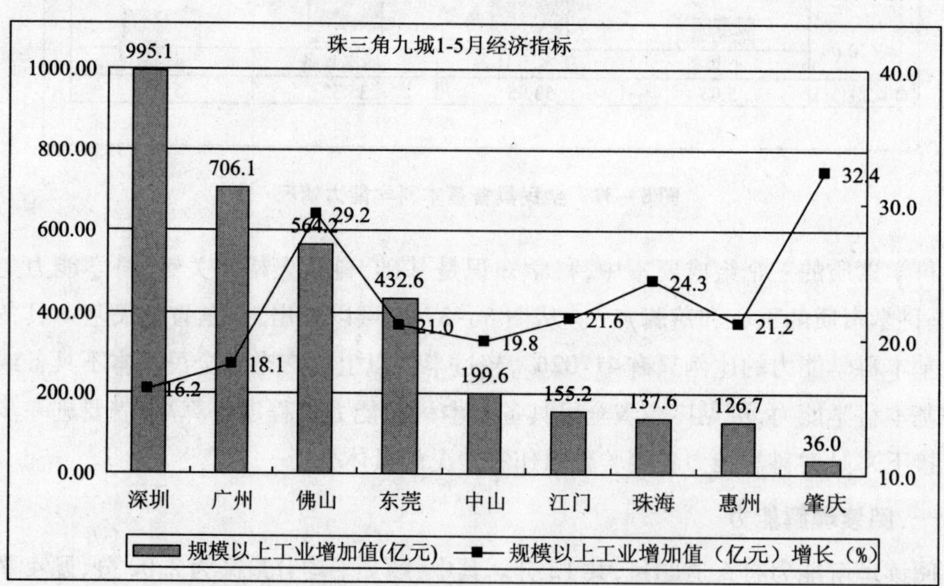

题1主要是测度广东省全民的看图理解能力。看图理解能力作为全民顺利阅读科技文献及其他文献从而获取信息的基本能力,是阅读理解能力的重要组成部分,也是参与公共事务讨论的前提。调查结果(见图5－39)显示,有78.08%的被调查者答对了题1(1),51.34%的被调查者答对了题1(2)。由此可见,广东省全民的阅读理解能力迫切需要进一步提高。

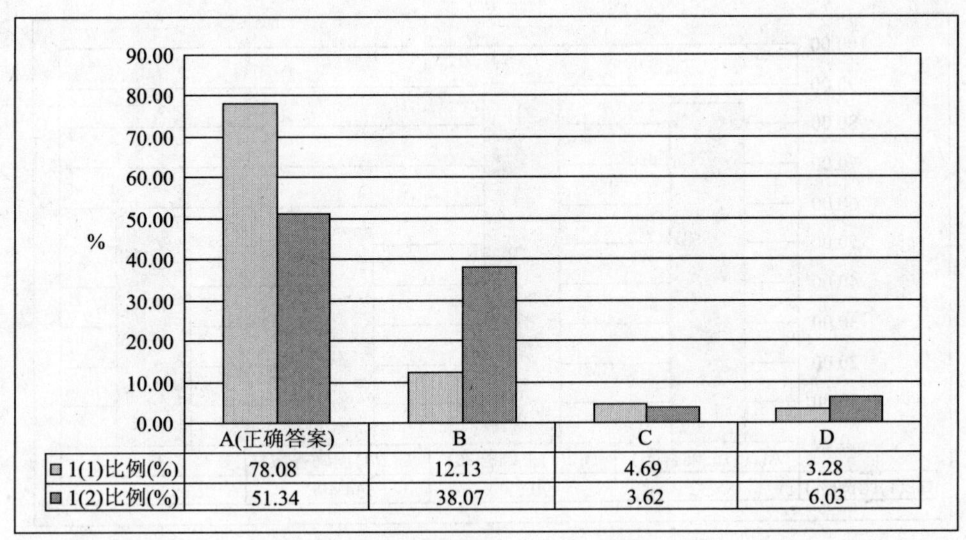

	A(正确答案)	B	C	D
1(1)比例(%)	78.08	12.13	4.69	3.28
1(2)比例(%)	51.34	38.07	3.62	6.03

图 5－39　阅读理解能力题 1 作答情况

题 2(1):中国各省(自治区、直辖市)均不同程度地受到自然灾害的影响,70% 以上的城市、50% 以上的人口分布在气象、地震、地质、海洋等自然灾害严重的地区。2/3 以上的国土面积受到洪涝灾害威胁。东部、南部沿海地区以及部分内陆省份会遭受热带气旋侵袭。东北、西北、华北、西南、华南等地的严重干旱时有发生。各省(自治区、直辖市)均发生过 5 级以上的破坏性地震。约占国土面积 69% 的山地、高原区域因地质构造复杂,滑坡、泥石流、山体崩塌等地质灾害均有发生。综上所述,您认为中国自然灾害的特点有哪些?(可多选)

A. 分布地域广　　B. 自然灾害种类多

C. 发生频率高　　D. 造成损失大

题 2 主要测度的是广东省全民看文或阅读理解能力。与看图理解能力一样,阅读理解能力也是全民顺利阅读科技文献及其他文献,从而获取信息的基本能力,是阅读理解能力的重要组成部分,也是参与公共事务讨论的前提。调查结果(见图 5－40)显示,有大部分的被调查者都选对了答案,分别有 85. 32%、90. 68%、54. 49% 的被调查者选择了正确答案 A、B、C,但也有 57. 71% 错选了答案 D。由此可见,广东省大部分公民基本理解资料内容,但仍有不少民众对资料内容的理解存在一定的偏差。

题 3:有一种细菌,经过 1 分钟,分裂成 2 个,再过 1 分钟,又发生分裂,变成 4 个。这样,把一个细菌放在瓶子里到充满为止,用了 1 个小时。如果一开始时,将 2 个这种细菌放入瓶子里,那么到充满瓶子需要多长时间?

题 3 在测度广东省全民阅读理解能力的同时,也测度其多角度思考问题的能力。

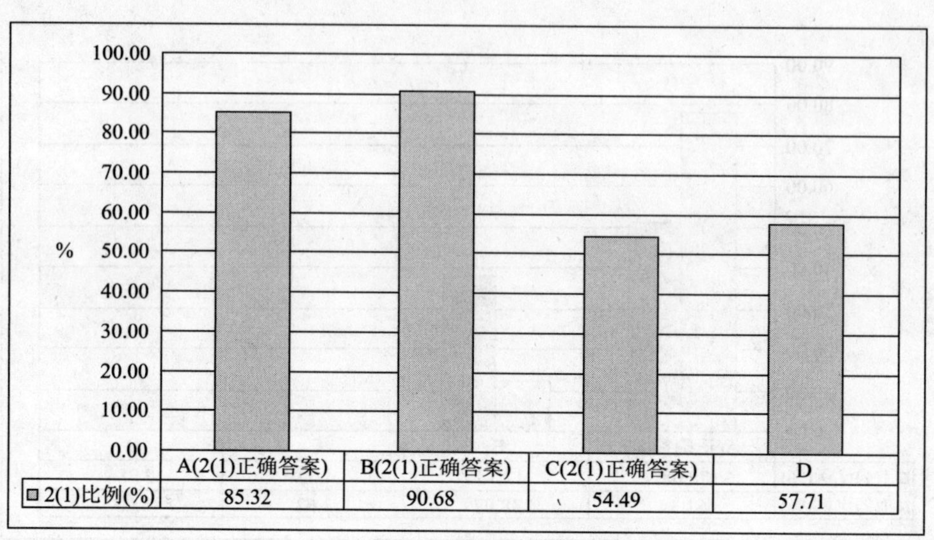

	A(2(1)正确答案)	B(2(1)正确答案)	C(2(1)正确答案)	D
2(1)比例(%)	85.32	90.68	54.49	57.71

图 5－40　阅读理解能力题 2 作答情况

解决此题的关键是要明白题意所提到的 1 个细菌分裂成 2 个需要 1 分钟，那么一开始放进瓶子的 2 个细菌可看成是 1 个细菌用 1 分钟分裂后的情况，则充满瓶子的时间就是 1 小时再减去 1 分钟，等于 59 分钟。调查结果（见图 5－41）显示，仅有 29% 的被调查者答对了，这说明广东省全民的阅读理解能力往往受惯性思维的影响，从多角度思考问题的能力偏弱。

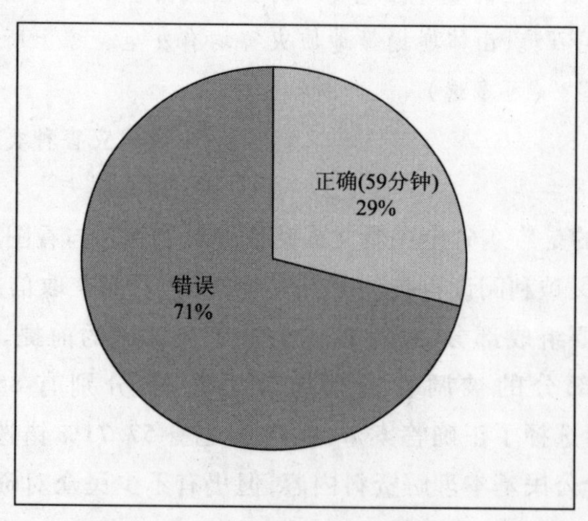

图 5－41　阅读理解能力题 3 作答情况

题 4：一只瓶子装有一升葡萄酒，另一只瓶子装有一升水，从第一只瓶子里取出一匙酒，放到第二只瓶子里，然后从第二只瓶子里取出一匙水酒混合液，放到第一只瓶子里。是第一个瓶子里的水多呢，还是第二个瓶里的酒多？

A. 第一个瓶子的水多于第二个瓶里的酒

B. 第一个瓶子的水少于第二个瓶里的酒

C. 第一个瓶子的水等于第二个瓶里的酒

D. 无法判断

题4在测度广东省全民阅读理解能力的同时,也测度其多角度思考问题的能力。解决此题的关键是水与酒的体积各有一升,一个瓶子只能装有一升的混合液,所混合水与酒,可以看成是相等的水和酒在互换位置,所以无论怎样混合,一个瓶子的水永远等于另一个瓶子的酒。调查结果(见图5－42)显示,只有不到30%的被调查者答对了,这同样说明广东省全民的阅读理解能力往往受惯性思维的影响,从多角度思考问题的能力偏弱。

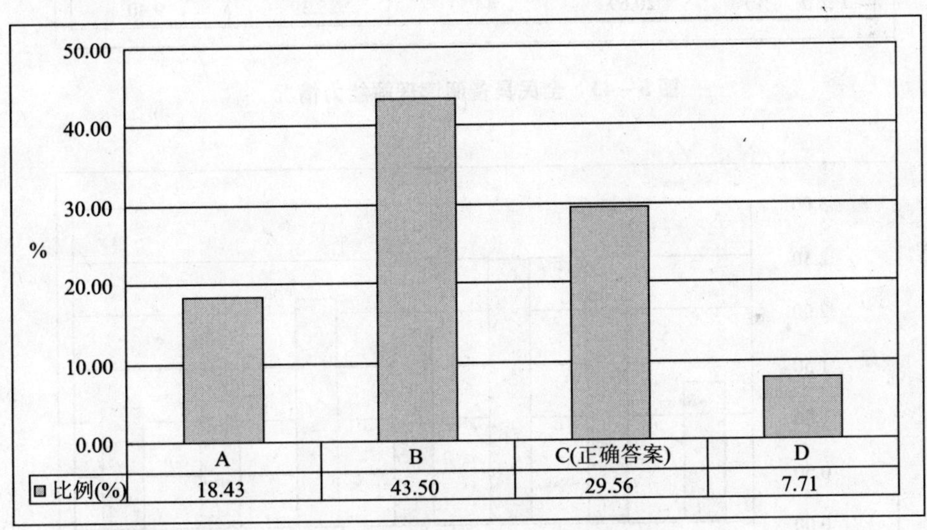

图5－42　阅读理解能力题4作答情况

阅读理解能力作为全民阅读科技文献及其他图文资料的能力,是公民了解科学知识的基本能力,是全民科学素质形成的重要基础,也是科学能力的重要组成部分。在谈到阅读的重要性时,国家新闻出版总署署长柳斌杰曾指出,"文明传承和民族兴亡的历史表明,国民阅读力和阅读水平在很大程度上决定了一个民族的基本素质、创造能力和发展潜力"。调查结果(见图5－43)显示,9.40%的广东省民众具备阅读理解能力,25.39%基本具备,而基本不具备或者是不具备的比例超过65%。可见,广东省全民仍需要大力提高阅读理解能力。

二、处理实际问题的能力

处理实际问题的能力有7道选择题,共19分。其中,题3平均分最高为2.47分,题8平均分最低,仅为1.03分(见图5－44)。各题作答情况的具体分析如下:

题2(2):在众多灾害中,泥石流是水与泥沙石块相混合的流动体,往往来势凶

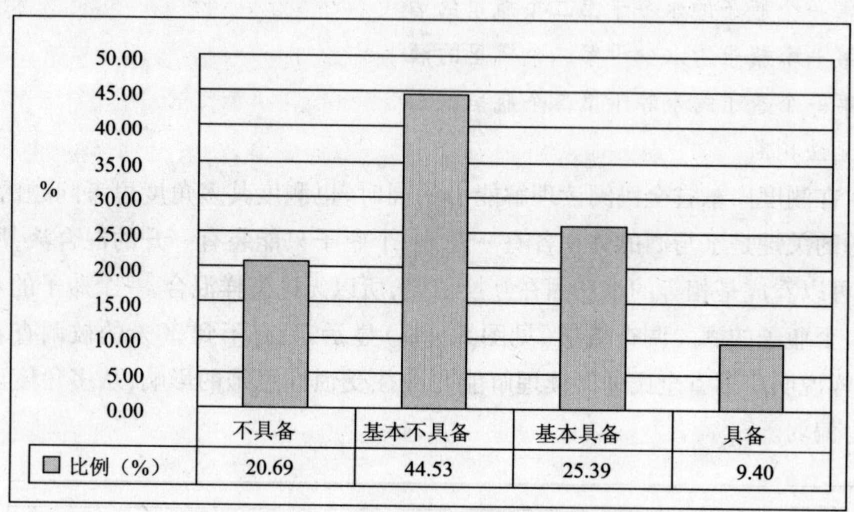

图 5-43 全民具备阅读理解能力情况

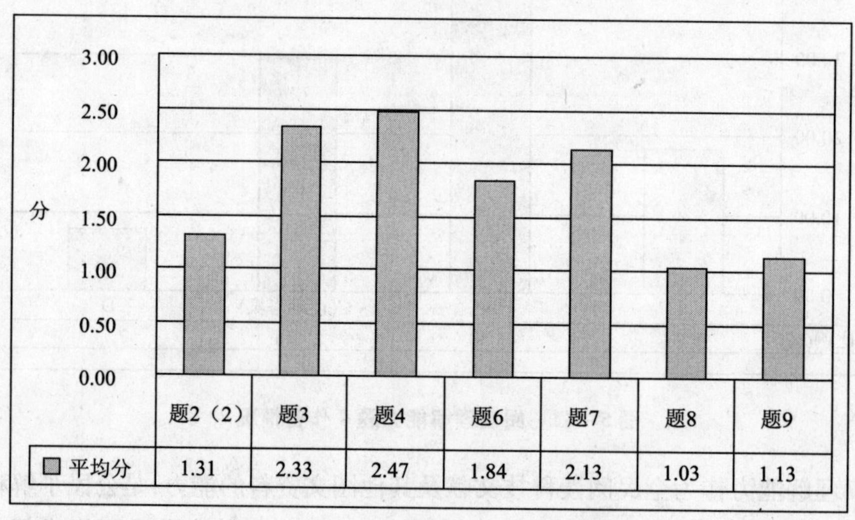

图 5-44 处理实际问题能力各题得分

猛、威力无比，远比洪水来得突然，也更加惨烈。当泥石流发生时，您认为下面哪些是正确的防灾、救灾方法？（可多选）

A. 顺泥石流沟向上游或向下游跑

B. 迅速躲到陡峻山体下

C. 迅速爬到树上

D. 沿山谷徒步时，一旦遭遇大雨，迅速转移到附近的高地

E. 将压埋在泥浆或倒塌建筑物中的伤员救出后，应立即清除口、鼻、咽喉内的泥土及痰、血等，排除其体内的污水

对于题2(2),调查结果(见图5-45)显示,分别有75.4%和83.04%的被调查者选择了正确答案D、E,仍有13.81%、15.82%、24.73%的被调查者选择了错误答案A、B、C。可见,超过75%的广东省民众知道正确应对泥石流灾害的办法,但也近25%的广东省民众并不了解。从统计数据来看,1994—2003年,广东省大规模的泥石流共发生32起,共造成423人受伤,153人死亡,经济损失76500.4万元,虽然泥石流发生的频率低,但其损失却远远高于崩塌、滑坡等频发性地质灾害。广东省的泥石流灾害分布相对集中,主要分布于粤西信宜、云浮、阳春,粤北清远、连南、英德、佛冈、南雄,粤东紫金、五华、普宁、梅州地区、揭西,以及珠江三角洲的从化鳌头、花都梯面镇等地①。因此,广东在全省宣传地质灾害知识时,应该重点加强以上泥石流较为频发地区的科普宣传。

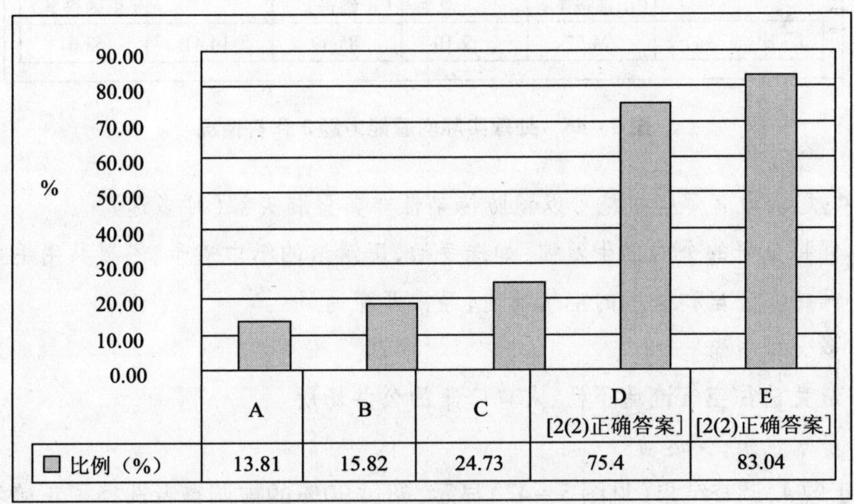

图5-45　处理实际问题能力题2(2)作答情况

题3:传染性非典型肺炎(严重急性呼吸综合征SARS)是由SARS冠状病毒引起的一种具有明显传染性、可累及多个脏器系统的特殊肺炎。其症状主要有哪些?(可多选)

A. 发热　　B. 浑身发痒

C. 呼吸加速,甚至呼吸困难　　D. 腹部胀痛

E. 四肢乏力

对于题3,调查结果(见图5-46)显示,分别有94.57%、85.39%、63.61%的民众选择了正确答案A、C、E,这说明广东省全民对SARS症状的了解程度较高。广东省曾

① 广东省防灾减灾年鉴编辑委员会. 广东省防灾减灾年鉴(1995—2004年卷)[M]. 北京:气象出版社,1995—2004.

是 SARS 重灾区，这也反映出广东省全民对切身相关的传染性疾病关注程度较高。

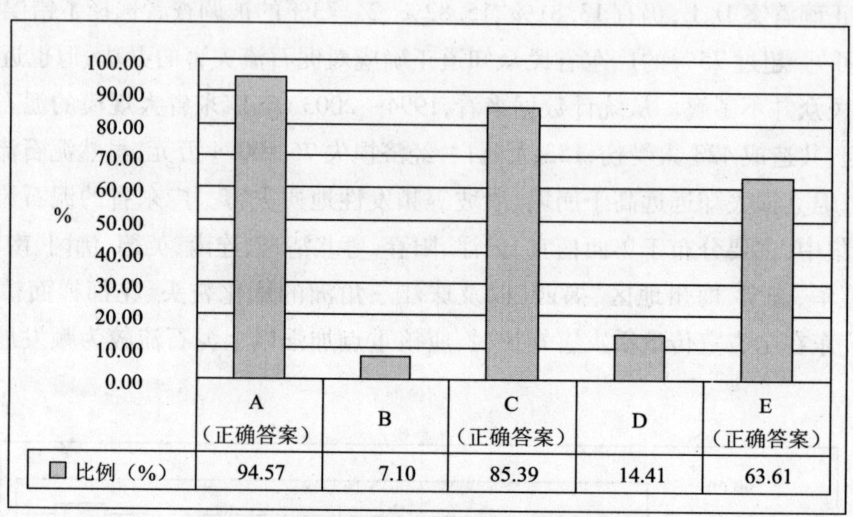

图 5－46　处理实际问题能力题 3 作答情况

题 4：您认为有哪些措施可以预防传染性非典型肺炎？（可多选）

A. 保持良好的个人卫生习惯，如洗手后，用清洁的纸巾擦干，不要共用毛巾

B. 保持办公室和居所的空气畅通，经常开窗通风

C. 多喝食用醋

D. 避免前往空气流通不畅、人口密集的公共场所

E. 多吃水果，少运动

对于题 4，调查结果（见图 5－47）显示，超过 90% 的被调查者选择了正确答案，与题 3 一样，这说明广东省全民对切身相关的传染性疾病关注程度较高。

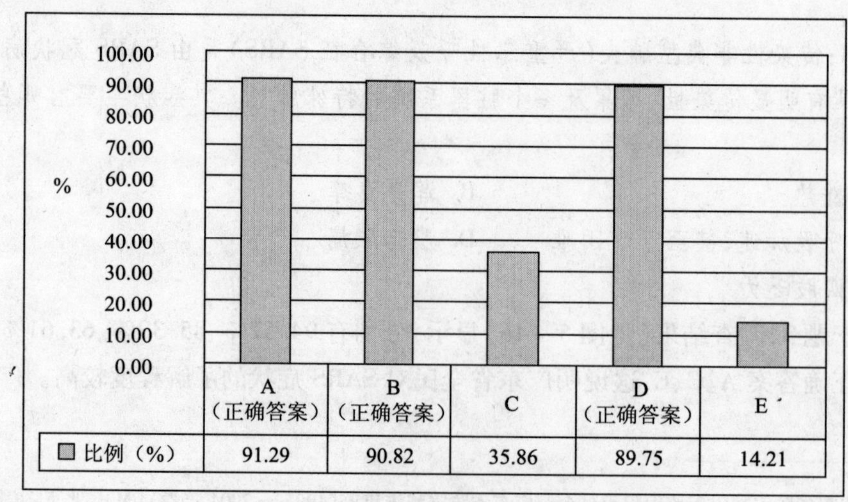

图 5－47　处理实际能力题 4 作答情况

在随后的对非典型性肺炎症状及预防措施的了解渠道的调查结果显示，有89.75%的被调查者是通过电视途径了解，有72.65%的被调查者是通过网络途径了解，有62.27%的被调查者是通过书籍、报纸、杂志了解的，此外还有55.16%、38.81%的被调查者分别是通过周围的人和广播途径了解的。可见电视、网络、报刊杂志是广东省全民了解非典型性肺炎症状及预防措施最主要的三大渠道，这也从侧面说明其在广东省新闻媒体宣传非典型性肺炎相关知识方面发挥了主导作用，对引导广东省全民科学抗击“非典”作出了重要的贡献。

题6:5·12汶川大地震作为新中国成立以来震级最高的地震，造成了严重的人员伤亡，截至2008年9月25日12时，汶川地震已确认69 227人遇难，374 643人受伤，失踪17 923人。请问面对突如其来的地震，您认为下面哪些做法是错误的？（可多选）

A. 如果在商场、书店等处，应避开玻璃门窗、橱窗和玻璃柜台，以及高大、摆放不稳的重物或易碎的货架

B. 在户外时，快速跑回家里

C. 如在家里，应快速躲到桌子等坚固家具的下面，或是卫生间、厨房等开间小、有支撑的地方

D. 一旦被埋压，不要慌张，要保存体力，并设法向外发出求救信号，并设法用砖石、木棍等支撑残垣断壁，加固环境

对于题6，调查结果（见图5－48）显示，72.70%的被调查者选择了正确答案。因为5·12地震引起了全国人民的广泛关注，广东省全民在关注救灾同时，也会相应地了解到一些地震灾害的应对办法。但是，仍有20%以上的被调查者选择了其他错误答案，可见关于地质灾害的科普宣传仍有待加强。

题7:火灾作为最经常、最普遍的威胁公众安全和社会发展的主要灾害之一，在发生时，您认为下面哪些应对措施是正确的？（可多选）

A. 万一身上着火，应该快速奔跑，或者是用力拍打衣服

B. 当火势很小时，在报警的同时，应奋力将小火控制、扑灭，如电器起火先切断电源，燃器设施起火时应及时关闭阀门等

C. 当火势难以控制时，应该先抓紧寻找贵重财物，然后携带好财物撤离火灾现场

D. 火灾现场浓烟呛人，可采用湿毛巾、口罩蒙住口鼻

E. 不要盲目地跟从人流，也不要乱冲乱撞，要朝空旷处或有安全出口标志的地方跑

对于题7，调查结果（见图5－49）显示，大部分被调查者都能选对正确答案B（83.11%）、D（73.12%）、E（66.76%），只有少数被调查者选择了错误答案A（13.61%）、C（6.03%）。这说明70%左右的广东省民众懂得正确应对火灾，但是仍

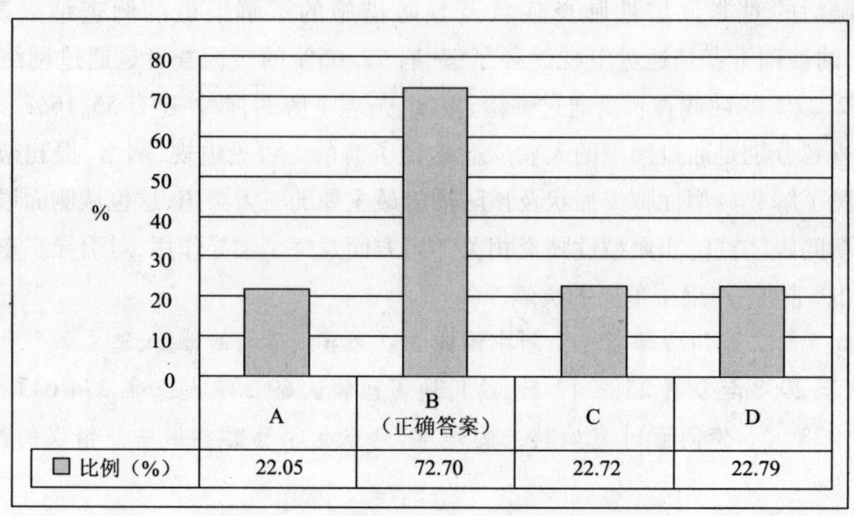

图 5－48 处理实际问题能力题 6 作答情况

有一部分民众不清楚应对火灾的正确方法。

2008 年 9 月 20 日，广东省深圳市龙岗区舞王俱乐部发生了火灾事故。经国务院安全生产委员会办公室公安消防部门勘察分析，事故的直接原因为该俱乐部演职人员使用自制礼花弹手枪发射礼花弹，引燃天花板的聚氨脂泡沫所致。由于从业人员和公众缺乏基本的安全意识和必要的自救能力，不知道如何正确应对火灾，结果，事故造成 43 人死亡，88 人受伤。统计资料表明，火灾中死亡的人绝大多数都是因吸入毒性气体而死。火灾现场燃烧产生的烟气中含有大量有毒成分，火灾燃烧物中会产生大量有毒气体，空气中氰化氢含量达到 0.0027%，光气含量达到 0.0005% 时，都能立即置人于死地。因此，广东省应加强全民正确应对火灾的教育。发生火灾时应逃离烟雾区，要尽量弯腰或匍匐前进，注意朝明亮处或外面空旷处移动，并尽量往下面楼层跑，如果楼梯被烧断或被烈火封闭，那么就应当背向烟火方向离开并设法逃生，不要忘记捂住口鼻，抵御烟气的袭击。

广东省是火灾常有发生的省份。近几年来，广东全省百起火灾死亡率和每起火灾平均损失一直高于全国平均水平，全省火灾起数不到全国的 4%，伤亡人数却占全国的近两成。2008 年，广东省发生火灾 4 876 起，死亡 220 人，受伤 157 人，直接财产损失 11 490.5 万元，分别占全国的 3.7%、15.9%、23% 和 7.7%。其中，全省商场市场、宾馆饭店、公共娱乐场所等人员密集场所共发生火灾 651 起，死亡 78 人，受伤 83 人，直接财产损失 962.7 万元。自 2007 年以来，广东省发生的 27 起死亡 3 人以上的重大火灾中，六成死亡人员是外来务工人员①。广东省火灾数量相对较少，但是火灾死亡

① 2008 年广东省火灾情况分析 http://www.gdfire.gov.cn/hzda/ShowArticle.asp? ArticleID = 28912 2008－12－31.

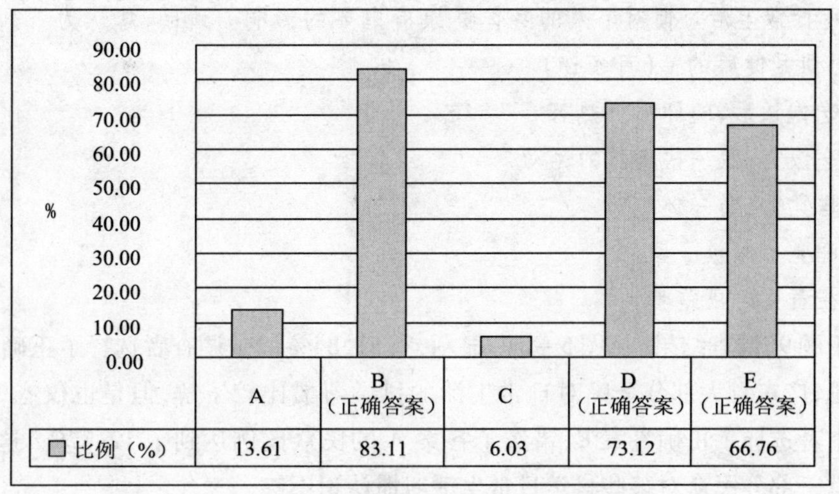

图 5－49　处理实际问题能力题 7 作答情况

率却较高，人员密集场所伤亡严重，外来务工人员火灾死亡人数多的情况也折射出不少广东省民众，尤其是外来务工人员，对科学应对火灾的方法并不了解。广东省关于火灾知识的科普宣传应进一步加强，尤其是要加强对外来务工人群的宣传。

题 8：请问，您了解您所在地区的政府制定的地区发展规划吗？

A. 完全不了解　　　　B. 有点了解

C. 基本了解　　　　D. 完全了解

对于题 8，调查结果（见图 5－50）显示，只有不到 40% 的广东省全民了解或基本了解当地政府制定的地区发展规划，这也从侧面说明，广东省有六成以上的民众对所在地区的公共事务兴趣不大，参政议政的意识还比较淡薄。

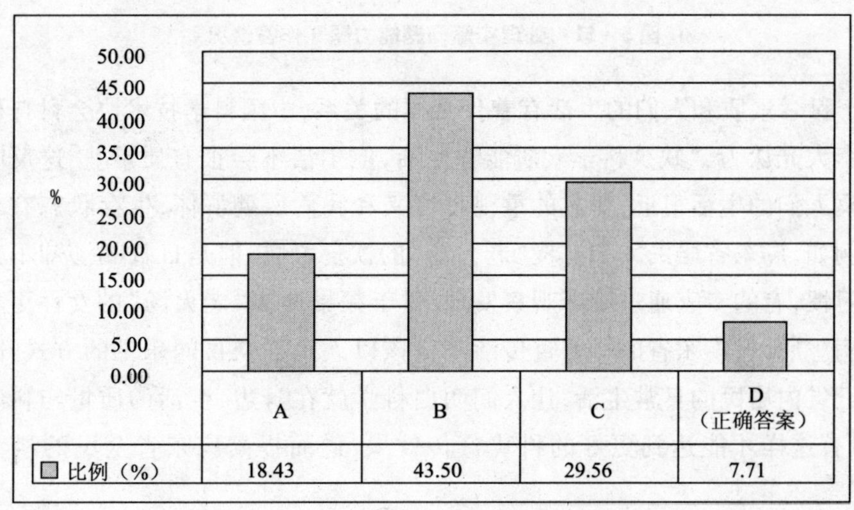

图 5－50　处理实际问题能力题 8 作答情况

题9:日常生活习惯对个人的身体健康有重要的影响。请问,您认为下列哪些日常生活习惯是健康的?(可多选)

A. 吃饱饭后,随即喝杯热茶

B. 吃饭前,做一些剧烈的运动

C. 睡觉前,喝一杯牛奶

D. 睡觉时用被子蒙住头

E. 在黄昏时段跑步

对于题9,调查结果(见图5-51)显示,有81.84%的被调查者选择了正确答案C。由此可见,广东省大部分全民对日常生活的科学习惯比较了解,但是也仅有39.41%的被调查者选择了正确答案E,错选了答案A的民众比例达到了12.87%,这也说明广东省有一部分民众对某些科学日常生活习惯认识不够。

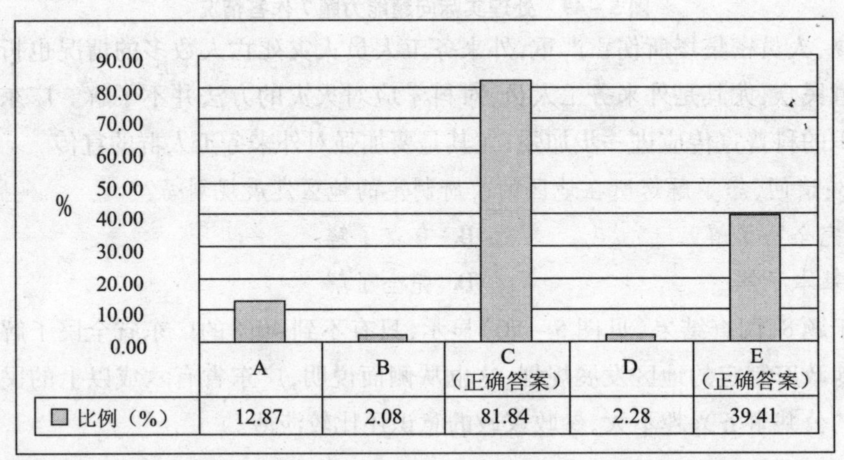

	A	B	C（正确答案）	D	E（正确答案）
比例（%）	12.87	2.08	81.84	2.28	39.41

图5-51 处理实际问题能力题9作答情况

关于科学素质和人们的生活有着什么样的关系,中国科学技术协会科普研究所研究员李大光认为,“缺少科学素质能够生活,但生活不会很有质量”。这反映出科学素质离人们的生活很近,对它的重视程度又和我们所处群体、生存状态有着很大关系。例如,广东省居民大都有煲“老火汤”的饮食习惯,但是日日喝汤却不是健康的饮食习惯,有的专家通过临床观察发现,过于频繁地喝“老火汤”的女性更容易患乳腺疾病。所以,广东省的科普宣传活动应该以人民群众喜闻乐见的方式开展,要注意贴近省内居民的日常生活,让人们明白科学就在身边,生活的质量与科学密切相关,只有这样才能达到更好的科普宣传效果,进而提高广东省全民的科学素质水平。

根据调查(见图5-52)结果可知,具备处理实际问题能力的广东省民众比例是21.09%,基本具备的比例达到了45.94%,基本不具备或不具备的比例为32.51%。

总的来说，广东省公民处理实际问题的能力较强。但是，在参与公共事务方面，广东省公民的参与意识比较淡薄，参政议政的积极性低，需要进一步提高。

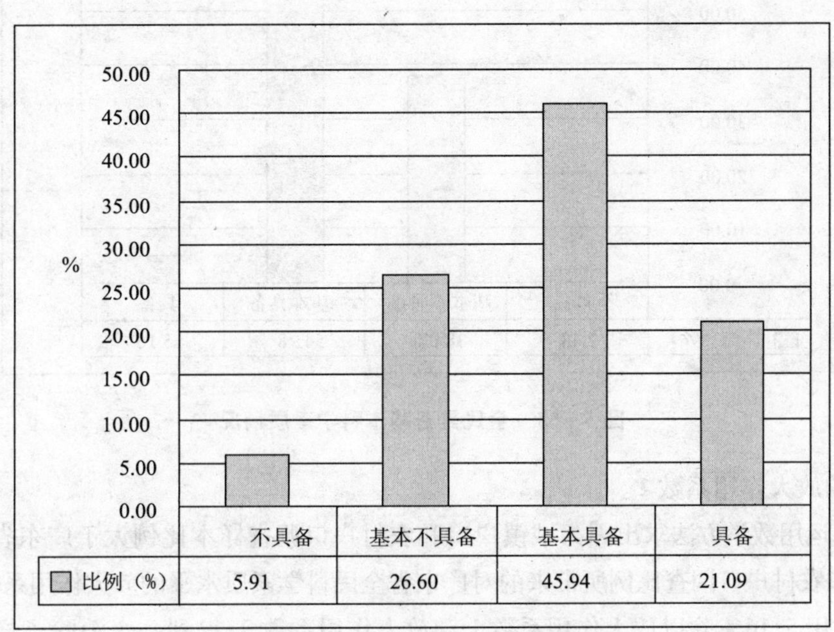

	不具备	基本不具备	基本具备	具备
比例（%）	5.91	26.60	45.94	21.09

图5－52　全民具备处理实际问题能力

5.6.5　全民具备基本科学素质情况

调查结果显示（见图5－53），在被调查的广东省公众中，具备基本科学素质的比例是5.16%，基本具备基本科学素质的比例是54.28%，基本不具备基本科学素质的比例是38.07%，不具备基本科学素质的比例是2.48%。

考虑到此次调查的城镇户口的样本数与农村户口的样本数的比例是88.6∶11.4，而广东省常住城镇户口居民与常住农村户口居民的比例是63.1∶36.9，调查样本城镇与农村的比例与实际比例有较大出入。此外，城镇户口的被调查者科学素质平均得分是60.45分，农村户口的被调查者科学素质平均得分是47.48分，前者科学素质水平明显高于后者，关于这一点，中国科协、广东省科协所做的调查研究也得到了同样的结论。因此，由于样本在城镇与农村民众人数比例上的一些偏差，被调查者中具备基本科学素质的比例5.16%也不可避免的会有一定的偏差。

为了更正偏差，本书遵循在不改变其他变量的情况下，尽量使样本的结构（包括性别、年龄、城乡比例）与总体保持一致的原则，对调查结果采取了以下处理方法：

（1）将城镇户口被调查者的科学素质平均得分除以农村户口的被调查者的科学素质平均得分，求出城镇户口被调查者科学素质水平相对于农村户口被调查者科学素

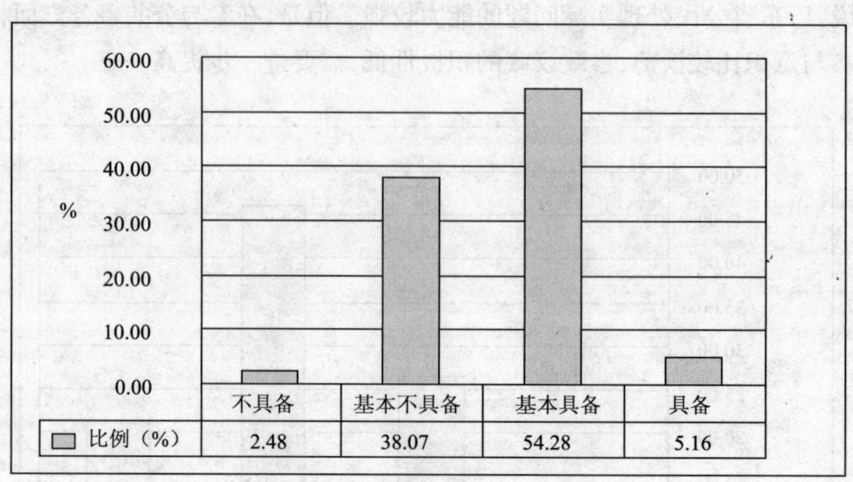

图 5－53　全民具备基本科学素质情况

质水平的放大作用系数 1。

(2)运用数学方法求出因为城镇户口和农村户口调查样本比例大于广东省实际城镇户口和农村户口调查比例所带来的对广东省全民科学素质水平的放大作用系数 2。

(3)用 5.16% 除以放大作用系数 1 和放大作用系数 2，得到一个消除了样本城镇与农村比例偏差的广东省全民具备基本科学素质比例。

至于基本具备基本科学素质的比例值，则先要加上具备基本科学素质所减少的比例值后，再采用以上处理方法。基本不具备科学素质的比例值和不具备基本科学素质的比例值也采用类似的处理方法。按照上述方法对广东省全民具备基本科学素质调查结果进行处理后，得到了更正后的广东省全民具备科学素质比例(见图5－54)。

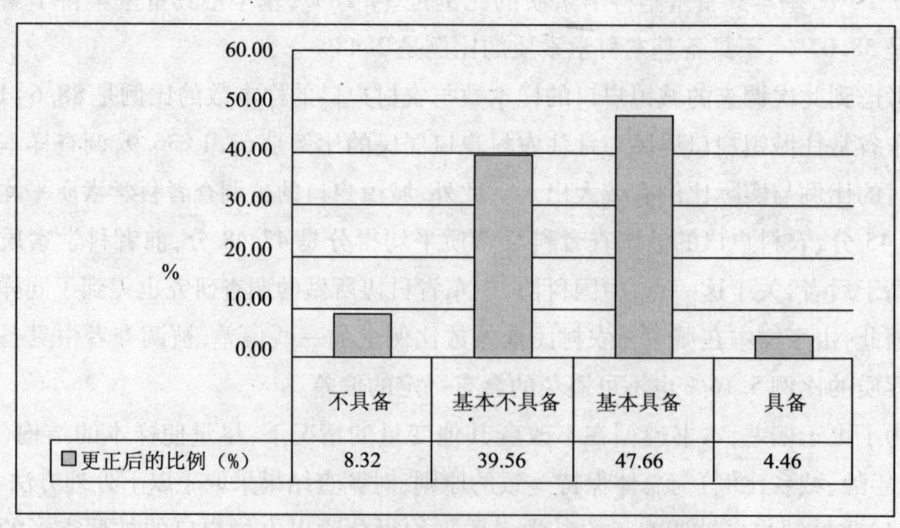

图 5－54　更正后的全民具备基本科学素质情况

第六章　广东省全民科学素质群体性特征及制约因素分析

分析具备基本科学素质的全民的群体特征,可以帮助我们明确广东省全民科学素质水平的影响因素,并找出影响广东省全民科学素质水平提高的制约因素,从而为我们制定提高广东省全民科学素质水平对策提供重要依据。

在这里,我们不仅从性别、年龄、文化程度、职业、地区、城乡等方面对全民科学素质水平进行分析,还将分析公民行为,如上网时间、看报频率、看电视时间、听广播时间、参加科普活动次数等,对其科学素质水平的影响,力求找出影响全民科学素质水平的关键因素。广东省全民科学素质的群体特征差异具体分析如下。

6.1　性别特征

调查结果(见图 6－1)显示,广东省全民中男性具备基本科学素质的比例是6.19%,女性具备基本科学素质的比例是4.48%。

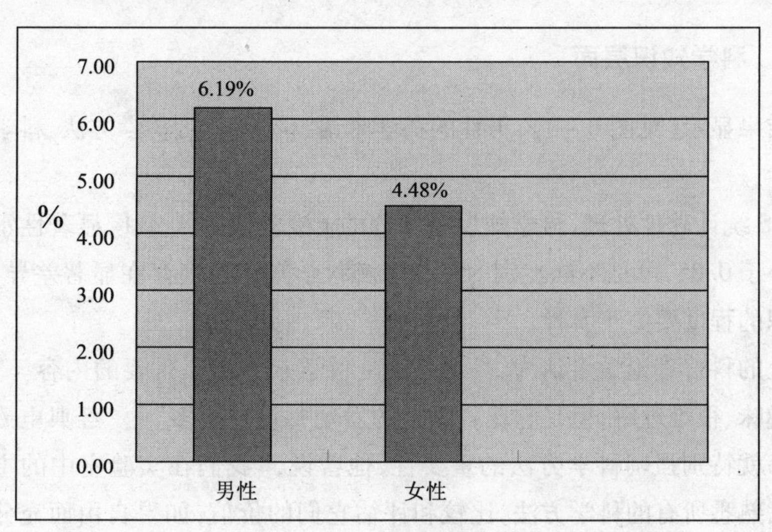

图 6－1　不同性别全民具备基本科学素质的比例

那么不同性别的科学素质水平是否存在显著差异呢? 调查结果(见图 6－2)显

示，男性的科学素质得分要高于女性。由于性别变量是离散变量，且为二分变量，科学素质得分为连续变量，应该采用独立样本的T检验①来检验不同性别的科学素质水平是否具有显著差异。经SPSS统计软件处理，科学素质平均分的t检验值为4.024，显著性水平达到了0.000，远小于0.05，可见不同性别全民的科学素质水平存在显著差异，且男性科学素质水平要高于女性。

目前，妇女在广东的经济建设和文化生活中已经发挥了其应有的作用，但是低程度的科学素质水平将严重影响她们“半边天”的作用的发挥。此外，由于女性在家庭教育中扮演着重要角色，所以提高“现妈妈”或“未来妈妈”的科学素质水平对于提高全民科学素质水平具有长远影响，应该引起广东省科普工作人员的重视。

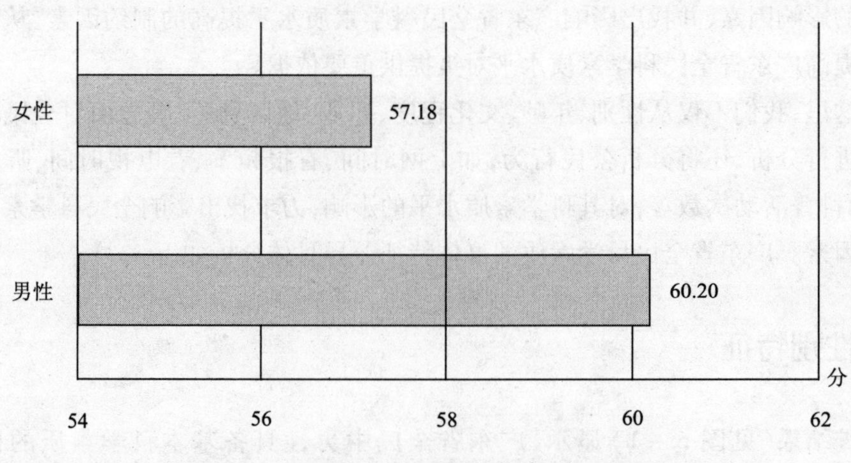

图6－2　不同性别全民的科学素质得分比较

6.1.1　科学知识层面

调查结果显示（见图6－3），男性的科学术语、科学观点、科学方法、科学知识得分均高于女性。

经SPSS统计软件处理，科学知识平均分的t检验值为4.311，显著性水平达到了0.000，远小于0.05，可见不同性别的民众了解科学知识程度存在显著差异，且男性了解科学知识的程度要高于女性。

国际上的科普理论学者认为，科学方法是科学素养中最重要的内容。“科学方法似乎毫无趣味、很难理解，但是它比科学上的发现要重要得多”②。经典电磁学的创立者麦克斯韦就特别强调科学方法的重要性，他曾说，“我们在实验室中的主要工作是使我们自已熟悉所有的科学方法，比较和评估它们的价值，如果自由而充分地讨论不

① 吴明隆．SPSS统计应用实物［M］．科学出版社，2003，154.

② 卡尔·萨根．《魔鬼出没的世界》．李大光译．吉林人民出版社．1998，10

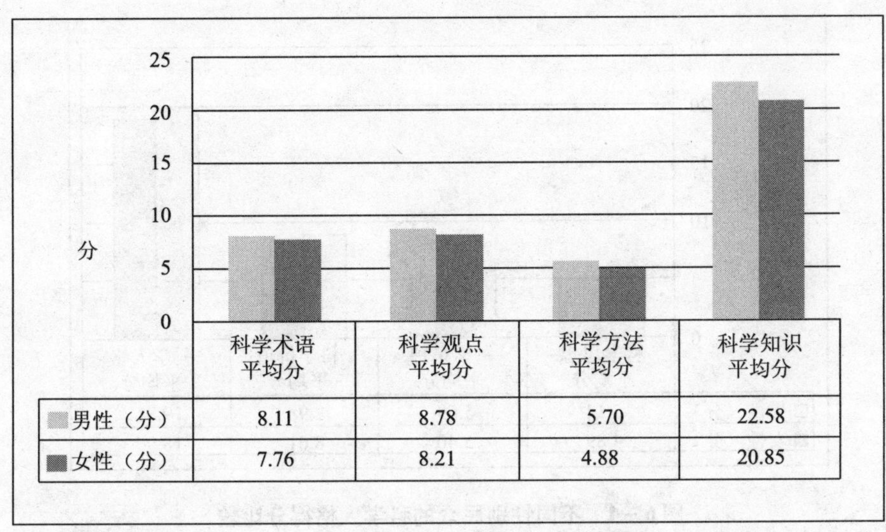

	科学术语平均分	科学观点平均分	科学方法平均分	科学知识平均分
男性（分）	8.11	8.78	5.70	22.58
女性（分）	7.76	8.21	4.88	20.85

图6-3 不同性别全民的科学知识得分比较

同科学过程的相对价值，就能够形成一个科学批判的学派和有助于方法论在发展中取得成功”①。库恩认为，“科学研究的本质是建立理论和模型，以不断加深对自然的本质的理解”②。科学哲学家波普尔认为，与这个科学研究过程同样重要的是“运用这些理论对某些结论进行逻辑和实验上的证伪”③。全民理解科学最重要的就是要理解科学方法，并应用这些科学方法解决自己生活和工作中的各种问题。而由图6-3可知，在科学知识得分中，广东省男性和女性的科学方法得分都是最低，而且两者相差也最悬殊，女性科学方法平均分比男性低0.82分。可见，广东省全民对科学方法的理解程度需要迫切提高，而女性则更为迫切，这也是广东科普所面临的一个重要挑战。

6.1.2 科学人格层面

调查结果显示（见图6-4），男性的科学思想、科学精神、科学价值、科学人格得分均略高于女性。

经SPSS统计软件处理，科学人格平均分的t检验值为3.736，显著性水平达到了0.000，远小于0.05，可见不同性别民众的具备科学人格程度存在显著差异，且男性具备科学人格的程度要高于女性。三者中科学价值平均分差异最大，男性也只是比女性高0.37分。虽然存在差异，但是男性与女性在科学思想、科学精神、科学价值三个层面的差异并不是很大。

---

① 阎康年．卡文迪斯实验室．河北大学出版社，1999，12.

② T. S. Kuhn. The Structure of Scientific Revolutions. University of Chicago Press. 1962.

③ K. R. Popper. The Logic of Scientific Discovery. Basic Books, New York Press. 1969.

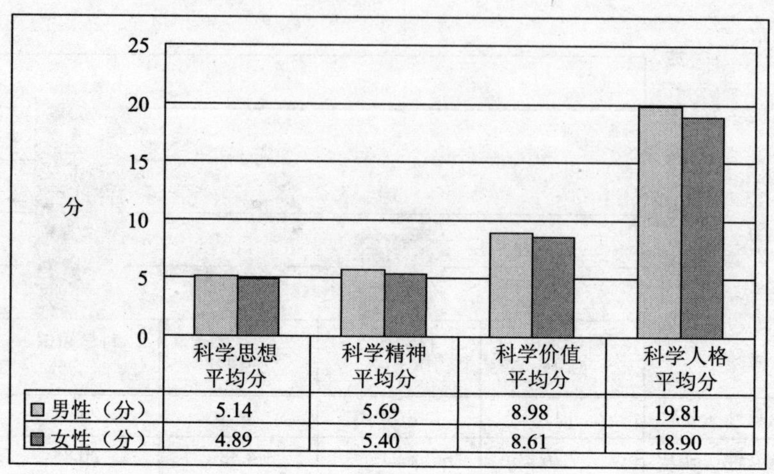

图6-4　不同性别民众的科学人格得分比较

6.1.3　科学能力层面

调查结果显示(见图6-5),男性的阅读理解能力、处理实际问题的能力得分略高于女性。

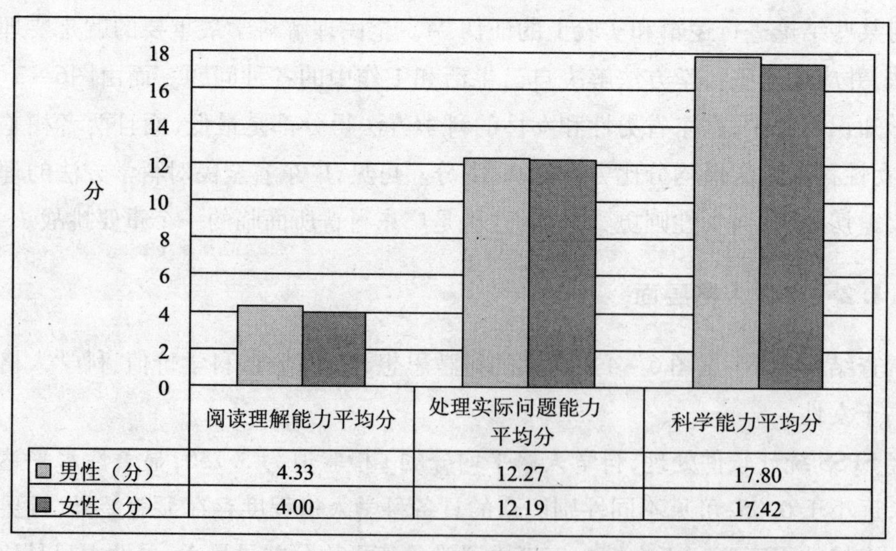

图6-5　不同性别全民的科学能力得分比较

经SPSS统计软件处理,科学能力平均分的t检验值为1.484,显著性水平为0.141,大于0.05,可见不同性别公民具备科学能力的程度不存在显著差异。

6.2 年龄特征

调查结果(见图6-6)显示,不同年龄段的广东省全民具备基本科学素质的比例并不相同,20-29岁和30-39岁年龄段全民具备基本科学素质的比例为6.52%、7.24%,明显高于其他年龄段。60-69岁年龄段的全民具备基本科学素质比例最低,仅为2.38%。

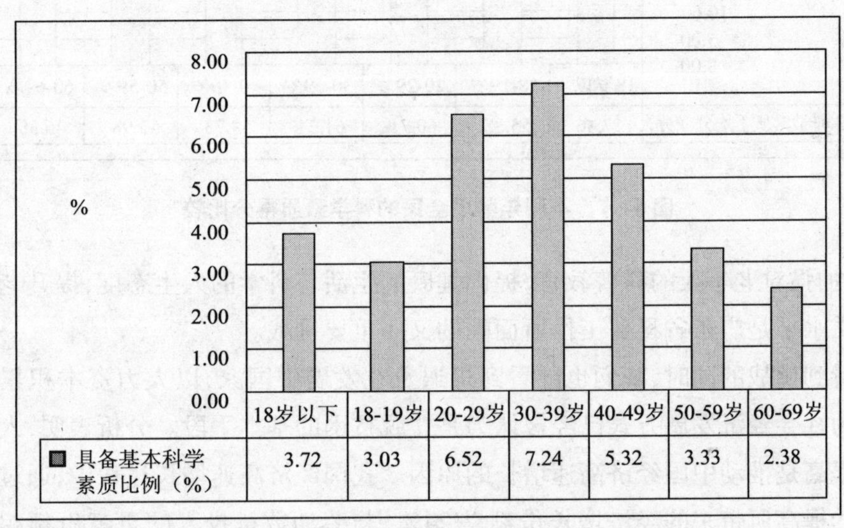

图6-6 不同年龄全民具备基本科学素质比例

那么,不同年龄段的全民科学素质水平差异如何?调查结果(见图6-7)显示,不同年龄段的全民科学素质得分并不相同。30-39岁的全民科学素质平均分最高为61.24分,60-69岁的全民科学素质平均分最低为46.38分。由于年龄段变量是离散变量,且是多分变量,而科学素质得分是连续变量,所以本书采用单因素变量法①分析不同年龄段的全民科学素质差异程度。这里运用SPSS进行单因素变量法处理,分析结果表明18岁以下到40-49岁五个年龄段的全民科学素质水平差异不明显,50-59岁和60-69岁两个年龄段的全民科学素质差异并不明显。再结合图6-7,可知50-59岁和60-69岁两个年龄段的人群的科学素质水平最低。

当前,广东省已经进入人口老龄化的快速发展阶段,老年人口以每年3.5%的速度递增,而且绝对数较大,2010年已超过982万人,逼近千万老年人口大关;高龄老人和失能老人不断增多,80岁以上老人超过200万。人口老龄化已成为广东省社会发展所不可忽视的一个问题。调查结果显示,当前50岁以上的老年人科学素质水平普

① 吴明隆.SPSS统计应用实物[M].科学出版社,2003.121.

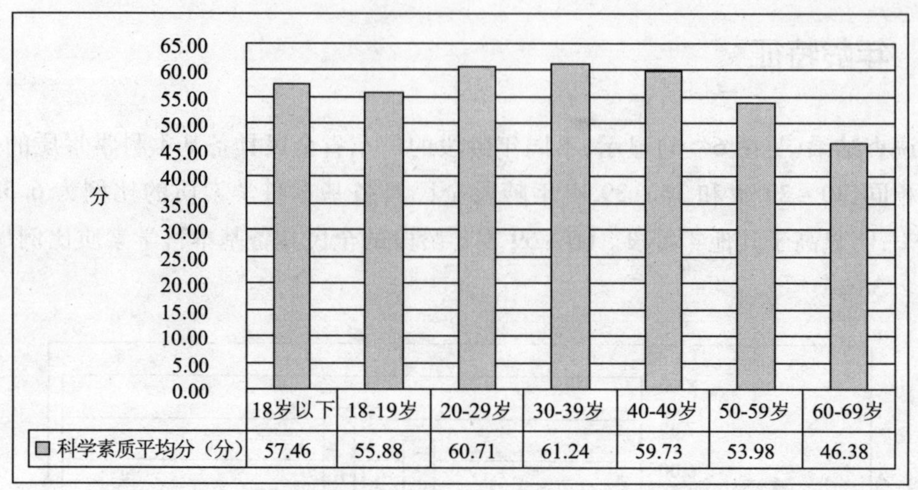

图6-7 不同年龄段全民的科学素质得分比较

遍偏低，加强对老年人的科普教育，提倡健康的生活与科学的人生态度，提升老年人的科学素质水平是广东省科普工作所面临的又一重要挑战。

在看到挑战的同时，我们也应看到机遇。在发展中国家，以人力资本积累为目标和途径的社会经济发展方式已经被认为是摆脱贫困的基本手段。分析表明，人力资本水平的提高是推动中国经济高速增长的原因。我国经济高速增长过程中，通过人口教育素质的提高所带来的经济增长份额是24%，与劳动数量投入的贡献份额相当。由计划生育政策的效果可以预见，未来广东省劳动力数量将会持续减少，提高劳动力素质是广东省维持经济增长的关键。现在，广东省学龄人口的绝对数量及其比重的持续下降，为高质量地、全面地提高青少年科学素质水平提供了发展的契机。

当前，广东省人口科学素质水平较高的人群主要集中在20-49岁，这些人构成了劳动力的主体与中坚，其素质高低直接影响到当地经济发展水平。2007年，全国20-29岁年龄段公民具备科学素质的比例为3.5%、30-39岁为3.0%、40-49岁为1.9%，而广东在这些年龄段的全民具备基本科学素质水平的比例均高于全国平均水平，正是这些具有高素质的人群，支撑起广东较高的经济发展水平。因此，进一步提高这些人群的科学素质水平，是广东省经济社会稳步前进的重要保障。

6.2.1 科学知识层面

调查结果（见图6-8）显示，不同年龄段的全民科学知识得分并不相同。其中，30-39岁的人群科学知识平均分最高，为23.37分；60-69岁的人群科学知识平均分最低，为15.54分，而且不同年龄段的人群科学知识平均分各不相同，差异大小不一。运用SPSS进行单因素变量法处理，分析结果表明，19岁以下的人群在科学知识层面差异不明显，20－49 岁这个年龄段的人群在科学知识层面差异并不明显。

此外，广东省 19 岁以下的青少年的科学知识平均分并不算高，提高空间很大。中学阶段作为青少年心理和生理发育的重要时期，也是加强科学素质教育的关键时期，因为很多公众的不良习惯（如吸烟等），也往往就是在这个时期形成和巩固的。广东省疾控中心等机构的权威调查显示，广东居民吸烟率从 15 岁开始明显上升，较全国而言更趋低龄化。在各种受教育程度的吸烟者中，以中学文化的吸烟水平最高。研究还表明，如果 20 岁以前不吸烟，成人后吸烟的可能性就会大大降低，一旦吸烟，则容易成瘾[①]。可见，加强中学阶段的科学素质教育，对于广东省青少年的健康成长至关重要。

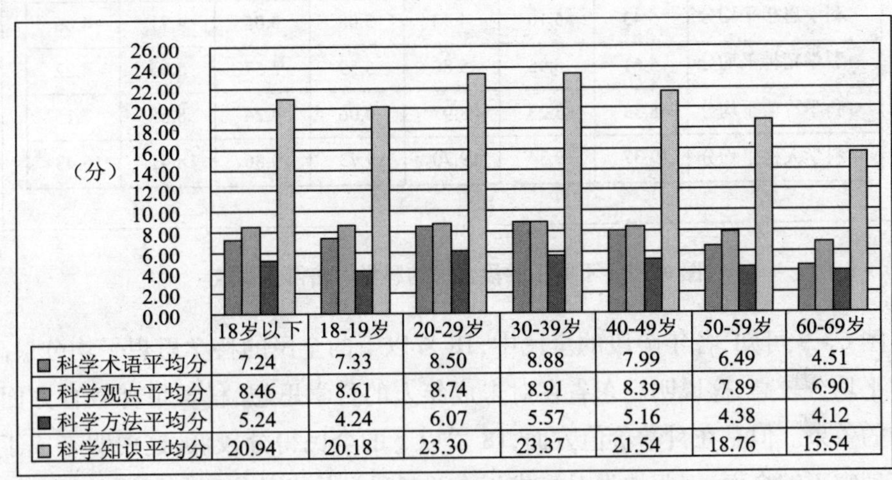

	18岁以下	18-19岁	20-29岁	30-39岁	40-49岁	50-59岁	60-69岁
科学术语平均分	7.24	7.33	8.50	8.88	7.99	6.49	4.51
科学观点平均分	8.46	8.61	8.74	8.91	8.39	7.89	6.90
科学方法平均分	5.24	4.24	6.07	5.57	5.16	4.38	4.12
科学知识平均分	20.94	20.18	23.30	23.37	21.54	18.76	15.54

图 6－8　不同年龄段全民的科学知识得分比较

6.2.2　科学人格层面

调查结果显示（见图 6－9），不同年龄段的全民科学人格得分并不相同。其中，40－49 岁的人群科学人格平均分最高，为 19.86 分；60－69 岁的人群科学知识平均分最低，为 15.43 分。而且不同年龄段的人群科学人格平均分各不相同，差异大小不一。运用 SPSS 进行单因素变量法处理，分析结果表明，59 岁以下的六个年龄段的全民在科学人格层面差异不明显，而 59 岁以下年龄段的人群和 60－69 岁年龄段的人群在科学人格层面存在显著差异。60－69 岁的人群在具备科学人格程度方面远远低于其他年龄段的人群。

---

① 广东女性吸烟率三年增三倍 http://www.ycwb.com.cn/gb/content/2006－05/31/content_1136095.htm 2006－05－01.

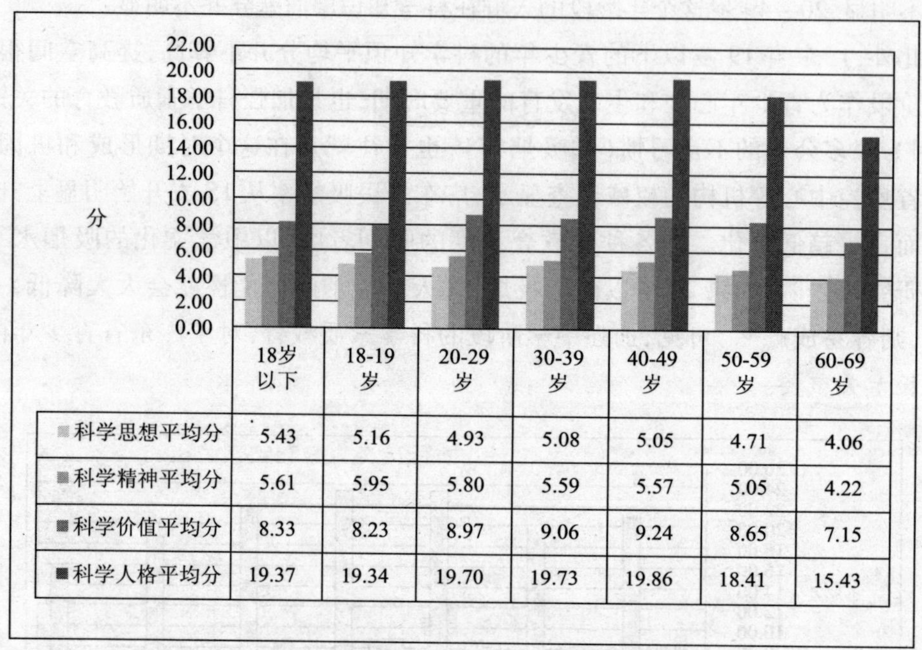

	18岁以下	18-19岁	20-29岁	30-39岁	40-49岁	50-59岁	60-69岁
科学思想平均分	5.43	5.16	4.93	5.08	5.05	4.71	4.06
科学精神平均分	5.61	5.95	5.80	5.59	5.57	5.05	4.22
科学价值平均分	8.33	8.23	8.97	9.06	9.24	8.65	7.15
科学人格平均分	19.37	19.34	19.70	19.73	19.86	18.41	15.43

图 6-9　不同年龄段全民的科学人格得分比较

由图 6-9 可知，各年龄段的全民中，18 岁以下的全民的科学思想平均分最高，科学精神平均分较高，这说明广东省在对未成年人的科学思想、科学精神教育方面取得了不错的效果。但是在科学价值方面，18 岁以下的全民得分较低，这说明未成年人科学价值理解不够全面，需要加强对未成年人关于科学技术的作用与局限的教育。

6.2.3　科学能力层面

调查结果显示（见图 6-10），不同年龄段的全民科学能力得分并不相同。其中，30-39 岁的人群科学能力平均分最高，为 18.40 分；60-69 岁的人群科学能力平均分最低，为 14.27 分。而且不同年龄段的人群科学能力平均分各不相同，差异大小不一。运用 SPSS 进行单因素变量法处理，分析结果表明，18 岁以下到 50-59 岁六个年龄段的全民在科学能力层面差异不明显，而 59 岁以下的人群和 60-69 岁的人群在科学能力层面存在显著差异。60-69 岁的人群在具备科学能力程度方面远远低于其他年龄段的人群。

由图 6-10 可知，18 岁以下、18-19 岁两个年龄段的全民的阅读理解能力平均分最高，由于这两个年龄段基本上是学生，阅读的频率高、时间长，所以其阅读理解能力也高。但是这两个年龄段的人群的处理实际问题的能力的平均分却最低，这说明青少年处理实际问题的能力偏低，这或许与广东省中小学教育“重记忆、轻运用，重理论、轻实践”的“灌输式”教育方式有关。

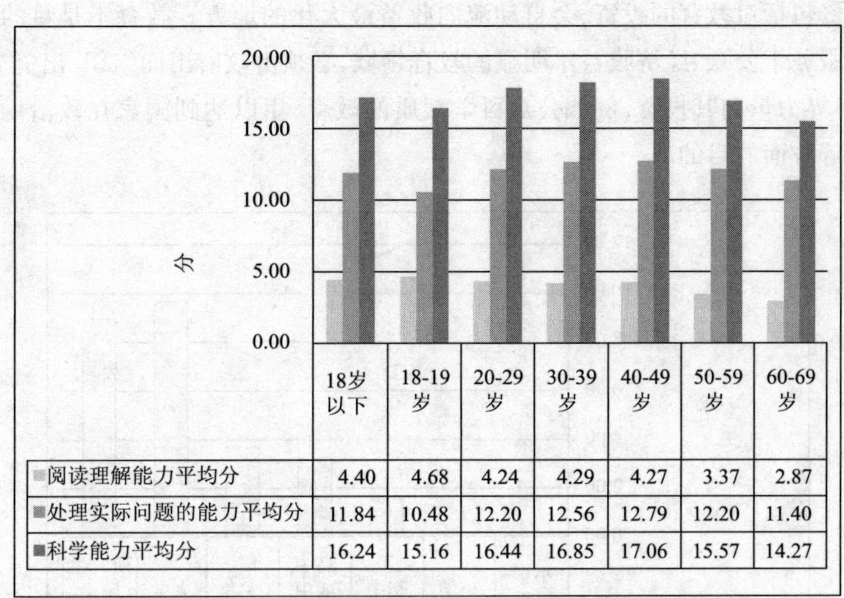

	18岁以下	18-19岁	20-29岁	30-39岁	40-49岁	50-59岁	60-69岁
阅读理解能力平均分	4.40	4.68	4.24	4.29	4.27	3.37	2.87
处理实际问题的能力平均分	11.84	10.48	12.20	12.56	12.79	12.20	11.40
科学能力平均分	16.24	15.16	16.44	16.85	17.06	15.57	14.27

图 6 - 10　不同年龄段全民的科学能力得分比较

6.3　文化程度特征

调查结果（见图 6 - 11）显示，不同文化程度的群体具备基本科学素质的比例并不相同（在这里，文化程度指的是受教育程度）。其中，大学和研究生学历的群体具备基本科学素质的比例最高，分别达到了 9.86%、9.21%，小学和小学以下的群体具备基本科学素质的比例为 0。

由图 6 - 11 可知，文化程度高的群体具备基本科学素质的比例也高。那么，文化程度与科学素质水平之间有什么关系？调查结果（见图 6 - 12）显示，文化程度高的群体，其科学素质得分也高。这里以 1、2、3、4、5、6、7 分别表示文化程度由低到高，即分别表示小学以下、小学、初中、高中或中专、大专、大学、研究生七个年龄段人群的文化程度，通过对文化程度和科学素质得分进行相关性分析，最后得出两者的相关性系数为 0.97，这说明文化程度与科学素质水平具有非常强的正相关性，这也再次证明了教育在提高全民科学素质方面所具有的重要作用。

从社会的角度看，国民教育在实施社会教化、培养理想的公民、提供他们生存所需的基本技能，并为他们追求进一步的教育做好准备工作。教育使知识存量增加，国民素质提高，国家竞争优势形成，因而可以促进经济增长、社会发展，使得人民生活幸福。此外，教育在社会其他方面的功能和作用及其发挥作用之长期性、滞后性，使得政府、家庭、社会团体、企业均向其投资。但是，仅凭市场导向是不行的。按照西方经济学的观点，投资包括对教育的投资，会自动流向收益最大化的地方。教育不是目的而是手段，一些服务于公众、经济收益不明显的教育领域，必须由政府出面组织、出资、政策引导社会各界力量向其投资，例如公众科学素质的教育，用以达到国家在政治、经济、社会、文化等方面的目的。

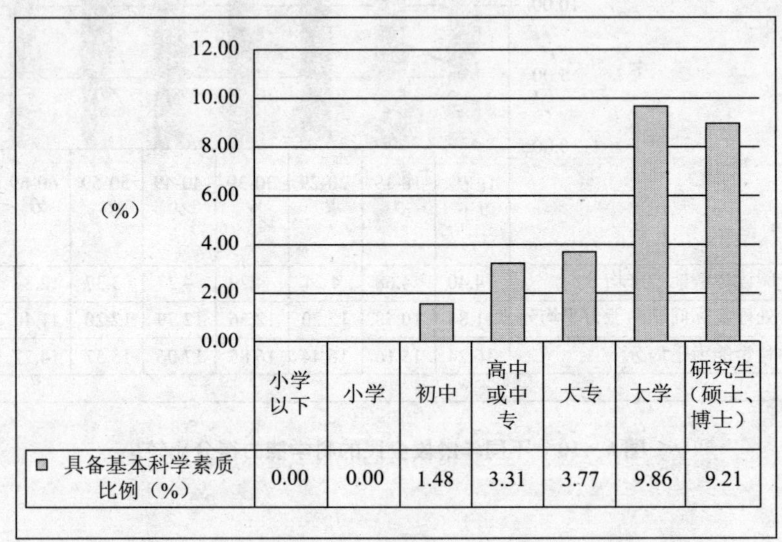

	小学以下	小学	初中	高中或中专	大专	大学	研究生（硕士、博士）
具备基本科学素质比例（%）	0.00	0.00	1.48	3.31	3.77	9.86	9.21

图6－11　不同文化程度全民具备基本科学素质比例

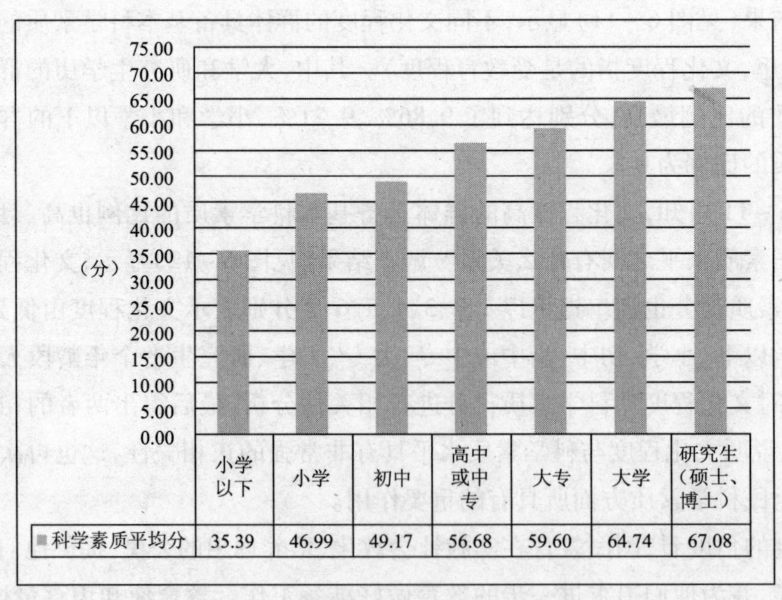

	小学以下	小学	初中	高中或中专	大专	大学	研究生（硕士、博士）
科学素质平均分	35.39	46.99	49.17	56.68	59.60	64.74	67.08

图6－12　不同文化程度全民的科学素质得分比较

从个体的角度看，“书中自有黄金屋”“书中自有颜如玉”“书中自有千钟粟”“十年寒窗无人问,一举成名天下知”。教育自古以来被当做达成个人目标的手段。公众可以借由教育增强谋生能力,教育帮助公众在社会和经济的阶梯上晋升;教育也使公众内涵充实,怡然自得,生活得有质量、有品位、有层次。

可见教育无论是对社会还是对于个人,都是实现目的的重要途径,从个人看是目的,从社会看是手段。具体到提高广东省全民科学素质水平而言,我们认为科学素质教育是根本手段。

6.3.1　科学知识层面

调查结果(见图 6－13)显示,文化程度高的群体,其科学知识得分也高。通过对文化程度与科学知识得分的相关性进行分析,得出两者的相关性系数为 0.98,这说明全民的文化程度与了解科学知识程度具有非常强的相关性。

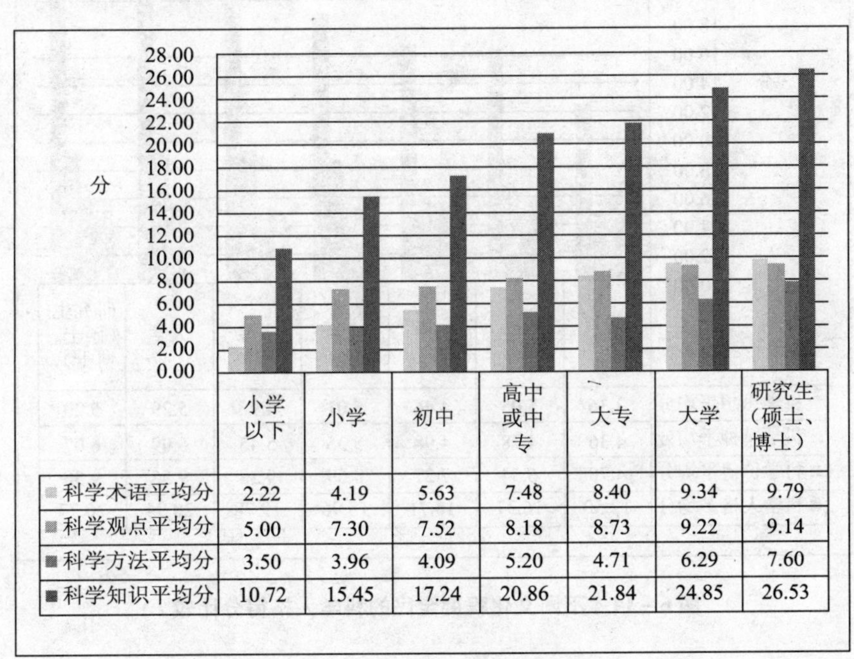

	小学以下	小学	初中	高中或中专	大专	大学	研究生(硕士、博士)
科学术语平均分	2.22	4.19	5.63	7.48	8.40	9.34	9.79
科学观点平均分	5.00	7.30	7.52	8.18	8.73	9.22	9.14
科学方法平均分	3.50	3.96	4.09	5.20	4.71	6.29	7.60
科学知识平均分	10.72	15.45	17.24	20.86	21.84	24.85	26.53

图 6－13　不同文化程度全民的科学知识得分比较

调查结果(见图 6－13)显示,科学术语平均分随文化程度的提高而增加,且增加的幅度比较均匀,这说明不同教育阶段对于全民了解科学术语程度都比较重要。科学观点平均分也是随文化程度的提高而增加(研究生阶段例外),但是随文化程度从小学以下到小学,增加的幅度最大,可见小学是全民了解科学观点的重要时期,所以要提高全民了解科学观点的程度可考虑从加强对小学生科学观点的教育入手。全民科学方法平均分也是随文化程度的提高而增加(大专阶段例外),但令人疑惑的是大专阶段似乎对科学方法的理解的提高并没有多大帮助,反倒是起到了消极的作用,这也许与大专教育专业面太窄、重技能而轻理论有关。全民科学方法平均分从初中到高中/中专阶段,大学到研究生阶段增幅较大,可见这两个阶段是全民理解科学方法的重要时期,所以要提高全民理解科学方法的程度可考虑从加强对高中生/中专生、研究生科学方法的教育入手。

6.3.2 科学人格层面

调查结果(见图6-14)显示,文化程度高的群体,其科学人格得分也高。通过对文化程度与科学人格得分的相关性进行分析,得出两者的相关性系数为0.94,这说明全民的文化程度与具备科学人格程度具有很强的相关性。

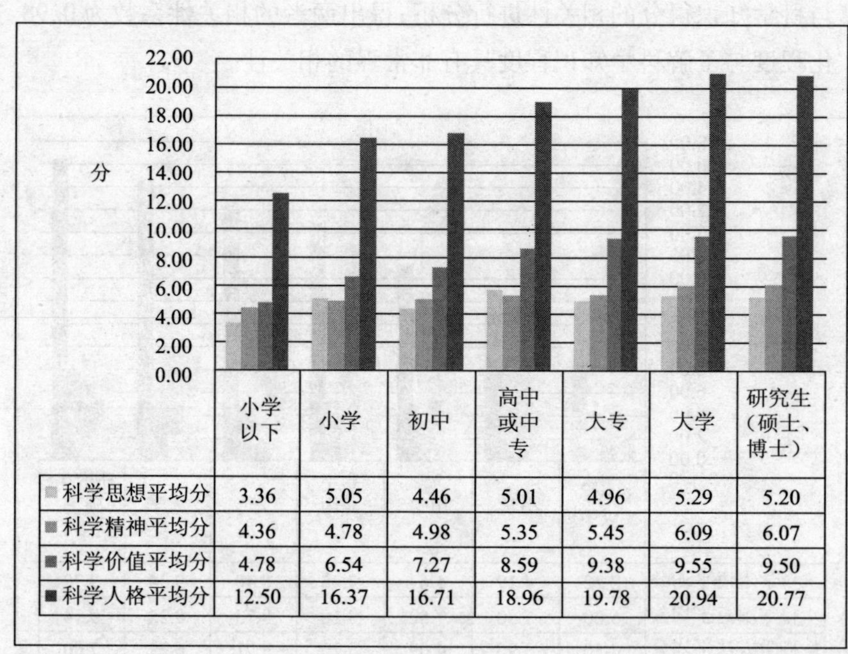

	小学以下	小学	初中	高中或中专	大专	大学	研究生(硕士、博士)
科学思想平均分	3.36	5.05	4.46	5.01	4.96	5.29	5.20
科学精神平均分	4.36	4.78	4.98	5.35	5.45	6.09	6.07
科学价值平均分	4.78	6.54	7.27	8.59	9.38	9.55	9.50
科学人格平均分	12.50	16.37	16.71	18.96	19.78	20.94	20.77

图6-14 不同文化程度全民的科学人格得分比较

调查结果(见图6-14)还显示,文化程度从小学以下到小学,科学思想平均分增幅最大,可见小学是培养科学思想的重要时期,所以要提高全民科学思想水平可考虑从加强对小学生关于科学思想的教育入手。但令人疑惑的是,初中阶段和大专阶段对于培养学生科学思想并没有起到积极作用,这也许与初中的应试教育,大专教育专业面太窄、重技能而轻理论有关。科学精神平均分也是随文化程度的提高而增加(研究生阶段例外),从大学到研究生阶段增加的幅度最大,可见研究生阶段是培养科学精神的重要时期,但由于研究生教育在我国属于精英教育,所以要培养广东省全民科学精神,仍需要从小学、初中、高中阶段加强。全民科学价值平均分也是随文化程度的提高而增加,从小学以下到小学,初中到高中/中专,科学方法平均分增幅较大,由此可见，小学阶段、高中/中专阶段是科学精神形成的重要时期，所以要提高全民理解科学方法的程度可考虑从加强对小学生、高中生/中专生的科学精神培养入手。

6.3.3　科学能力层面

调查结果（见图6－15）显示，文化程度高的群体，其科学能力得分也高。通过对文化程度与科学能力得分的相关性进行分析，得出两者的相关性系数为0.97，这说明全民的文化程度与具备科学能力程度具有非常强的相关性。

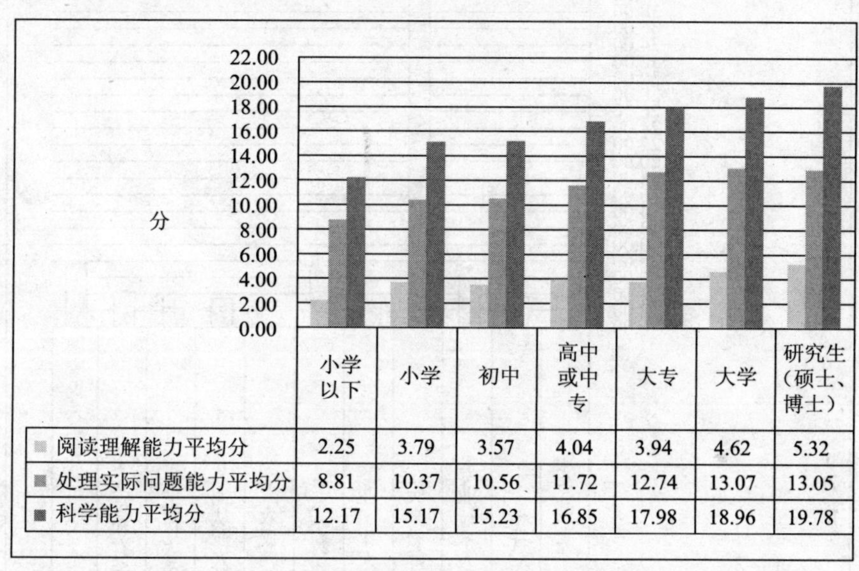

	小学以下	小学	初中	高中或中专	大专	大学	研究生（硕士、博士）
阅读理解能力平均分	2.25	3.79	3.57	4.04	3.94	4.62	5.32
处理实际问题能力平均分	8.81	10.37	10.56	11.72	12.74	13.07	13.05
科学能力平均分	12.17	15.17	15.23	16.85	17.98	18.96	19.78

图6－15　不同文化程度全民的科学能力得分比较

调查结果（见图6－15）显示，小学阶段的阅读理解能力平均分增幅最大，可见小学是阅读理解能力形成的重要时期，所以提高广东省全民阅读理解能力可以考虑从加强小学生的阅读理解能力培养入手。处理实际问题能力的平均分随文化程度的提高而增加，其中在小学、高中/中专阶段增幅最大，由此可见，小学、高中/中专阶段是处理实际问题能力形成的重要时期，所以提高广东省全民处理实际问题的能力可以考虑从加强小学生、高中生/中专生处理实际问题的能力的培养入手。

6.4　职业特征

调查结果（见图6－16）显示，不同职业的群体，其具备基本科学素质的比例不相同。其中，大学教师具备基本科学素质的比例最高，为63.64%，公务员具备基本科学素质的比例是7.72%，农民具备基本科学素质的比例是1.72%。此外，由于家务劳动者、农林牧渔劳动者、个体劳动者、生产运输设备操作人员及有关人员、丧失劳动能力者样本数均小于20,样本数太少,故均未统计其具备基本科学素质的比例。

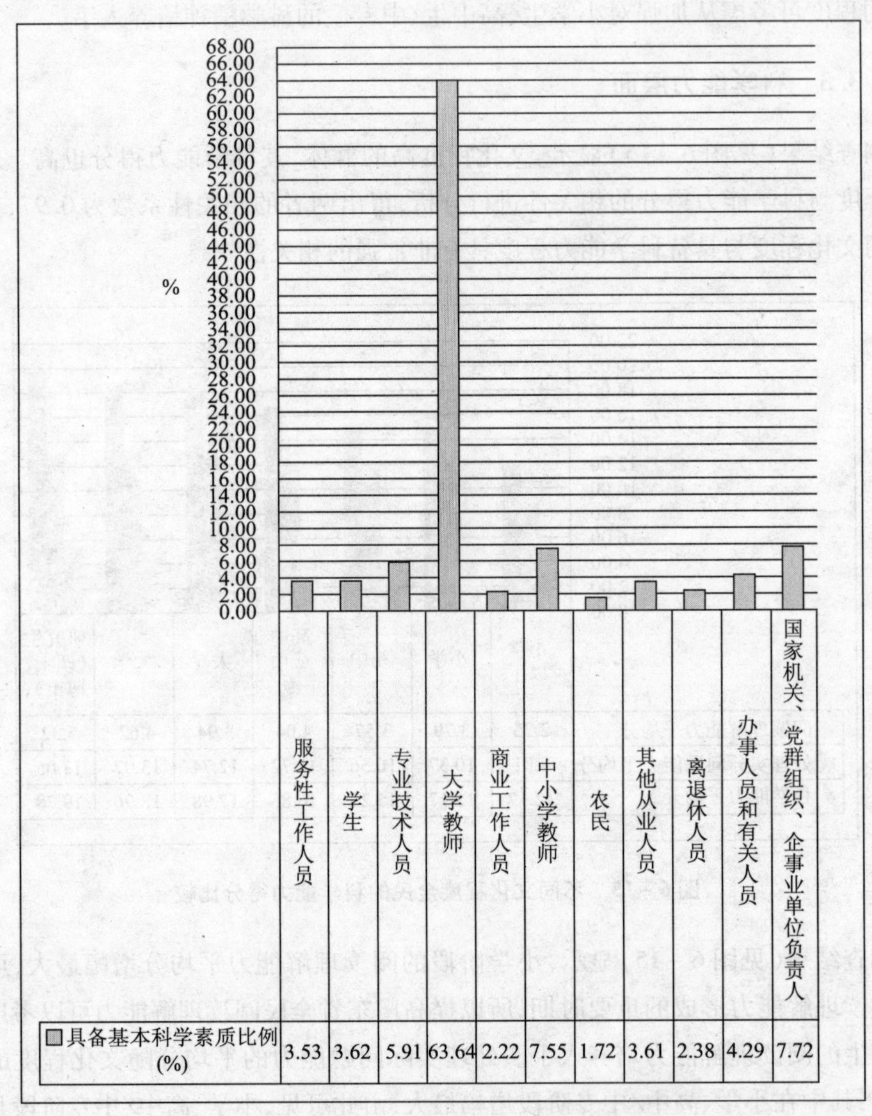

图6-16 不同职业全民具备基本科学素质比例

显然,不同职业的群体具备基本科学素质的比例不相同,那么不同职业群体的科学素质水平情况如何?调查结果(见图6-17)显示,不同职业的群体,其科学素质得分情况也不相同。大学教师的科学素质平均分最高,为66.3分;家务劳动者、个体劳动、农民、农林渔牧劳动者的科学素质水平明显偏低,低于46分。

教育作为一种公共产品,具有明显的社会福利性质。长期以来,由于教育政策向城市倾斜,在教育资源的分配上,广东省的城乡差距巨大,例如广东省农村一般老师,尤其是"代课老师"的工资,往往要少于城镇老师。美国学者J.D.米勒先生的研究结

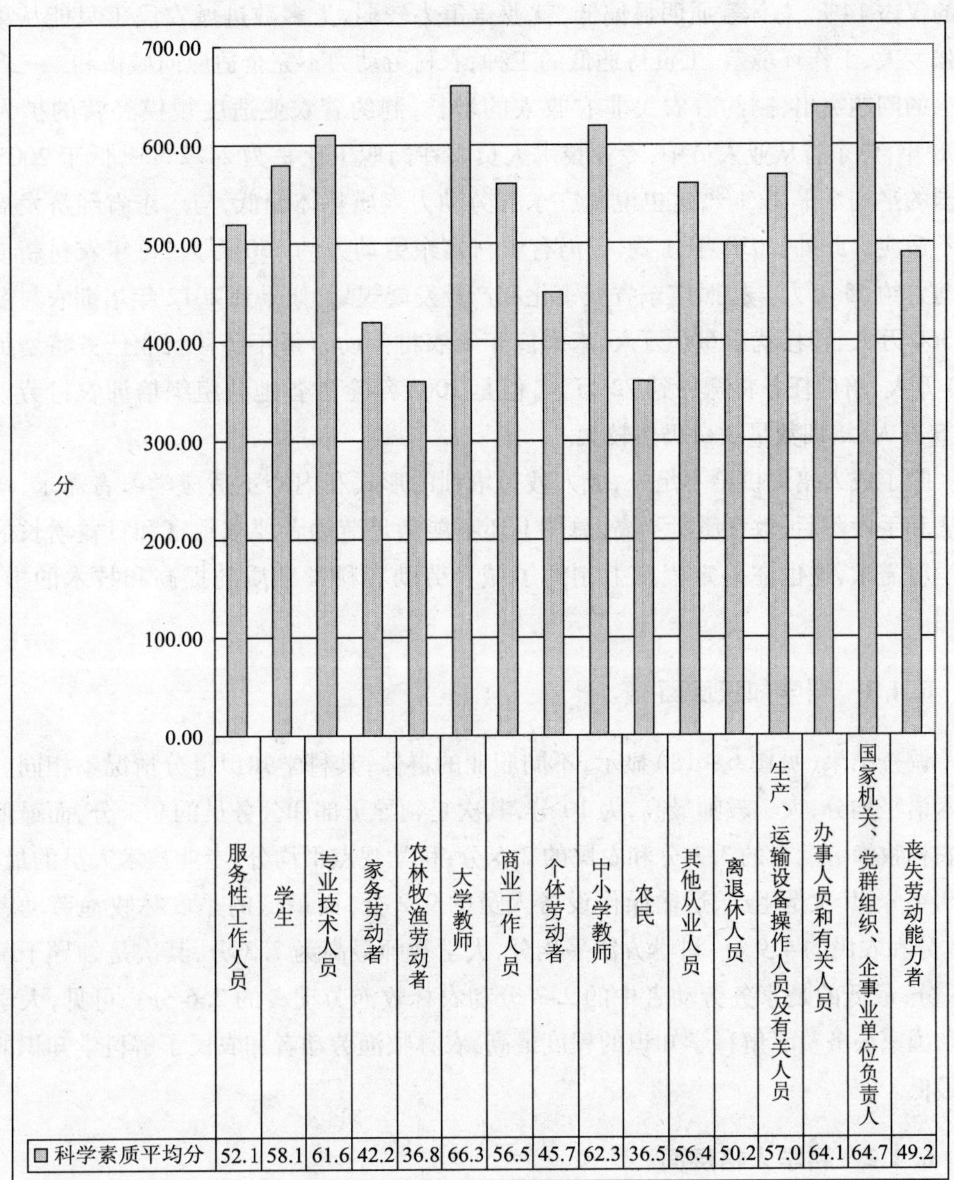

图 6－17　不同职业全民的科学素质得分比较

果显示，决定公众科学素质水平的最主要因素是他（她）的受教育程度①。我们也证实了广东省全民的科学素质水平与其接受教育的程度呈很强的正相关关系。广东省农民工、农民等劳动者科学素质水平低，是与其所接受的教育培训偏少紧密相连的，而其所接受的教育培训偏少，又与广东省成人文化技术培训供给不足存在着一定的关联。

截至 2008 年，广东省农村劳动力中初中及以下文化程度的占 85%，受过专业培

① Jon D. Miller, Scientific literacy :a conceptual and empirical review[J]. Daedalus, 1983, 112(2):29－48.

训的仅占14%，总体素质明显偏低，就业竞争力较弱，大多数进城农民工只能从事劳动强度大、工作环境差、工资待遇低的工种，农村劳动力不完全适应向城镇和二三产业转移的问题突出，制约着农民非农收入的增长，制约着农业适度规模经营的扩大①。2008年，广东省从业人员中，专业技术人员占在岗职工比重为24.2%②，低于2005年全国的平均水平29%③，这也说明广东省劳动力素质整体偏低，与广东省经济发展水平不适应。此外，2010年，广东省仍有农村富余劳动力约550万人，每年农村新成长劳动力约55万人。按照广东省城镇化和产业发展规划，如果到2012年培训农村劳动力360万人、转移就业600万人，未来广东省农村劳动力每年转移就业任务将增加到120万人，培训任务将增加到72万人，但是2008年全省各地共组织培训农村劳动力58.5万人，培训数量缺口仍然较大。

除了成人培训供给不足外，成人教育培训的形式和内容不适应学习者需求，培训方法和手段落后，教育质量不高，总体上还不能满足劳动者要求致富和日益增长的文化学习需求，这也在一定程度上制约了城乡劳动者科学素质的提高和技术的推广、应用。

6.4.1 科学知识层面

调查结果（见图6-18）显示，不同职业的群体，其科学知识得分情况不相同。科学术语平均分，大学教师最高，为10分，其次是领导干部和公务员的9.1分，而最低的是农林牧渔劳动者的3.3分和农民的2.5分；科学观点平均分，专业技术人员的最高，为9.4分，其次是生产、运输操作设备人员的9.2分，而最低的是农林牧渔劳动者的5.8分和农民的4.9分；科学方法平均分，大学教师最高为7.3分，其次是领导干部的6.3分，最低的是家务劳动者中的2.7分和农林牧渔劳动者的2.6分。可见，大学教师和国家公务员了解科学知识的程度最高，农林牧渔劳动者和农民了解科学知识的程度最低。

6.4.2 科学人格层面

调查结果（见图6-19）显示，不同职业的群体，其科学人格得分情况不相同。科学思想平均分，学生最高，为5.4分，其次是大学教师、领导干部和公务员的5.3分，而最低的是农林牧渔劳动者的3.9分和农民的3.3分；科学精神平均分，领导干部和公

① 谢悦新．研究解决当前影响农业农村经济发展的突出问题．http://www.gdagri.gov.cn/gdnmxh/gdny0705/ldlt/200809/t20080916_111775.html. 2008-09-16.

② 叶建新．广东产业结构与就业结构的关系分析．http://www.gdstats.gov.cn/tjfx/t20090720_70398.html 2009-07-20.

③ 中央政府门户网站．人口增长与计划生育 http://202.123.110.5/test/2005-07/26/content_17364.html 2005-07-26.

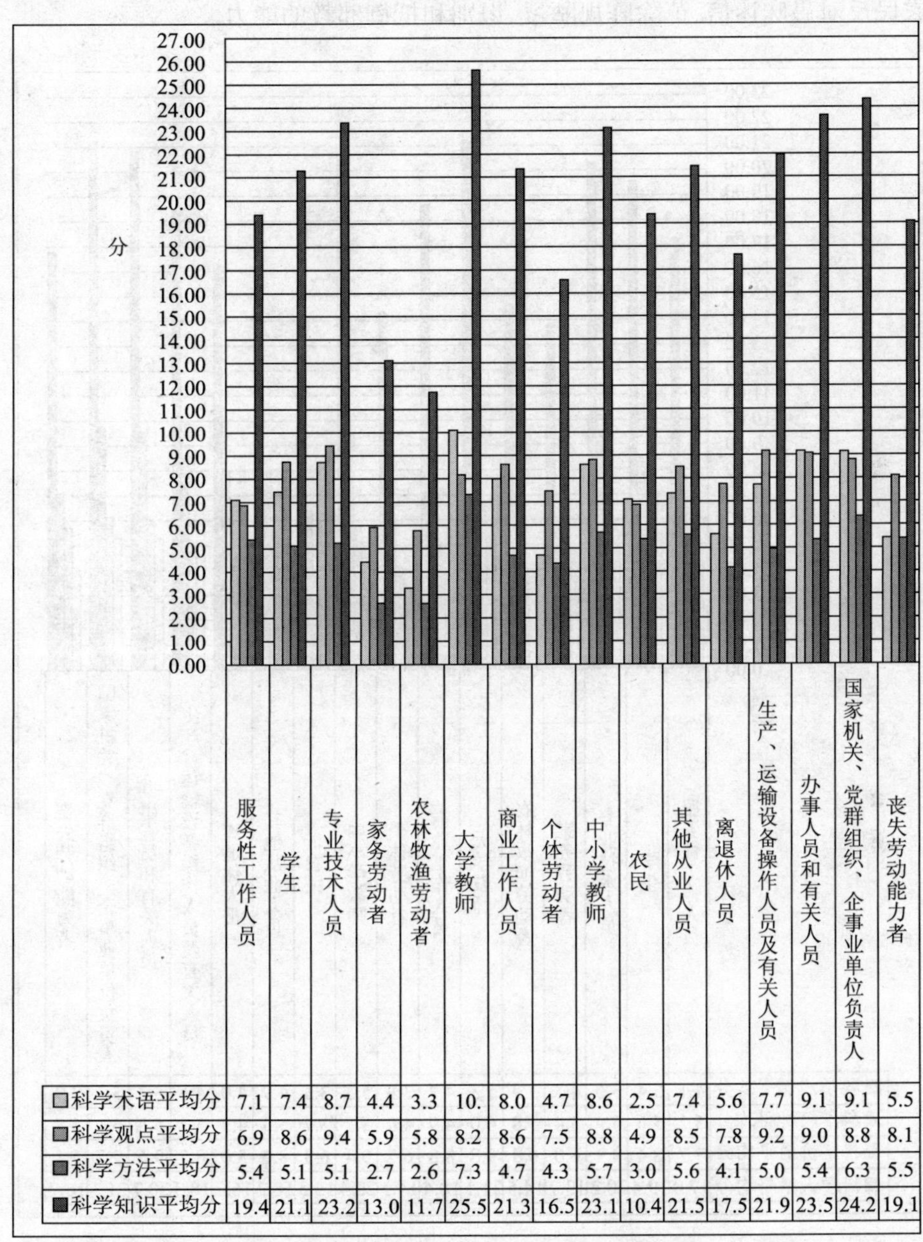

	服务性工作人员	学生	专业技术人员	家务劳动者	农林牧渔劳动者	大学教师	商业工作人员	个体劳动者	中小学教师	农民	其他从业人员	离退休人员	生产、运输设备操作人员及有关人员	办事人员和有关人员	国家机关、党群组织、企事业单位负责人	丧失劳动能力者
科学术语平均分	7.1	7.4	8.7	4.4	3.3	10.	8.0	4.7	8.6	2.5	7.4	5.6	7.7	9.1	9.1	5.5
科学观点平均分	6.9	8.6	9.4	5.9	5.8	8.2	8.6	7.5	8.8	4.9	8.5	7.8	9.2	9.0	8.8	8.1
科学方法平均分	5.4	5.1	5.1	2.7	2.6	7.3	4.7	4.3	5.7	3.0	5.6	4.1	5.0	5.4	6.3	5.5
科学知识平均分	19.4	21.1	23.2	13.0	11.7	25.5	21.3	16.5	23.1	10.4	21.5	17.5	21.9	23.5	24.2	19.1

图 6－18　不同职业全民的科学知识得分比较

务员最高，为 6.1 分，其次是大学教师的 6.0 分，而最低的是农民的 3.7 分和家务劳动者的 3.4 分；科学价值平均分，大学教师最高，为 9.8 分，其次是领导干部的 9.7 分，最低的是个体劳动者中的 6.2 分和家务劳动者的 6.0 分。可见，大学教师和国家公务员具备的科学人格程度最高，家务劳动者和农民具备的科学人格程度最低。

调查表明，当前依然有 49.1% 的农民认为算命是科学的，只有不到 30% 的农民认为算命是不科学的。可见，广东省农村地区的迷信思想依然比较严重，需要大力提高广大农民反对愚昧迷信、革除陈规陋习、识别和抵御邪教的能力。

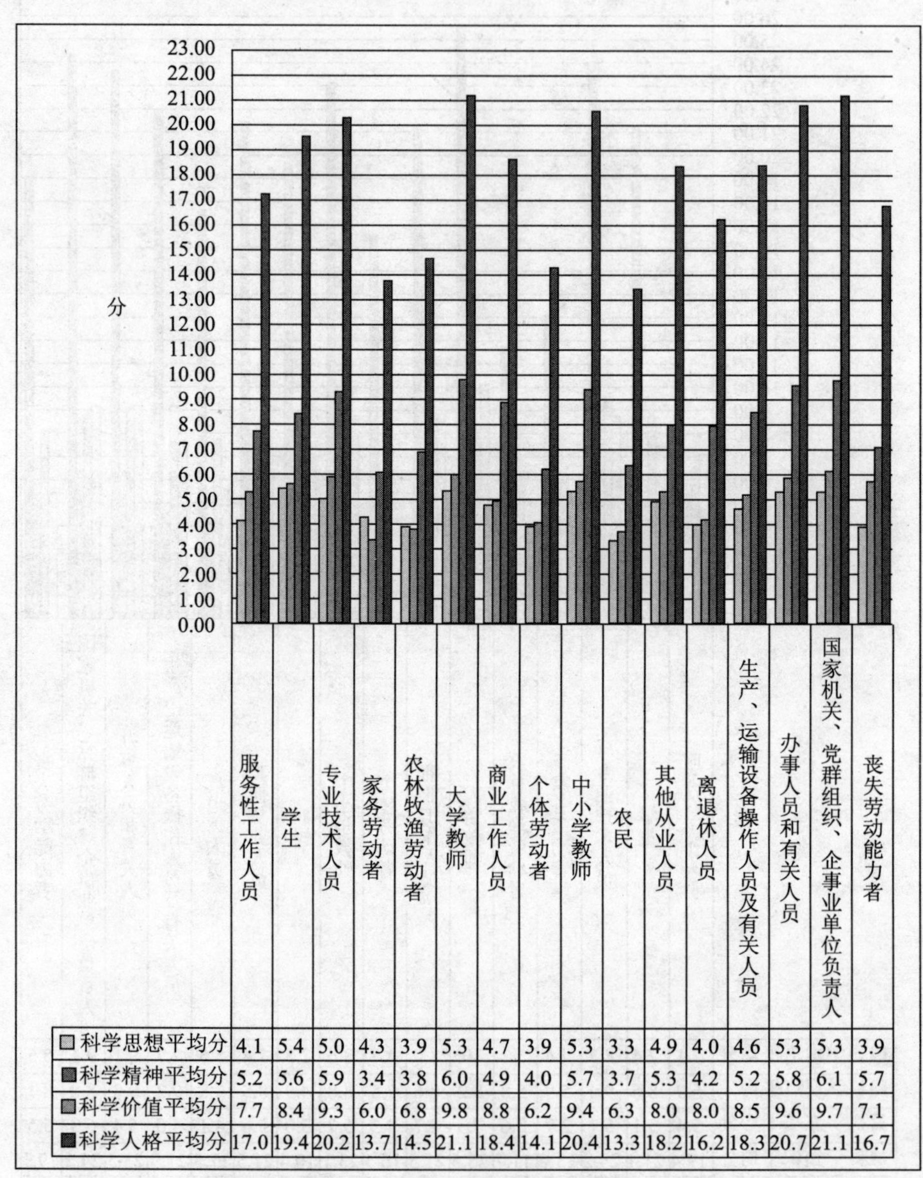

	服务性工作人员	学生	专业技术人员	家务劳动者	农林牧渔劳动者	大学教师	商业工作人员	个体劳动者	中小学教师	农民	其他从业人员	离退休人员	生产、运输设备操作人员及有关人员	办事人员和有关人员	国家机关、党群组织、企事业单位负责人	丧失劳动能力者
科学思想平均分	4.1	5.4	5.0	4.3	3.9	5.3	4.7	3.9	5.3	3.3	4.9	4.0	4.6	5.3	5.3	3.9
科学精神平均分	5.2	5.6	5.9	3.4	3.8	6.0	4.9	4.0	5.7	3.7	5.3	4.2	5.2	5.8	6.1	5.7
科学价值平均分	7.7	8.4	9.3	6.0	6.8	9.8	8.8	6.2	9.4	6.3	8.0	8.0	8.5	9.6	9.7	7.1
科学人格平均分	17.0	19.4	20.2	13.7	14.5	21.1	18.4	14.1	20.4	13.3	18.2	16.2	18.3	20.7	21.1	16.7

图 6－19　不同职业全民的科学人格得分比较

6.4.3　科学能力层面

调查结果(见图 6－20)显示，不同职业的群体，其科学能力得分情况不相同。阅读理解能力平均分，大学老师最高，为 5.32 分，最低的是农民的 2.33 分；处理实际问题能力的平均分，领导干部和公务员最高，为 13.5 分，最低的是农林牧渔劳动者的 6.83 分。可见，大学教师和国家公务员的科学能力最高，农林牧渔劳动者和农民的科学能力最低。

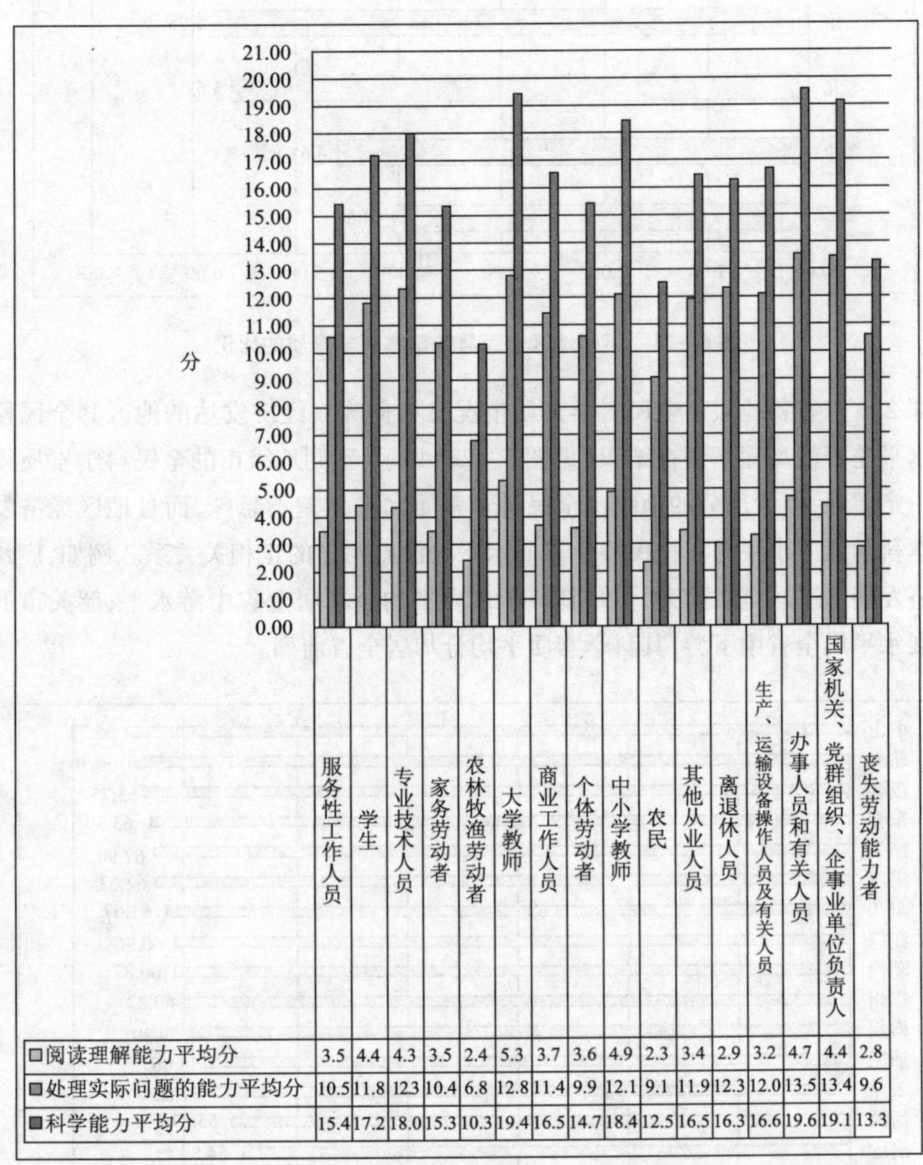

	服务性工作人员	学生	专业技术人员	家务劳动者	农林牧渔劳动者	大学教师	商业工作人员	个体劳动者	中小学教师	农民	其他从业人员	离退休人员	生产、运输设备操作人员及有关人员	办事人员和有关人员	国家机关、党群组织、企事业单位负责人	丧失劳动能力者
阅读理解能力平均分	3.5	4.4	4.3	3.5	2.4	5.3	3.7	3.6	4.9	2.3	3.4	2.9	3.2	4.7	4.4	2.8
处理实际问题的能力平均分	10.5	11.8	12.3	10.4	6.8	12.8	11.4	9.9	12.1	9.1	11.9	12.3	12.0	13.5	13.4	9.6
科学能力平均分	15.4	17.2	18.0	15.3	10.3	19.4	16.5	14.7	18.4	12.5	16.5	16.3	16.6	19.6	19.1	13.3

图 6－20　不同职业全民的科学能力得分比较

6.5　地区特征

调查结果(见图 6－21)显示,广东省不同地区全民具备基本科学素质比例并不相同。珠三角地区全民具备基本科学素质的比例是 5.78%;其次是粤北,比例为 5.63%;粤西的比例是 4.61%;最低是粤东,比例为 4.06%。

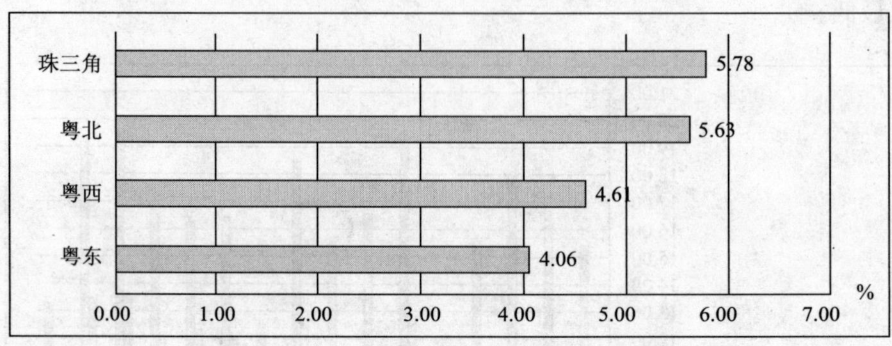

图 6－21　不同地区全民具备基本科学素质的比例

那么广东省各地级市全民科学素质情况又如何呢？经济发达的地区其全民科学素质水平是否就高呢？调查结果(见图 6－22)显示,不同地级市的全民科学素质得分存在一定差异,但大部分的地级市全民科学素质水平相差不悬殊,而且地区经济发展的基本科学素质水平与其全民科学素质水平并没有明显的正相关关系。例如,广州市的经济发展水平居全省前列,但是其科学素质平均分却居全省中游水平;韶关市的经济发展水平居全省中下游,其科学素质平均分却居全省前列。

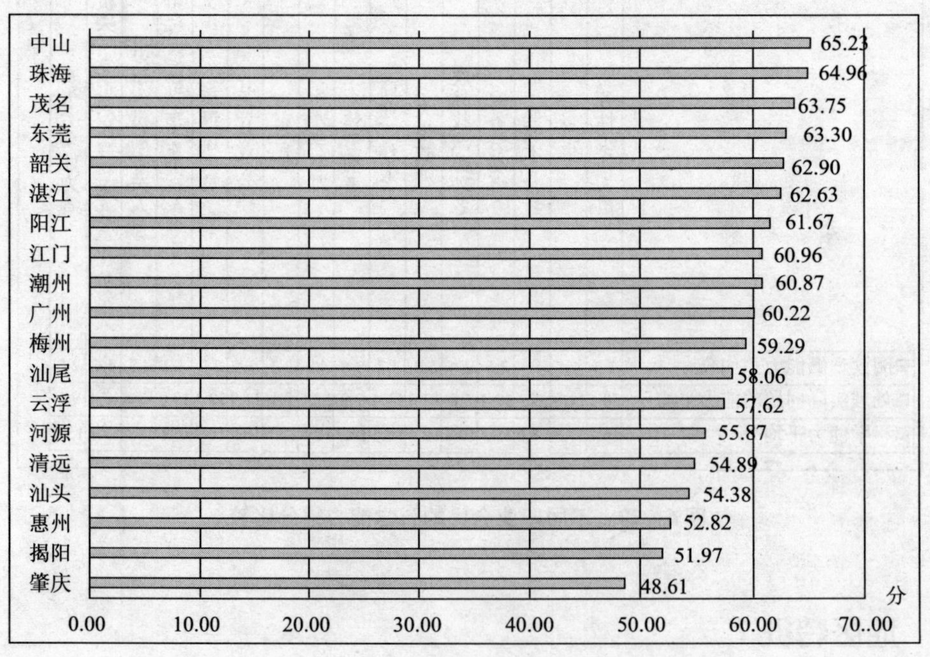

图 6－22　不同地区全民的科学素质得分比较

6.5.1　科学知识层面

调查结果（见图6－23）显示，大部分地级市的全民科学知识得分差距不悬殊，其中肇庆、揭阳地区的全民了解科学知识的程度最低，中山、珠海地区的全民了解科学知识的程度最高。

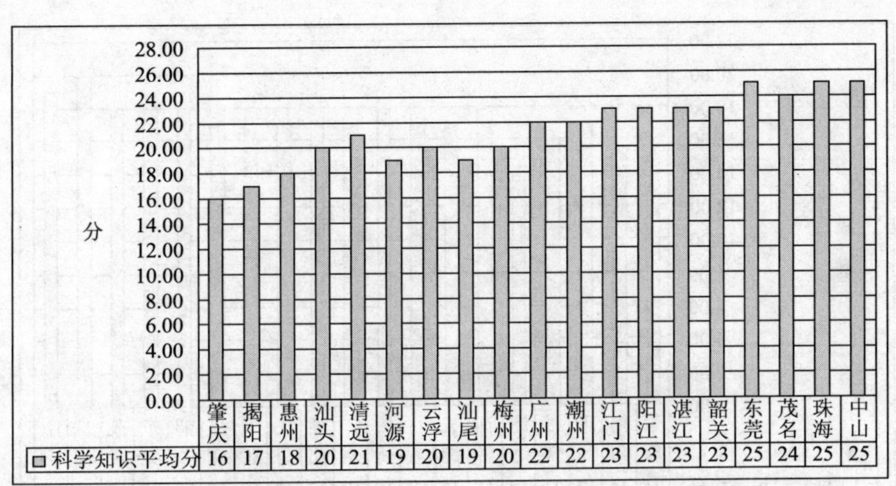

图6－23　不同地区全民的科学知识得分比较

6.5.2　科学人格层面

调查结果（见图6－24）显示，大部分地级市的全民科学人格得分差距不悬殊，其中肇庆、惠州地区的全民具备科学人格的程度最低，湛江、茂名地区的全民具备科学人格的程度最高。

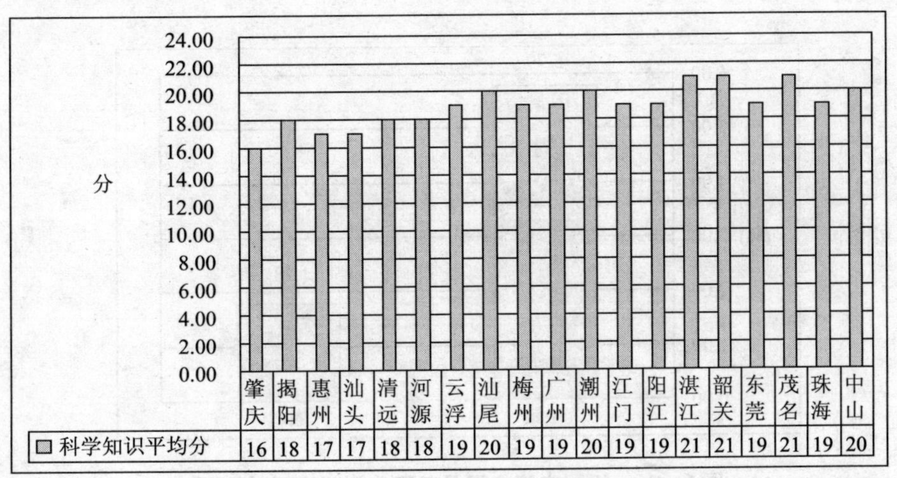

图6－24　不同地区全民的科学人格得分比较

6.5.3 科学能力层面

调查结果(见图6－25)显示,大部分地级市的全民科学能力得分差距不悬殊,其中清远地区的全民具备科学能力的程度最低,珠海地区的全民具备科学能力的程度最高。

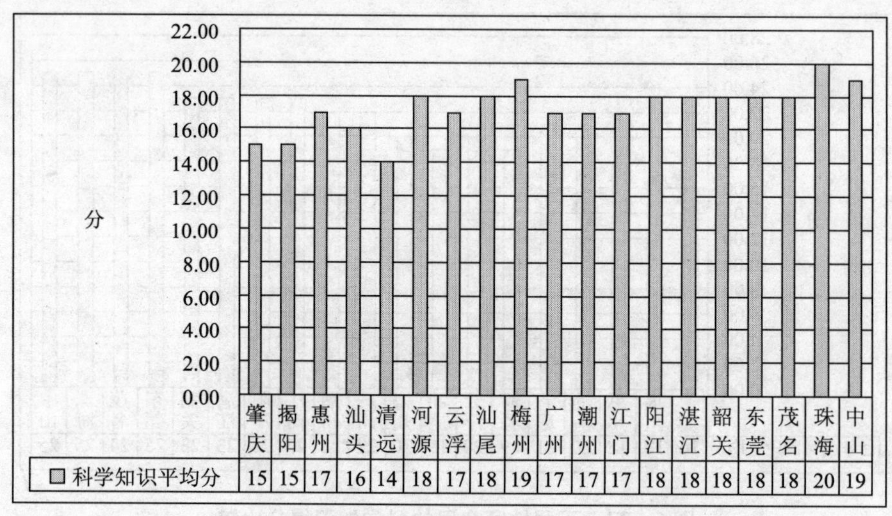

图6－25 不同地区全民的科学能力得分比较

6.6 户籍特征

调查结果(见图6－26)显示,城镇居民具备基本科学素质的比例为5.79%,远高于农村的1.78%。

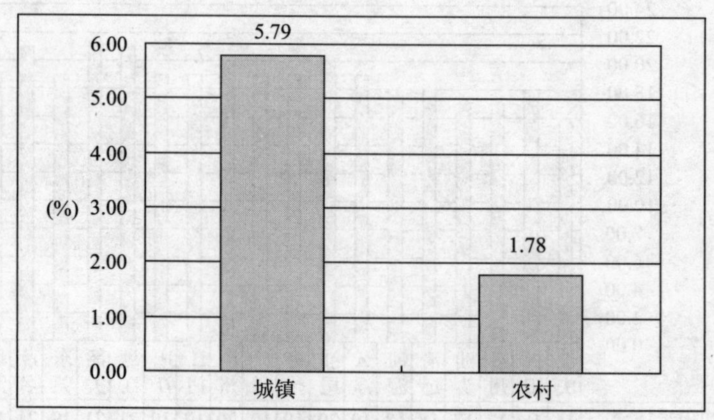

图6－26 不同户籍全民具备基本科学素质的比例

那么,城镇居民的科学素质水平是否高于农村居民?调查结果(见图6－27)显示,城镇居民的科学素质平均分确实高于农村居民。由于户籍变量是离散变量,且为二分变量,科学素质得分为连续变量,采用独立样本的T检验①来分析城镇居民的科学素质水平是否显著高于农村居民。经SPSS统计软件处理,科学素质平均分的t检验值为9.204,显著性水平达到了0.000,远小于0.05,可见城镇和农村居民的科学素质水平存在显著差异,且城镇居民科学素质水平要高于农村居民。

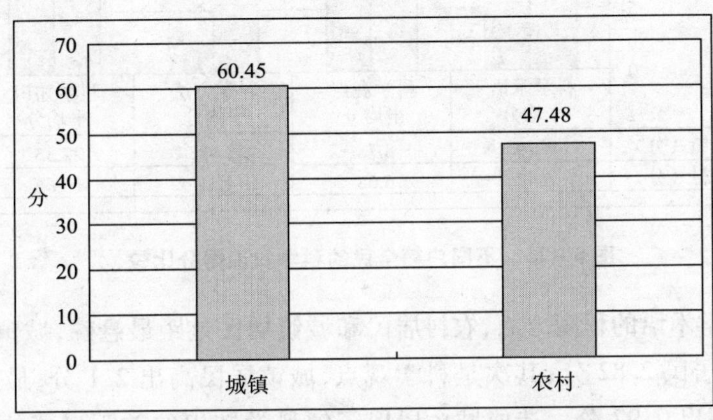

图6－27　不同户籍全民的科学素质得分比较

2008年,广东省农村居民人均纯收入为6 399元,广东省城镇居民人均可支配收入为19 732元,两者比例为1∶3.08。在农村,还有人均年收入低于1 500元的贫困人口330多万人,贫困人口数量偏大②。广东省城乡经济发展及其居民收入差距的扩大,农民收入低,不仅影响农民生活的改善和农村社会的稳定,而且在一定程度上降低了农村居民参与科学教育和科普的支付能力,农民每年实际用于文化、教育、娱乐用品及服务的支出增长缓慢,影响了农民科学素质的提高,这也导致了农村居民的科学素质水平远低于城镇居民。

6.6.1　科学知识层面

调查结果(见图6－28)显示,城镇居民的科学知识平均分为22.55分,高于农村居民的16.66分。科学知识平均分的t检验值为8.324,显著性水平为0.000,远小于0.05,这表明城镇居民与农村居民了解科学知识的程度存在显著差异,且城镇居民了解科学知识的程度要高于农村居民。

---

① 吴明隆. SPSS统计应用实物[M]. 科学出版社,2003,136.

② 谢悦新. 研究解决当前影响农业农村经济发展的突出问题. http://www.gdagri.gov.cn/gdnmxh/gdny0705/ldlt/200809/t20080916_111775.htm. 2008－09－16.

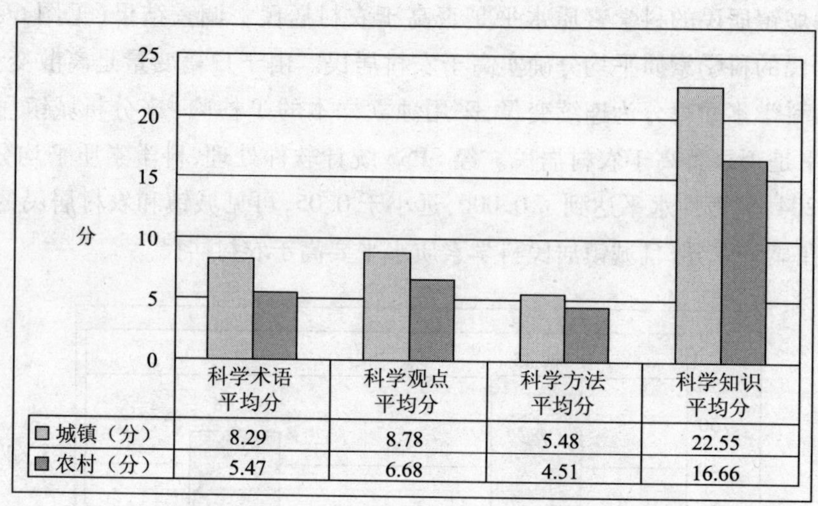

图 6－28　不同户籍全民的科学知识得分比较

在了解科学术语的程度方面，农村居民和城镇居民差距最悬殊，城镇居民平均得分要高出农村居民 2. 82 分；其次是科学观点，城镇居民高出 2. 1 分；最后是科学方法，城镇居民高出 0. 97 分。造成城乡居民了解科学知识的差距显著的原因是多方面的，我们认为，城乡居民了解科技信息渠道的差异是一个重要的原因。调查显示，上网、看报、参加科普活动或参观科技场馆是全民获取科技信息的重要渠道，而农村居民无论是上网时间、看报时间还是参加科普活动或参观科技场馆的频率，都远低于城镇居民。

6. 6. 2　科学人格层面

调查结果（见图 6－29）显示，城镇居民的科学人格平均分为 19. 82 分，高于农村居民的 16. 46 分。科学人格平均分的 t 检验值为 7. 607，显著性水平为 0. 000，远小于 0. 05，这表明城镇居民与农村居民具备科学人格的程度存在显著差异，且城镇居民具备科学人格的程度要高于农村居民。

在理解科学价值方面，农村居民和城镇居民差距最悬殊，农村居民科学价值平均分要低于城镇居民 1. 64 分；其次是科学思想，农村居民低 0. 9 分；最后是科学精神，农村居民低 0. 82 分。其中，农村居民的封建迷信思想依然比较严重，调查显示，仍有 32% 的农村居民相信算命是科学的，远高于城镇居民的 12%。此外，农村居民的从众心理也比较强，调查显示，70% 以上的农村居民制定计划时会不同程度地受周围人的干扰。

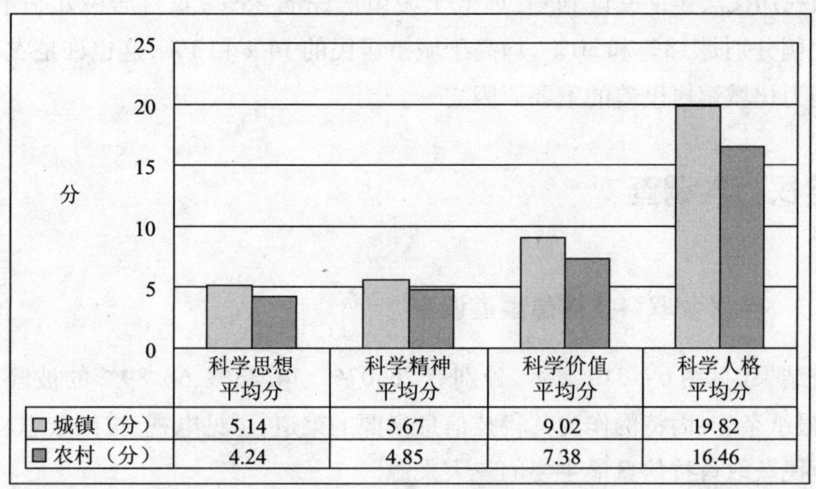

图 6－29　不同户籍全民科学能力得分比较

6.6.3　科学能力层面

调查结果(见图 6－30)显示,城镇居民的科学能力平均分为 18.07 分,高于农村居民的 14.36 分。科学能力平均分的 t 检验值为 8.23,显著性水平为 0.000,远小于 0.05,这表明城镇居民与农村居民具备科学能力的程度存在显著差异,且城镇居民具备科学能力的程度要高于农村居民。

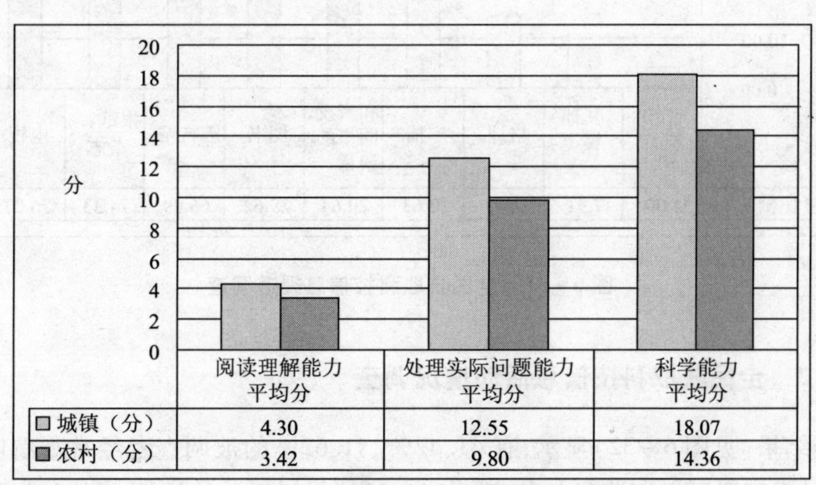

图 6－30　不同户籍全民科学人格得分比较

在处理实际问题的能力方面,农村居民和城镇居民差距悬殊,农村居民处理实际问题能力的平均分比城镇居民低 2.75 分。

在阅读理解能力方面,农村居民较城镇居民低 0.88 分。调查显示,只有不到

22%的农村居民会定期阅读刊物，远低于城镇居民的48%，农村居民几乎不看报、不上网的比例分别是18%和30%，均高于城镇居民的14%和3%，这也许是农村居民阅读理解能力比城镇居民差的重要原因之一。

6.7 全民行为调查

6.7.1 全民获取科技信息渠道调查

调查结果（见图6-31）显示，分别有76.07%、74.33%、66.89%的被调查者选择了电视、报纸杂志、因特网作为其科技信息来源的渠道，可见电视、报纸杂志、因特网是广东省全民获取科技信息最主要的三大来源。

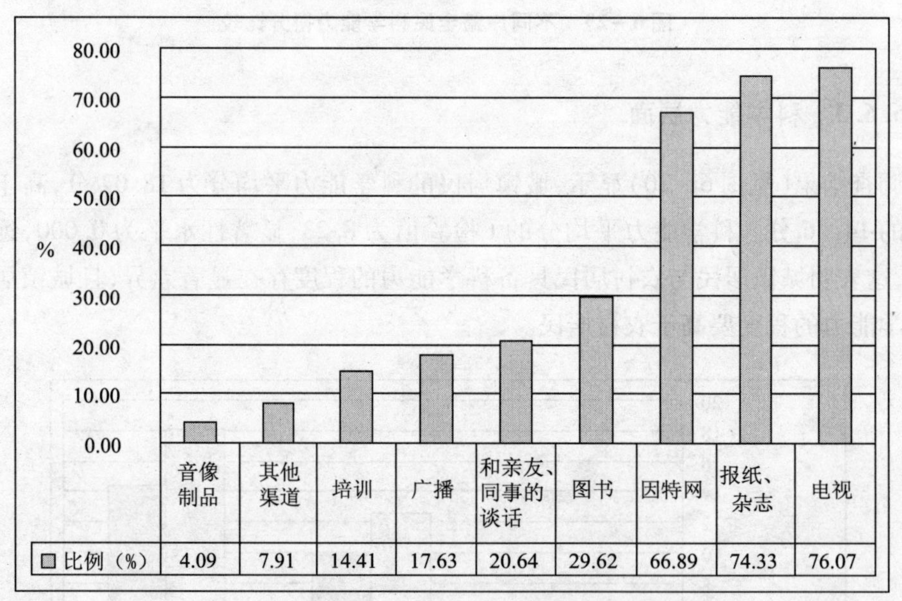

	音像制品	其他渠道	培训	广播	和亲友、同事的谈话	图书	因特网	报纸、杂志	电视
比例（%）	4.09	7.91	14.41	17.63	20.64	29.62	66.89	74.33	76.07

图6-31 全民获取科技信息渠道调查

6.7.2 全民获取科技信息活动情况调查

调查结果（见图6-32）显示，有41.42%、41.62%的被调查者经常观看电视中的科学节目、在互联网上浏览科技信息，有10.99%、10.92%的被调查者会收听广播电台的科学节目、观看相关科普音像制品。可见，广东省全民主要是通过电视、互联网来了解科技信息，这与前面公众获取信息渠道调查结果相符合。

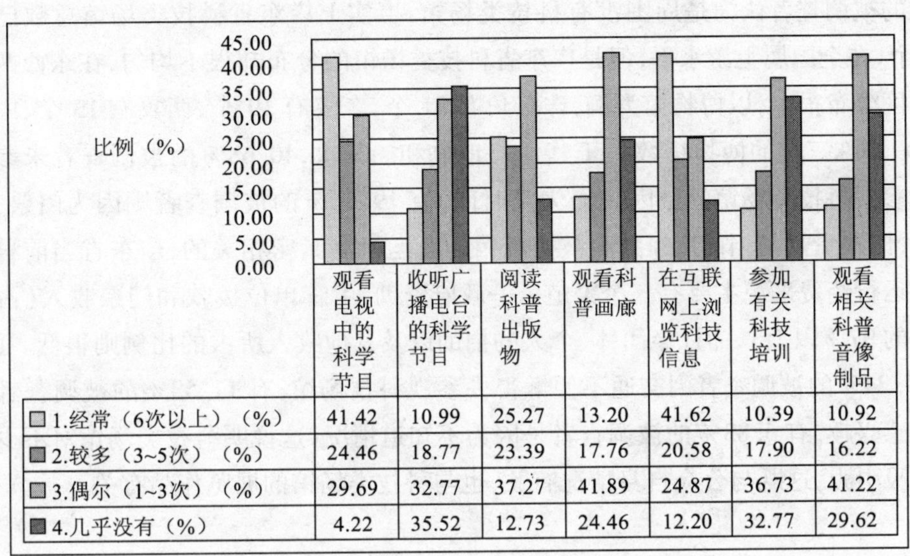

	观看电视中的科学节目	收听广播电台的科学节目	阅读科普出版物	观看科普画廊	在互联网上浏览科技信息	参加有关科技培训	观看相关科普音像制品
1.经常（6次以上）（%）	41.42	10.99	25.27	13.20	41.62	10.39	10.92
2.较多（3~5次）（%）	24.46	18.77	23.39	17.76	20.58	17.90	16.22
3.偶尔（1~3次）（%）	29.69	32.77	37.27	41.89	24.87	36.73	41.22
4.几乎没有（%）	4.22	35.52	12.73	24.46	12.20	32.77	29.62

图 6－32　全民获取科技信息活动情况调查

6.7.3　全民参观科技类场馆情况调查

调查结果（见图 6－33）显示，有 37.32% 的被调查者一年内去公共图书馆或图书阅览室超过 3 次，而一年内参观动物园、植物园、科技馆、科普画廊、科技示范点等其他科技类场馆的次数超过 3 次的被调查者均不到 30%。可见，广东省全民参观科技类场馆的频率低。

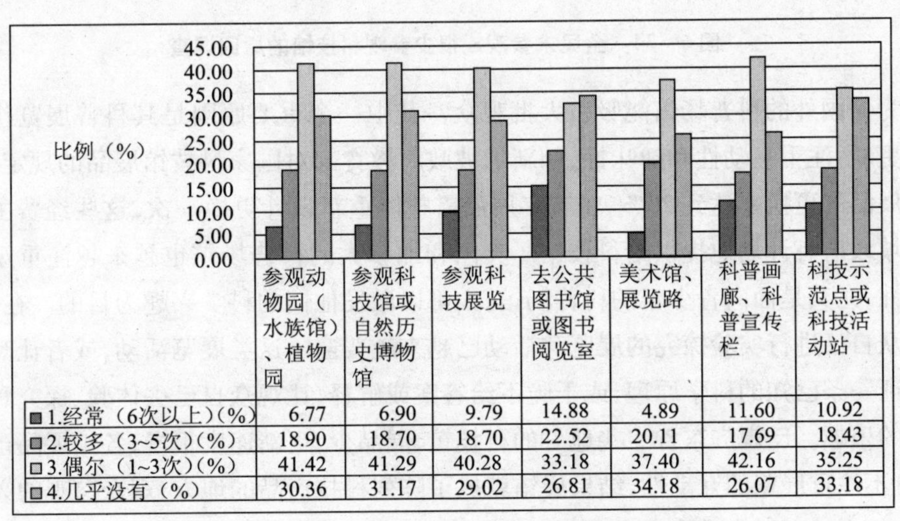

	参观动物园（水族馆）、植物园	参观科技馆或自然历史博物馆	参观科技展览	去公共图书馆或图书阅览室	美术馆、展览路	科普画廊、科普宣传栏	科技示范点或科技活动站
1.经常（6次以上）(%)	6.77	6.90	9.79	14.88	4.89	11.60	10.92
2.较多（3~5次）(%)	18.90	18.70	18.70	22.52	20.11	17.69	18.43
3.偶尔（1~3次）(%)	41.42	41.29	40.28	33.18	37.40	42.16	35.25
4.几乎没有（%）	30.36	31.17	29.02	26.81	34.18	26.07	33.18

图 6－33　全民参观科技类场馆情况调查

在随后的对未参观或很少参观科技类场馆的原因的调查（见图 6－34）中，有超过半数的被调查者认为是周围没有科技类场馆,事实上广东省科技类场馆总数已超过400个,在全国属上游水平,但是广东省科技类场馆的分布却很不均匀,在东西两翼以及山区分布很少,以博物馆为例,珠三角有81个,东翼有19个,西翼有13个,山区有37个,即珠三角的博物馆数大于其他三地之和。其次,40.68%的被调查者未参观或很少参观科技类场馆的原因是因为没时间,有19.50%的被调查者则因为门票太贵。其实,门票贵是与当前广东省科技类场馆的营运机制紧密相关的,广东省当前科普场馆的运行经费来源主要有三个渠道——政府资助、主管单位拨款和门票收入(占经费总额的97%以上),而社会团体、个人的捐助以及其他收入所占的比例则很低。此外,有19.24%的被调查者因交通不便懒得去参观科技场馆,有11.53%的被调查者是因为不感兴趣,有5.83%的被调查者是因为不知道情况,这说明科技类场馆对不少公众缺乏吸引力,这既与公众自身情况有关,也与科技类场馆的展览作品有关。

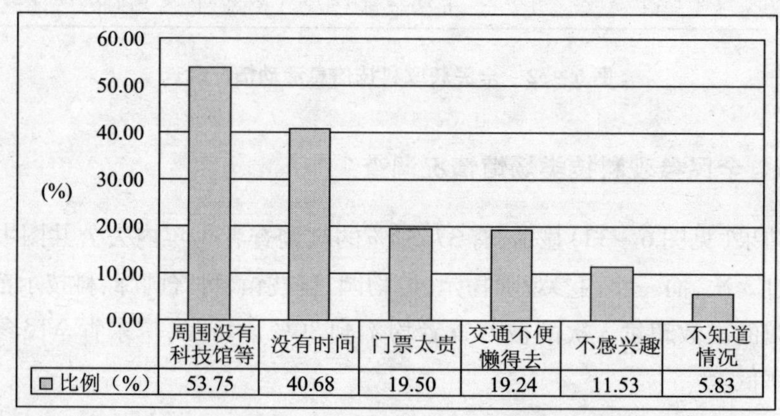

图6-34 全民未参观或很少参观科技馆的原因调查

为何国外的科普场馆能吸引大批观众?其中一个重要原因是其科普展览作品能适时更新,注重互动性和趣味性,如新加坡政府教育部对国家科技馆展品的规定是,每年对展品的更换率达到20%,每五年展品需整体重新设计更换一次,这些经费主要由新加坡政府有计划地提供给科技馆。美国和加拿大的科普场馆也越来越注重观众的参与性,尤其是面向青少年的科普场馆,大都以激发他们的科学兴趣为目的。在美国,让观众自己进行实验探究的展览和活动已越来越普遍。这类展览活动,或者让观众动手验证一条已知的科学原理,或干脆不给答案或解释,让观众自己去体验、探究和发现其中的乐趣。反观广东省一些地方的科技馆,展品少,更新速度很慢,各馆展品雷同的多,且不注重展览的互动性,结果展馆就成了陈列科技产品的地方,观众参观的兴趣不高,自然也就不愿意多次去参观。

6.7.4　全民看报、上网情况调查

调查(见图 6－35)显示,有超过半数的被调查者有每天看报的习惯,一个星期看报纸次数有两次以上的比例是 26.68%,一个星期看报纸少于两次的大概有 21%,其中几乎不看报的比例不到 5%;有超过 6 成的被调查者每天上网,一个星期上网次数少于两次的大概有 20%,其中几乎不上网的比例为 8.58%。可见,七成以上的广东省全民都有看报或上网的习惯,这已慢慢成为广东省全民生活的一部分。

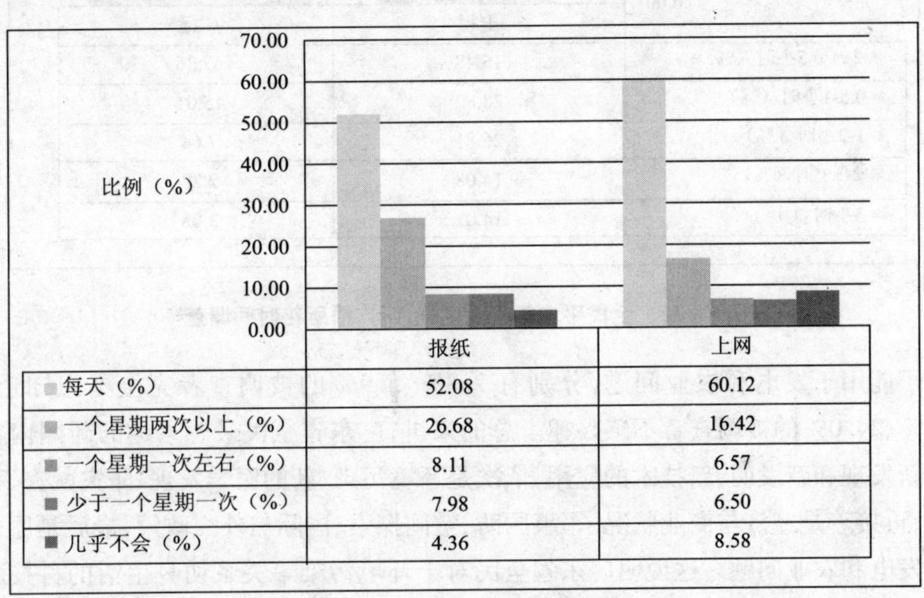

	报纸	上网
每天（%）	52.08	60.12
一个星期两次以上（%）	26.68	16.42
一个星期一次左右（%）	8.11	6.57
少于一个星期一次（%）	7.98	6.50
几乎不会（%）	4.36	8.58

图 6－35　全民看报、上网情况调查

6.7.5　全民看电视、听广播情况调查

调查结果(见图 6－36)显示,有 54.89% 的被调查者平均每天电视的时间超过 1 个小时,平均每天看电视时间少于 0.5 个小时的比例是 15.48%;相比之下,只有 13% 的被调查者平均每天听广播的时间超过 1 个小时,平均每天听广播时间少于 0.5 个小时的比例高达 67.36%。可见,广东省全民在空余时间更倾向于看电视,这与广东省全民获取科技信息渠道调查结果相符合。

6.7.6　全民对不同新闻兴趣程度调查

调查结果(见图 6－37)显示,被调查者最感兴趣的是科学新发现和新发明、新技术的应用,分别有 39.0%、35.0% 的被调查者非常感兴趣,有 45.4%、47.0% 的被调查者比较感兴趣,仅有 1.2%、0.8% 的被调查者完全不想知道;被调查者最不感兴趣的

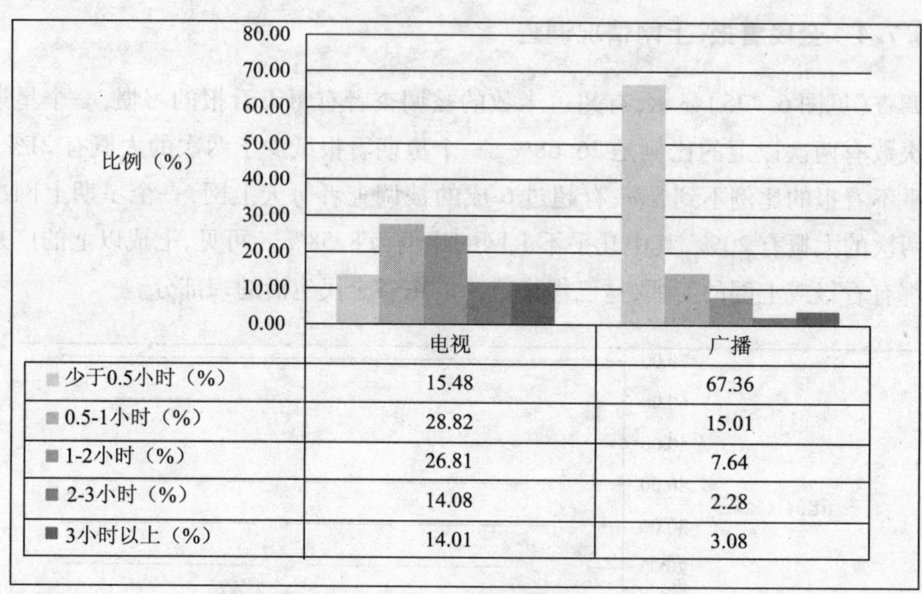

	电视	广播
少于0.5小时（%）	15.48	67.36
0.5-1小时（%）	28.82	15.01
1-2小时（%）	26.81	7.64
2-3小时（%）	14.08	2.28
3小时以上（%）	14.01	3.08

图 6－36　全民平均每天看电视、听广播所花时间调查

是原子能用于发电和农业问题，分别有 7.8%、5.9% 的被调查者完全不想知道，有 29.0%、24.0% 的被调查者不感兴趣。总的来讲，广东省全民最感兴趣的新闻内容是科学新发现和新发明、新技术的应用，依次是环境污染、新的医学发现、防灾减灾、科技教育，再接着是经济与商业状况、军事国防、空间探索、国际与外交政策，最后是原子能用于发电和农业问题。这说明广东省全民对于环境污染等关系切身生活的科技新闻比较感兴趣，对于空间探索等与自身关系不密切的科技新闻比较缺乏兴趣。

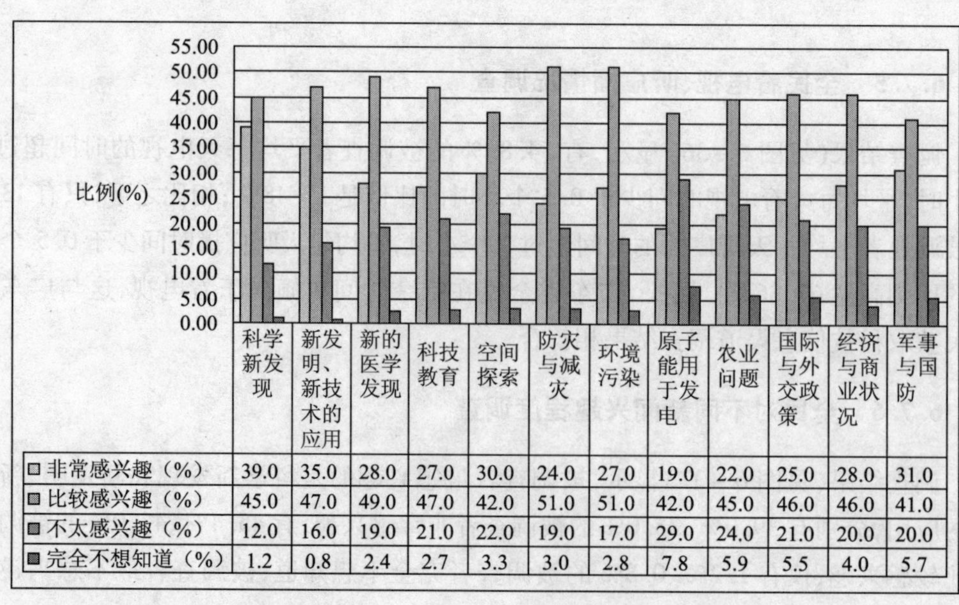

	科学新发现	新发明、新技术的应用	新的医学发现	科技教育	空间探索	防灾与减灾	环境污染	原子能用于发电	农业问题	国际与外交政策	经济与商业状况	军事与国防
非常感兴趣（%）	39.0	35.0	28.0	27.0	30.0	24.0	27.0	19.0	22.0	25.0	28.0	31.0
比较感兴趣（%）	45.0	47.0	49.0	47.0	42.0	51.0	51.0	42.0	45.0	46.0	46.0	41.0
不太感兴趣（%）	12.0	16.0	19.0	21.0	22.0	19.0	17.0	29.0	24.0	21.0	20.0	20.0
完全不想知道（%）	1.2	0.8	2.4	2.7	3.3	3.0	2.8	7.8	5.9	5.5	4.0	5.7

图 6－37　全民对不同新闻内容感兴趣程度调查

6.7.7　全民对不同职业的看法调查

在这里，我们通过调查公众期望其子女所从事的职业来了解公众对不同职业的看法。调查结果（见图6－38）显示，有42.6%的被调查者期望其子女能成为政府官员，可见政府官员是深受广东省全民青睐的职业。鲁迅先生曾说过，"中国人的官瘾实在太深"，可谓切中时弊。时至今日，依然有大部分公众把"做官"看做是最理想的职业，这也从侧面说明，广东省全民的"官本位"思想依旧严重，破除中国几千年来封建社会遗留下来的陈腐意识，在全社会宣扬以人为本的思想，是广东省科普工作义不容辞的历史责任。

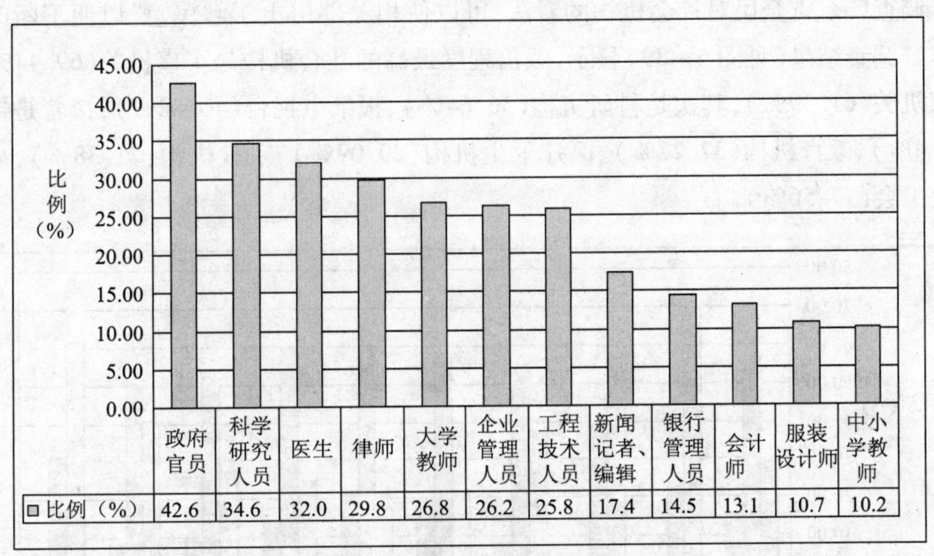

图6－38　全民期望子女从事职业情况调查

调查还显示，继政府官员之后的依次是科研人员、医生、律师、大学教师、企业管理人员、工程技术人员、新闻记者、银行管理人员、会计师、服装设计师，排在最后的是中小学教师。教师作为人类灵魂的工程师，无论是在美国还是在日本，都是最受尊敬的职业之一。而中小学教师排在最后的调查结果，则折射出了当前广东省中小学教师并未得到全社会应有的重视，尊师重教的社会氛围比较淡薄。

以中小学代课老师为例，2008年广东省的中小学代课老师有5万多名，为全国之最，其中近4万人分布在全省欠发达地区，他们的月工资大多在200～500元之间，相当于当地公办教师的1/3，生存状态令人揪心。在汪洋书记的高度关注下，广东省政府于2008年教师节前出台《解决中小学代课教师问题工作方案》，明确欠发达地区2010年底前解决中小学代课教师问题，发达地区2009年底前解决。截至2009年9月15日，"代转正"进度尚未过半，仅转正7 000多人。广东省中小学代课教师的生存状况或许是广东省全民将中小学教师列为最后的职业选择的最好说明。

百年大计，教育为本，国务院总理温家宝在主持召开教育工作座谈会时提到，要让教师成为社会上最受尊敬的职业，要吸引全社会最优秀的人来当老师。胡锦涛总书记在全国优秀教师代表座谈会上也提到，要坚持把教育摆在优先发展的战略地位，大力倡导尊师重教，让教师成为社会上最受尊敬的职业，让尊师重教蔚然成风。而在广东省全民心中，中小学教师却是排在最后的职业选择，这应当引起广东省乃至全社会，尤其是教育部门的深思和重视。

6.7.8 全民对社会各机构威信程度的看法调查

调查广东省全民对社会机构的看法，可以使相关部门更了解民意，以便不断改进工作。调查结果（见图6－39）显示，威信程度最高的社会机构是军事机关（69.44%）、国家机关（61.39%），其次是科研机构（56.64%）、报纸电视台（40.82%），接着是银行（37.4%）、教育机构（37.27%）、医疗卫生机构（29.09%）、宗教机构（21.38%），最低的是工会（17.56%）。

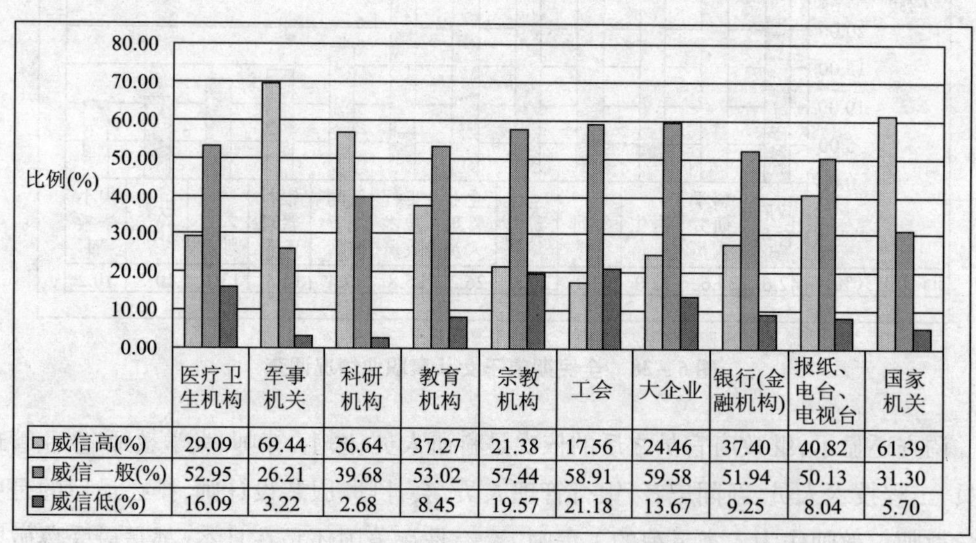

	医疗卫生机构	军事机关	科研机构	教育机构	宗教机构	工会	大企业	银行(金融机构)	报纸、电台、电视台	国家机关
威信高(%)	29.09	69.44	56.64	37.27	21.38	17.56	24.46	37.40	40.82	61.39
威信一般(%)	52.95	26.21	39.68	53.02	57.44	58.91	59.58	51.94	50.13	31.30
威信低(%)	16.09	3.22	2.68	8.45	19.57	21.18	13.67	9.25	8.04	5.70

图6－39 全民对社会不同机构具有的威信度看法调查

科研机构的威信程度在广东省全民心中仅次于军事机关、国家机关，可见搞科研在广东省全民看来是受人尊敬的工作。报纸电视台的威信度排在科研机构后面，由于报纸电视是全民获取科技信息的重要渠道，所以报纸电视台能在很大程度上影响全民科技观的形成，因此报纸电视台在分析与科技相关事件的过程中，应该坚持理性客观的态度，不断提高自身的威信度。医疗卫生与全民的生活息息相关，但其在公众中的威信程度并不高，这或许与不少医疗卫生机构未能很好地为公众提供医疗服务相关。工会的威信度最低，可见当前工会在社会上并没有很好的口碑，这或许与不少工会未能很好地发挥职能,未能很好地服务职工有关。

6.8　行为特征

6.8.1　上网时间与科学素质

调查结果(见图6-40)显示,上网所花时间较多的群体具备基本科学素质的比例比较高,上网时间每星期不少于6小时的群体具备基本科学素质的比例最高,达到了8.9%,上网时间每星期少于0.5小时的群体具备基本科学素质的比例最低,仅有0.79%。

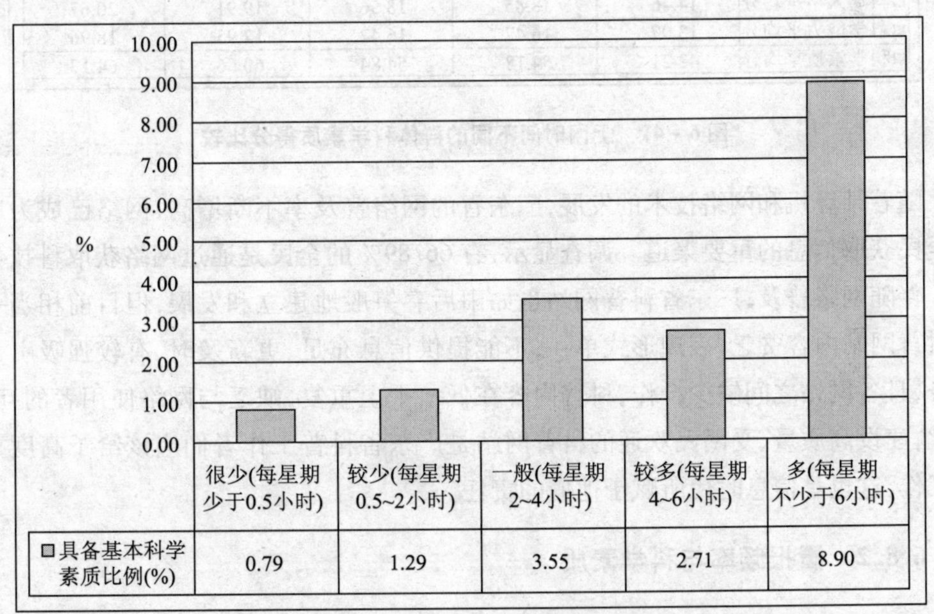

图6-40　上网时间不同的群体具备基本科学素质的比例

那么,全民上网时间与其科学素质水平是否存在正相关性呢?调查结果(见图6-41)显示,上网时间多的群体,其科学素质平均分比较高。由于上网时间是多分变量,科学素质平均分是连续变量,所以本书采用单因素变量法检验不同上网时间的群体的科学素质水平是否存在显著差异。我们利用SPSS对全民科学素质得分进行单因素变量分析,结果表明,科学素质在不同上网时间分组上差异显著,F检验值为97.6,显著性水平达到了0.000。此外,我们分别用1、2、3、4、5来表示全民上网时间由少到多的程度,即分别表示很少、较少、一般、较多、多,然后对全民上网时间与科学素质平均分进行相关性分析,最后得出两者的相关性系数为0.95,这表明全民上网时间与其科学素质的确有很强的正相关性。这也说明网络在提升广东省网民的科学素质水平起到了重要的作用。

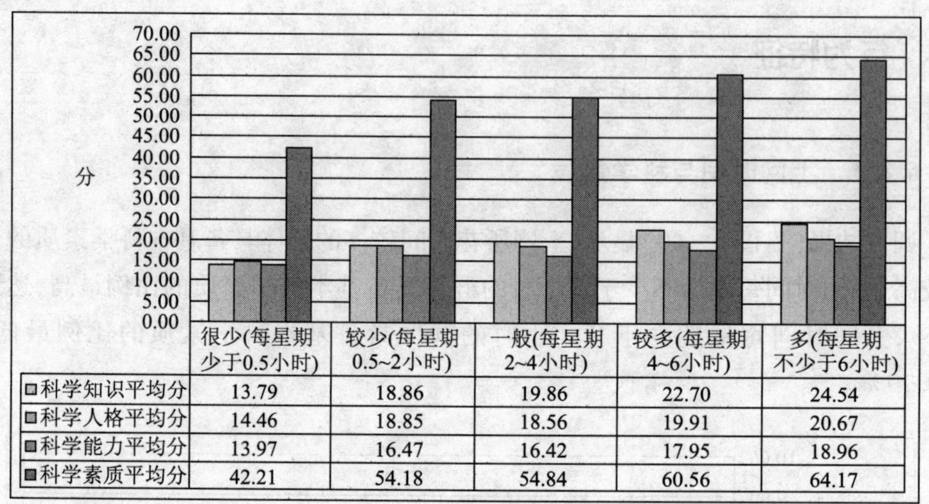

	很少(每星期少于0.5小时)	较少(每星期0.5~2小时)	一般(每星期2~4小时)	较多(每星期4~6小时)	多(每星期不少于6小时)
科学知识平均分	13.79	18.86	19.86	22.70	24.54
科学人格平均分	14.46	18.85	18.56	19.91	20.67
科学能力平均分	13.97	16.47	16.42	17.95	18.96
科学素质平均分	42.21	54.18	54.84	60.56	64.17

图 6－41 上网时间不同的群体科学素质得分比较

随着计算机和网络技术的发展，广东省的网络普及率不断增高，网络已成为广东省全民获取信息的重要渠道。调查显示，有66.89%的全民是通过网络获取科技信息的。伴随网络普及，广东省科普网站也如雨后春笋般地建立和发展，但目前相当一部分科普网站内容贫乏，表现形式单一，不能提供信息充足、更新及时、有较强吸引力的服务，且各网站之间缺少合作，科普内容在低水平上重复，缺乏与网络使用者的互动。因此，建设高质量、受网民欢迎的科普网站是广东省科普工作者们应该给予高度重视的工作，这也是信息时代所赋予他们的责任。

6.8.2 看报频率与科学素质

调查结果（见图6－42）显示，看报频率高的群体具备基本科学素质的比例高，每天看报的群体具备基本科学素质的比例最高，达到了7.21%；每星期看报次数少于1次的群体具备基本科学素质的比例最低，仅有2.03%。

那么，看报频率高的群体是否其科学素质水平也高呢？调查结果（见图6－43）显示，看报频率高的群体，其科学素质平均分高于看报频率低的群体。由于看报频率是多分变量，科学素质平均分是连续变量，所以我们采用单因素变量分析来检验不同看报频率的群体的科学素质水平是否存在显著差异。利用SPSS对全民科学素质得分进行单因素变量分析，结果表明，科学素质在看报频率不同分组上差异显著，F检验值为43.9，显著性水平达到了0.000。此外，我们分别用1、2、3、4来表示全民看报频率由低到高的程度，即分别表示每星期少于1次、每星期1~3次、每星期3~6次、每天，然后对全民看报频率与科学素质平均分进行相关性分析，最后得出两者的相关性系数为

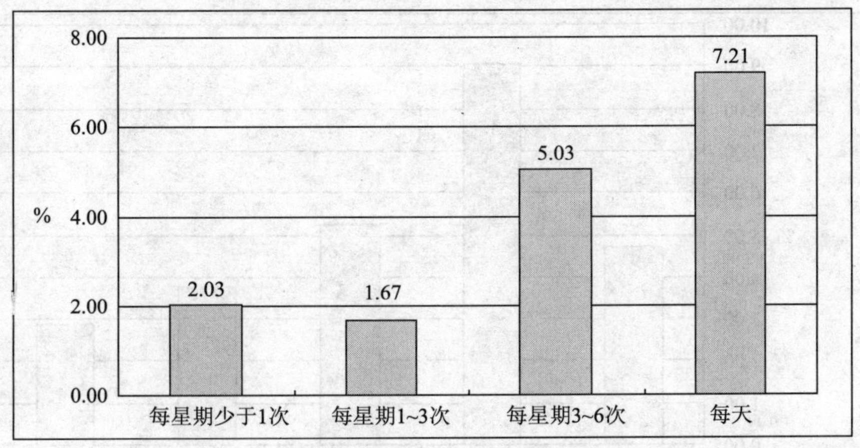

图 6－42　看报频率不同的群体具备基本科学素质的比例

0. 96,这表明全民看报频率与科学素质两者之间存在很强的正相关性。这也说明报刊在提升广大读者的科学素质水平方面发挥着重要作用。

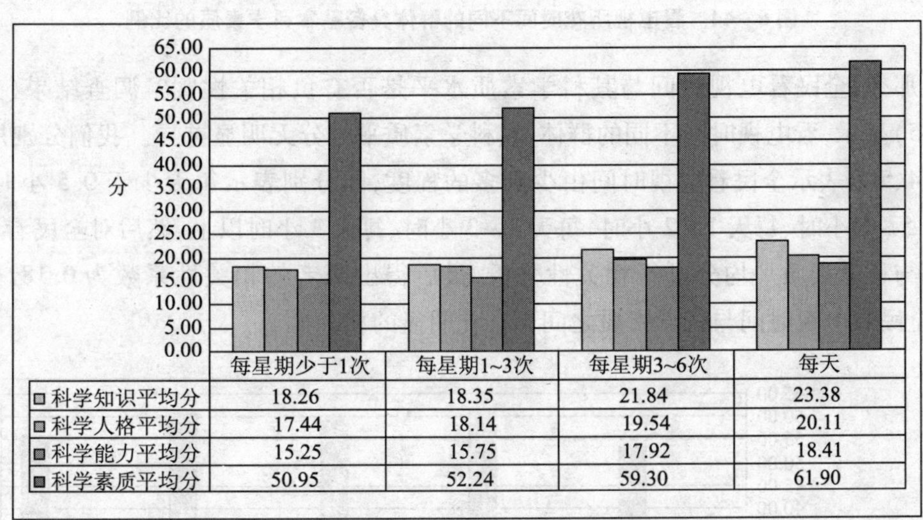

	每星期少于1次	每星期1~3次	每星期3~6次	每天
科学知识平均分	18.26	18.35	21.84	23.38
科学人格平均分	17.44	18.14	19.54	20.11
科学能力平均分	15.25	15.75	17.92	18.41
科学素质平均分	50.95	52.24	59.30	61.90

图 6－43　看报频率不同的群体科学素质得分比较

6. 8. 3　看电视时间与科学素质

调查结果(见图 6－44)显示,看电视时间为 0. 5～1 小时/天的群体具备基本科学素质的比例最高,达到了 9. 07%,看电视时间为 3 小时以上/天的群体具备基本科学素质的比例最低,仅有 2. 87%,从 0. 5～1 小时/天到 3 小时以上/天,群体具备基本科学素质的比例逐次递减。

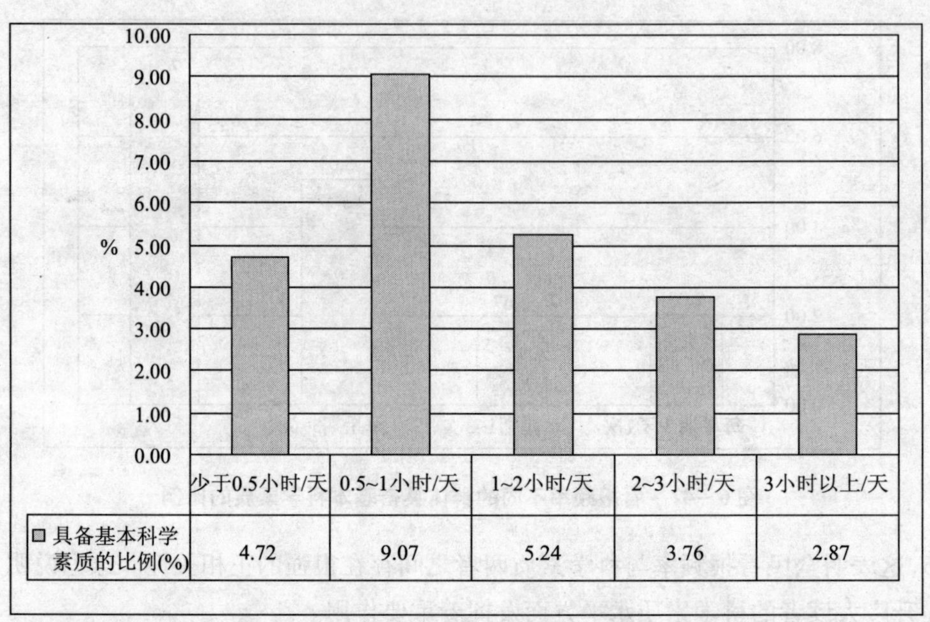

图6-44 看电视所花时间不同的群体具备基本科学素质的比例

那么,全民看电视时间与其科学素质水平是否有负相关性呢?调查结果(见图6-45)显示,看电视时间不同的群体,其科学素质平均分无明显差异。我们分别用1、2、3、4、5来表示全民看电视时间由少到多的程度,即分别表示每天少于0.5小时、每天0.5~1小时、每天1~2小时、每天2~3小时、每天3小时以上,然后对全民看电视时间与科学素质平均分进行相关性分析,最后得出两者的相关性系数为0.18,这表明,全民看电视时间与科学素质之间不存在明显的相关性。

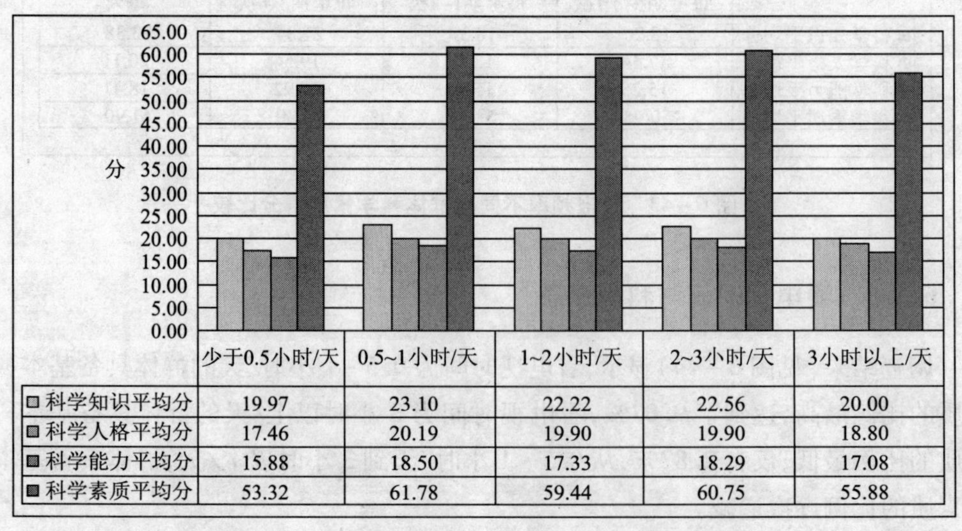

图6-45 看电视所花时间不同的群体科学素质得分比较

事实上，电视是观众获取信息的重要途径，而科教电视则成为讲述科学知识、传播科学信息，推广新技术、新经验和新成果的一种电视表现形式，具有不可忽视的教育传播功能，在提高国民科学文化素养方面可以发挥重要作用。在发达国家，科教电视也是普及科学知识的主要途径，其公众较高的科学素质水平与他们平时对科教电视的关注程度是密切相关的。在美国，1997 年，每个美国人平均收看电视 432 小时，其中有 72 小时是科学节目①。相比之下，广东省电视节目中的科普内容偏少，纵观目前广播、电视中的科普节目，仍然存在形式单一、节目制作粗糙等问题，很难吸引更多的公众，科普节目数量和质量都有待提高。此外，一些媒体从业人员本身的科技素质较低，对科学的本质理解肤浅，在其报道中也不时地出现常识性错误。因此，广东省电视传媒需要增加科教电视节目的数量、提高节目的质量，切实担负起提高广东省全民科学素质这份义不容辞的责任。

6.8.4　听广播时间与科学素质

调查结果（见图 6－46）显示，听广播时间为 0.5～1 小时/天和 1～2 小时/天的群体具备基本科学素质的比例最高，分别为 6.18% 和 6.28%，听广播时间为 2～3 小时/天的群体具备基本科学素质的比例最低，仅为 1.74%。那么，全民听广播时间与其科学素质水平有什么关系呢？

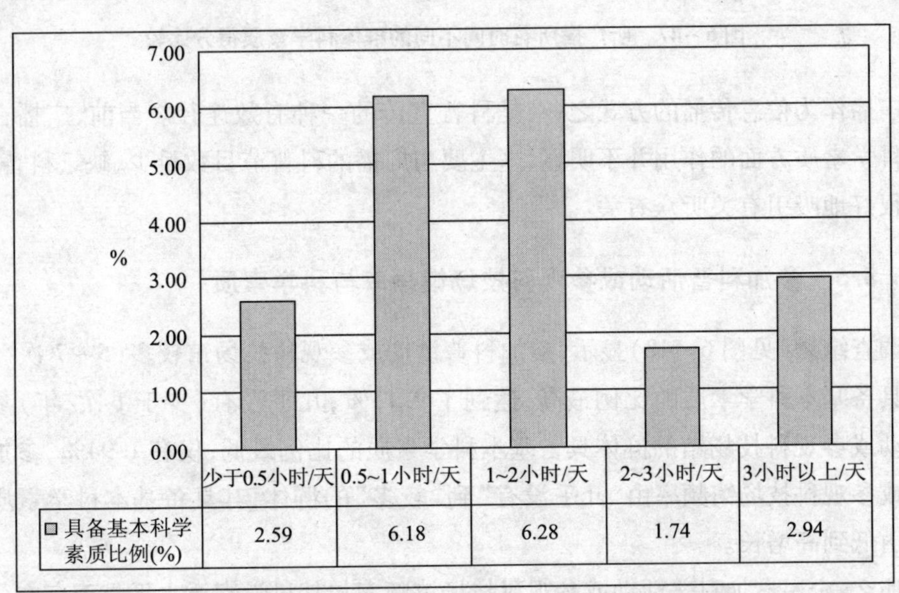

图 6－46　听广播所花时间不同的群体具备基本科学素质的比例

① 《2005 年中国科普报告》，中国科普研究网 . www. crsp. org. cn.

调查结果(见图6-47)显示,全民听广播时间与全民科学素质平均分无明显的规律。我们分别用1、2、3、4、5来表示全民听广播时间由少到多的程度,即分别表示每天少于0.5小时、每天0.5~1小时、每天1~2小时、每天2~3小时、每天3小时以上,然后对全民听广播时间与科学素质平均分进行相关性分析,最后得出两者的相关性系数为-0.22,这表明,全民听广播时间与科学素质之间不存在明显的相关性。

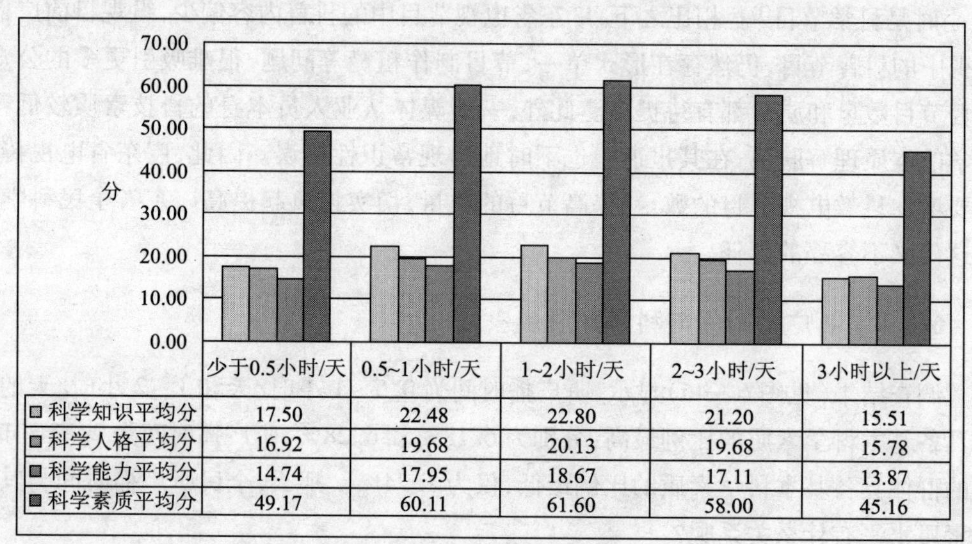

	少于0.5小时/天	0.5~1小时/天	1~2小时/天	2~3小时/天	3小时以上/天
科学知识平均分	17.50	22.48	22.80	21.20	15.51
科学人格平均分	16.92	19.68	20.13	19.68	15.78
科学能力平均分	14.74	17.95	18.67	17.11	13.87
科学素质平均分	49.17	60.11	61.60	58.00	45.16

图6-47 听广播所花时间不同的群体科学素质得分比较

广播作为信息传播的方式之一,是科普宣传的一种有效途径。当前,广播在提升听众科学素质方面的作用并不明显,这主要与广播的科普节目数量少、缺乏科普精品、未能很好地吸引有关听众有关。

6.8.5 参加科普活动或参观科技场馆频率与科学素质

调查结果(见图6-48)显示,参加科普活动或参观科技场馆较多(5~7次/年)的群体具备基本科学素质的比例最高,达到了9.13%,几乎没有(少于1次/年)参加科普活动或参观科技场馆的群体具备基本科学素质的比例最低,仅有1.94%,参加科普活动或参观科技场馆频率由“几乎没有”到“较多”的群体,其具备基本科学素质的比例也由低到高增长。

那么,全民参加科普活动或参观科技场馆频率与其科学素质水平是否存在一定正相关性呢?调查结果(见图6-49)显示,全民参加科普活动或参观科技场馆频率由低到高增长,其科学素质平均分也由低到高增长。我们分别用1、2、3、4、5来表示全民参加科普活动或参观科技场馆频率由低到高的程度,即分别表示几乎没有、偶尔、一般、较多、经常,然后对全民参加科普活动或参观科技场馆频率与科学素质平均分进行相

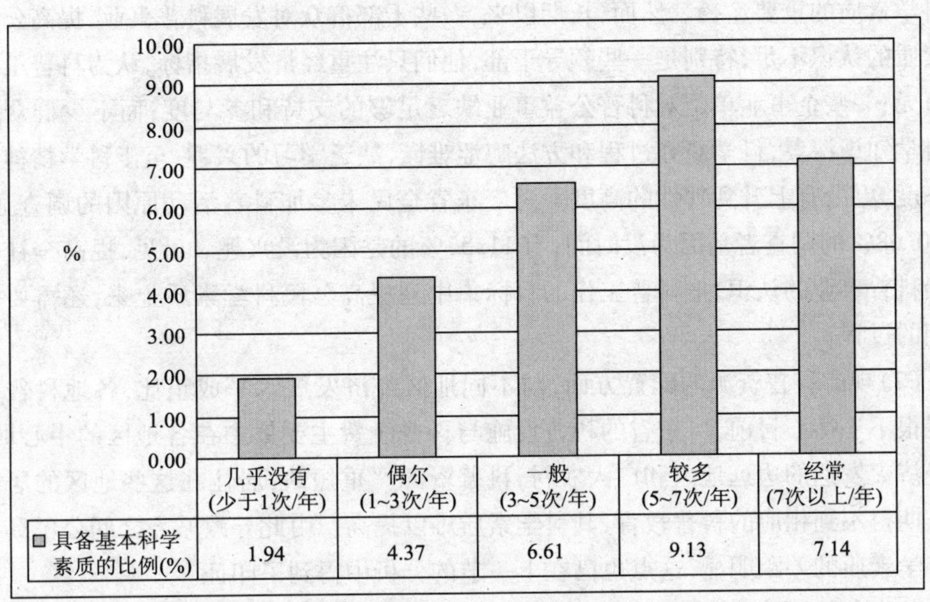

	几乎没有(少于1次/年)	偶尔(1~3次/年)	一般(3~5次/年)	较多(5~7次/年)	经常(7次以上/年)
具备基本科学素质的比例(%)	1.94	4.37	6.61	9.13	7.14

图 6-48　参加科普活动或参观科技场馆频率不同的群体具备基本科学素质的比例

关性分析,最后得出两者的相关性系数为 0.83,这表明全民参加科普活动或参观科技场馆频率与科学素质水平存在较强的正相关性。可见,科普事业的发展对广东省全民科学素质水平的提高有重要影响。

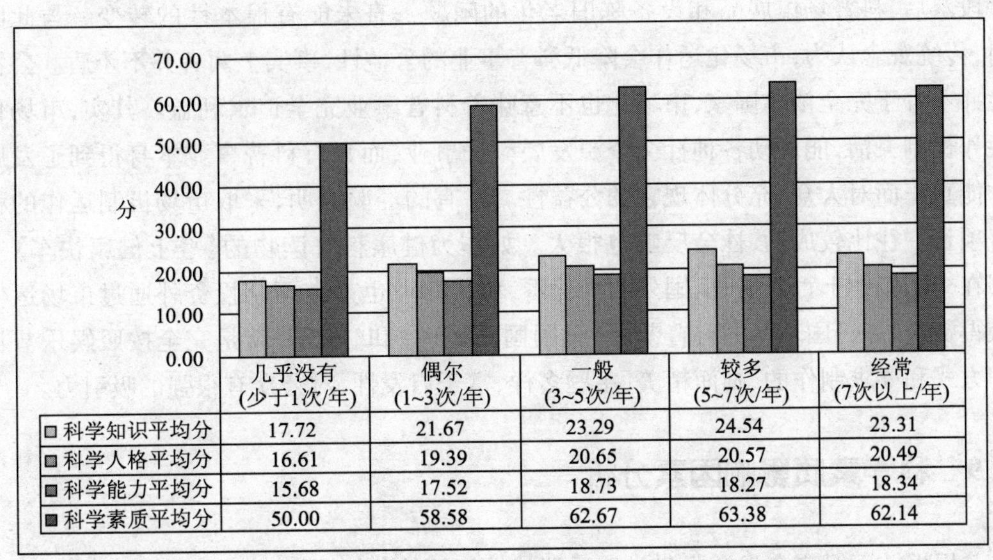

	几乎没有(少于1次/年)	偶尔(1~3次/年)	一般(3~5次/年)	较多(5~7次/年)	经常(7次以上/年)
科学知识平均分	17.72	21.67	23.29	24.54	23.31
科学人格平均分	16.61	19.39	20.65	20.57	20.49
科学能力平均分	15.68	17.52	18.73	18.27	18.34
科学素质平均分	50.00	58.58	62.67	63.38	62.14

图 6-49　参加科普活动或参观科技场馆频率不同的群体科学素质得分比较

近几年来,广东省科普事业发展迅速,但也应看到存在的一些不足:

(1)部分干部和社会群众对科普认识不足。开展全面的科学普及工作是提高公民科学素质的重要途径。然而,长期以来,一些干部群众对发展科普事业,提高公民科学素质的认识不足,特别是一些领导干部,他们只注重经济发展指标,认为科普工作可有可无;一些企事业单位对科普公益事业缺乏足够的支持和参与度;而不少群众则认为科学知识深奥,科学研究过程和方法晦涩难懂,缺乏学习的兴趣;至于科学精神和科学态度,更没有上升到理性的高度。对广东省全民未参加科普活动原因的调查显示,有40.68%的调查者是因为没时间,有11.53%的是因为没兴趣。可见,提高全社会对发展科普事业的认识,把科普工作的目标集中到提高公民科学素质上来,还需要一个长期的过程。

(2)现有科普资源的配置方面,与不同地区经济发展水平成正比,各地科普事业发展很不平衡。目前,广东省的科普设施与科普经费主要集中在各地区的中心城区,而经济欠发达的边远地区和广大农村,科普资源严重短缺,居住在这些地区的居民因此长期得不到相应的科普教育,其科学素质难以提高。由此导致城乡之间公民具备基本科学素质的差距明显,这点也已在上一节的分析中得到了印证。

(3)科普事业市场化程度低。当前,广东省科普经费主要依靠各级财政投入的同级科协事业费及其他相关部门和团体的间接投入。尽管近年来随着公众科普需求的日益增长和国家对科普工作的重视,政府和社会在科普事业上的投入呈逐年增长态势,但由于各级财政的投入能力与实际需求之间尚有较大缺口,同时国家又缺乏引导社会和企业投资科普事业的相应政策,社会参与程度低,使长期存在的科普投入不足、手段落后、科普场馆展品和设备陈旧老化的问题一直未能有根本性的转变。与此同时,传统观念认为,市场化运作会降低科普事业的公益性,事实上两者并不矛盾。公益性并不等于完全依靠国家,市场化也不意味着科普事业完全追求利益。其实,市场化运作机制灵活,能调动各种社会资源发展科普事业,而只有科普事业本身得到了发展才能真正面对大众,充分体现它的公益性。已有的经验表明,采取市场机制运作的科普项目往往比较成功,社会反响也很大。如作为健康科普读物的《登上健康快车》一书在全国畅销上百万册;从国外的情况看,科普事业也是在国家投资外通过市场运作获得资金,如美国著名的科普节目《美国国家地理》和《发现》就是完全按照娱乐节目的方式和要求制作的,画面精美,主题多样,富于启发性,对公众有很强的吸引力。

6.9 科学素质影响因素分析

根据前面对广东省全民科学素质群体性特征的分析可知,教育培训、科普投入、地区经济水平、公民行为等都会影响到全民的科学素质水平。除此之外,政府部门的法规政策,中国的社会文化氛围等其他因素也会影响全民科学素质水平①。但是由于法规政策及文化氛围的难以测度,本书未对其进行量化分析。

由前面的分析可知,全民文化程度、上网时间、看报频率、参加科普活动或参观科技场馆频率均与全民的科学素质水平有很强的正相关性。由于上网、看报、参加科普活动或参观科技场馆都是全民获取信息(包括科技信息)的不同途径,在这里本书将三者归纳为全民获取信息的程度。接下来,本书采取了路径分析方法来研究研究科学素质、科学知识、科学人格、科学能力、文化程度、获取信息的程度这六个变量的因果关系及影响结果。这里之所以选用路径分析法,主要是因为路径分析法不仅可以处理有多个因变量和中间变量的问题,而且可以处理一些变量互为因果的问题,即所谓的非递归模型。

由第二章的理论研究以及本章前面对科学素质的构成要素模型的验证可知,科学素质有三个重要的组成要素,即科学知识、科学人格、科学能力。同时,根据前面关于全民文化程度、全民获取信息程度与科学素质的正相关性分析,我们初步构建了科学素质的模型(见图6-50)。

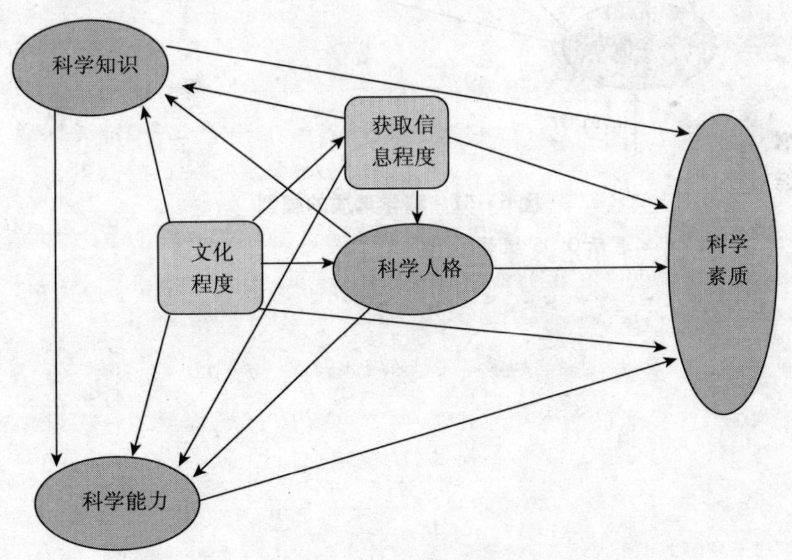

图6-50　科学素质的初步模型

运用SPSS统计软件处理,求出各路径系数,最后得到了一个科学素质模型,如图6-51所示。由模型可知,教育程度对于科学知识、科学人格以及获取信息的程度具有直接的正影响作用,对于科学能力却无“直接效果”,而是通过影响科学知识、科学

① 科普研究资料库.http://www.cdstm.cn/Mediumfile/C.6_resmaterial/20061115/618C1653-CFBA-485A-9554-AF3C125430C9_1/3368_1_a2.pdf.

人格来影响科学能力；获取信息程度对于科学知识具有直接的正影响作用，与科学人格有相互影响作用，对于科学能力无“直接效果”，而是通过影响科学知识、科学人格来影响科学能力；科学人格与科学知识互有影响，科学人格对于科学能力有直接的正影响作用。

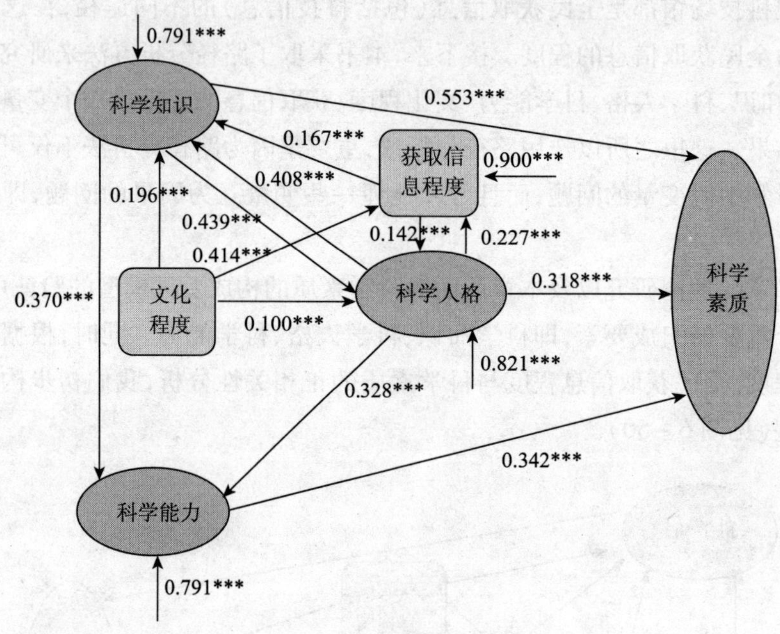

图 6-51　科学素质的模型

注：*** 表示 0.05 显著水平。

第七章　广东省实施《全民科学素质纲要》监测体系设计

广东省全民科学素质监测指标体系的建立，犹如反映事物真实情况的仪表，它不但能度量、解释事物的功能和性质，而且具有监测事物发展和运行状况的功能。科学素质评价指标体系的对象主要是公民，度量其科学素质的高低，而监测指标体系不同，它监测的主要对象是提高公民科学素质的各种活动和项目，监测 21 个地级以上市相关机构关于科普资源投入和科普工作运行开展情况、取得成果，度量其对公民科学素质水平的提高效果。

通过监测指标体系，可以监测全民科学素质行动计划纲要的运行情况，及时发现问题，采取措施加以解决。能够根据监测的结果，对行动计划纲要进行宏观调控，调整投资方向，提供资金、政策、法规的支持。与此同时，还能够根据监测所反映出来的情况，在对过去和现在进行分析的基础上，探索所研究的各种社会现象，如科普的展览、展示，科技教育和公民科学素质等的未来发展方向和变化规律，从而对未来广东省公民科学素质的发展趋势进行预测，提前做出应对，及时把握事物的发展方向，并对可能出现的问题提出预防性措施，避免重大方向的偏离。所以，对实施《全民科学素质纲要》的监测体系设计非常重要，而且必不可少，是制定提高广东省全民科学素质有效措施的基础。

7.1　监测体系的设计

7.1.1　监测评估的意义

一、提高全民科学素质与以人为本

伴随着信息网络技术的进一步发展、生物技术和纳米科技的兴起，科技发展的动力机制更趋于市场化、国际化，科学技术革命已把世界带入一个全新的知识经济时代。世界范围内的人才争夺更为激烈，科学技术作为第一生产力，知识载体的人力资源也成为第一资源，发展科学技术、实现技术创新不仅取决于科学家和工程师们向科技高峰的不断攀登，也取决于全民对现代科学技术的理解、掌握和运用能力，以及建立在科学思想、科学方法和科学精神基础上的国民世界观和人生观,即公众科学文化素质的提高。

只有具备达到基准的科学素质,公民才能以求真务实的科学精神、严谨的科学态度,选择得当的科学方法,及时发现问题、深入分析问题、有效解决问题,坚守岗位、胜任工作,才有可能获得工作成果、创新性成果,最终推动经济、社会持续稳定并与生态相融地向前发展。目前,广东的社会管理水平、产业结构层次、生产水平、核心技术水平均不太高,造成资源过度投入、过度消耗,对资源、环境的压力加大,例如许多区域的发展已经极大地受制于土地资源的缺乏,以资源、投资、土地财政驱动区域经济增长的方式已经难以为继,依靠科技、人力资本才是获得永续经济增长的关键。

缺乏基本科学素质的公众的工作生活质量是不高的。2000 年,不少人之所以被"法轮功"邪教的异端邪说所蛊惑,正是由于人们对科学知识,特别是生命科学知识的严重缺乏。任由封建迷信和伪科学泛滥,就会成为邪教滋生的土壤;对科学知识所知不多,就容易导致愚昧,看病不找大夫找巫婆神汉。2003 年,因恐惧非典,以为食用醋可以预防非典,广东市民大肆抢购食醋;相应地,有调查显示,2003 年我国公民具备基本科学素质的人口只占总人口的 1.98%,农村居民则低至 0.7%,与美国 2001 年已经达到的 17% 相去甚远。2011 年,因为日本核泄漏,以为碘盐含碘即可预防核辐射,导致广东市民大肆抢购食盐,等等;相应地,2010 年广东开展的科学素质调查结果显示,广东科学素质水平仅相当于美国 20 世纪 80 年代的水平。适龄劳动人口因科学素质不高,缺乏自我保护的一些基本常识,还造成了一些重大安全生产事故发生,例如重庆开县的天然气泄漏事故、吉林石化的爆炸事故,等等。过低的科学素质使人们在无意中犯错,不仅不利于广东省现代化建设的需要,也极大地影响了科学技术在生产中的应用,最终导致生产率水平难以提高,需要团队运作的项目即便拥有高技能、创新天赋的人才也最终会因缺乏高科学素质的团队成员而搁浅。

因此,提高公民科学素质,加强公民科学素质建设,不仅要立足于社会、组织对高科学素质人力资源的需求,更要注重公民自身对科学素质的迫切需要。提高全民科学素质应该以人为本,从人的需要出发,积极引导并尽力满足人对科学素质的正面需求。

提高全民科学素质有利于促进人的全面发展,推进经济、政治、文化的发展和改善人民群众的物质文化生活。公民科学素质越高,人就越全面发展,社会的物质文化财富就会创造得越多,人们的生活就越能得到改善;而物质文化条件越充分,又越能推进人的全面发展。尽管目前广东高中的毛入学率(含大专学历)为 85%,大学的毛入学率超过了 24%,超过了全国平均水平,但广东的公民科学素质状况还是不能适应建设创新型国家的要求,广东的发展面临着很大的挑战。社会生产力和经济文化的发展水平是逐步提高、永无止境的历史过程,这就要求我们要在发展物质文明、政治文明和精神文明的基础上,不断推进人的全面发展,提高全民的科学素质,即推进人的身体素质、心理素质和社会素质的健康发展，推进人的知识、情感和意志的协调发展，推进人的科技文化水平、道德品质和创造能力的和谐发展。

构建广东省全民科学素质行动计划监测体系就是要在邓小平理论和"三个代表"重要思想的指导下，切实贯彻科学发展观，坚持以人为本的原则，大力提高全民科学素质，对广东省全民科学素质行动计划实施情况进行科学合理的监督和监测，保证相关工作能够切实有效地开展，为广东继续成为全国实践科学发展观的排头兵贡献力量。

二、实施《全民科学素质纲要》是建设创新型国家的需要

现代社会，经济与科技已经成为紧密结合、相互促进、不可分割的有机整体。"世界范围内的经济结构调整正在加紧进行，经济结构调整的过程实际上是用现代科技改造和提升传统产业，提高经济发展科技含量的过程，是科技与经济结合的布局不断变化不断加强的过程，是经济对知识的依赖程度不断提高、知识更新速度不断加快的过程"。1988 年邓小平同志提出"科学技术是第一生产力"这一精辟的科学论断。这个论断显示出科学技术在生产力发展中的重要地位，为我国社会主义进一步解放和发展生产力指明了方向。1992 年邓小平同志在视察南方的谈话中，再次强调指出，"经济发展得快一点，必须依靠科技和教育。""我们这几年，离开科学技术能发展得这么快吗？要提倡科学，依靠科学才有希望。"胡锦涛总书记在党的十七大报告中提出"科学发展观，第一要义是发展，核心是以人为本，基本要求是全面协调可持续发展，根本方法是统筹兼顾"。科学技术是第一生产力，是先进生产力的集中表现和主要标志，就是要重视科学技术创新，重视科技人才的培养，重视科学技术的不断发展。2006 年 12 月，全国第四次科学技术大会召开，会议确定"自主创新"、"重点跨越"、"支撑发展"、"引领未来"为未来 15 年我国科技发展的指导方针，把建设创新型国家作为面向未来的重大战略。

胡锦涛总书记提出了以人为本、全面协调可持续发展的科学发展观，这意味着必须转变观念，由注重开发自然资源转向注重开发智力资源、人力资源、投资人力资本，注重提高人们的自主创新能力，加强队伍建设特别是科技研发、科技管理队伍建设，注重科技顶层人才的设计与开发，倡导以苹果公司前首席 CEO 乔布斯为创新人才的标杆，健全人才激励机制并鼓励自我激励，使科技梯队人才队伍建设与社会、经济发展相适应。

高科学素质的公众群体是科技创新的人力资源基础，再宏伟的计划都需要通过人来实施。结构合理、德才兼备、综合素质高、优势互补的科技人才队伍，必须以大幅度提高广大劳动者的科学素质为前提和基础，国民素质高的国家才会有未来和希望，科学素质工程建设、文化建设、制度环境建设必须齐头并进，共同营造宜居、幸福、和谐、具备胜任力的创新型人才生存与发展的环境与土壤。全球创新教父乔布斯，成功的商业领袖、IT巨头比尔·盖茨和戴尔,他们虽然大学尚未毕业便开始创业,但是仍然有出头的机会和成长的空间,美国在创新环境的营造方面有许多地方值得我们借鉴。

2006年年初,国务院颁布并开始实施了我国历史上第一个提高全民科学素质的纲领性文件——《全民科学素质行动计划纲要(2006—2010—2020年)》,该文件的颁布与组织实施具有里程碑意义,为建设创新型国家、真正实现科技强国、科教兴国吹响了号角。人们开始意识到创新不仅是企业的唯一出路,比如苹果公司,硬是靠着一个又一个改变世界的创新单品,在短短十几年间使一个濒临破产、负债累累的大公司位列全球市值最高的公司,而且创新也是国家振兴和强大的唯一途径,特别是自主创新。创新人才和创新精英固然难求、重要,更重要的是具备高科学素质、高技能的大众,是他们组成了民族的脊梁。乔布斯的辞世并未带来大的股价波动,就是人们有此共识的最好例证。一个乔布斯离去,千万个植根于创新文化、创新氛围、创新流程的员工仍在苹果公司创新的岗位上继续工作。

我们的目标是,落实科学发展观,将科学素质建设根植于中华民族优秀的精神文化传统之中,根植于国民群体的教育之中,根植于良好的体制、机制、人文环境之中,根植于各项工作之中。我们认为,科学素质的提高能够使广大公众树立科学的生产观、生活观、消费观、价值观,能够使领导干部、管理者、公务员树立正确的政绩观、是非观、发展观,能够使未成年人、公务员、城镇居民和农民有效地提高思维能力、辨别能力和处理问题的能力。普及科学发展观,强化科学传播的力量,加强科技宣传工作势在必行。

实施《全民科学素质纲要》主要是为了搭建一个政府引导、动员全社会参与的科学传播和普及的工作平台,涉及社会各个方面。《全民科学素质纲要》的实施由十八个部门共同协作,实现大联合、大协作的矩阵式管理模式。各成员单位明确责任,承担着提高公民科学素质的某一方面的工作,根据领导小组的要求去推动并形成合力,但每一个单位都不可能包打天下。《全民科学素质纲要》确定了九项重点任务,每项重点任务有牵头部门和责任单位,把任务融入到各部门的工作中。提高全民科学素质行动计划需要正规的学校教育、各种形式的继续教育、社会化的科技普及与传播和鼓励公民自我学习同步并举,开展科学教育是教学改革的重要内容。教学改革就应该实现应试教育向素质教育的转变,教学方法要从灌输式向启发式转变。由教育部牵头科学教育工作,目的就是强调教育改革将来必须要在开展科学教育方面取得实质性的进展。又如中宣部本来就是主管大众传媒的,由其牵头实施"大众传媒科技传播能力建设工程",就是要在大众传媒中进一步加强科技传播工作,质量要提高、数量也要增加。各个部门把分散的科普资源整合起来,进一步充实并实现共享,为社会提供更多、更实用和更有效的服务,使人人都能够享受到科普的雨露滋润。在学习型的社会尚未形成、全民学习的条件尚不完善的情况下，需要国家通过有效的社会动员和资源供给，包括物力资源、人力资源和制度资源，来集成政府、社会和个人的力量，共同推进全民科学素质的提高。

三、监测是落实全民科学素质纲要的有效措施

近年来，广东高度重视科学素质建设工作。“全面贯彻《全民科学素质纲要》”被写入了全省十届人大五次会议《政府工作报告》中，列入政府工作计划。广东全省有19个地级市和88个县(市、区)成立了全民科学素质工作领导小组，并相应建立了工作制度，制定了工作方案，明确了各项任务的牵头单位和责任单位。各参与单位充分整合本系统、本部门和社会有关力量，将贯彻《全民科学素质纲要》的工作融入本部门的工作规划和计划。广州市机构编制委员会正式行文，确定市科协增加领导小组办公室的任务，市财政拨款专项经费150万元作为办公室的工作经费，并明确今后列入年度财政预算。对落实《全民科学素质纲要》的一些重点任务，各级财政也相应加大了投入力度。全省上下围绕实施《全民科学素质纲要》建立了政府领导、部门分工负责、社会共同参与的工作机制，加大投入，提供保障。围绕“节约能源资源、保护生态环境、保障安全健康”的主题，结合实施《全民科学素质纲要》举办了“资源节约、人人参与”大型科普活动。以素质教育为目标，教育系统积极推进新科学课程的全面实施，深化中小学科学课程教材、内容、教法改革，构建具有当地特色的科学课程体系。科技、科协、共青团、妇联、中科院广州分院等结合各自优势，以创新和实践为导向，充分发挥科技教育特色学校、青少年科技教育基地以及科技辅导员的作用，广泛开展了青少年科技创新大赛、大手拉小手科技传播行动、科技夏令营、校园科技节等各类青少年科技教育活动。省委组织部、省科协联合制定印发了《“十一五”全省农村基层干部和党员科技培训规划纲要》，对今后五年全省百万农村党员、基层干部新一轮科技培训工作进行了总体设计和部署。农业、劳动保障、共青团等实施了“新型农民创业培训”、“农业科技入户示范工程”、“农村青年技能培训”、“农村劳动力转移培训阳光工程”等重点项目，加强对农村青年、农业生产专业户、科技示范户、农村经济组织带头人的培训。2007年12月，全国政协教科文卫体委员会对广东省《全民科学素质纲要》的实施情况进行调研，听取了广东省、广州市、惠州市、东莞市、珠海市等地实施情况的汇报，考察了广东省科学中心等一批科普基地，对广东实施《全民科学素质纲要》作了充分的肯定，同时还指出此项工作尚存在重点不突出、特色不鲜明，与当地经济社会发展以及人民群众的需求结合不紧密，有交叉重复、力量分散等问题，建议广东省加强对《全民科学素质纲要》工作的领导，坚持必要的工作制度，研究制定政策措施，协调解决有关问题。

要想把《全民科学素质纲要》的内容真正落到实处、见到实效，就必须考虑加强监测工作，通过监测，及时反映工作的进展和存在的问题，进一步推进科学素质各项工作

的提高。

7.1.2 监测评估的目标

根据项目评估理论，监测评估的过程应包括九个方面的内容：明确目的；确定对象、内容与标准；选择方法与工具；培训评估者；取样；收集、处理、分析数据；展示结果；反馈与修正①。依据实际情况和各地方特色适当增减相应环节。对广东省《全民科学素质纲要》实施的监测评估必须事先确定监测评估的基本目标，以指导不同形式、不同范围、不同项目的评估活动。这些目标主要通过监测评估的指标体系来确定。我们认为，广东省全民科学素质监测评估指标体系至少应体现以下目标：

一、促进公民科学素质的提高

这是广东省实施《全民科学素质纲要》的主要目标，也是判断实施《全民科学素质纲要》成败的基本依据。为此，必须准确、全面、及时地了解公民科学素质的状况与变化，以便为《全民科学素质纲要》在广东省的实施与推进提供指导。

二、促进公民科学素质建设体制的改变

尽管具有科普法的背景，目前我国在公民科学素质建设的体制上仍然亟待改变，如科普联席会议制度、公民科学素质发布制度、科普机构与人员考核制度、科普市场准入制度等尚未建立，需要通过监测评估工作来加以促进。

三、促进公民科学素质建设的资金投入与合理使用

作为一项战略意义上的建设计划，公民科学素质建设必须纳入全省的财政规划，其资金投放与使用必须置于透明的监测与评估过程中。同时，《全民科学素质纲要》自身还必须扮演“催化剂”的角色，大力吸引各种资金进入广东省市场。这一切均须通过监测评估工作加以保证。

四、促进公民科学素质建设的社会动员

广东省实施《全民科学素质纲要》是一项长期工程，其影响广泛，波及社会各层面。为此，必须通过监测评估工作充分调动全社会参与的积极性与主动性，保证《全民科学素质纲要》的目标在广东省得到落实。

五、促进公民科学素质建设不同渠道的融合

目前，广东省在公民科学素质建设上，不同渠道之间的分离现象日益突出，严重影响广东省《全民科学素质纲要》的顺利实施。为此，必须通过监测评估工作来促进不同科学教育渠道消除壁垒，实现融合。

① 中国科协．公民科学素质建设的监测与评估[R]．2006 年 11 月

六、促进公民科学素质建设取得良效

广东省实施《全民科学素质纲要》的根本目的在于,改变目前公民科学素质水平低下、增长缓慢的局面,因此必须对计划的长期效果加以监测与评估。在这一点上,监测与评估工作不仅应先于《全民科学素质纲要》,而且也不应随着《全民科学素质纲要》的完成而终结。

广东省力争在全国范围内率先实现《全民科学素质纲要》中明确提出的公民科学素质建设的近期、中期、远期目标。

(1)近期目标:到2010年,科学技术的教育、传播与普及有较大发展,公民科学素质明显提高,达到世界主要发达国家20世纪80年代末的水平(已经基本实现)。

(2)中期目标:与我国全面建设小康社会目标相衔接,到2020年,使科学技术教育、传播与普及有明显的发展,公民科学素质建设的组织实施、基础设施、条件保障、监测评估体系比较完善,公民科学素质在整体上达到世界主要发达国家21世纪初的水平①。

(3)远期目标:与我国现代化建设第三步战略目标相衔接,实现到21世纪中叶我国成年公民具备基本科学素质。

7.1.3　监测评估的组织机构

监测评估工作是一种跨学科、多层次的综合性工作,它既要求社会科学、经济学与自然科学的综合,又要求决策层、执行层与研究层的结合。因此,监测评估机构在组织结构上一般分为二种属性(政府性的与非政府性的)和三个层次(国家级、地方级、科研院所级)。由于从事科技评估的历史背景不同,行政所属不同等诸多原因,其组织机构的设置和作用也有所差别。

我国的科普活动由中央政府领导,归属中国科协具体管理,国务院科学技术行政部门负责协同各部委共同合作,我国公民科学素质建设涉及的组织和机构主要包括:

(1)学校。大学(大专)、职业学校、中学、小学和幼儿园。

(2)中央、地方科研院所。如中科院拥有100多个研究所,50多个国家重点实验室,15个国家工程技术研究中心,80多个野外观测试验站,10多个植物园,近30个生物标本馆,一批高新技术研究基地(如遥感、机器人、计算机、光电子等)。

(3)科普场馆。如中国科技馆、博物馆、天文馆、图书馆和省市科技场馆、科技活动中心等。

(4)民间团体和各学科学会、研究会、专业委员会。如中国科协下属中国青少年科技辅导员协会,团中央下属中国少年科学院;数学、物理、化学、生物、信息学会;工交

---

①　国务院．全民科学素质行动计划纲要(2006—2010—2020年),2006.

科普专业委员会，农林科普专业委员会，国防科普专业委员会等。

(5)大众传播媒体。如中央各省市出版部门，电视台、广播电台、书籍、报纸、杂志、各网站等。

具体到广东省，由广东省科技厅负责公民科学素质项目的管理工作。广东省科技厅委托广东省科协承担项目的具体工作，负责组织专家研究制定监测系统的指标体系，对项目管理人员进行培训，对监测工作进行指导，整理和分析全省监测数据，撰写监测报告。

广东省科协应成立专项办公室，负责制定监测的总体实施原则和要求；统筹协调省各相关机构分管监测实施工作；确定监测点；确定下设的21个地级市公民科学素质监测小组的工作职责；确定监测专款的使用办法和监测工作表彰奖励办法；对监测工作进行部署、检查、总结和表彰奖励；审核监测报告；审定并公布监测结果等。

21个地级以上市负责本市监测工作的项目管理，及时拨付项目专款，配套相应的资金，用于支持财力确有困难的项目县开展监测工作；指导并监督各市按要求进行监测工作；各有关部门向省科协反映监测工作的情况。

地级和县级科协负责协同地方党委和政府部门、有关团体成立监测工作领导小组，任用专职监测管理员，从事数据的采集、整理和录入工作；及时、准确地向省级监测小组上报公民科学素质建设项目统计监测数据和信息；及时向上级监测组织管理机构反馈公民科学素质建设监测工作的实施情况和存在的问题。具体分工如下：

(1)学校与科研院所——是公民科学素质正规教育的主渠道，也是青少年科学素质建设的实施主体，除了常态的科技教育专兼职人员、专项经费等统计指标之外，青少年科技兴趣小组、青少年科技竞赛、青少年科技夏(冬)令营等活动的状况也是监测的重点目标。

(2)党委与政府部门——负责制定相关政策法规、投入科普资源(人力、财力、场馆设施和传媒网络等)，实施《广东省全民科学素质行动计划纲要》推进方案及相关工作的管理。

(3)科协等科学团体或社会、社区组织——是制定和实施广东省《全民科学素质纲要》分阶段工作目标、重点任务、推进措施的重要机构，对公民科学素质建设项目的统筹规划、协调管理、资源整合、宣传推动是其主要职责，也是建立该监测指标的重要依据。

(4)科技场馆与基地——包括科普教育单个基地人口覆盖面积、科普宣传教育活动(如讲座、展览等)的数量与成效、科普国际交流的频次等。

(5)企事业单位——对开展科普活动的认同度、运行机制、对象定位、内容与形式的创新等问题都可以作为监测体系的指标内容。

(6)大众传媒(报刊、杂志、广播、电视、网络、多媒体)——参与公民科学素质建设的形式主要有科普图书、期刊，科技类报纸（专栏）和音像制品，以及广播电视的科普节目，科普网站等，相应的各传媒种类、数量、时间和年发行量等指标。①

我国的公民科学素质建设渠道基本与美国一致，但是差异在于，我国的公民科学素质建设渠道表现为强烈的分离特点。校外科学教育渠道主要由中国科协领导，下属各类科技中心与科普场所，大众传媒则归口于广电部；校内科学教育渠道则主要由教育部领导，包括各类大专院校甚至幼儿园等。这种行政区划造成的板块式结构导致不同渠道的融合极难产生，因而也很难将其整合在一个总体计划框架下，形成一套监测评估的统一指标体系。

7.1.4　监测指标体系设计的原则

为制定并顺利推进广东省《全民科学素质纲要》的监测评估体系，监测评估的指标应遵循以下原则：

一、科学性原则

科学性是监测评估工作的首要原则，直接决定了评估的质量。不论对于公民科学素质本身还是其建设实施过程，其评估的指标体系、评估工具、评估过程、评估结果的使用等，均要保证其科学性。

二、系统性原则

公民科学素质及其建设的监测评估是一个系统工程。从涉及的学科领域来看，是教育学、心理学、测量学、行政管理等学科的综合；从监测评估的过程来看，涉及命题、取样、施测、结果分析、建立常模、网络与信息化等环节；从参与的人员来看，涉及评价者与被评价者两大类，其中又包括各级各类的人员；从涉及的部门来看，有科研机构、民间团体、教育行政部门、学校、政府部门，等等。因此，必须以系统论的思想对监测评估进行整体规划，增强各部分、各环节之间的积极配合与互动，使得整个评估更为科学、高效。

三、可行性原则

可行性主要包括两层含义：首先，监测评估工作要求其对象必须是“可测量”的，当不同的评估者接受培训后，根据所制定的评估指标与评估工具，对同样的评估对象应能形成相同的判断。尤其是类似“科学精神”这样的偏重质性判断的评估内容，其评估更应避免“空洞”或“不可捉摸”。其次，可行性意味着“因地制宜”。由于21个地级市的条件、基础都是不同的，如果评估的内容、要求的条件太过苛刻或复杂，就会使得评估流于形式或被敷衍。

① 中国科协．公民科学素质建设的监测与评估[R]．2006年11月．

四、可比性原则

进行公民科学素质监测评估的重要目的之一，是促进公民科学素质提高工作的开展，提高素质工作的效率。而公民科学素质提升工作开展效果的好坏，是通过比较才能得知的，这种比较有两种角度：一是横向比较，不同地区、部门之间进行比较，通过比较和相应的奖优帮劣的政策，鼓励先进，促进提高公民科学素质工作的开展和效率的提升；二是纵向比较，即同一地区、部门不同时间上的比较，以显示公民科学素质的历史变化。从中发扬优点，克服缺点，促进素质工作的开展。

五、弹性与适应性原则

监测评估是一个动态的过程，绝不是一个按照既定指标僵化执行的过程，同时也由于广东省地域辽阔，21个地级市的文化传统、经济、教育存在较大的差异，因此，监测评估的方法与过程应具有弹性与适应性，在确定评估目标、评估标准、使用评估方法、工具、选择评估策略等方面，都应考虑到地区间以及推进过程中不同阶段、不同方面的差异。

六、经济性原则

经济性原则主要考虑数据的可获得性。对于定量评估来讲，数据的可获得性非常重要，如果设计的指标数据难以获得，那么，再好的指标也无法用来进行具体的计算。数据的可获得性包括两个方面的含义：一是现有的定量技术、手段，通过努力可能获得的数据；二是现有的科研经费或经济条件下可以获得的数据。如果获得数据的成本太大，即使通过一定的方法可以获得数据，也是得不偿失的。因此，有时虽然根据现有的技术方法可以获得某项数据，但如果不符合经济性原则，也不能采用该指标。

七、可预测性原则

监测评估指标体系不仅可以对公民科学素质工作开展的效果、现状进行评估，可以进行横向和纵向的比较，而且，要对公民科学素质水平的发展具有预测性和指导性，通过预测，确定素质工作的中长期目标，制定相应的政策措施，确保目标顺利实现。比如确定2012年的目标，可根据2004年达到的水平，与1995年的发展情况相比较，求出近几年的增长速度，推算出2012年的目标值；同时结合广东省的具体情况，根据需要和可能相结合的原则，确定广东省的目标，并制定相应的发展战略。

7.1.5 数据的收集和计算

评价全省公民科学素质水平和检查目标的实现情况，评估素质工作开展的效果，包括人们科学素质水平提高以后的经济、科技、文化、环境等各方面的作用，尤其是在定量的基础上反映公民科学素质水平，需要根据设计的指标体系，采用适当的方法进行计算。一般在社会评价领域，对于某一社会现象进行评估时，一般采用加权综合指数法。具体做法是,以当年实际数除以基期或目标值,乘以权重,得到每项指标数值,多项指标数值相加便得到各类指数,各类指数的总和便是综合指数,得到该年度公民科学素质水平指数。也可以采用综合评分法对不同的地区或同一地区不同时间的公民科学素质水平进行评价和比较。

数据的收集是指标体系综合评价的基础,也是综合评价能否符合实际的重要依据。在指标体系设计完成以后,主要的工作就是收集数据,其工作量占全部研究工作的百分之九十以上。为了使研究工作符合经济性原则,一般来说,数据的收集主要立足现实,即以现有的统计数据为基础,辅以问卷抽样统计数据。对于确实需要但现实统计体系中又没有涉及的数据,采用相关数据替代。从目前实际情况看,公民科学素质水平监测的指标数据主要来源于《广东统计年鉴》、《广东科技年鉴》、《广东知识产权年鉴》等。在收集每项指标数据时,应了解每项指标的口径范围,要有可比性,中外对比时尤其要注意指标的可比性。

根据综合评价写出分析报告。横向评价可以从综合指数的排序中分析地区间的差距,从各类指数和指标的比较中分析进步和落后的原因。纵向比较,则着重分析某类指数或某些指标的发展快慢,从中反映不协调和薄弱的环节。总之,监测评价的目的是为了反映公民科学素质水平发展过程中出现的问题和不协调之处,提出切实可行的建议,为决策者提供科学的依据,以推进广东省公民科学素质水平、广东科普事业的健康发展。

7.1.6 常用监测评估方法

目前,世界各主要国家在科技评估中采用的方法有很多种,每种方法都有一定的使用范围,而解决一个具体问题又常需要使用多种方法。

评估方法与评估指标体系是对研究对象进行价值判断的两个相互关联而又相互区别的范畴,评估方法是共性的,评估指标体系则是个性的。目前评估方法有数十种,大致可分为九大类:定性评判方法(同行评议法、德尔斐法、对比分析法)、技术经济分析方法(经济分析法、技术评判法)、多属性评判方法、运筹学方法、统计分析方法(主成分分析法、相关分析法、统计抽样分析法、技术监测方法、聚类分析法、判别分析法)、系统工程方法(层次分析法、综合评价法、关联矩阵法、灰色关联分析法)、模糊数学方法(模糊综合评判法、模糊积分法、模糊模式识别法)、对话式评判方法(逐步法、序贯解法)和智能化评判方法(如基于 BP 神经网络的评判法)。各种方法有各自的优缺点和适用场合,而比较常用、效果较好的方法有三种,即层次分析法、灰色多层次评价法和模糊综合评判法。

7.2 确定监测的内容

由于公民科学素质监测评估具有综合性的特点，一般来说，单个指标不能反映公民科学素质的实际情况，即使是某些综合性的单项指标，也是由一系列的个体指标组成，根据一定的理论体系组合成的综合指标，以反映某一方面的综合性效果。因此，指标不是孤立存在的，它依赖指标体系并发挥具体作用，只有把它放在整个指标体系里加以考察才有意义。

从系统论的角度看，体系即是系统，是一个由某种规则的相互作用和相互依赖的关系统一起来的事物的总体或集合体；一种由发展或事物的相互作用的性质所形成的各部分的自然结合或组织；一个有机的整体，具备一般系统的性质和功能。指标体系就是由一系列相互联系、相互制约的指标组成的科学的、完整的整体。指标体系实质上是所反映系统的抽象，是一种数量的体现。

7.2.1 监测评估指标的类型

不同的研究者根据不同的研究目的，可以建立各种各样的指标体系。公民科学素质监测评估也需要涉及各种不同的指标，而根据评估对象、目的等不同的需要，可以设计各种类型的指标体系。从理论和实践工作来看，可以根据公民科学素质监测评估指标的性质、评估对象、范围、功能等不同，分为不同的类型。

按功能划分为描述性指标和评价性指标。描述性指标是指反映某种现象的状况指标，具有基础性。如科普工作者人数、居民人均拥有电脑台数、人均科普费用、升学率等。每个描述性指标都有不同的计算单位，因此不能用简单加总的方法来综合反映某一层次或某一方面的情况。评价性指标主要反映素质工作及社会经济环境的总体状况。评价性指标也称分析性指标或诊断性指标，它是反映社会经济发展、社会效果在某些方面利弊得失的指标。如恩格尔系数、受教育人口占总人口比重、每百户居民拥有电视机数等。

按效果类型可以分为经济效果指标、社会效果指标、环境效果指标等。经济指标是指反映、测度活动经费投入、经济产出或对经济产出的贡献等指标。在公民科学素质监测评估中，单位科普投入与经济产出、素质提高之间的关系等都是经济效果指标。社会效果指标是指反映经济领域之外的社会生活情况的指标，如升学率、大专以上文化程度人口比重、文盲率等。环境效果是指通过素质工作的开展，提高公民环保意识，从而有意识地保护、改善环境，提高生活质量。

按指标性质分为主观指标和客观指标。主观指标是指反映人们对客观事物的主观感受、愿望、态度、评价等心理状态的指标。如对现在科普活动开展的满意程度、对未来科普活动发展的期望、对现有制度的评价等都是主观指标。客观指标是指反映客观社会现象的指标，如科研经费占 GDP 比重、教育经费投入资金、人均受教育年限、文盲比率等。简言之，主观指标一般反映民意，客观指标一般反映国情、民情。

除此之外，指标类型按事物发展流程分为投入指标、活动量指标和产出指标；按实际贡献可分为正指标、逆指标和中性指标；从指标的来源来看，可以将指标分为直接指标和间接指标，直接指标通过实地调查统计后获得，间接指标则是从已有的文献上获得；从反映时间来看，可将指标分为现实性指标和计划性指标；从相对性来说，可将指标分为绝对性指标和相对性指标。

总而言之，为了真实、合理地反映事物的发展状况，在指标的设计和运用上，我们力求能真实反映并切实解决问题，不局限于某种单一的方法，而采用各种指标复合实现①。

7.2.2　监测评估指标体系的框架

前面我们已经提到，我国的公民科学素质建设渠道与世界上各发达国家基本一致，但我国的公民科学素质建设表现为强烈的分离特点。校外科学教育渠道主要由中国科协领导，下属各类科技中心与科普场所；大众传媒则归于广电部；校内科学教育渠道则主要由教育部领导，包括各类大专院校与幼儿园等。这种行政管理结构的划分不同，导致不同渠道间的合作较为困难，战线拉的过长，时间过慢，效率比较低下。本书尝试从理论上打破这种行政管理归属不同造成的指标分离现象，克服其分离性特点，将其整合在一个总体计划框架下，形成一套监测评估的统一指标体系。

我们的研究重点主要将集中在监测广东省科普资源投入和科普工作运行这两类上。目前，我国公民科学素质建设基础较为薄弱，在基础研究和文件编制过程中，一个普遍的共识是制定和实施《全民科学素质纲要》要突出重点，特别是在“十一五”期间必须突出重点，才能取得实效。其中，确定重点人群，下大力气提高重点人群的科学素质，进而带动全民整体科学素质的提高尤为关键。确定重点人群，首先是根据该人群对提高全民科学素质的影响，要把对全民科学素质整体提高具有重大影响和关键性作用的人群作为重点人群；其次是依据该人群科学素质的现状，要把科学素质整体水平较低而又数量巨大的人群作为重点人群。

一、对象角度

关于监测内容，从对象的角度看，应该包括：

(1)公民总状况变化及其变化趋势的指标。

(2)广东省领导干部和公务员科学素质状况变化及其变化趋势的指标。领导干

---

① 中国科普效果研究课题组编著．科普效果评估理论和方法[M]. 2003 年 11 月第一次出版

部和公务员的科学素质关系到党的执政能力和科学发展观的贯彻落实，同时，他们对其他人群有着示范效应和影响。

（3）未成年人科学素质状况变化及其变化趋势的指标。未成年人是国家和民族的未来，提高未成年人的科学素质，不仅对实现《全民科学素质纲要》提出的目标具有重要意义，更是实现到21世纪中叶我国成年公民具备基本科学素质的长远目标的关键所在。

（4）农民科学素质状况变化及其变化趋势的指标。农民是目前我国人口最多的群体，也是几大人群中科学素质整体水平最低的群体，提高农民科学素质是公民科学素质建设的重点和难点，对于实现全民科学素质在整体上有大幅度提升的目标具有决定性的意义。

（5）城镇劳动人口状况变化及其变化趋势的指标。城镇劳动人口是经济建设和社会发展的主力军，城镇劳动人口的科学素质对于转变经济增长方式、走新型工业化道路、提高自主创新能力具有直接的影响，提高城镇劳动人口的科学素质有着重大的现实意义。

广东省公民科学素质建设的基础仍薄弱，究其原因，主要是公共服务不足，而且分布很不平衡。比如，目前广东省人均拥有的科技馆数量为1/417万，即每417万人才拥有一个科技馆，低于全国的平均水平，即每223万人拥有一个，更远低于日本、美国的均值。在日本，科技馆与总人口的比例为1:22万，美国的科技馆数量与总人口比例是1:41万。加之科技馆主要集中在广州、深圳、东莞，分布不均，很多城市的科技馆也已经失去科普教育功能①。政府和社会为广大公民提供的能够带来科学素质提高的资源特别是硬件资源是严重不足的。但是，短期内改变这一状况是有难度的。比如，就广东而言，一方面科技馆的人均拥有量不足，另一方面，科技馆的观众、游客又十分有限，尤其是规模很大、设施很好的广东科学中心，只因为公共交通的不便极大地影响了客流量，造成资源不足却又闲置的相悖现象。在今后的公民科学素质工程建设中，不能面面俱到、无所轻重，必须抓住主要矛盾、突出重点、解决主要矛盾的主要方面的问题，重点要依据《全民科学素质纲要》，实施“科学教育与培训基础工程”、“科普资源开发与共享工程”、“大众传媒科技传播能力建设工程”、“科普基础设施工程四项公民科学素质建设的基础工程”。

二、工程角度

监测与实施任务、目标相对应。监测在于了解，了解公众科学素质的变化，是了解科普成效、科技宣传、科学传播的一个重要方面。了解公民科学素质的变化，就是要知晓公民在了解基本的科学技术知识、掌握基本的科学方法、树立科学思想、崇尚科学精

---

① 广州日报，2011－10－07.

神、所具备的应用科学知识和方法处理实际问题及参与公共事务的能力的单项变化和综合变化，变化的幅度、变化的过程、变化的原因，产生变化的群体、个体特征，等等。因此，监测内容主要是依据《全民科学素质纲要》，从工程的角度看，应该包括：

(1)科学教育与培训基础工程的改善和变化的内容：科学教育、培训资源建设与整合的情况；中小学科学教育教师队伍建设情况；科学教育与培训的志愿者队伍建设、社会办学情况；培训基地的空间分布、行业分布及建设情况；科技界和教育界合作情况；现有科技场馆的开放、利用、互补情况；教材、课程、教学基础设施的建设情况。

(2)科普资源开发与共享工程的改善和变化的内容：科学普及、科学传播、科技宣传所提供的公共服务的公平、普惠状况；科学普及作品的创作、制作情况；科学技术研究成果向科学教育、科技传播与普及的机制建设情况；科学普及资源共享、覆盖面及利用情况及其共享公共服务平台建设情况。

(3)大众传媒科技传播能力建设工程的改善和变化的内容：各类大众传统媒体参与科技传播、科技宣传的情况；各类大众新媒体参与科技传播、科技宣传的情况；知名大众科技传播媒体的数量及其占比情况；科技传播时间占比、科普出版物规模及占比的变化状况；从事科学技术普及的专业人数、专业机构的规模。

(4)科普基础设施工程的改善和变化的指标和内容：科普基础设施建设的计划性；公益性科普设施建设和运行经费的投入结构、投资者构成、投入规模的情况；科普基础设施建设的更新改造和新建情况；科普基础设施的使用情况；政府关于科普基础设施建设的优惠政策、机制建设情况；城乡科普基础设施建设的结构与差异情况。例如，监测国家级青少年科技教育基地、科普教育基地总数是否由目前的300座增加至500座，省部级青少年科技教育基地和科普教育基地总数是否由目前的1000余座增加至2000座；监测是否有效利用了互联网进行科技传播，是否给现有的公共服务网站、网络植入了科技普及的功能，是否发挥了流动科技馆、流动图书馆、农村电影放映队、科技特派员这些形式灵活、多元的临时科普基础设施的作用，等等。

7.3　监测指标的设计

7.3.1　确定监测指标

公民科学素质监测评估指标体系是在素质工作、科普工作统计的基础上设计的，它主要评价和考察公民科学素质的历史发展和地区发展比较。通过评估，可以发现不同地区公民科学素质建设工作的差别，也可以大致发现不同素质建设项目的效果，由此，可以根据评价的结果，制定相应的政策，鼓励先进，鞭策落后，也可以通过经济手段，发挥投入杠杆的作用，把有限的资源投入到效率高的项目和地区。而对于素质建设工作效果不好的地区，开展有针对性的调查研究工作，找到对策，加以改进。

根据科普工作的特点，我们设计了指标体系，主要用于公民科学素质建设效果的宏观评价。公民科学素质监测指数Z由四个二级指标进行解释，分别为科学教育与培训类指标、科普资源类指标、科普传播类指标和科普基础设施类指标。科学教育与培训类指标又由10个三级指标构成，分别为科技培训指标、科普活动指标、研究生培养单位数指标、科协机构指标等。科普资源类指标由14个三级指标构成，分别为每万人口普通高校在校学生数指标、科技活动课题/项目数指标、科技活动经费使用总额指标等。科普传播类指标由14个三级指标构成，分别为图书出版总印数指标、期刊出版总印数指标、报纸出版总印数指标等。科普基础设施类指标由10个三级指标构成，分别为科技活动机构数指标、各级学会及研究会指标、文化馆数量指标等。（具体见表7－1所示）

表7－1　公民科学素质监测指标体系

一级指标	二级指标	三级指标
公民科学素质监测指数(Z)	科学教育与培训(A)	科技培训(人次)a1
		科普活动(人次)a2
		研究生培养单位数(个)a3
		科协机构(个)a4
		青少年科技竞赛(次)a5
		科普讲座(次)a6
		科技科普展览(次)a7
		国际交流次数(次)a8
		各类学术交流会(次)a9
		完成各类合同和无偿咨询项目(项)a10
	科普资源(B)	各级学会及农技协会会员(万人)b1
		每万人口普通高校在校学生数(个)b2
		科技活动课题/项目数(个)b3
		科技活动经费使用总额(亿元)b4
		科技活动经费与本省生产总值比例(%)b5
		从事科技活动人员(万人)b6
		国企、事业单位平均每万在岗职工专业技术人员(人)b7
		国家级科技奖励成果(项)b8
		省级重大科技成果(项)b9
		省级科技奖励成果(项)b10
		专利申请受理量(件)b11
		专利申请批准量(件)b12
		各类技术合同项目数(项)b13
		各类技术合同金额(万)b14

续　表

一级指标	二级指标	三级指标
公民科学素质监测指数(Z)	科普传播(C)	图书出版种数(种)c1
		图书出版总印数(万册)c2
		期刊出版种数(种)c3
		期刊出版总印数(万册)c4
		报纸出版种数(种)c5
		报纸出版总印数(万册)c6
		科普读物种数(种)c7
		科普读物总印数(万册)c8
		广播电台数量(座)c9
		广播平均每日播音时间(小时)c10
		广播综合人口覆盖率(%)c11
		电视台数量(座)c12
		电视平均每日播出时间(小时)c13
		电视综合人口覆盖率(%)c14
	科普基础设施(D)	科技活动统计单位数(个)d1
		科技活动机构数(个)d2
		各级学会及研究会(个)d3
		电影放映单位(个)d4
		艺术表演团体(个)d5
		文化馆(个)d6
		公共图书馆(个)d7
		公共图书馆藏量(万册、件)d8
		博物馆(个)d9
		博物馆藏品数(万件)d10
		科普场馆工作人员数量(人)d11

7.3.2　数据处理和分析

广东省全民科学素质监测是对广东省公民科学素质实施效果和所处阶段的实际情况的展示，是对政府行为的反馈，根据《全民科学素质纲要》，主要包括科普基础设施、科学教育与培训基础、大众传媒科技传播能力建设、科普资源开发与共享工程等四个方面。通过对监测情况的采集和分析，在保证公民科学素质建设的资金投入与合理使用的同时，找出政府施行中的薄弱环节和不当之处，不断调整政府的行为和决策，促进公民科学素质建设的顺利发展。监测数据主要来源于《广东统计年鉴》、《广东科技年鉴》、《广东知识产权年鉴》等，辅之以问卷调查获取的实际数据，从科学教育与培训、科普资源、科普传播、科普基础设施等几个角度进行分析。

一、广东省总体概况

根据广东省统计年鉴[①],2008 年广东省常住人口为 9 544 万人,其中男性占 51.2%,女性占 48.8%;1990 年至 2008 年,男女比例变化不大,保持稳定(见图7-1)。年龄层次结构上,2008 年,0~14 岁人口占 19.7%,15~64 岁人口占 72.4%,64 岁以上人口占 7.9%(见图 7-2);1990 年至 2008 年,青少年占比呈下降趋势,而且速度较快,老年人口占比却日渐提升,人口老龄化现象比较严重(见图 7-3)。2008 年,农村人口比例为 36.6%,城镇人口比例为 63.4%,人口密度较高,达到 531 人每平方公里(见表 7-2)。

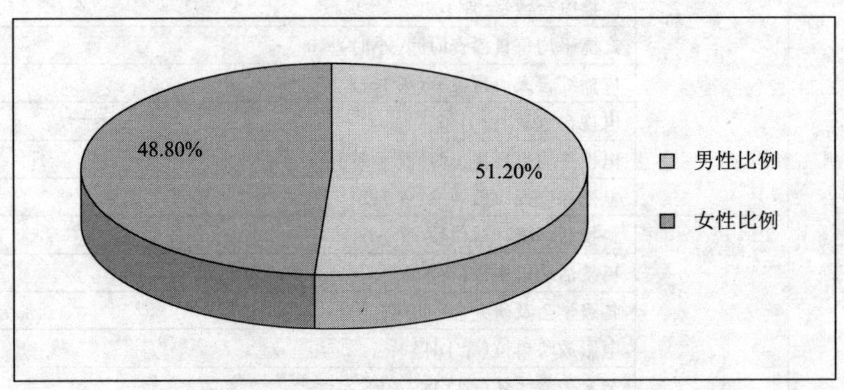

图 7-1 2008 年广东省性别结构图

表 7-2 广东省人口主要指标

项 目	1990	1995	2000	2005	2007	2008
年末常住人口(万人)	**6 347**	**7 387**	**8 650**	**9 194**	**9 449**	**9 544**
男性比例(%)	51.2	50.7	50.9	50.6	51	51.2
女性比例(%)	48.8	49.3	49.1	49.4	49	48.8
0-14 岁人口比例(%)	29.9		24.2	21.3	20.1	19.7
15-64 岁人口比例(%)	64.2		69.8	71.3	72.3	72.4
65 岁及以上人口比例(%)	5.9		6.0	7.4	7.6	7.9
城镇人口比例(%)	36.8	39.3	55.0	60.7	63.1	63.4
人口密度(人/平方公里)	353	411	486	511	526	531

① 以下本章节数据来源皆出自《广东省统计年鉴 2009》.

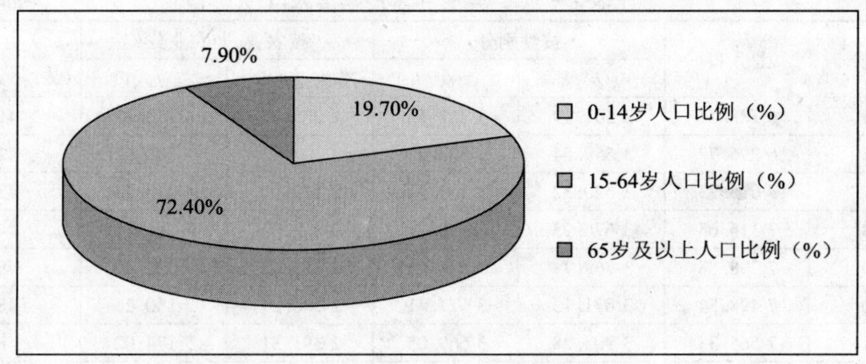

图 7－2　2008 年广东省年龄层次结构图

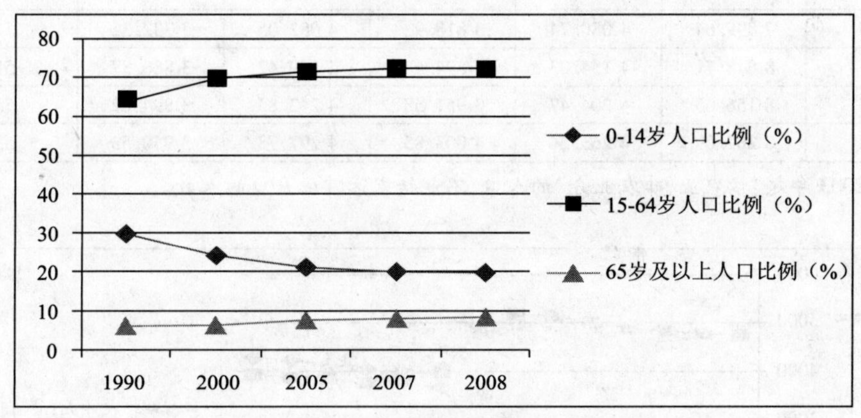

图 7－3　2008 年广东省年龄层次趋势图

2008 年广东省农业人口 3 950. 53 万人，非农业人口达 4 297. 78 万人。在 1995～2003 年期间，农业人口数量远高于非农业人口数量，之后在 2003 年至 2008 年期间，农业人口数量下降，非农业人口数量提高，2003 年后趋于 4 000 万左右，达到一个相对平衡点，两者人口数字相当，变化趋于稳定，说明广东省城镇化速度发展较快，近几年日渐成熟稳定。（具体见表 7－3 和图 7－4）

我们从表 7－4 可以看到，各市城镇人口占常住人口的比例中，广州、深圳、珠海、佛山、东莞、中山等市，城镇人口占常住人口比例在 2008 年达到了 80% 以上。广东省的城市化程度比较高，特别是深圳，2005 年其城镇人口占比就达到了 100%；但是湛江、茂名、清远等市，城镇人口占常住人口比例却依然在 40% 以下，城市化程度比较低，农村人口比较多，从另一个方面也反映了广东的城市化发展现状。

表7-3 广东省年末户籍总人口 （单位：万人）

年 份	总人口	按性别分		按农业、非农业分		人口密度（人/平方公里）
		男	女	非农业人口	农业人口	
1995	6 788.74	3 501.19	3 287.55	2 035.37	4 753.37	411
1996	6 896.77	3 559.54	3 337.23	2 107.8	4 788.97	421
1997	7 013.73	3 620.32	3 393.41	2 173.5	4 840.23	433
1998	7 115.65	3 676.95	3 438.7	2 219.07	4 896.58	444
1999	7 298.88	3 769.7	3 529.18	2 276.42	5 022.46	457
2000	7 498.54	3 871.13	3 627.41	2 338.29	5 160.25	486
2001	7 565.33	3 905.28	3 660.05	2 391.31	5 174.02	486
2002	7 649.29	3 948.25	3 701.04	2 767.31	4 881.98	492
2003	7 723.42	3 989.24	3 734.18	3 681.93	4 003.07	499
2004	7 804.75	4 025.87	3 778.88	3 797.92	3 973.52	507
2005	7 899.64	4 080.74	3 818.9	4 082.06	3 792.32	511
2006	8 048.71	4 154.03	3 894.68	4 149.42	3 880.37	518
2007	8 156.05	4 204.47	3 951.58	4 242.85	3 894.02	526
2008	8 267.09	4 263.24	4 003.85	4 297.78	3 950.53	531

注：2003 年起“按农业、非农业分”的人口，不包括未落常住户口的人数。

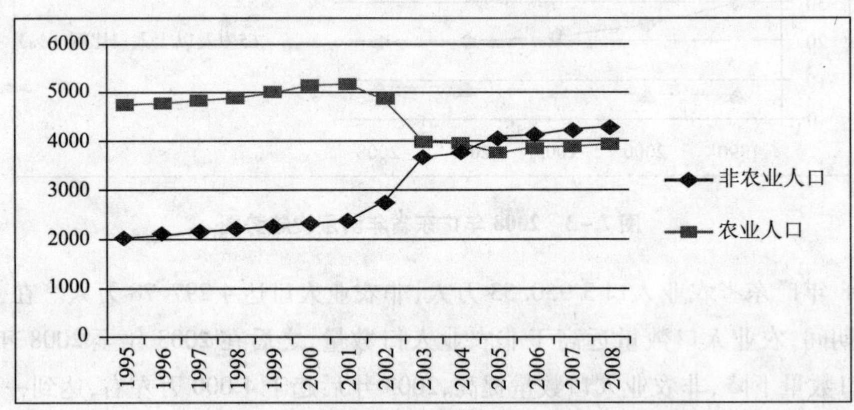

图7-4 广东省农业、非农业人口变化趋势图

表7-4 各市城镇人口占常住人口的比例 （单位：%）

市 别	2000	2005	2006	2007	2008
全 省	55	60.68	63	63.14	63.37
广 州	83.79	91.51	82.04	82.17	82.23
深 圳	92.46	100	100	100	100
珠 海	85.48	87.9	85.06	85.1	85.14
汕 头	67.00	72.34	70.05	70.05	70.28
佛 山	75.06	78.39	90.92	90.98	91.82
韶 关	51.13	49.76	46.25	46.26	46.88

续表

市别	2000	2005	2006	2007	2008
河源	26.53	32.47	40.12	40.12	40.50
梅州	37.21	41.63	46.51	46.51	46.00
惠州	51.66	55.01	61.21	61.22	61.27
汕尾	52.58	51.88	52.39	52.39	52.59
东莞	60.04	73.02	85.09	85.2	86.39
中山	60.67	74.29	84.24	84.96	86.14
江门	47.08	56.78	48.68	48.7	49.45
阳江	41.92	44.09	44.46	45.91	45.89
湛江	38.47	39.71	39.26	39.26	38.94
茂名	37.45	39.30	36.98	36.98	37.04
肇庆	32.52	38.99	44.85	44.86	44.89
清远	32.60	38.46	34.35	34.40	34.63
潮州	43.41	53.62	62.90	62.90	59.20
揭阳	37.91	41.15	45.02	45.02	45.36
云浮	35.86	37.26	49.80	49.83	50.20
珠三角	60.10	66.19	68.48	68.63	68.93
东翼	50.45	54.75	56.96	56.92	56.58
西翼	38.64	40.23	39.17	39.38	39.25
山区	36.96	40.16	43.04	43.04	43.16

从区域划分来看,珠三角地区城镇人口占常住人口的比例较高,达到了60%以上,其次是东翼地区,达到了50%以上,西翼和山区比较接近,在40%左右徘徊。(具体见图7-5)

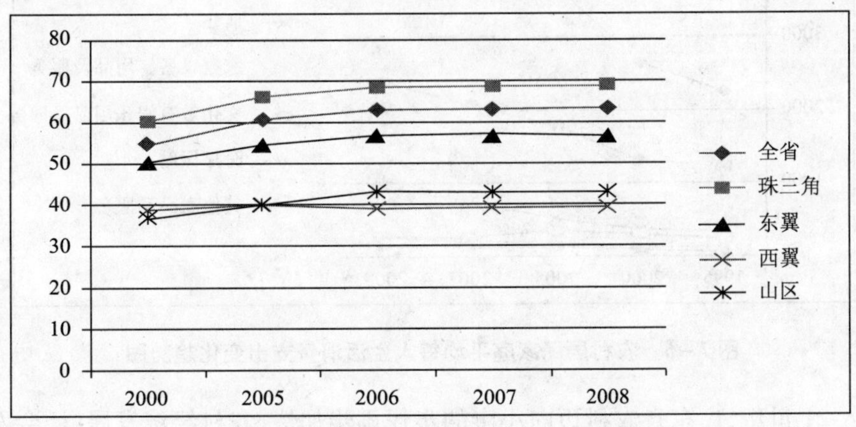

图7-5　各市城镇人口占常住人口的比例(单位:%)

广东省农村居民家庭平均每人生活消费支出从1995年的2 255.01元,逐年提升,到2008年达到4 872.96元,人民生活水平和质量都有了较大幅度的提升,在所有支出中，食品和居住支出占较大比例，文化教育娱乐用品及服务费用居第三位，说明公民越来越注重自身素质的提升。（具体见表7－5、图7－6）

表7－5　广东省农村居民家庭平均每人生活消费支出　（单位：元）

项　目	1995	2000	2005	2007	2008
生活消费支出	**2 255.01**	**2 646.02**	**3 707.73**	**4 202.32**	**4 872.96**
食品	**1 228.00**	**1 317.48**	**1 789.42**	**2 087.58**	**2 388.91**
衣着	**91.31**	**104.21**	**143.50**	**162.33**	**177.67**
居住	**345.65**	**378.86**	**530.30**	**763.01**	**965.03**
家庭设备、用品及服务	**140.54**	**125.65**	**152.12**	**163.85**	**189.01**
文化教育娱乐用品及服务	**245.16**	**313.46**	**360.73**	**254.94**	**272.87**
文化教育娱乐用品	39.47	45.37	45.58	42.2	46.17
文化教育娱乐服务	205.68	268.09	315.15	212.75	226.70
#学杂费	187.33	247.71	234.83	124.93	113.26
技术培训费	6.05	2.13	4.5	3.42	3.98
休闲娱乐费	6.63	12.9	9.12	8.9	13.68
医疗保健	**67.51**	**100.31**	**203.85**	**199.31**	**259**
其他商品和服务	**54.76**	**100.53**	**116.17**	**128.06**	**136.82**

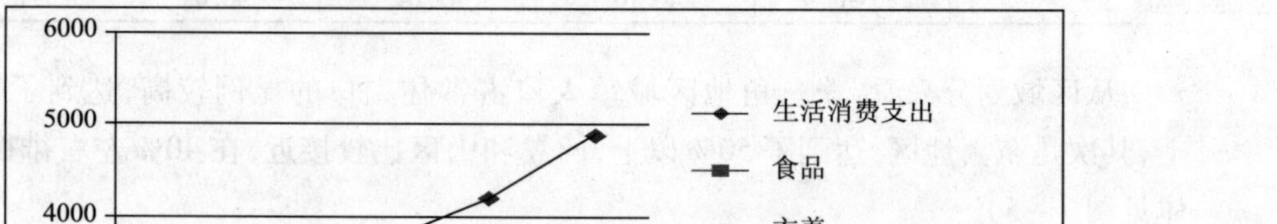

图7－6　农村居民家庭平均每人生活消费支出变化趋势图

进入21世纪，广东省农村迈向小康的步伐逐步加快，农村经济发展、社会发展、人口素质、生活质量、民主法治、资源环境六个方面都有了较大的提升，农村全面小康的实现程度达到了68.7%，较2000年的29%提高了将近40%（具体见表7－6），说明广东省对农村的小康建设非常重视，但农村人口素质在各因素中得分最低，仍是影响奔小康的关键因素，农村人口科学素质的提升将是广东省全民科学素质提升的重点之

一。（具体见图 7－7）

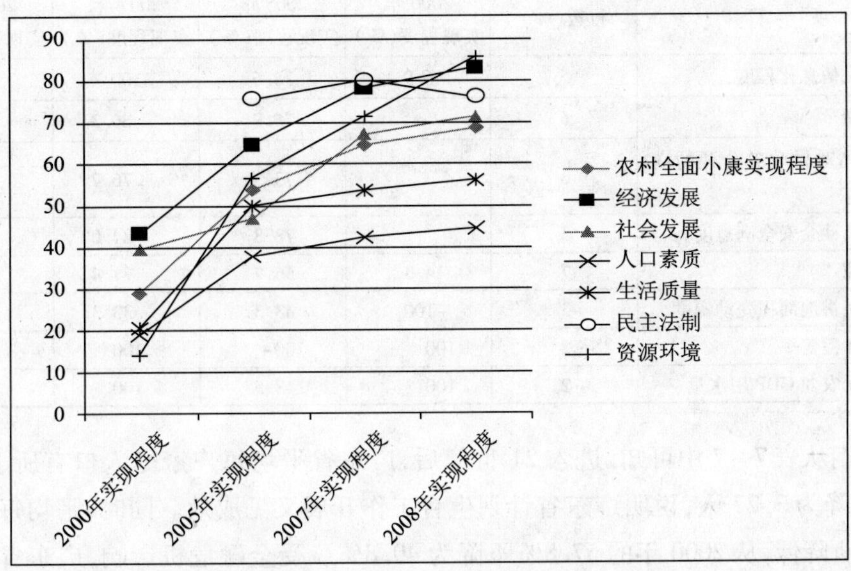

图 7－7　广东省农村全面小康实现程度

表 7－6　广东农村全面小康监测情况

项　　目	权数（%）	2000 年实现程度（%）	2005 年实现程度（%）	2007 年实现程度（%）	2008 年实现程度（%）
农村全面小康实现程度	**100**	**29**	**53.9**	**64.8**	**68.7**
经济发展	**29**	**43.4**	**64.6**	**78.3**	**83.3**
农村居民人均可支配收入	20	36.7	56.1	74.7	82
第一产业劳动力比重	5	67.3	100	100	100
小城镇人口比重	4	47.4	63.2	68.9	68.9
社会发展	**20**	**39.7**	**47**	**67.3**	**71.5**
农村合作医疗覆盖率	8	12.5	48.3	92.3	100
农村养老覆盖率	4		5.9	18.9	24.2
万人农业科技人员数	4	73.3	28	33.3	33.3
农村居民基尼系数	4	100	100	100	100
人口素质	**15.0**	**19.0**	**38.0**	**42.5**	**44.5**
平均受教育年限	12	6.9	30.6	36.3	38.8
平均预期寿命	3	67.3	67.3	67.3	67.3
生活质量	**23**	**20.6**	**50.1**	**53.9**	**56.3**
恩格尔系数	4	－8.9	7.8	0	0
居住质量指数	11	43.2	61.6	63.7	67.4
农民文化娱乐支出比重	3		20	13.3	17.8

续 表

项　目	权数(%)	2000 年实现程度(%)	2005 年实现程度(%)	2007 年实现程度(%)	2008 年实现程度(%)
农民信息化程度	5	6.9	76.6	100	100
民主法制	**6**		**75.9**	**80.3**	**76.3**
农民对村政务公开的满意度	3		73	76.7	76.7
农民社会安全满意度	3		78.8	84.0	76.0
资源环境	**7**	**14.3**	**56.7**	**71.4**	**85.7**
常用耕地面积变动幅度	3	-100	33.3	33.3	66.7
森林覆盖率	2	100	100	100	100
万元农业 GDP 用水量	2	100	48.5	100	100

我们从表 7-7 中可知,进入 21 世纪后,广东省平均每户家庭人口有所下降,到 2008 年降为 3.27 人,说明广东省计划生育工作开展又见成效。同时,平均每户就业率也有所降低,从 2000 年的 57.8% 下降为 49.8%。受金融危机影响,广东省城镇家庭失业率有所提高,但家庭总收入保持上涨趋势。2008 年,广东省城镇家庭消费支出中,用于教育文化娱乐服务的支出为 1 936.38 元,占总支出的 12.5%,比农村家庭高,也从某个层面解释了城镇人口科学素质普遍高于农村人口。

表 7-7　城镇居民家庭基本情况

项　目	1995	2000	2005	2007	2008
调查户数(户)	1 550	1 600	1 600	1 600	3 150
平均每户家庭人口(人)	3.58	3.57	3.27	3.27	3.27
平均每户就业人口(人)	2.07	1.97	1.72	1.73	1.63
平均每户就业率(%)	57.80	55.20	52.60	52.90	49.80
人均家庭总收入(元)	7 445.10	9 853.65	16 249.89	20 354.19	21 678.51
人均消费性支出(元)	6 253.68	8 016.91	11 809.87	14 336.87	15 527.97
其中:教育文化娱乐服务	**684.10**	**921.44**	**1 669.09**	**1 994.86**	**1 936.38**
人均消费性支出构成(%)	100	100	100	100	100
其中:教育文化娱乐服务	**10.90**	**11.50**	**14.10**	**13.90**	**12.50**

按地域划分,我们来看一下各市城镇居民可支配收入和消费支出的情况,从 2005 年到 2008 年,各市城镇居民可支配收入有了稳步提升,相应的消费支出也有了改变,可支配收入和消费支出排在前面的主要有广州、深圳、东莞、顺德、佛山、珠海等市,以广州为例,2000 年广州城镇居民人均可支配收入为 13 621 元,到 2008 年已经提高到 25 316 元,翻了将近一倍,消费支出也由 2000 年的 10 988 元,上涨到 20 835 元,反映了 2000 年以后,广东省物价上涨较快。(具体见表 7-8、图 7-8)

表7-8 各市城镇居民人均可支配收入和消费支出

市别	可支配收入(元)				消费支出(元)			
	2000	2005	2007	2008	2000	2005	2007	2008
广州	13 621	18 287	22 469	25 316	10 988	14 468	18 951	20 835
韶关	7 208	10 908	14 072	15 038	6 159	8 113	9 477	10 666
深圳	21 577	28 665	33 592	26 729	18 200	21 188	24 365	19 779
珠海	15 375	18 907	20 515	20 949	12 616	14 323	18 517	16 516
汕头	8 966	12 229	12 670	12 542	7 663	9 505	10 763	10 764
佛山	11 976	17 680	21 112	22 494	10 662	14 485	17 639	17 552
湛江	7 096	9 867	11 296	12 361	6 329	7 669	8 709	9 583
肇庆	7 300	10 097	12 277	13 641	6 750	7 476	8 638	10 068
惠州	10 327	15 762	18 770	19 480	8 945	12 651	14 865	16 581
梅州	7 310	8 842	10 646	12 109	6 166	6 757	8 969	9 665
东莞	14 226	22 881	28 209	30 274	12 603	21 767	24 375	23 207
顺德	14 393	21 015	25 301	26 433	11 529	18 550	21 453	22 165
鹤山	10 101	11 944	12 748	13 075	7 047	8 296	9 528	10036
廉江	5 364	7 021	8 044	8 728	3 593	4 632	5 529	5 544
电白	6 346	8 241	9 482	9 955	5 334	6 350	7 388	7 982
兴宁	5 909	7 299	8 292	8 894	5 193	6 463	7 109	7 951
连州	7 241	9 214	11 312	12 124	5 874	7 294	8 810	8 593
普宁	7 112	7 220	8 499	8 976	5 866	6 317	7 647	7 753

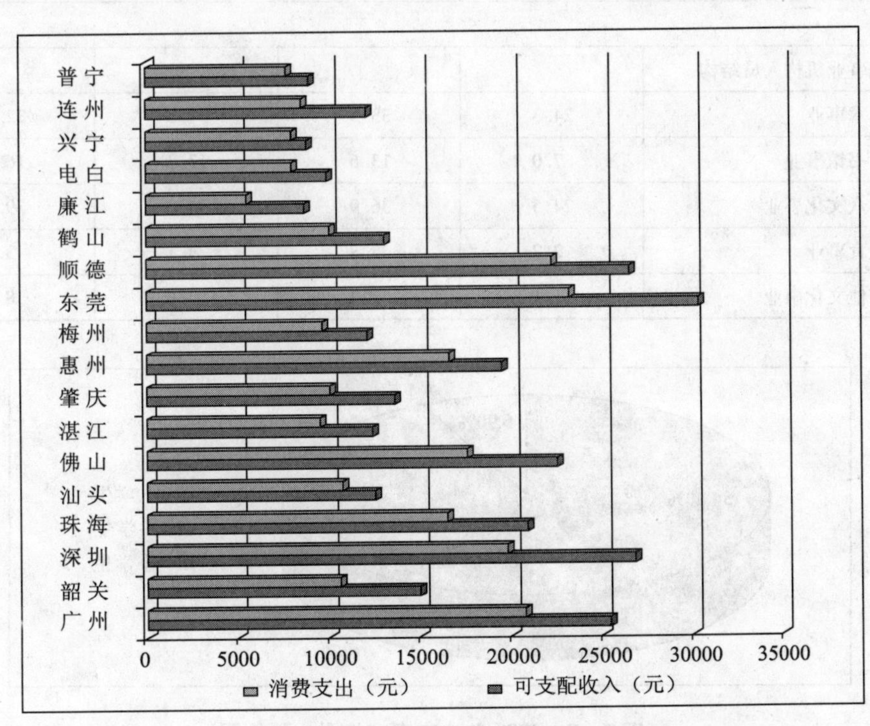

图7-8 各市城镇居民人均可支配收入和消费支出直方图

在教育发展上，2008 年广东省在校学生比例为：大学生占 6.9%，中学生占 38.7%，小学生占 54.4%（具体见图 7－9）。中学生、大学生占比相对于 2000 年至 2007 年有所增加，小学生比例降低，说明广东省高等教育发展情况较好（具体见图 7－10），大学专任教师也由 2000 年的 3.3% 上升到 2008 年的 8.2%。在文化发展上，从事艺术事业、图书馆事业、群众文化事业、教育事业的机构人员占比都有所提高（具体见图 7－11、图7－12）。可见，广东省建设文化大省的工作开展比较顺利，已经逐步显现出效果。（具体见表7－9）

表 7－9　广东省教育文化发展结构指标

（单位：%）

指　　标	2000	2005	2007	2008
教育				
在校学生结构				
大学生	2.1	5.0	6.3	6.9
中学生	32.4	34.6	36.7	38.7
小学生	65.5	60.4	57.0	54.4
专任教师结构				
大学	3.3	7.1	8.2	8.2
中学	37.3	40.1	41.5	42.4
小学	59.4	52.8	50.3	44.4
文化				
文化事业机构人员结构				
艺术事业	24.3	33.5	31.3	32.2
图书馆事业	7.0	13.6	13.3	16.3
群众文化事业	24.5	36.9	34.8	39.9
教育事业	2.2	3.8	3.1	3.5
其他文化事业	41.1	12.2	17.6	8.0

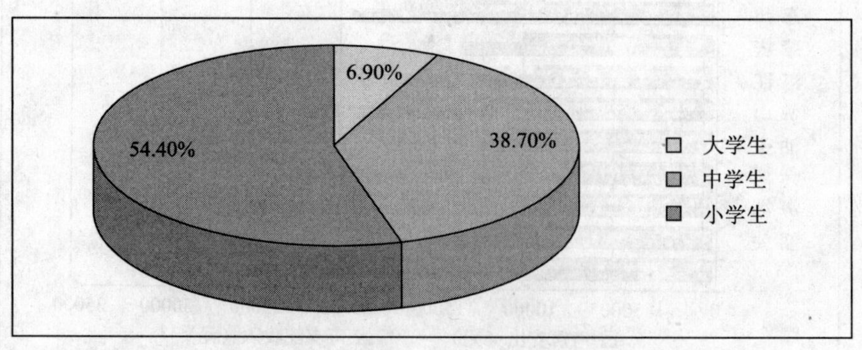

图 7－9　2008 年广东省在校学生结构图

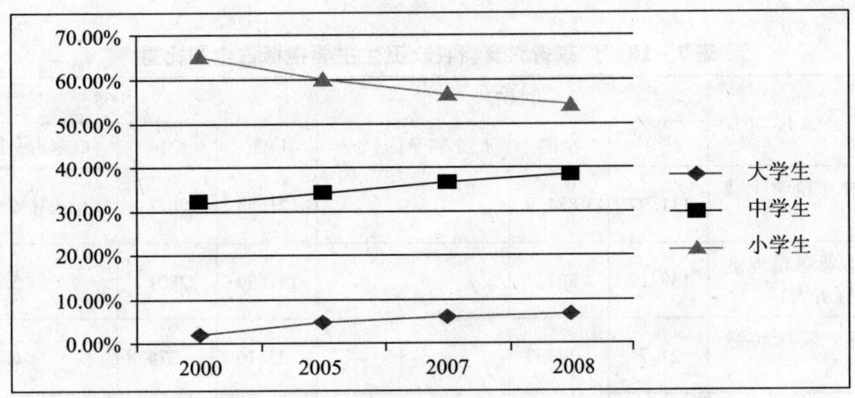

图 7-10　广东省在校学生变化趋势图

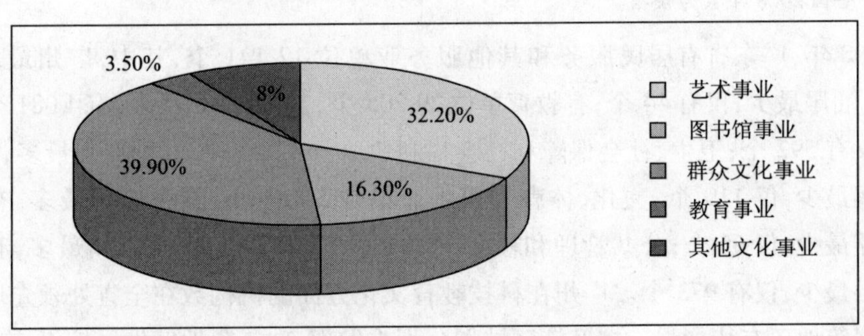

图 7-11　2008 年广东省文化事业机构人员结构图

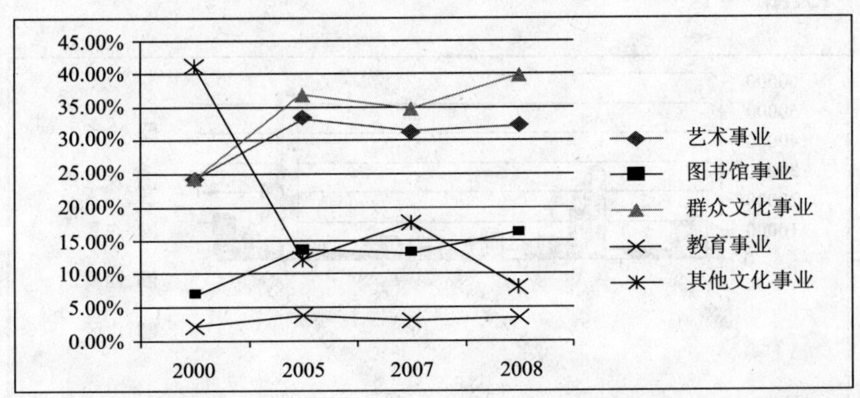

图 7-12　广东省文化事业机构人员结构变化趋势图

2008 年，广东省高等学校在校学生人数为 121.64 万人，占全国的 6%；国有企事业单位专业技术人员 141.99 万人，占全国的 5.1%；医院、卫生院床位数 23.16 万张，占全国的 6.2%；专业卫生技术人员 38.39 万人，占全国的 7.6%。从表 7-10 中我们可以看出，这些指标的绝对数量都保持增长，全国占比也在保持稳定的基础上有所提高。

表 7－10 广东省教育、科技、卫生主要指标占全国比重

指标	2007			2008		
	广东	全国	广东占全国(%)	广东	全国	广东占全国(%)
高等学校在校学生数(万人)	111.97	1 884.9	5.9	121.64	2021	6
国有企事业单位专业技术人员(万人)	139.19	2 801	5	141.99	2801	5.1
医院、卫生院床位数(万张)	21.7	343.8	6.3	23.16	374.8	6.2
专业卫生技术人员(万人)	36.07	478.8	7.5	38.39	503	7.6

注：全国 2008 年数为快报数。

2008 年，广东省有居民服务和其他服务业单位 12 141 个，其中，广州最多，有 4 722 个，汕尾最少，仅有 44 个；有教育单位 29 205 个，其中，广州最多，有 4 081 个，云浮最少，仅有 592 个；卫生、社会保障和社会福利业单位 8 323 个，其中广州最多，有 1988 个，汕尾最少，仅 119 个；文化、体育和娱乐业单位 5 764 个，其中广州最多，有 1 866 个，云浮最少，仅 65 个；公共管理和社会组织单位 55 263 个，其中广州最多，有 6 535 个，中山最少，仅有 973 个。广州在科技教育文化方面的机构数在全省处领先地位，云浮、汕尾等地还有待加强。按经济区域划分不难发现，珠三角地区发展较好，东西两翼较珠三角有一定差距，但东西两翼发展差不多，山区发展最为落后。（具体见表 7－11、图7－13、图 7－14）

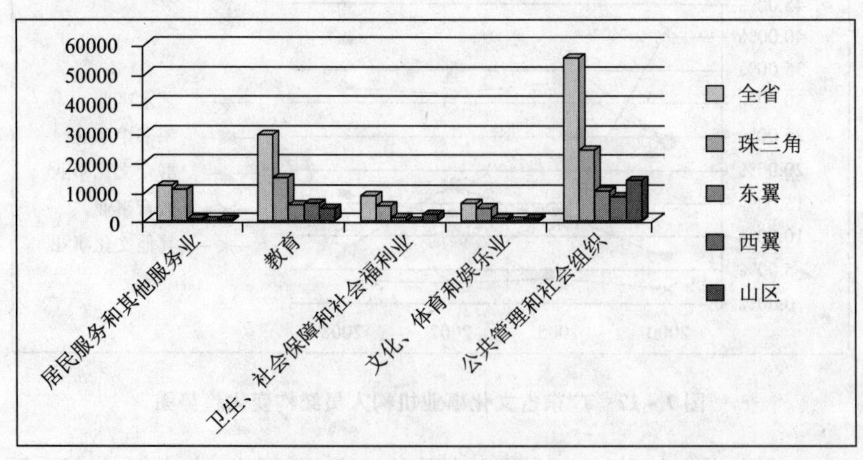

图 7－13 按经济区域划分的广东省法人单位数结构图

表 7－11 2008 年广东省各市按行业划分部分法人单位数 （单位：个）

市别	居民服务和其他服务业	教育	卫生、社会保障和社会福利业	文化、体育和娱乐业	公共管理和社会组织
全省	**12 141**	**29 205**	**8 323**	**5 764**	**55 263**
广州	4 722	4 081	1 988	1 866	6 535
深圳	2 242	2 078	656	638	2 807
珠海	558	697	342	264	1 230
汕头	353	1 653	274	202	2 633
佛山	1 221	1 666	387	513	2 247
韶关	134	720	462	118	2 898
河源	65	1 043	217	82	2 395
梅州	82	740	703	202	3 879
惠州	264	1 144	272	170	2 652
汕尾	44	910	119	84	1 678
东莞	1 012	1 370	456	256	1 557
中山	336	893	167	169	973
江门	259	1 185	401	195	3 115
阳江	71	698	123	67	1 570
湛江	200	2 565	350	262	3 136
茂名	130	2 159	320	108	3 276
肇庆	135	1 248	267	162	2 901
清远	106	888	247	114	2 457
潮州	69	975	183	131	1 986
揭阳	63	1 900	218	96	3 382
云浮	75	592	171	65	1 956
按经济区域划分					
珠三角	10 749	14 362	4 936	4 233	24017
东翼	529	5 438	794	513	9 679
西翼	401	5 422	793	437	7 982
山区	462	3 983	1 800	581	13 585

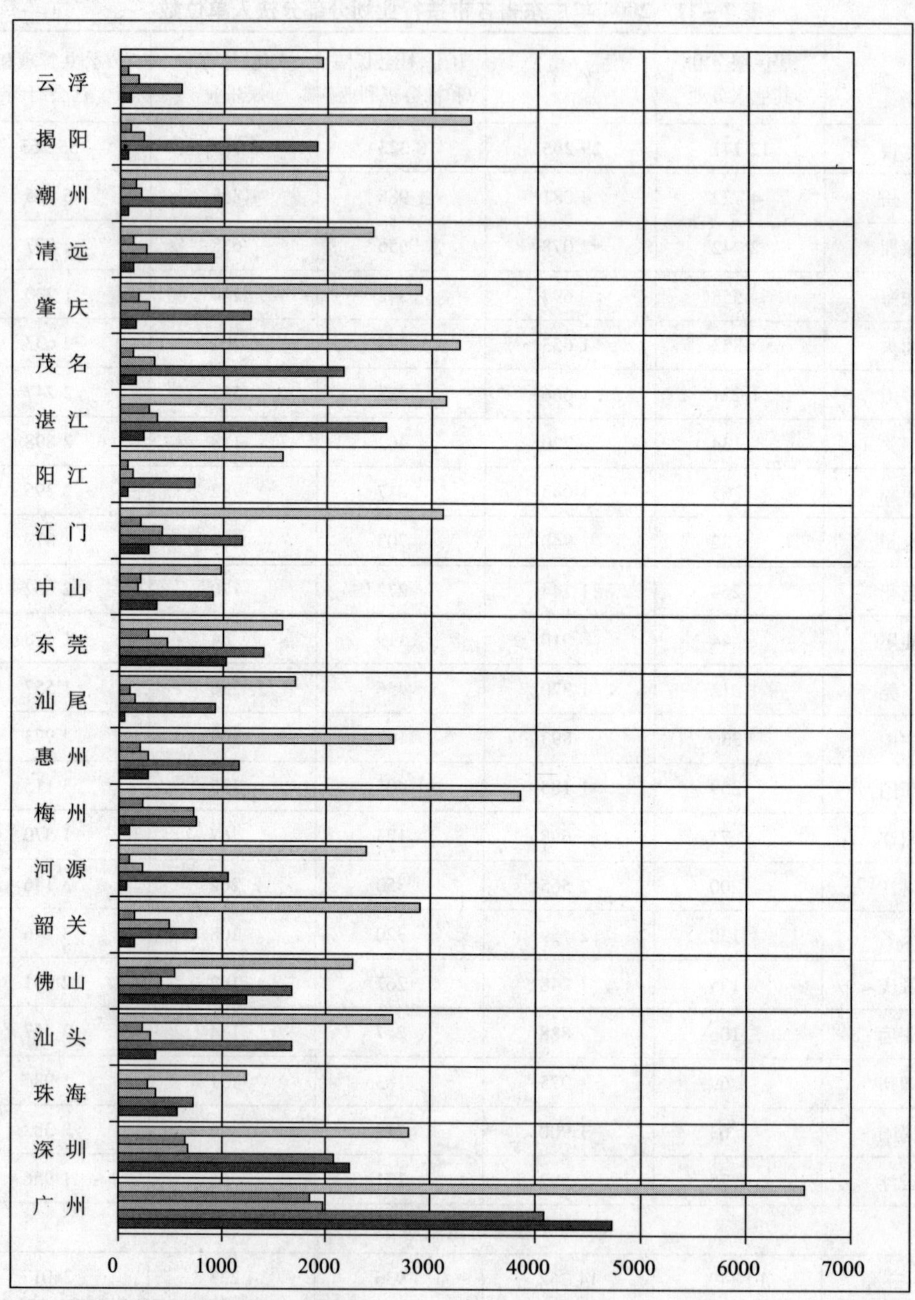

图 7－14　2008 年广东省各市按行业划分法人单位数量图

2008 年，广东省科教文卫基本建设和更新改造有了新的进展，基本建设方面：教育总计投资158.31亿元，施工项目863个，全部建成投产项目502个，新增固定资产100.86亿元；卫生、社会保障和社会福利业总计投资55.86亿元，施工项目278个，全部建成投产项目127个，新增固定资产18.29亿元；文化、体育和娱乐业总计投资119.92亿元，施工项目286个，全部建成投产项目134个，新增固定资产45.85亿元；公共管理与社会组织总计投资62.01亿元，施工项目629个，全部建成投产项目323个，新增固定资产52.1亿元。在更新改造方面：教育总计投资29.76亿元，施工项目200个，全部建成投产项目162个，新增固定资产26.69亿元；卫生、社会保障和社会福利业总计投资17.13亿元，施工项目64个，全部建成投产项目41个，新增固定资产14.04亿元；文化、体育和娱乐业总计投资11.75亿元，施工项目55个，全部建成投产项目34个，新增固定资产9.36亿元；公共管理与社会组织总计投资40.71亿元，施工项目94个，全部建成投产项目61个，新增固定资产41.72亿元。（具体见表7－12、表7－13）

表7－12　2008年广东省科教文卫行业基本建设主要指标

行　业	投资额（亿元）	施工项目个数（个）	全部建成投产项目个数（个）	新增固定资产（亿元）
教育	158.31	863	502	100.86
教育	158.31	863	502	100.86
卫生、社会保障和社会福利业	55.86	278	127	18.29
卫生	52.55	224	91	15.77
社会保障业	0.99	11	5	0.31
社会福利业	2.32	43	31	2.21
文化、体育和娱乐业	119.92	286	134	45.85
新闻出版业	6.63	7	2	7.05
广播、电视、电影和音像业	3.54	18	3	0.96
文化艺术业	21.9	124	67	12.02
体育	61.65	62	25	20.43
娱乐业	26.21	75	37	5.4
公共管理与社会组织	62.01	629	323	52.1
中国共产党机关	0.12	4	2	0.02
国家机构	50.73	488	253	45.94
人民政协和民主党派	0.01	1	1	0.01
群众社团、社会团体和宗教组织	1.45	20	17	1.48
基层群众自治组织、国际组织	9.7	116	50	4.66

表 7－13　2008 年广东省科教文卫行业更新改造主要指标

行　业	投资额（亿元）	施工项目个数（个）	全部建成投产项目个数（个）	新增固定资产（亿元）
教育	29.76	200	162	26.69
教育	29.76	200	162	26.69
卫生、社会保障和社会福利业	17.13	64	41	14.04
卫生	16.71	59	38	13.88
社会保障业				
社会福利业	0.42	5	3	0.16
文化、体育和娱乐业	11.75	55	34	9.36
新闻出版业	1.59	3		1.57
广播、电视、电影和音像业	1.85	7	6	1.83
文化艺术业	5.39	20	13	3.96
体育	0.43	10	8	0.2
娱乐业	2.5	15	7	1.8
公共管理与社会组织	40.71	94	61	41.72
中国共产党机关	0.09	1	1	0.09
国家机构	37.68	72	50	39.31
人民政协和民主党派	1.43	1	1	1.43
群众社团、社会团体和宗教组织	0.24	1	1	0.46
基层群众自治组织、国际组织	1.28	19	8	0.43

二、广东省科学教育与培训监测情况

广东省普通本专科、成人本专科、中等学校在校学生人数从 1995 年开始增长，到 2008 年为止，有普通本专科 121.64 万人，成人本专科 44.5 万人，中等学校 833.24 万人，每万人口普通高校在校学生人数达到 128.73 人。高等教育毛入学率达到 27%，高中毛入学率达到 72%，小学毕业升学率达到 96.6%，学龄儿童入学率达到 99.7%。（具体见表 7－14，图 7－15）

表 7－14　广东省科学教育与培训概况

指　　标	1995	2000	2005	2007	2008
在校学生数(万人)					
普通本专科	15.58	29.95	87.47	111.97	121.64
成人本专科	13.51	20.14	29.56	42.42	44.5
中等学校	417.23	541.72	715.52	791.93	833.24
其中普通中学	339.46	460.69	611.69	655.38	679.65
高等教育毛入学率(%)	6.59	11.4	22	25.6	27
高中毛入学率(%)	37.3	38.7	57.5	65.9	72
小学毕业生升学率(%)	95.4	96.2	97.2	96.7	96.6
学龄儿童入学率(%)	99.7	99.7	99.7	99.8	99.7
每万人口普通高校在校学生数(人)	22.36	41.19	105	120.34	128.73

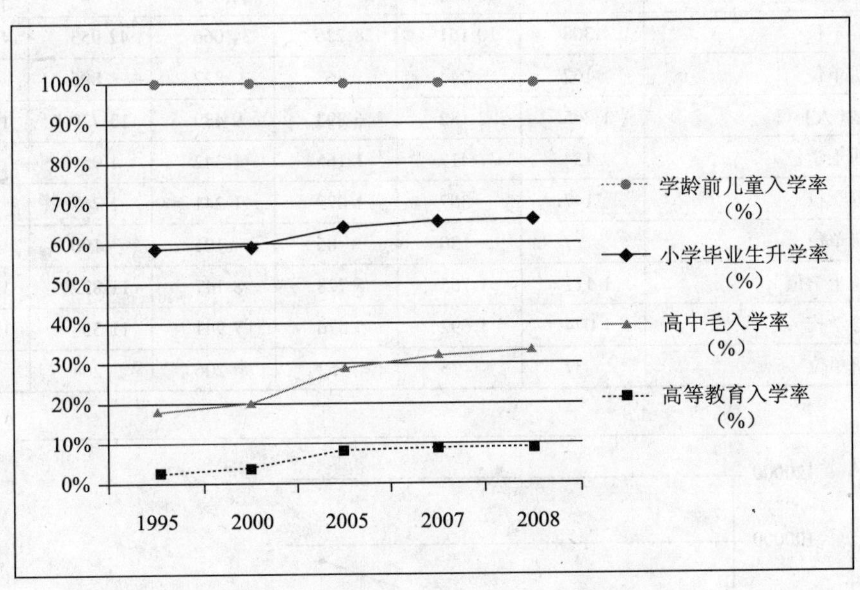

图 7－15　广东省各级学校入学率发展趋势图

广东省研究生培养单位从 1995 年的 23 个增加到 2008 年的 31 个，有了较大的进步，主要是高等院校增加了 8 个。研究生招生人数到 2008 年达到 21 121 人，在校研究生 58 833 人，毕业研究生 16 174 人。（具体见表 7－15、图 7－16）

表 7－15　研究生培养单位数指标及其相关数据

项　　目	1995	2000	2004	2005	2007	2008
培养单位数(个)	23	26	29	29	31	31
高等学校	15	18	21	21	23	23
科研单位	8	8	8	8	8	8

续 表

项　目	1995	2000	2004	2005	2007	2008
招生数（人）	19 22	5 672	14 822	17 054	19 751	21 121
攻读博士学位	407	1 053	2 679	2 802	3 049	3 121
高等学校	387	1 001	2 458	2 599	2 856	2 940
科研单位	20	52	221	203	193	181
攻读硕士学位	1 515	4 619	12 143	14 252	16 702	18 000
高等学校	1 442	4 510	11 865	13 953	16 389	17 659
科研单位	73	109	278	299	313	341
在校学生数（人）	5 405	13 023	37 022	43 942	54 436	58 833
攻读博士学位	935	2 558	7 533	9 049	10 587	11 466
高等学校	894	2 445	6 999	8 406	9 943	10 865
科研单位	41	113	534	643	644	601
攻读硕士学位	4 470	10 405	29 489	34 893	43 849	47 367
高等学校	4 308	10 161	28 726	34 066	42 953	46 455
科研单位	162	244	763	827	896	912
毕业生数(人)	1 265	2 182	6 893	9 489	13 779	16 174
攻读博士学位	154	417	1 165	1 342	1 957	2 327
高等学校	147	387	1 079	1 241	1 767	2 117
科研单位	7	30	86	101	190	210
攻读硕士学位	1 111	1 765	5 728	8 147	11 822	13 847
高等学校	1 074	1 692	5 576	7 941	11 558	13 570
科研单位	37	73	152	206	264	277

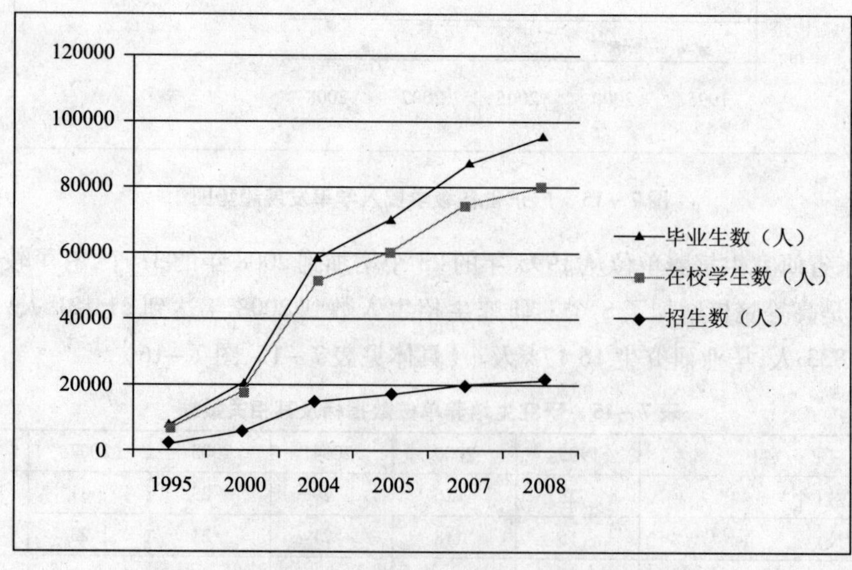

图 7－16　广东省研究生招生发展趋势图

广东省高等学校发展迅猛，从1995年的42所增加到2008年的108所，上涨一倍有余，2008年毕业生28.25万人，招生39.07万人，教职工10.26万人，较1995年的3.48万人、4.94万人、4.15万人都有了较大的进步；中等职业教育学校数量有所降低，从1995年的744所缩减至2008年的589所，毕业生人数、招生人数、教职工人数都保持上涨趋势；技工学校相对于中等职业教育学校来说较少，但却保持上升趋势，毕业生人数、招生人数、教职工人数也在同步增长；普通中学学校数量较多，上涨数量也较快，毕业生人数、招生人数、教职工人数都保持上升趋势。（其他各类学校情况见表7－16、图7－17、图7－18）

表7－16 广东省各级各类学校情况

项 目	1995	2000	2005	2007	2008
高等学校					
学校数(所)	42	52	102	109	108
毕业生数(万人)	3.48	5.00	15.71	23.31	28.25
本科	1.47	2.40	6.11	8.94	11.90
专科	2.01	2.60	9.60	14.38	16.35
招生数(万人)	4.94	12.08	30.70	35.49	39.07
本科	2.13	5.01	13.65	16.56	18.72
专科	2.81	7.07	17.05	18.93	20.35
在校学生数(万人)	15.18	29.95	87.47	111.97	121.64
本科	7.68	15.03	42.86	58.74	65.03
专科	7.50	14.92	44.61	53.22	56.61
教职工数(万人)	4.15	4.68	9.08	9.90	10.26
其中：专任教师	1.66	2.04	5.43	6.71	6.92
中等职业教育					
学校数(所)	744	658	641	595	589
毕业生数(万人)	18.13	21.54	18.91	22.15	24.53
招生数(万人)	27.99	21.10	27.93	36.57	39.81
在校学生数(万人)	66.67	65.57	71.02	90.76	100.08
教职工数(万人)	5.34	5.70	4.91	5.22	5.36
其中：专任教师	3.20	3.70	3.37	3.68	3.82
技工学校					
学校数(所)	171	186	191	217	228

续 表

项　　目	1995	2000	2005	2007	2008
毕业生数(万人)	2.83	4.45	9.60	9.50	10.27
招生数(万人)	4.69	5.84	12.92	18.12	20.34
在校学生数(万人)	11.10	15.46	32.81	45.81	53.54
教职工数(万人)	1.24	1.18	1.46	2.02	2.13
其中:专任教师	0.61	0.68	1.03	1.48	1.58
普通中学					
学校数(所)	3 845	3 964	4 282	4 316	4 352
毕业生数(万人)	85.82	131.82	174.33	191.43	196.49
招生数(万人)	131.18	171.16	219.64	235.01	247.17
在校学生数(万人)	339.46	460.69	611.69	655.38	679.65
教职工数(万人)	22.31	27.57	36.03	39.56	41.27
其中:专任教师	17.57	22.86	30.73	34.18	35.80
小学					
学校数(万所)	2.46	2.42	2.12	1.99	1.93
毕业生数(万人)	121.56	148.48	167.43	180.31	186.76
招生数(万人)	151.55	155.73	164.16	143.87	131.59
在校学生数(万人)	883.19	929.93	1 067.03	1 017.62	956.47
教职工数(万人)	37.68	42.08	46.37	47.46	47.67
其中:专任教师	32.14	36.41	40.38	41.44	41.66
学龄儿童入学率					
学龄儿童总数(万人)	832.40	905.39	1 026.90	965.65	901.40
已入学学龄儿童数(万人)	829.99	902.65	1023.6	963.53	898.43
学龄儿童入学率(%)	99.71	99.7	99.68	99.78	99.67
小学毕业生升学率	95.11	96.15	97.15	96.67	96.57
小学毕业生人数(万人)	121.56	148.48	167.43	180.31	186.76
已升学人数(万人)	115.62	142.77	162.66	174.31	180.36
小学毕业生升学率(%)	95.38	96.15	97.15	96.67	96.57
幼儿园					
幼儿园数(所)	7 923	12 027	10 359	10 594	10 533
在园幼儿数(万人)	200.01	214.18	213.92	222.64	232.35

续　表

项　　目	1995	2000	2005	2007	2008
教职工数(万人)	9.09	12.91	15.9	17.91	19.14
其中:专任教师	5.93	8.36	9.18	10.45	11.16
特殊教育学校					
特殊教育学校数(所)	42	61	67	67	67
招生数(人)	5 143	2 000	3 363	3 972	3 588
在校学生数(人)	29 377	27 507	25 752	26 652	25 125

注:1. 1995 年,以来小学毕业生升学率采用教育部口径,即升学率 = 初中招生数/小学毕业生数。

2. 2003 年起,中等职业教育学校包括:普通中等专业学校、成人中等专业学校、职业高中数据。

3. 高中阶段毕业生数不包括技工学校毕业生数。

4. 特殊教育学校是指独立设置招收盲哑和智残儿童,以及其他特殊需要的儿童、青少年进行普通或职业初、中等教育的教学机构。

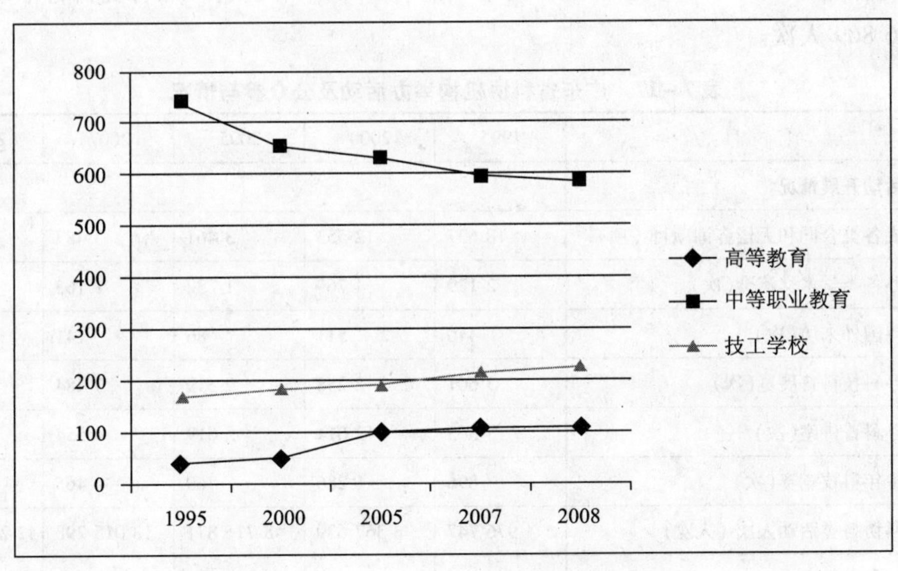

图 7-17　三类学校数量发展趋势图

广东省积极开展科技活动,2008 年完成各类合同和无偿咨询项目 443 项,举办各类学术交流会 680 次,接待国外来访 110 次,举办科技科普展览 3 331 次,举办科普讲座 4 609 次,开展青少年科技竞赛 371 次。(具体见表 7-17、图 7-20)

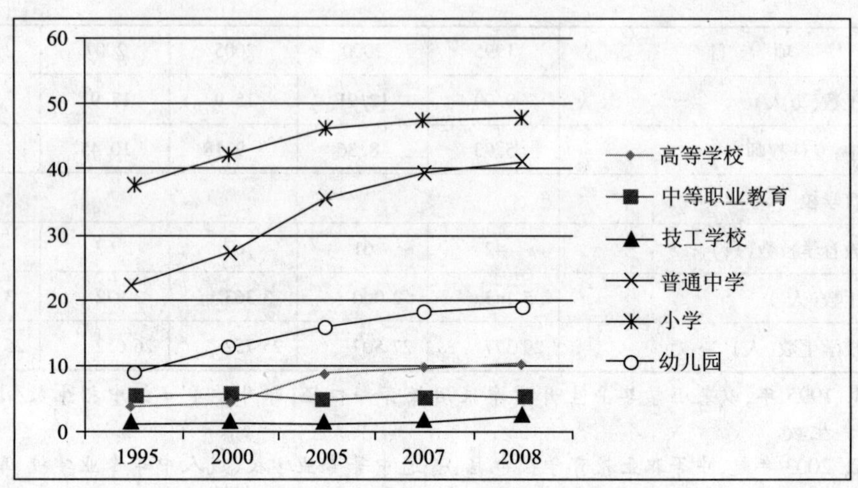

图 7－18　广东省各类学校教职工发展趋势图

公民对科协举办的各类活动参与情况如图 7－19 所示，2008 年参加各类学术交流会的有 336 568 人次，参加各类科技培训的有 299 382 人次，参加各类科普活动的有 41 606 869 人次。

表 7－17　广东省科协机构举办活动及公众参与情况

项　目	1995	2000	2005	2007	2008
科协活动开展情况					
完成各类合同和无偿咨询项目（项）	18 637	12 553	3 461	3 487	443
举办各类学术交流会(次)	2 129	4 769	1 232	1 163	680
接待国外来访(次)	440	511	86	141	110
举办科技科普展览(次)	3 601	2 258	2 319	3 484	3 331
举办科普讲座(次)	13 365	12 014	5 019	4 554	4 609
青少年科技竞赛(次)	896	1 286	760	465	371
参加科协各类活动人次（人次）	4 976 747	8 367 629	8 716 871	18 015 298	42 242 819
参加各类学术交流会	80 247	505 235	169 988	212 758	336 568
参加各类科技培训	33 600	654 742	469 514	316 159	299 382
参加各类科普活动	4 862 900	7 207 652	8 077 369	17 486 381	41 606 869

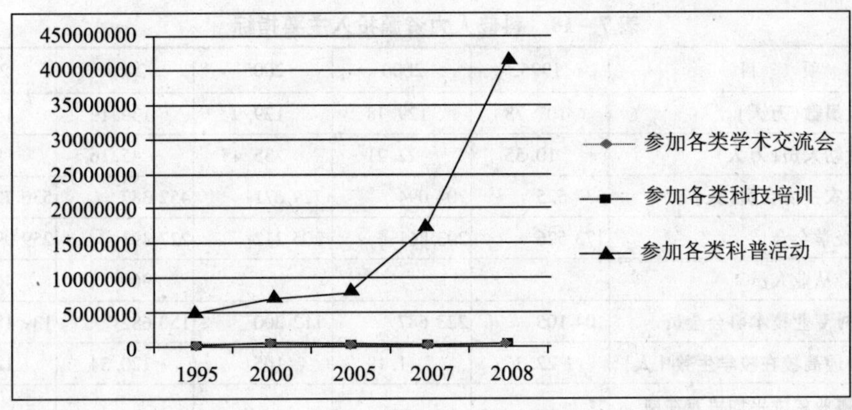

图7-19　广东省公众参加科协各类活动人次发展趋势图

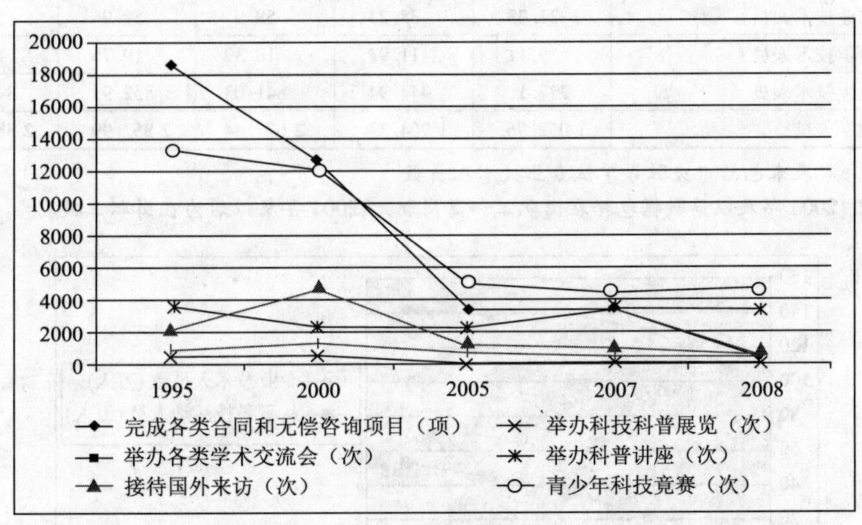

图7-20　科协开展活动情况发展趋势图

三、广东省科普资源监测情况

科普人力资源投入各项指标包括专业技术人员数、从事科技活动人员数、每万人口普通高校在校学生数、国有企业和事业单位平均每万在岗职工专业技术人员数(具体见表7-18)。从1995年至2008年,专业技术人员数、从事科技活动人员数、每万人口普通高校在校学生数呈迅速增长状态,分别从107.78万人增至141.99万人,10.55万人增至53.19万人,22.36万人增至128.73万人(具体见图7-21、图7-22)。国有企业、事业单位平均每万在岗职工专业技术人员数,从1995年至2000年呈迅速增长,2000年至2008年趋于稳定。(具体见图7-23)

表 7－18　科普人力资源投入主要指标

项　目	1995	2000	2005	2007	2008
专业技术人员数(万人)	107.78	129.78	139.9	139.19	141.99
从事科技活动人员(万人)	10.55	22.21	35.45	45.16	53.19
各级学会及农技协会员(人)	537 525	704 094	729 671	452 387	530 723
其中:省级学会会员	173 526	203 861	205 212	227 391	259 999
其中:学会从业人员				960	467
其中:农村专业技术协会会员	104 105	223 687	112 200	150 682	139 186
每万人口普通高校在校学生数(人)	22.36	41.19	105	120.34	128.73
国有企业、事业单位平均每万在岗职工专业技术人员数(人)	2 222.73	3 289.86	4 734.07	4 816.68	4 892.88
其中:工程技术人员	371.7	456.86	495.42	487.32	499.47
其中:农业技术人员	31.33	38.23	58.9	59.9	57.55
其中:科学技术人员	9.11	11.93	18.39	19.76	19.80
其中:卫生技术人员	277.1	444.94	841.03	852.93	899.21
其中:教学人员	1 052.96	1 764.33	2 677.44	2 852.99	2 884.55

注:1. 本表未包括中央驻粤单位专业技术人员数。

2. 2003 年及以前数据包括在岗职工和离岗职工,2004 年及以后为在岗职工数。

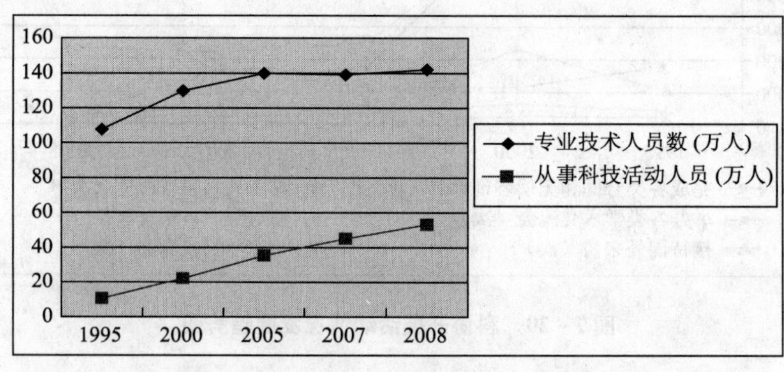

图 7－21　专业技术人员、从事科技活动人员数趋势图

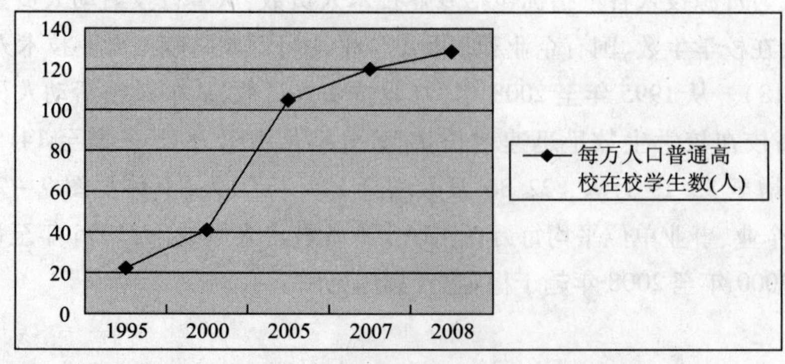

图 7－22　每万人口普通高校在校学生数趋势图

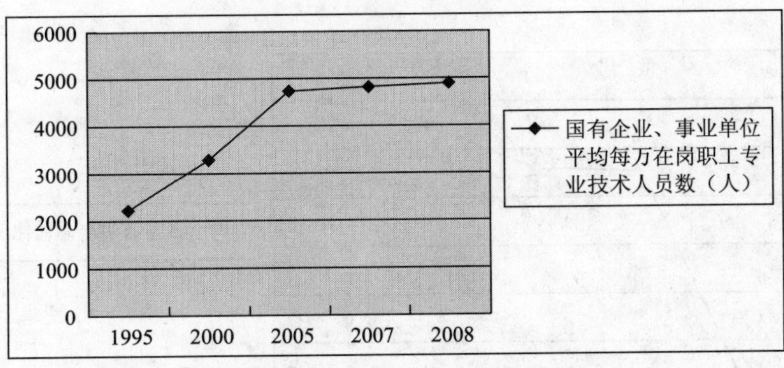

图 7－23　国有企业、事业单位专业技术人员变化趋势图

从表 7－19 中可以看出，1995 年至 2008 年，科技活动经费筹集总额、科技活动经费使用总额、研究与发展经费支出呈直线增加，在 2008 年分别达到 857.07 亿元、844.65 亿元、504.57 亿元（见图 7－24）。占本省生产总值比例从 1995 年的 0.2% 增长至 2008 年的 1.41%（见图 7－25）。

表 7－19　科普经费资源投入主要指标

指　标	1995	2000	2005	2007	2008
科技活动经费筹集总额（亿元）	45.42	240.81	502.00	718.33	857.07
科技活动经费使用总额（亿元）	39.82	214.65	456.36	686.85	844.65
研究与发展经费支出（亿元）	10.57	107.12	249.60	405.50	504.57
占本省生产总值比例（%）	0.20	1.11	1.12	1.30	1.41

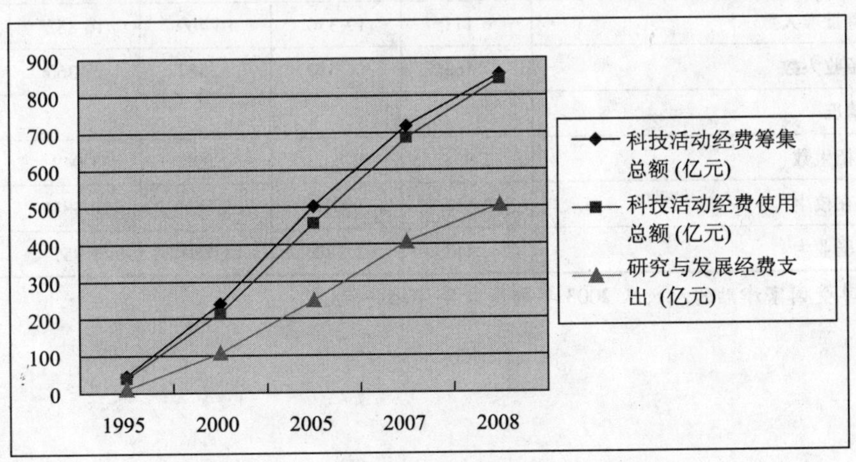

图 7－24　科普经费资源投入主要指标趋势图

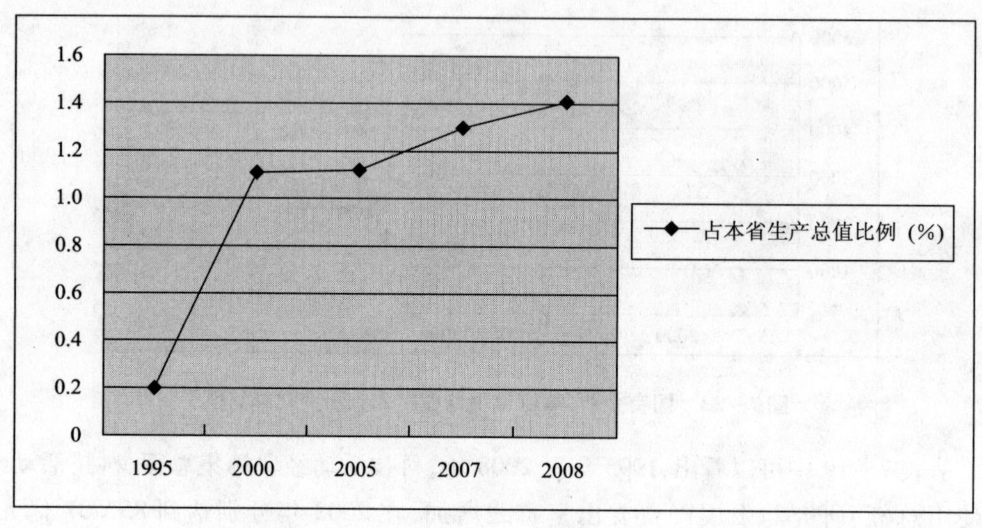

图7-25　科普经费占广东生产总值比例趋势图

从表7-20中可以看出，院士人数在2000年至2005年有较大增长后趋于稳定，2008年达69人（具体见图7-26），高级职称批准人数在2005年（19 336人）达到高峰后略有下降，2007年达16 852人（具体见图7-27）。博士后人数从2000年至2008年迅速增加，从163人增加至419人，博士生情况较为稳定（具体见图7-28）。

表7-20　高层次人才情况　（单位：人）

项　目	1995	2000	2005	2007	2008
院士人数	41	68	67	64	69
享受国家津贴新增人数	164		115		85
高级职称批准人数	6 111	19 336	16 409	16 852	
博士后招收人数	163	380	382	360	419
博士生情况					
其中：招生数	1 053	2 802	2 896	3 049	3 121
其中：在校生	2 558	9 049	9 869	10 587	11 466
其中：毕业生	417	1 342	1 780	1 957	2 327

注：享受国家津贴的人数从2003年起逢双年评比一次。

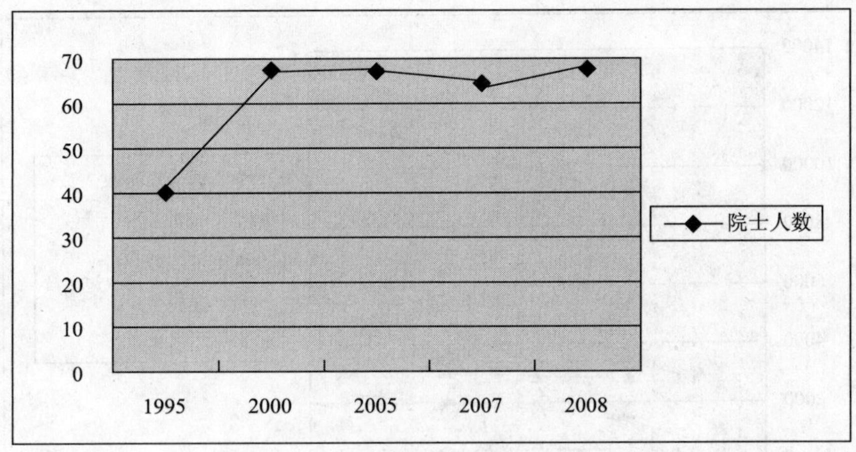

图7－26　广东院士人数增长趋势图

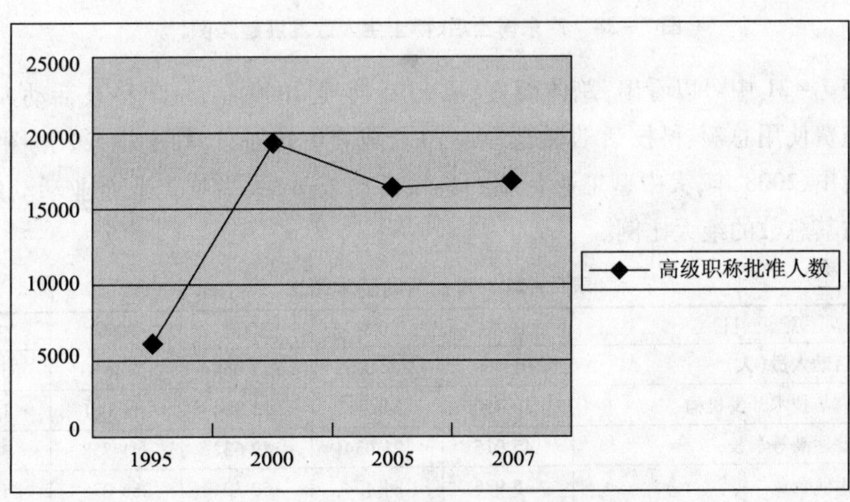

图7－27　广东高级职称批准人数增长趋势图

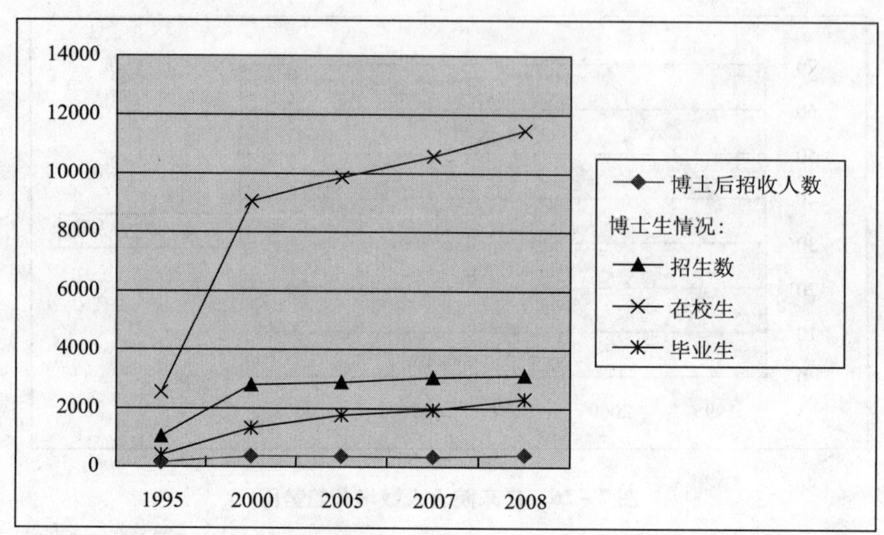

图 7－28　广东博士后、博士生人数发展趋势图

从表 7－21 中可以看出，总体而言，从 1995 年至 2000 年，从事科技活动人员、科技活动经费使用总额、科技活动课题（项目）数成直线增加。从图 7－29 至图 7－34 中可以看出，2008 年，大中型工业企业的科技活动人员、大中型工业企业活动经费使用总额占其总数的绝大比例。

表 7－21　科技活动基本情况

项　目	1995	2000	2005	2007	2008
从事科技活动人员（人）	105 469	222 073	354 488	451 556	531 887
科学研究与技术开发机构	20 750	14 988	13 904	14 081	15 819
全日制普通高等学校	45 015	21 034	49 632	31 858	34 254
大中型工业企业	35 986	84 408	160 304	285 076	341 435
其他	3 718	101 643	130 648	120 541	140 379
科技活动经费使用总额（万元）	398 192	2 146 502	4 563 599	6 868 530	8 446 464
科学研究与技术开发机构	165 057	187 091	254 453	309 939	397 705
全日制普通高等学校	12 163	56 947	204 935	242 602	315 207
大中型工业企业	204 684	1 031 661	2 973 617	5 254 937	6 357 442
其他	16 288	870 803	1 130 594	1 061 052	1 376 110
科技活动课题（项目）数（个）	16 512	33 436	47 483	64 103	72 643
科学研究与技术开发机构	4 189	3 182	6 447	4 155	4 568
全日制普通高等学校	6 623	8 617	13 846	27 876	31 356
大中型工业企业	5 483	8 460	13 334	22 396	21 885
其他	217	13 177	13 856	9 676	14 834

注：1995 年及以前只包括四大科技主体；2000 年及以后为全社会口径。

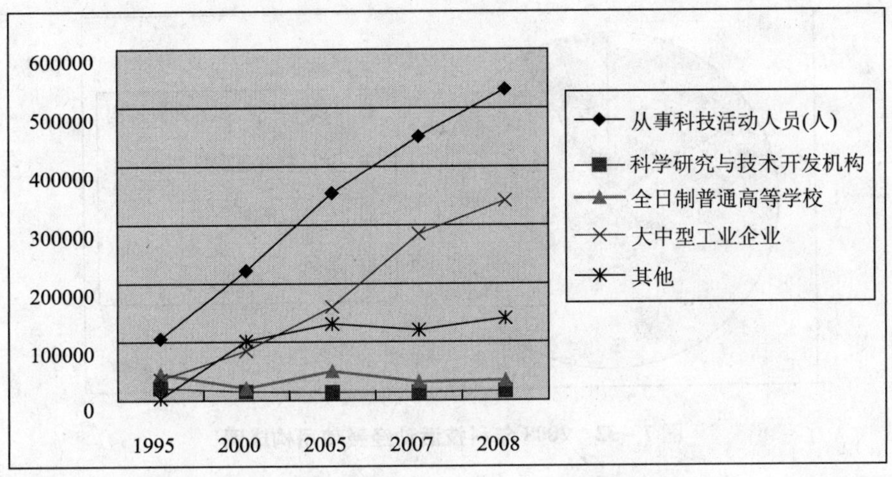

图 7－29 广东从事科技活动人员数量趋势图

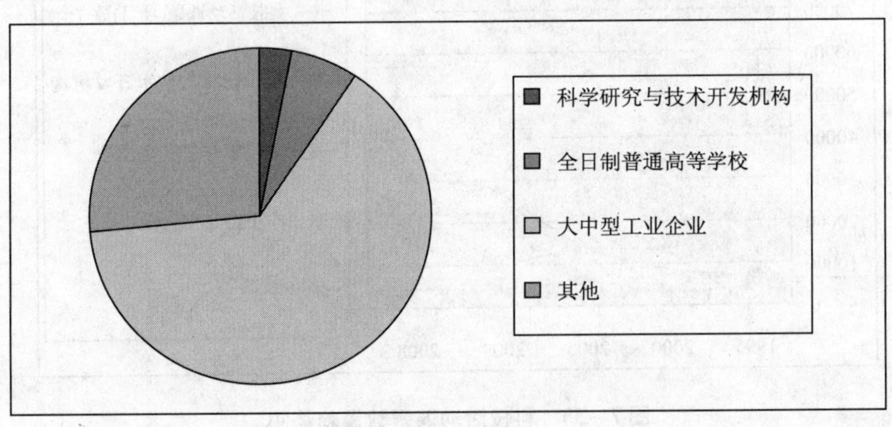

图 7－30 2008 年从事科技人员构成图

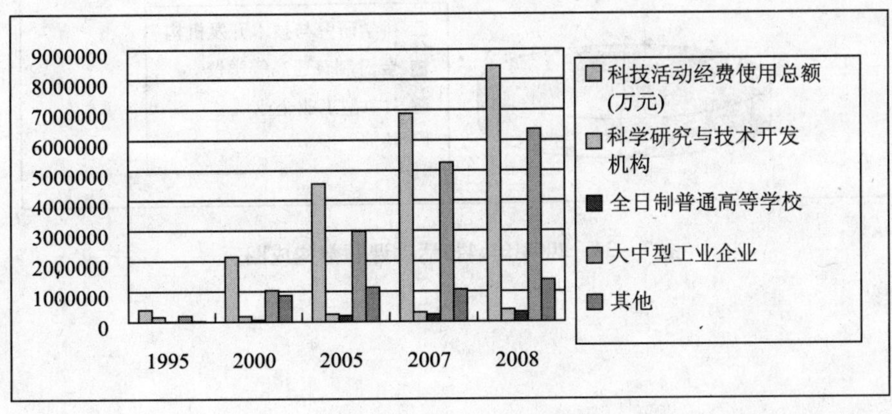

图 7－31 科技活动经费发展趋势图

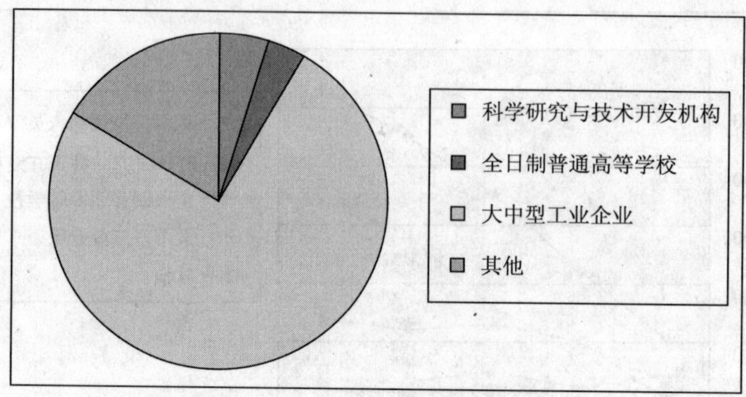

图 7－32　2008 年科技活动经费使用构成图

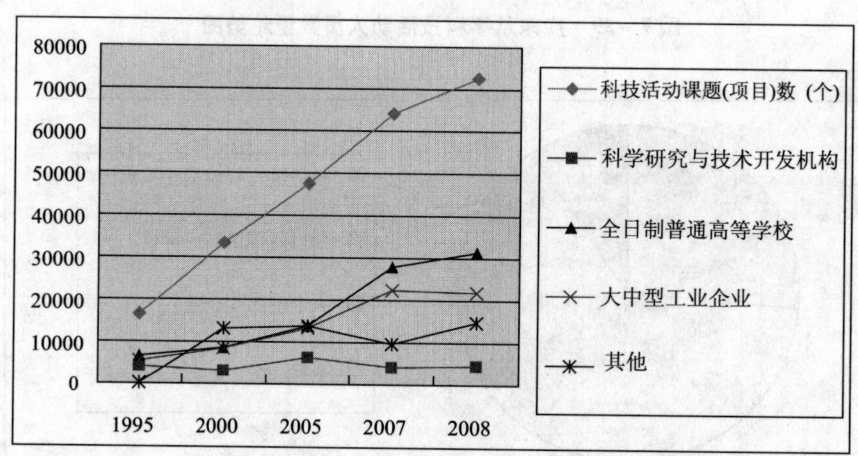

图 7－33　科技活动课题数量趋势图

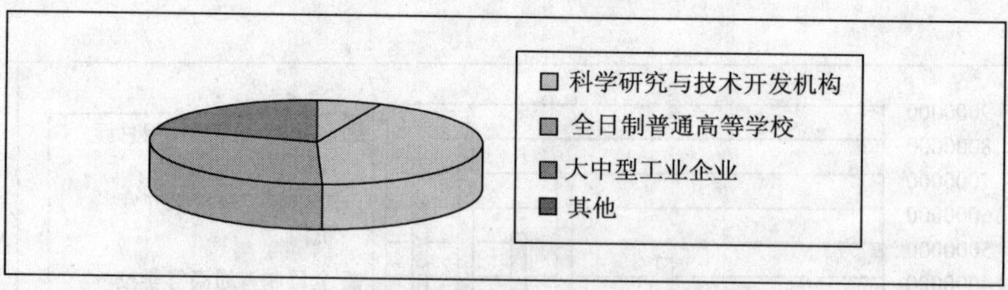

图 7－34　2008 年科技活动课题数构成图

从表7－22中可以看出,高等院校研究与发展人员从2000年后缓慢增加,至2008年达到15 603人。从图7－35、图7－36可以看出,从1995年至2008年拨入研究与发展课题费与研究发展经费内部支出呈直线增加。

表7－22　高等院校研究与发展人员及经费

项　　目	1995	2000	2005	2007	2008
研究与发展人员总数(人)	15 858	9 147	12 041	14 716	15 603
科学家和工程师	15 006	8 822	11 438	13 886	14 834
其他科技人员	561	325	603	830	769
当年拨入研究与发展课题费(万元)	6 624	32 574	97 292	146 562	203 018
研究发展经费内部支出(万元)	6 106	36 656	121 499	147 881	215 500

注:1. 当年拨入研究与发展经费不包括上年结转经费。研究与发展经费内部支出不包括转拨外单位经费。

2. 2000年及以后的研究与发展人员指标为折合全时人员,单位是"人年"。

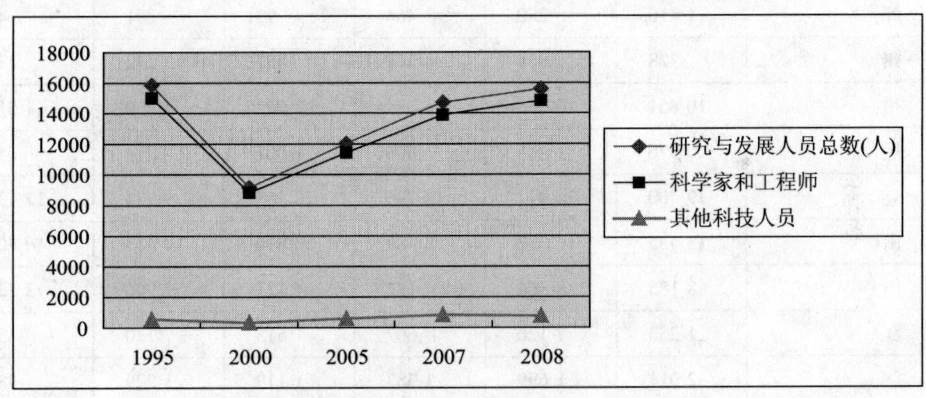

图7－35　科研与发展人员增长趋势图

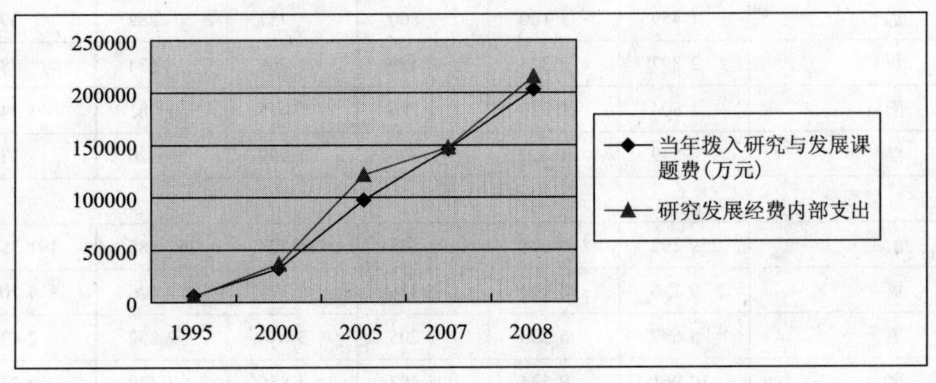

图7－36　高等院校研究与发展经费增长趋势图

从表 7－23 中可以看出，全省科技活动人员、科学家和工程师、研究与试验发展人员主要集中在深圳、广州、佛山，并有较大的优势。就总体而言，2008 年各指标相对于 2007 年有增长。

表 7－23　各市大中型工业企业科技活动人员和经费

指标	科技活动人员（人）		#科学家和工程师（人）		#研究与试验发展人员（人）	
	2007	2008	2007	2008	2007	2008
全省	285 076	341 435	212 553	250 469	176 302	200 277
广州	36 888	36 539	25 304	24 344	22 851	22 579
深圳	116 099	162 382	106 504	138 213	92 438	114 195
珠海	8 471	9 632	5 176	6 470	3 867	3 812
汕头	3 459	3 930	1 821	2 188	671	1 413
佛山	39 811	40 704	26 671	25 830	19 805	17 973
韶关	6 809	5 611	3 544	2 320	1 998	1 396
河源	1 416	280	464	93	891	48
梅州	728	854	373	487	242	232
惠州	10 851	10 066	6 884	7 002	3 230	4 010
汕尾	976	1 445	800	1 001		655
东莞	19 700	24 972	12 796	16 263	9 724	12 138
中山	13 535	17 297	8 489	10 810	10 433	10 808
江门	8 185	8 306	4 182	4 121	2 906	3 520
阳江	1 233	1 126	607	513	130	32
湛江	2 011	1 699	1 387	1 119	1 229	985
茂名	2 443	2 513	1 211	1 408	1 493	1 458
肇庆	5 752	5 746	2 599	3 150	2 331	2 319
清远	1 459	1 180	800	757	282	399
潮州	2 897	3 315	1 499	1 766	674	785
揭阳	1 804	2 229	1 216	1 415	1 081	1 347
云浮	549	1 609	226	1 199	26	173
按经济区域划分						
珠三角	259 292	315 644	198 605	236 203	167 585	191 354
东翼	9 136	10 919	5 336	6 370	2 426	4 200
西翼	5 687	5 338	3 205	3 040	2 852	2 475
山区	10 961	9 534	5 407	4 856	3 439	2 248

从图 7－37 中可以看出，省级重大科技成果在 2000 年达到高峰后（746 项）数量

有所下降并趋于稳定，2008 年达 433 项，每年的国家级科技奖励成果、省级科技奖励成果呈现较为稳定状态。（具体见表 7－24）

表 7－24 科技成果产出主要指标 （单位：项）

指　标	1995	2000	2005	2007	2008
国家级科技奖励成果	27	24	15	29	30
国家发明奖	3		1	2	1
国家自然科学奖	4		1	3	4
国家科技进步奖	20	24	13	24	25
省级重大科技成果	323	746	588	480	433
基础理论成果		93	54	33	29
应用技术成果		630	522	442	392
软科学成果		23	12	5	12
省级科技奖励成果	236	265	288	289	289
省科技进步奖	213	265	288	289	288
农业方面	40	46	51	35	47
工业方面	101	113	117	149	146
医药卫生方面	41	72	68	62	67
其他	31	34	52	43	28

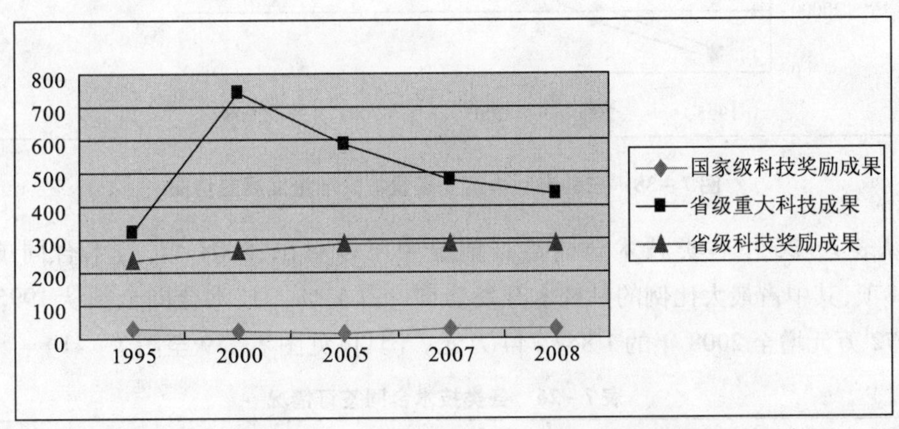

图 7－37 科技成果产出主要指标趋势图

广东省三种专利申请受理量从 1995 年的 7 729 件到 2008 年快速上升为 103 883 件，批准量也从 1995 年的 4 611 件上升为 2008 年 62 031 件，2000 年之后申请受理量的速度远高于批准量，说明越来越多人开始注重专利的影响和作用，对专利的认识也上升了一个阶段。（具体见表 7－25、图 7－38）

表 7－25　三种专利申请受理量与批准量　（单位：件）

项　目	1995	2000	2005	2007	2008
受理量	7 729	21 123	72 220	102 449	103 883
发明	463	1 760	12 887	26 692	28 099
实用新型	2 367	6 033	18 951	25 389	28 883
外观设计	4 899	13 330	40 382	50 368	46 901
批准量	4 611	15 799	36 894	56 451	62 031
发明	57	261	1 876	3 714	7 604
实用新型	1 446	4 797	11 017	21 636	25 072
外观设计	3 108	10 741	24 001	31 101	29 355

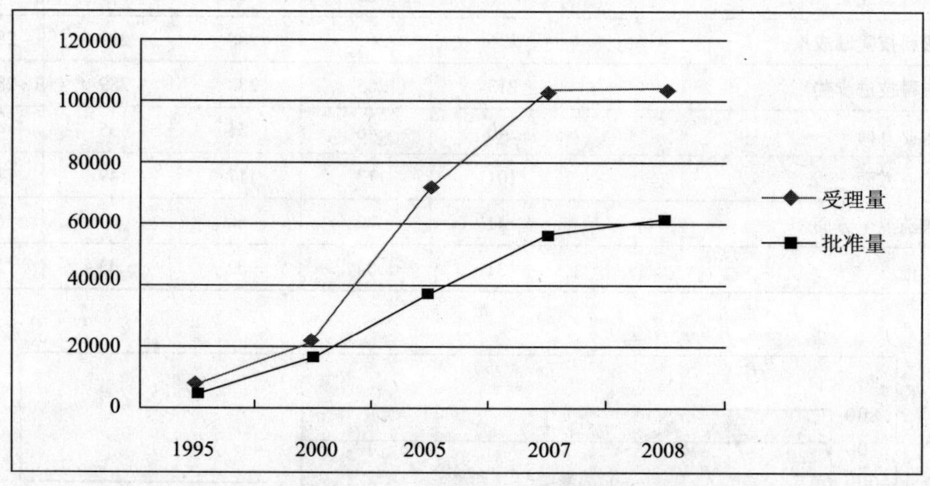

图 7－38　三种专利申请受理量与批准量发展趋势图

从表 7－26 中各类技术合同签订情况中可以看出，2008 年，技术合同项目数 16 168项，其中占最大比例的是技术开发合同，占 51%。技术合同金额从 1995 年的 125 972 万元增至 2008 年的 1 847 744 万元。（具体见图 7－39 至图 7－41）

表 7－26　各类技术合同签订情况

项　目	1995	2000	2005	2007	2008
技术合同项目数（项）	5 098	5 464	14 432	18 093	16 168
技术开发合同	547	921	5 983	8 088	8 253
技术咨询合同	299	572	1 279	1 727	1 686
技术转让合同	515	297	639	644	967
技术服务合同	3 737	3 674	6 531	7 634	5 262

续　表

项　　目	1995	2000	2005	2007	2008
技术合同金额(万元)	125 972	482 104	1 124 740	1 333 162	1 847 744
技术开发合同	46 820	142 107	571 458	981 497	1 059 421
技术咨询合同	9 109	12 530	31 696	35 383	39 386
技术转让合同	18 396	110 279	288 881	220 299	674 278
技术服务合同	51 647	217 188	232 705	95 983	74 659

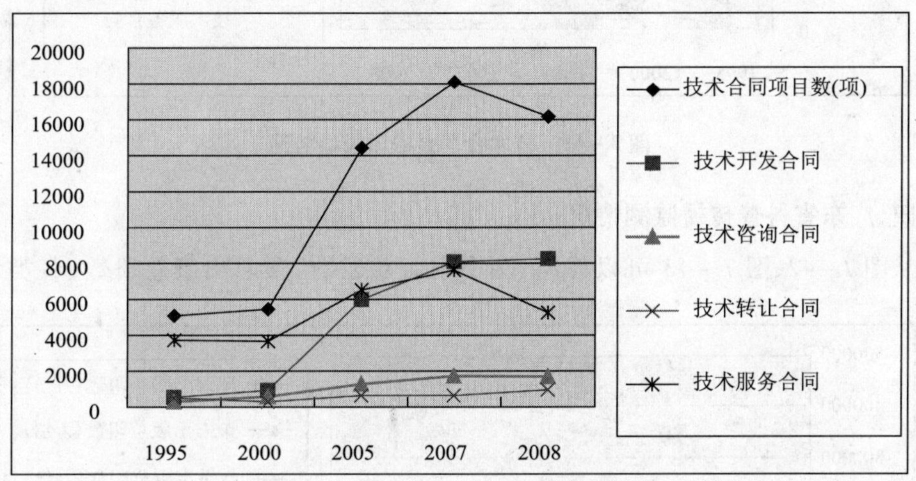

图 7-39　技术合同项目数趋势图

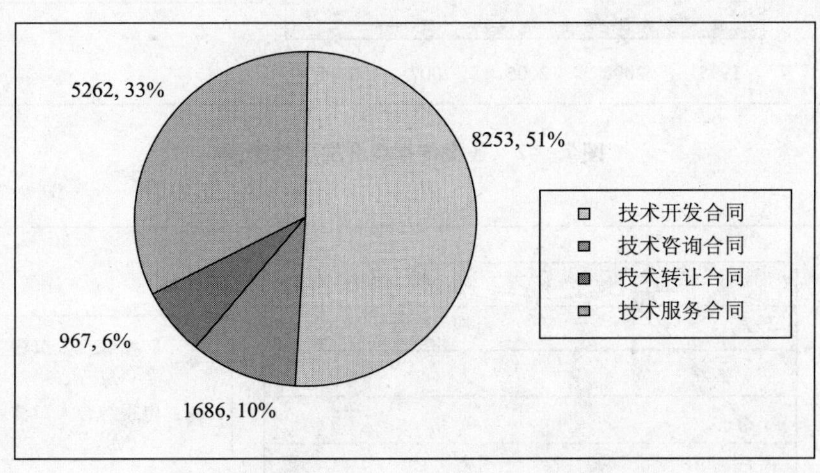

图 7-40　2008 年广东省技术合同项目数构成图

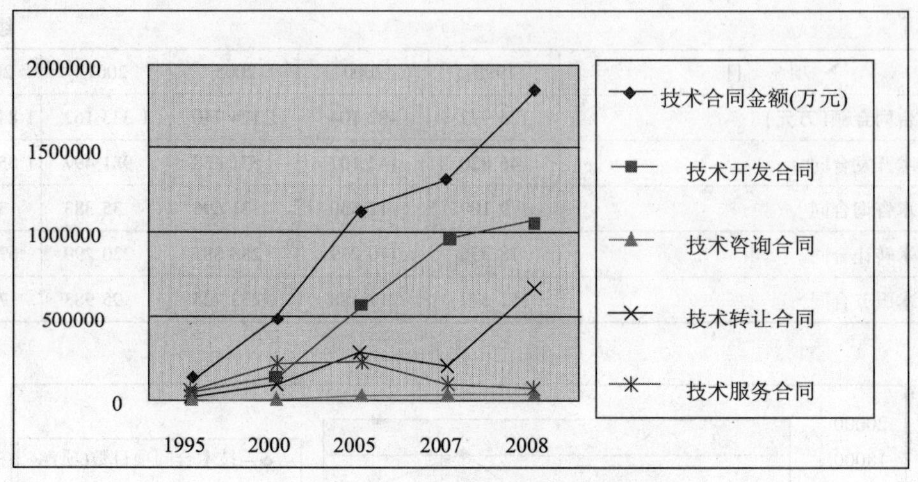

图 7－41　技术合同金额增长趋势图

四、广东省科普传播监测情况

从图 7－42、图 7－43 可以看出，图书出版总册数、杂志出版总册数、各类学术

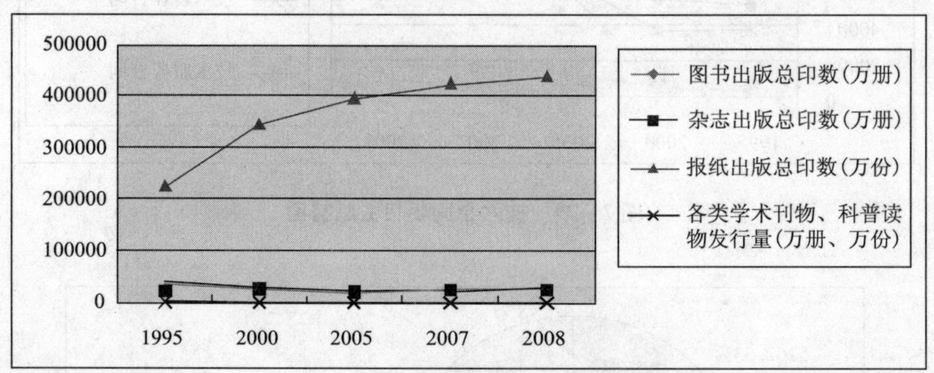

图 7－42　各类传播媒介发展趋势图

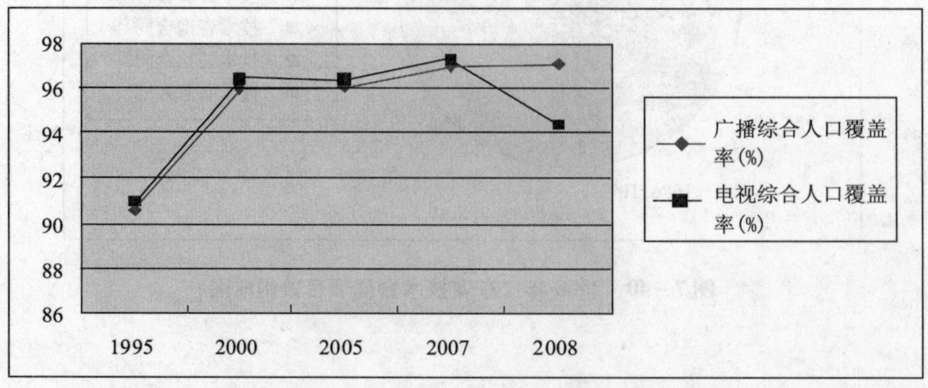

图 7－43　广播、电视综合人口覆盖率趋势图

刊物、科普读物发行量较为稳定，至 2008 年分别达 28 005 万册、24 608 万册、595 万册。广播综合人口覆盖率、电视综合人口覆盖率从 1995 年至 2000 年有较大增长，2008 年分别达到 97.1% 和 94.4%（详细情况见表 7－27）。

表 7－27　科普传播概况

项　　目	1995	2000	2005	2007	2008
图书出版					
种数（种）	2 510	4 374	5 908	5 646	6 318
总印数（万册）	3 6911	269 78	22 600	23 234	28 005
总印张数（千印张）	1 800 632	1 482 942	1 514 191	1 575 820	2 036 526
杂志出版					
种数（种）	329	337	366	379	380
总印数（万册）	22 740	26 299	20 371	25 969	24 608
总印张数（千印张）	674 634	919 514	1 116 814	1 495 214	1 393 465
报纸出版					
种数（种）	130	101	102	101	101
总印数（万份）	226 441	346 268	398 152	426 039	439 352
总印张数（千印张）	4 747 000	17 669 099	28 996 964	28 371 149	39 628 060
出版各类学术刊物、科普读物（种）	451	582	216	400	261
各类学术刊物、科普读物发行量（万册、万份）	973	562	522	455	595
广播电台（座）	96	106	22	22	22
电视台（座）	56	67	24	24	24
广播综合人口覆盖率（%）	90.6	96	96.1	97	97.1
电视综合人口覆盖率（%）	91.0	96.4	96.4	97.3	94.4

注：从 2000 年开始，报纸出版统计不包括校报、院报。

从图 7－44、图 7－45 中可以看出，广播电台、电视台、县、市广播电视台从 2005 年后趋于稳定，有线广播电视用户、数字电视用户从 2005 年至 2008 年呈直线增长，在 2008 年分别达到 1 493.82 万户、517.16 万户（具体见表 7－28）。

表 7－28　广播、电视事业发展情况

项　　目	1990	1995	2000	2005	2007	2008
广播电台（座）	87	96	106	22	22	22
中波广播发射台和转播台（座）	12	13	10	16	21	21
电视台（座）	38	56	67	24	24	24
1000 瓦及以上电视发射台和转播台（座）	23	41	49	40	83	83

续 表

项　目	1990	1995	2000	2005	2007	2008
县、市广播电视台(座)	93	67	83	78	79	79
有线广播电视用户(万户)				1 121.0	1 345.72	1 493.82
数字电视用户(万户)				100.6	355.93	517.16

注:1 000 瓦及以上电视发射台和转播台,从 2006 年起改为 100 瓦以上(含 100 瓦)电视发射台和转播台。

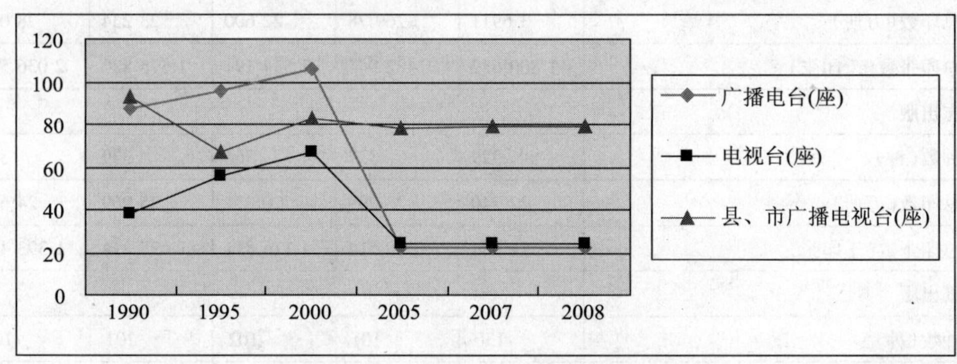

图 7－44　广播、电视台数量趋势图

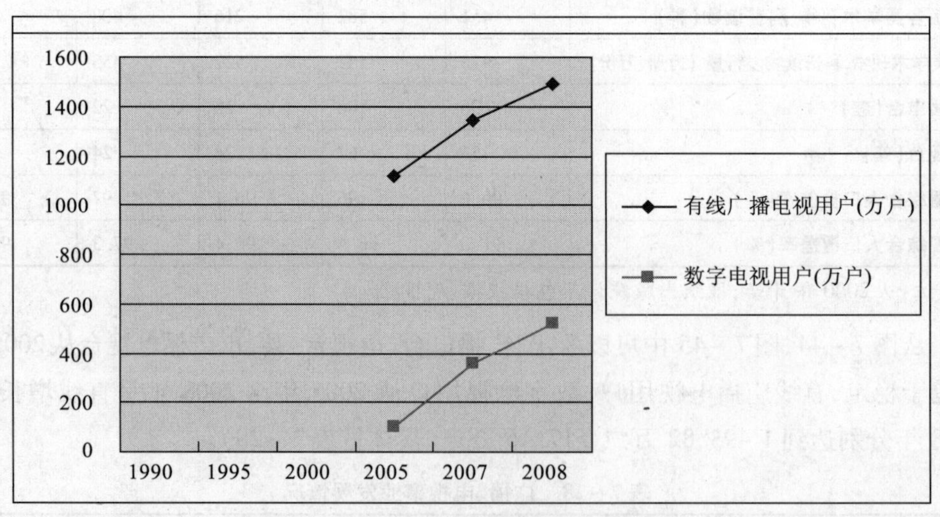

图 7－45　广播、电视用户数量增长趋势图

广东省广播电台宣传基本情况我们从图7－46至图7－48中可以看出,市级广播电台占总数的 95%,县级、市级的节目套数分别占总套数的 53% 和 40%。从节目类型看,新闻节目占总节目数的 29%,专题节目占总节目数的 30%、文艺节目分别占总节目数的 41%(具体见表 7－29)。

表 7－29　广播电台宣传基本情况（2008 年）

项　目	广播电台（座）	节目套数（套）	平均每日播音时间（小时）	自办节目时间	新闻节目	专题节目	文艺节目
合　计	22	125	2 069	1 672	394	403	545
省　级	1	9	193	186	36	34	76
市　级	21	50	966	852	173	224	223
县　级		66	910	634	185	145	246

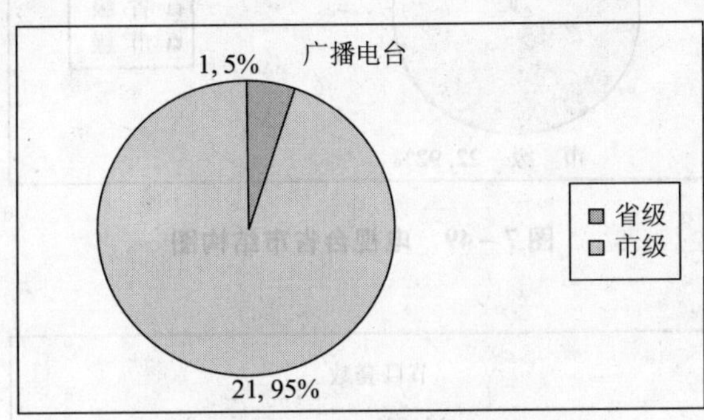

图 7－46　广播电台省市结构图

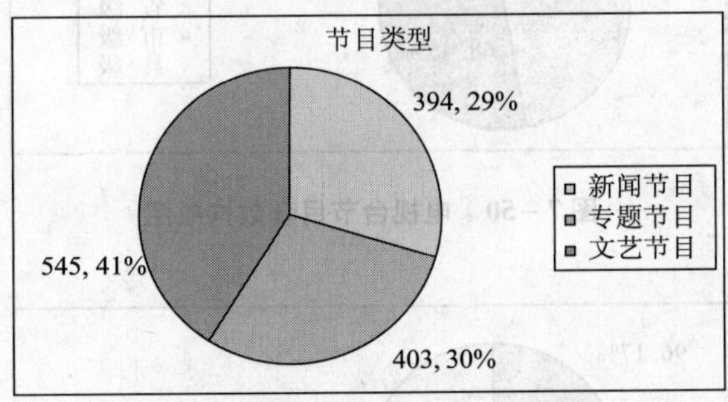

图 7－47　广播电台节目类型构成图

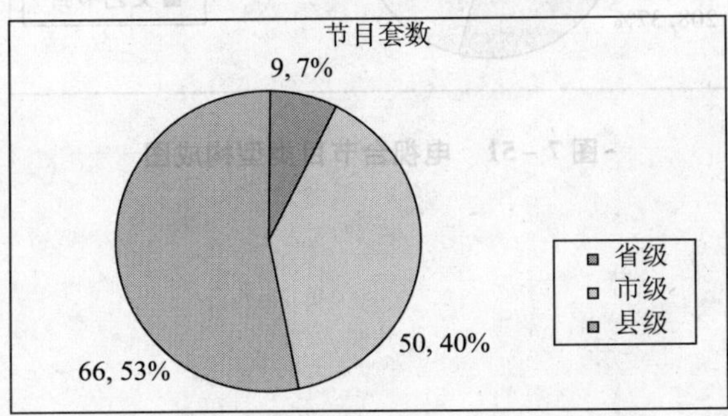

图 7－48　广播电台节目套数数量比例图

广东省电视台宣传基本情况我们从图7－49至图7－51中可以看出，市级电视台占总电视台的绝大多数，达92%。市级、县级节目套数占总节目套数的绝大多数，分别占45%、47%。在各类节目类型中，新闻节目以46%列第一位，之后为专题节目37%，文艺节目17%（具体见表7－30）。

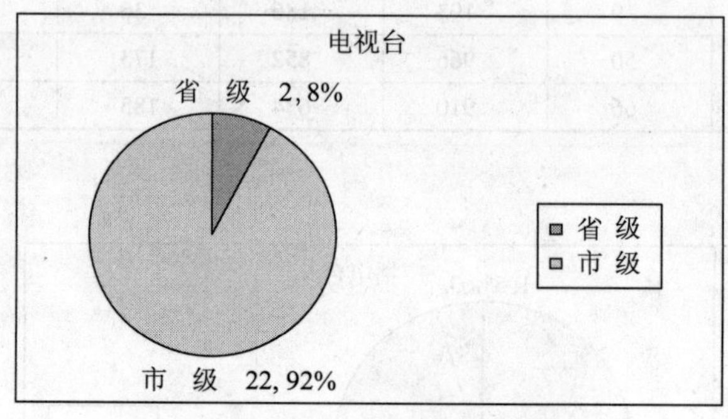

图7－49　电视台省市结构图

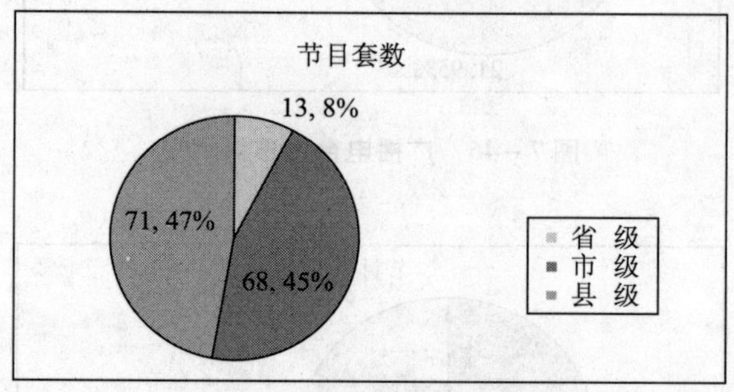

图7－50　电视台节目套数构成图

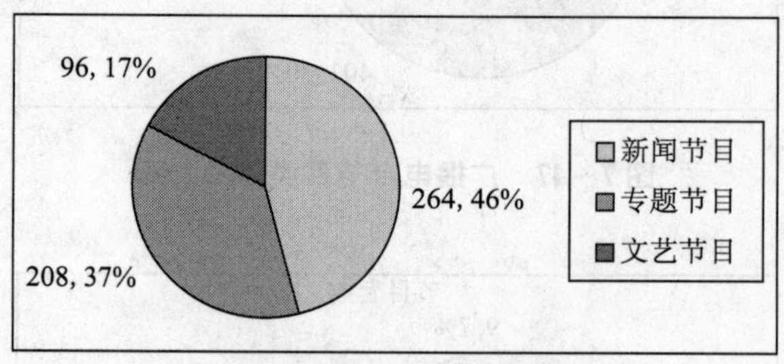

图7－51　电视台节目类型构成图

表 7-30 电视台宣传基本情况（2008 年）

项 目	电视台（座）	节目套数（套）	平均每日播音时间（小时）	自办节目时间	新闻节目	专题节目	文艺节目
合 计	24	153	1 790	666	264	208	96
省 级	2	13	285	105	31	44	22
市 级	22	68	1 005	375	121	121	46
县 级		71	500	186	112	43	28

五、广东省科普基础设施监测情况

在科技活动统计单位数上，1995 年有 2600 个，2008 年发展到 58 292 个，是 1995 年的 22 倍多；其中大中型工业企业发展最快，从 1995 年的 1 748 个发展到 2008 年的 6 539 个，占总数的 11.22%。

在科技活动机构数上，1995 年共有 1685 个，2008 年增长到 4 200 个，增长一倍多；其中大中型工业企业发展快，2008 年为 1 678 个，占总数的 39.95%。

各级学会及研究会中，省级学会从 1995 年到 2008 年基本保持稳定，市级学会和农村专业技术协会有所减少（具体见表 7-31、图 7-52）。

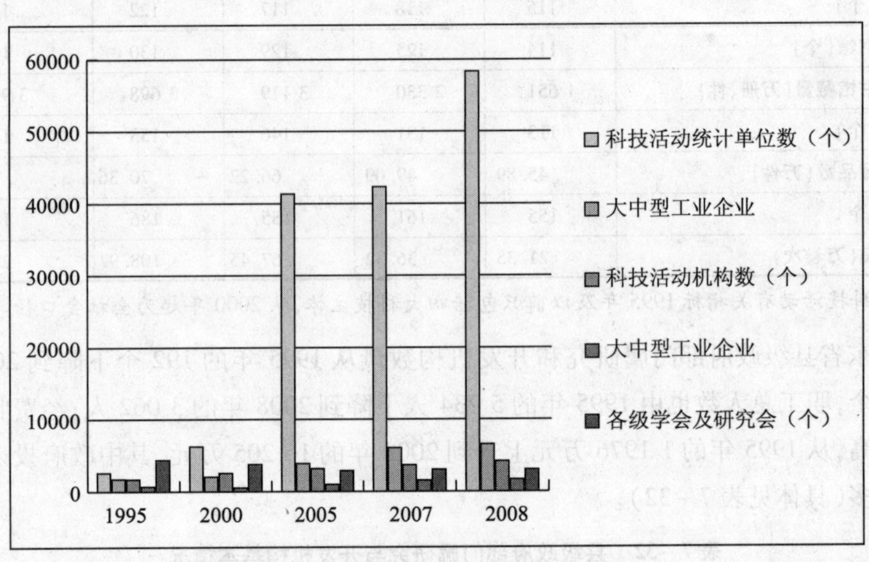

图 7-52 科普基础设施部分指标发展趋势图

表 7-31 科普基础设施概况

指标	1995	2000	2005	2007	2008
科技活动统计单位数(个)	2 600	6 246	41 337	42 315	58 292
科学研究与技术开发机构	481	447	197	185	187
全日制普通高等学校	77	58	158	167	183
大中型工业企业	1 748	2 058	3 894	6 039	6 539
其他	294	3 683	37 088	35 924	51 383
科技活动机构数(个)	1 685	2 566	3 181	3 678	4 200
科学研究与技术开发机构	481	445	197	185	187
全日制普通高等学校	440	343	220	246	304
大中型工业企业	695	529	976	1540	1678
其他	69	1 249	1 788	1 707	2 031
各级学会及研究会(个)	4387	3 780	2 901	3 048	3 058
省级学会	150	146	151	153	151
市级学会	963	734	802	809	819
农村专业技术协会	3 274	2 900	1 948	2 086	2 088
电影放映单位(个)	3 668	1 626	720	1 844	1 450
艺术表演团体(个)	134	138	139	131	130
文化馆(个)	115	118	117	122	121
公共图书馆(个)	114	125	129	130	132
公共图书馆藏量(万册、件)	1 651	2 330	3 119	3 698	3 995
博物馆(个)	113	131	146	153	152
博物馆藏品数(万件)	45.89	49.09	66.22	70.36	71.08
档案馆(个)	155	161	185	186	188
利用档案(万卷次)	21.35	36.32	67.45	108.97	270

注:科技活动有关指标 1995 年及以前只包括四大科技主体,从 2000 年起为全社会口径。

广东省县级政府部门属研究和开发机构数量从 1995 年的 192 个下降到 2008 年的 157 个,职工总人数也由 1995 年的 5 234 人下降到 2008 年的 3 062 人;经费收入却有所提高,从 1995 年的 1 1976 万元上升到 2008 年的 16 205 万元,其中政府投入提高了一倍多(具体见表 7-32)。

表 7-32 县级政府部门属研究与开发机构基本情况

项目	1995	2000	2005	2007	2008
机构数(个)	192	183	166	157	157
职工总数(人)	5 234	4 379	3 433	3 096	3 062
#科学家和工程师	403	359	382	415	388
经费收入(万元)	11 976	13 409	12 229	15 633	16 205
#来自政府的经费	3 149	5 426	5 187	7 320	7 330

广东省县级以上政府部门属研究与开发机构数量呈下降趋势，从 1995 年的 298 个下降到 2008 年的 182 个，职工总人数也从 1995 年的 27 367 人减至 2008 年的 14 903 人，说明广东政府精兵简政的效果明显。在经费方面，1995 年的经费收入为 201 834 万元，经费支出为 190 944 万元；2008 年，经费收入为 541 841 万元，经费支出为 507 454 万元。收入大于支出，保持盈余状态（具体见表 7－33）。同时，结合县级及以上政府部门属研究与开发机构基本情况来综合分析（具体情况见表 7－34）。

表 7－33　县级以上政府部门属研究与开发机构基本情况

项　目	1995	2000	2005	2007	2008
总计					
机构数（个）	298	296	192	185	182
职工总数（人）	27 367	24 926	14 216	14 988	14 903
#科学家和工程师	11 937	9 582	6 457	7 862	8 472
经费收入（万元）	201 834	358 844	384 866	501 823	541 841
#政府拨款	35 364	98 386	153 946	220 940	246 100
经费支出（万元）	190 944	330 098	363 973	477 248	507 454
资产购建支出（万元）	15 614	36 382	42 872	71 442	63 060
自然科学及技术领域					
机构数（个）	271	263	163	158	155
职工总数（人）	26 234	23 623	13 026	13 755	13 656
#科学家和工程师	11 189	8 763	5 770	7 093	7 632
经费收入（万元）	196 728	345 582	360 334	471 585	507 824
#政府拨款	32 083	89 595	137 906	200 678	224 051
经费支出（万元）	186 095	317 219	341 823	448 655	478 323
资产购建支出（万元）	15 379	34 037	41 445	69 803	613 49
社会及人文科学领域					
机构数（个）	13	16	13	12	12
职工总数（人）	692	780	655	669	671
#科学家和工程师	486	538	434	449	490
经费收入（万元）	2 372	6 906	10 914	15 210	18 034
#政府拨款	2 137	5 908	9 370	13 106	14 174
经费支出（万元）	2 332	6 897	10 207	15 513	15 012
资产购建支出（万元）	235	1 769	660	2 853	463
科技情报和文献机构					
机构数（个）	14	17	16	15	15

项　　目	1995	2000	2005	2007	2008
职工总数(人)	441	523	535	564	576
#科学家和工程师	262	281	253	320	350
经费收入(万元)	2 734	6 356	13 619	15 028	15 983
#政府拨款	1 144	2 883	6 670	7 156	7 876
经费支出(万元)	2 517	5 982	11 944	13 080	14 118
资产购建支出(万元)		576	766	1 354	1 248

表 7－34　2008 年各市县级及以上政府部门属研究与开发机构基本情况

市　别	机构数(个)	从业人员(人)	#科学家工程师	经费收入(万元)	#政府拨款	经费支出(万元)	资产购建支出(万元)
全省合计	339	17 965	8 860	558 046	253 430	522 397	63 698
广　州	98	11 650	7 239	493 107	208 363	463 059	55 117
深　圳	5	111	53	2 307	1949	2429	144
珠　海	4	224	124	2 602	1783	2432	119
汕　头	14	713	230	6 250	2834	6258	497
佛　山	8	202	91	3 139	2368	2782	33
韶　关	27	448	114	2 637	1644	3075	427
河　源	17	447	55	987	547	986	46
梅　州	15	418	115	2 436	2119	2 281	388
惠　州	26	589	120	3 915	2217	3 947	412
汕　尾	6	134	5	368	348	360	
东　莞	4	290	131	10 860	9 268	7 895	2 825
中　山	3	97	54	3 282	1 800	3 496	201
江　门	13	194	51	2 238	1 558	1 922	279
阳　江	4	110	26	856	521	856	47
湛　江	25	955	230	13 244	8 861	12 736	2025
茂　名	17	363	92	2 446	1 565	2 390	57
肇　庆	17	302	48	4 274	3 757	2 829	1026
清　远	16	187	4	747	334	739	27
潮　州	4	158	30	849	801	637	
揭　阳	9	275	35	974	598	930	5
云　浮	7	98	13	529	197	358	21

注:本表统计范围不含已转制的科研机构。

文化艺术、文物事业机构数除了电影放映单位,在艺术表演团体、文化馆、公共图书馆、博物馆和档案馆的发展是稳定向前的。1990 年,艺术表演团有 130 个,文化馆有 113 个,公共图书馆有 103 个,博物馆有 106 个,档案馆有 138 个,总数为 590 个;2008 年,文化馆有 121 个,公共图书馆有 132 个,博物馆有 152 个,档案馆有 188 个,总数为 723 个。而档案馆在 1978 年还没有,1990 年开始建成并稳定发展(具体见表 7 - 35、图 7 - 53)。

表 7 - 35 文化艺术、文物事业机构数 (单位:个)

年份	电影放映单位	艺术表演团体	文化馆	公共图书馆	博物馆	档案馆
1995	3 668	134	115	114	113	155
1996	3 670	136	115	115	114	157
1997	3 463	138	117	119	117	157
1998	3 621	139	117	120	122	157
1999	2 938	140	117	121	128	162
2000	1 626	138	118	125	131	161
2001	1 794	139	118	129	140	175
2002	904	141	120	131	140	185
2003	840	144	117	129	144	185
2004	684	140	119	128	143	185
2005	720	139	117	129	146	185
2006	1 542	138	120	129	147	186
2007	1 844	128	122	130	153	186
2008	1 450	130	121	132	152	188

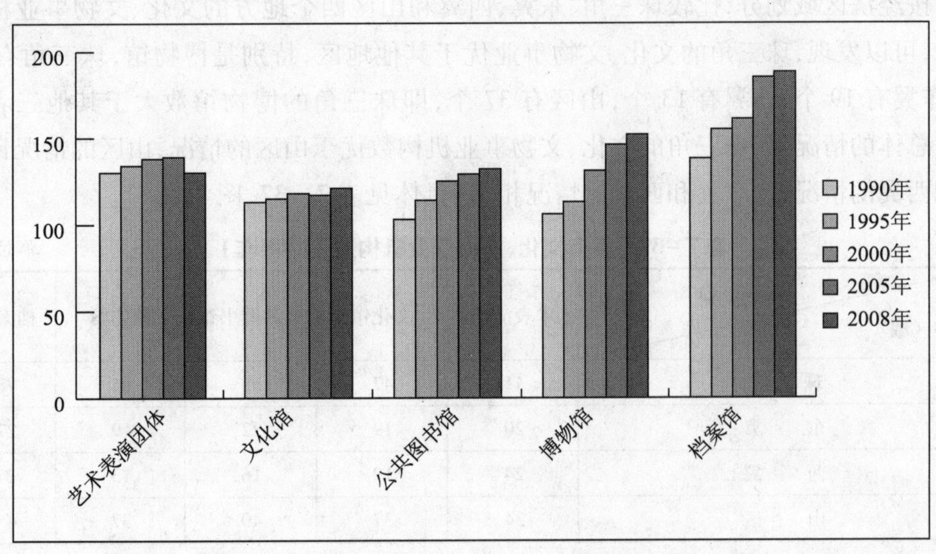

图 7 - 53 文化艺术、文物事业机构发展趋势图

2008年,文化机构及人员数情况如下:机构共20 549个,人数193 040人;文化市场经营单位所占比例最多,有18 081个机构,占总数的87.99%,人数155 773人,占总数的80.69%。文物机构及人员数情况如下:共204个机构,人数共3 409人;其中文物机构46个,人数572个;博物馆152个,人数2724人;文物商店6个,人数113人(具体见表7-36)。

表7-36 文化、文物机构及人员数(2008年)

项目	合计		文化部门		其他部门	
	机构数(个)	人数(人)	机构数(个)	人数(人)	机构数(个)	人数(人)
总计	20 753	196 449	2 371	26 102	18 382	170 347
文化合计	20 549	193 040	2 167	22 693	18 382	170 347
艺术事业	534	21 925	217	7 304	317	14 621
图书馆事业	132	3 709	131	3 709	1	
群众文化事业	1 743	9 090	1 717	9 059	26	31
教育事业	7	793	7	793		
文化市场经营单位	18 081	155 773	43	78	18 038	155 695
文艺科研	9	100	9	100		
其他	43	1 650	43	1650		
文物合计	204	3 409	204	3 409		
文物机构	46	572	46	572		
博物馆	152	2 724	152	2 724		
文物商店	6	113	6	113		

注:其他部门的艺术事业机构、人员数包括了民营数,与以前年份不可比。

按经济区域划分,比较珠三角、东翼、西翼和山区四个地方的文化、文物事业机构数后,可以发现,珠三角的文化、文物事业优于其他地区,特别是博物馆,珠三角有81个,东翼有19个,西翼有13个,山区有37个,即珠三角的博物馆数大于其他三者之和。总体的情况是,珠三角的文化、文物事业机构数优于山区的情况,山区的情况比东翼和西翼的情况好,东翼和西翼的情况相当(具体见表7-37、图7-54)。

表7-37 各市文化、文物事业机构数(2008年) 单位:个

经济区域 \ 机构类别	艺术表演团体	文化馆	公共图书馆	博物馆	档案馆
珠三角	41	47	53	81	78
东翼	20	19	22	19	27
西翼	24	19	16	13	27
山区	34	37	40	37	45

注:各区域不包括省直单位部分。

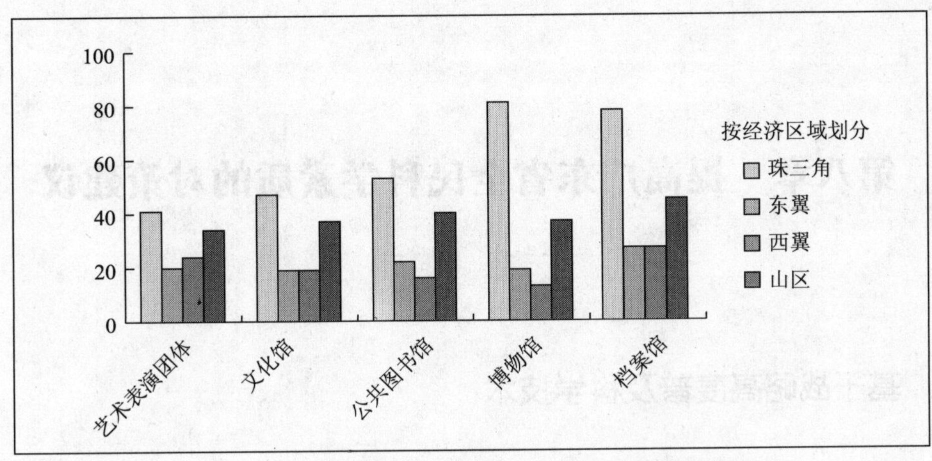

图7－54　各区域文化、文物事业机构数发展趋势图

按经济区域划分，广东省文化、文物事业机构人员数的情况如下：艺术表演团体的人员数共4 520人，文化馆的人员数共1 552人，公共图书馆的人员数为3 332人，博物馆的人员数为2 531人，档案馆的人数为2 282人（具体见表7－38）；总体情况是珠三角区域的机构人员数多于东翼、西翼和山区的机构人数，而且在公共图书馆、博物馆和档案馆方面，珠三角区域的机构人员数大于其他三个区域之和（见图7－55）。

表7－38　各市文化、文物事业机构的人员数（2008年）　单位：人

经济区域＼机构类别	艺术表演团体	文化馆	公共图书馆	博物馆	档案馆
珠三角	1 687	683	2 100	1 811	1 247
东　翼	1 006	283	391	276	217
西　翼	942	208	348	144	353
山　区	885	378	493	300	465

注：各区域不包括省直单位部分。

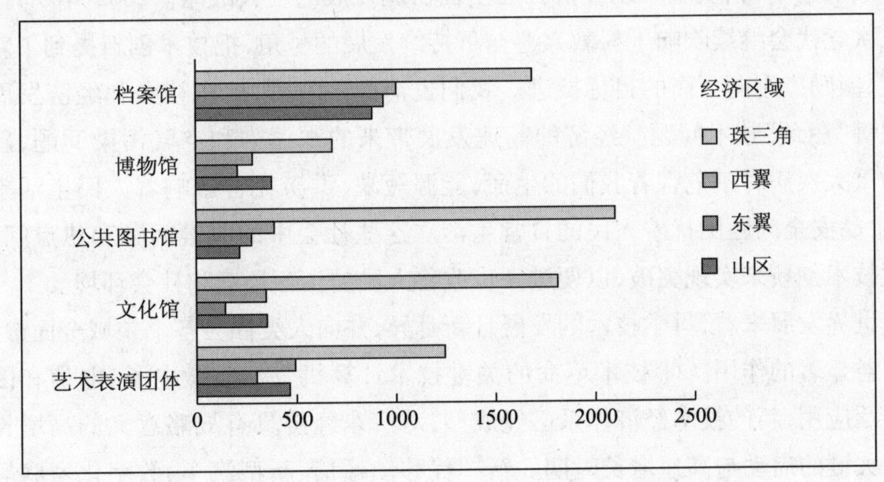

图7－55　广东省区域文化、文物事业机构人员数趋势图

第八章　提高广东省全民科学素质的对策建议

8.1　基于战略高度普及科学技术

国务院颁发的《全国公民科学素质行动计划纲要(2006—2010—2020 年)》是进一步提高全民科学素质的纲领性文件,广东要贯彻落实文件精神,首先就要进一步提高科普意识,以科学的发展观为指导,把提高广东省全民科学知识水平放在国民教育的显著位置,积极塑造广东省全民的科学人格,努力提升广东省全民的科学能力,使广东省由人口大省向人力资源大省转变。

8.1.1　经济社会发展离不开技术创新

改革开放以来是广东省经济发展最快、社会事业进步最大、人民得到实惠最多的时期。广东生产总值从 1978 年的 186 亿元增加到 2008 年的 35 696 亿元,年均 13.7% 的速度增长,经济总量先后超过亚洲“四小龙”中的新加坡、香港和台湾地区,创造了“世界走一步,广东跨四步”的发展奇迹。但经济社会发展离不开技术创新,1998 年 5 月,广东省第八次党代会明确提出实施外向带动、科教兴粤与可持续发展战略作为发展生产力、实现广东经济社会全面协调发展的三大战略。2002 年 5 月,广东省第九次党代会继续吹响了科教兴粤与可持续发展的号角,把技术创新提到了新的战略高度,激励广东向更高的目标挺进。我们也清楚地看到,广东社会和经济发展中仍存在关键“瓶颈”技术问题。经济的高速发展带来的水污染和空气污染问题,新发和传统的重大疾病时刻危害着我们的生命,能源短缺、洪涝灾害影响着人民生活素质的提高,食品安全问题困扰着人民的日常生活。这些社会中的关键问题和热点问题,急需通过技术创新来实现突破,以便进一步改善人民的生存环境和社会环境。

从世界发展来看,科学技术的发展日新月异,并向人类社会各个领域全面渗透,发挥着日益显著的作用。IT 技术革命的关键技术计算机、激光、微电子、电信和因特网等已广泛应用,新的技术经济体系已经成型,对广东经济具有战略意义的高增长行业正处于关键的启动与高速增长时期。新一代移动通信、新型汽车、数字化家庭等在未来几年将步入高速发展的高科技产业,以及一些新兴的高附加值制造业和服务业,需要通过技术突破和产品创新推进产业化带动进程。面对世界经济与科学技术的迅猛发展,大力提高国民科技素质,促进高技术的发展,提高综合国力和国际竞争力已经成为各国的共识。2006 年 12 月,广东省提出实施自主创新战略,建设创新型广东的战略部署。2008 年,国际金融危机愈演愈烈,对广东经济发展造成了很大冲击,广东按照中央保增长、扩内需、调结构的战略部署,把保持经济平稳较快增长与促进提高自主创新能力、促进传统产业转型升级、促进建设现代产业体系紧密结合起来,依靠科技进步,促进了国民经济又好又快地发展。这些都说明技术创新是经济社会发展的重要动力,其作用将越来越大。

8.1.2 科学普及与技术创新同等重要

广东要实现经济、社会的可持续发展,解决发展与环保资源的矛盾、人口与资源的矛盾等,从根本上来说要依靠技术创新,充分发挥科技第一生产力的作用。但科技第一生产力作用的发挥,绝不仅仅是少数科学家和教育家的事情,也不仅仅是科技部门和教育部门的事,而应当是全社会和全体公民的事。科学素质的高低,对人们利用知识进行科学思维和提高科技创新能力,对社会生产力和精神文化的发展,有着深刻的影响。全民科学素质的高低和全社会科学精神的丰歉,对社会生产力的发展和社会文明的进步起着重要的作用。提高全民科学素质,将有利于引导公众从传统的以物为中心、追求经济增长、增强经济实力转变到以人为中心、促进社会进步、人口科学素质提高、富民为本的发展目标上来。

同时,科技发展必须得到公众的理解和支持。任何一项事业,要想得到顺利的发展,都要取得社会的理解、重视和支持,取得公众的了解、欢迎和赞同,否则就会碰到许许多多意想不到的困难。科技事业尤其这样,它不仅需要国家、地方或企业给予相当的人力、财力和物力保证,给予法律、政策上的保护,还需要得到全社会的广泛支持。

科学技术是第一生产力,公民科学素质是第一国力。国家的发展和强盛,必须依赖于全体国民良好的科学素质。实施可持续发展战略,实践科学发展观,都要以全民良好的科学素质为基础。必须依靠科技进步和创新,正确处理科技普及与科技创新的关系,发挥优秀人才的重要作用,使科技发展始终服务于大多数人民的根本利益。科技普及与科技创新是科技进步的两个基本体现,是科技工作的一体两翼。“创新”就是在科技前沿不断突破,“普及”就是让公众尽快尽可能地理解“创新”的成果,不断提高科技素质,使科技创新真正进入社会,成为大众的财富,成为社会的力量。两者相互促进、相互制约,是辩证统一的关系。因此,科技发展必须做到“创新”与“普及”并举。

8.1.3 科学普及的重点是提高人的素质

江泽民同志在中国科学技术协会第六次全国代表大会上的讲话指出:“要坚持弘

扬科学精神,努力提高全民族的科学文化素质。一个国家人民的思想道德和科学文化素质如何,从根本上决定着综合国力和国际竞争力的提高。”

中国现阶段科普工作实际上存在着两大主要阵地,各自涵盖不尽相同的内容。一是实用技能科普,包括两部分,第一部分是日常生活中的实用科技知识普及,如家电使用、栽花种草、卫生宣传、健康教育等;第二部分是职业技能培训,如工厂技工培训、农村适用技术推广与农业技术人员培训。二是科学素质科普,主要内容是提高全体公民的现代科学素质,包括科学知识、科学方法、科学对社会的影响以及提高公民参与科学决策的意识和能力。我们认为,这两大科普阵地是相互联系,互为促进的。当前科学普及的目标已经由过去单纯的科学知识素养,过渡到包括掌握科学知识、懂得并能熟练运用科学方法、理解科学对社会的影响从而具有参与国家科技决策的意识和能力在内的综合的科学素质。这就要求科学普及应紧密配合全省城镇化、农业现代化进程,继续开展对劳动者技能的培训,推广生产新技术、职业新技能、科技新成果、科学新理念,从而使劳动者认识科技,了解科技;紧密配合可持续发展战略实施,大力宣传普及“无公害生产”、“节能型社会”、“循环经济”、“绿色 GDP”等节约资源、保护生态环境的观念和知识,为建设和谐广东、实现人与自然协调发展的目标服务;紧密配合《全民健身计划》的实施和国家公共卫生体系的建设,适应公众对健康日益关注的要求和老龄化社会的来临,普及卫生保健知识和现代健康生活理念,倡导文明,健康生活方式,在科普作品中增强思辨性内容,在传播知识的同时,传播科学方法和科学的思维方式,增强广东公众科学素质。

8.2 组织构建科普工作大联合的格局

8.2.1 完善科普工作制度

国务院颁发的《全国公民科学素质行动计划纲要(2006—2010—2020 年)》中提出,今后 15 年实施全民科学素质行动计划的方针是,“政府推动,全民参与,提升素质,促进和谐”。政府推动的主要内容有:各级政府将公民科学素质建设作为全面建设小康社会的重要工作,加强领导。各级政府要将《全民科学素质纲要》纳入有关规划、计划,制定政策法规,加大公共投入,推动《全民科学素质纲要》的实施。社会各界各负其责,加强协作。

广东省要落实《全民科学素质纲要》,首先就要进一步完善科普工作联席会议制度。发挥政府的主导作用,坚持按照科学发展观的要求,坚持以人为本,统筹安排经济社会发展的各项工作任务。把科学素质工作内容纳入党和政府的议事日程和工作计划,纳入地区经济和社会发展全局,促进经济社会全面协调可持续发展。科普工作联席会议制度作为广东省协调、组织科普工作的重要制度，更好地协调科技、教育、宣传、文化、财政等党政部门和群众团体、大众传媒之间的配合与合作。各级政府也应参照省际联席会议的工作模式，建立由政府多个相关部门参加的全民提高科学素质行动联席会议制度，并逐级制定行动方案加以落实。

具体可从以下几方面入手：建立省、市《科普计划项目指南》发布制度，定期向社会公布重大科普计划和活动项目。组织开展相关的科普工作。做好科普的统计与调查，完善科普统计指标体系。每两年组织实施一次全省公众科学素养调查，并向社会公布调查结果，为改进科普工作提供研究和决策依据。要加快制定广东省科普条例和科普规划，发动群众积极参加科学普及和科技进步的各种活动，全面推动公民科学素质建设。省科普工作联席会议要通过联席会议成员单位科普情况交流刊物，不定期通报、交流各成员单位科普工作情况，加强联席会议成员单位之间、省和各市的科普工作联系。各级党政机关、企事业单位、社会团体和城镇农村的基层组织应认识到，科普工作是国家兴安的一个重要标志，体现了全社会精神文明建设的水平，各级党委政府要把科普新环境、大氛围营造工作真正纳入工作日程，把科学普及纳入经济社会发展规划，切实加大投入，力争出新成果，形成全社会大科普工作的工作格局。

8.2.2　加强《全民科学素质纲要》实施的协调

广东省全民科学素质纲要实施工作办公室是实施《全民科学素质纲要》的组织协调单位。根据工作的分工，广东全民科学素质纲要实施工作办公室的成员单位已经达到23个，省科技厅牵头还制订了《政策法规、队伍建设与监测评估工作实施方案》，把《科学素质纲要》的实施作为科技部工作的重要组成部分，融入到整个科技工作之中，在政策法规、公民科学素质基本标准、统计、监测以及环境的营造等方面加强工作力度。省劳动保障厅和省总工会牵头制订了《城镇劳动人口提高科学素质行动方案》，紧扣国民经济运行中的重大问题，把“节约能源”和当前比较突出的“安全生产”问题作为重要内容。

科普是公益事业，是全社会的共同任务，社会各界都应当积极参加各类科普活动。科普的对象有是全体公民，医疗卫生、计划生育、环境保护、国土资源、气象等国家机关和学校、医院、工厂、新闻出版、影视文化团体等企、事业单位都应当结合各自的工作开展科普活动，积极投身科普事业。各县（市、区）政府全民科学素质工作领导小组，负责本地全民科学素质工作的谋划、推动、检查和落实。各级政府应定期听取全民科学素质工作的汇报，及时研究解决有关重要问题，为公民科学素质建设各项工作的顺利开展创造良好条件。科技、科协、教育等部门和大众媒体应根据《全民科学素质纲要》的要求分工合作，积极承担各自的科普职能，营造科普新环境和大氛围。

8.2.3 继续开展“科技进步活动月”“读书月”活动

从1992年开始，广东就在全省开展科技进步月活动。在活动月中，通过举办科技展示会、重大科技项目发布会、技术交易洽谈会、科普宣传、展览、培训、报告会、讲座和科技下乡等，让群众亲身参加科技进步活动。同时，集中宣传党和政府新时期的科技方针政策，宣传和展示近年来广东省科技综合实力持续增强，高新技术产业迅猛发展，科技体制改革不断深化，科技创新取得丰硕成果，科技示范试点成效显著等成就，充分展示科学技术作为先进生产力的集中体现和主要标志，宣传科技进步在建设小康社会中的重要作用，促进民众树立科学发展观和科学思想，弘扬科学精神和先进文化。全国科技活动周和全省科技进步活动月已经成为广东科普活动的品牌。近几年，结合国家“科技活动周”的安排和广东省的实际，科技活动月的活动项目照顾到社会的各个层面，内容上贴近生活，涉及群众关心的问题，形式上群众可参与互动的程度高，充分体现了“以人为本”。有老少皆宜的科普巡礼展、科普基地系列活动、科普一日游、科普游园、科普画廊、卫生健康咨询等，有政府公务员参加的院士科普报告会，有科技人员必修的“当代高新技术”讲座和增强凝聚力的文艺汇演，有帮助农民致富的科技下乡活动，有组织青少年参加的各类科技竞赛活动，还有许多企业自行组织的技术培训和考察交流活动。

广东要积极打造科技活动月的科普品牌，使活动月的内容更丰富，能够让更多的群众参与，使它成为科学普及的盛会，吸引国内外的朋友前来分享科技的大餐。还应该结合国际性、全国性纪念日、宣传日，联合相关部门和团体，组织开展一系列主题鲜明的科普活动。例如，设立“院士讲坛”、“博士论坛”，宣讲前沿学科知识，举办“科普快车山区行”、“妇女科技直通车”传播科技知识；办好“科普影视文化广场”、“科普大篷车”电视栏目，“千场科普影视进校园”，组织民间曲艺科普演出，广泛开展科普下乡巡展、巡映、巡演。继续在全省开展农村党员基层干部实用技术培训、绿色证书培训，职业技能培训和科技创新能力培训。针对不同对象，策划一系列科普活动品牌，组织“万名专家进千村”、青少年科技创新大赛、职工技能竞赛和“科教进社区”等活动，带动全省科普工作整体推进。实施“十百千万科普示范工程”以及一大批农村种养技术示范基地，以点带面，推动各地科普工作的开展。

此外，为提高全民阅读理解能力，广东省可以在全省范围内开展多种形式的全民读书活动。在这方面，不少地级市都各自开展了丰富多彩的读书活动，取得了很好的效果。如走在全国前列的深圳，通过十年的运作探索，形成了“政府倡导、专家指导、社会参与、企业运作、媒体支持”的读书月运行机制，被誉为全民阅读活动的“深圳模式”。深圳读书月已成为市民最喜爱的文化品牌，而由读书月带动的全民阅读也改变着深圳的城市气质。作为广东“四小虎”之一的中山市，读书月活动也是办得有声有色,如中山"公务员读书沙龙",在全国算是一项创举。广东可以将这些地级市阅读月活动的经验和做法在全省范围推广,这对促进广东省全民读书、提高全民的科学文化素质、提升广东省的软实力必将起到积极的作用。

8.2.4　建立公民科学素质建设的表彰奖励制度

做好科普的关键是要激发广大科技人员、科普组织、大众传媒等从事科普工作的积极性。不少国家的政府机构或著名科技团体都设立了这样的奖项,美国国家科学基金会的公共服务奖、印度国家科普奖、英国皇家学会法拉第奖、美国科促会的科普奖,奖励对科普工作和科普事业发展做出突出贡献的单位和个人。

广东应进一步完善科普工作奖励政策,建议在省科学技术奖中设立科普专项奖,逐步将科普作品纳入省科学技术进步奖奖励范围,奖励为全省科普事业发展做出突出贡献的单位和个人。省和地级市每1~2年要召开一次科普工作会议,部署科普工作,由科技、人事等部门按照国家有关规定对科普工作先进集体和个人给予表彰和奖励。有关部门要对优秀科普作品包括优秀出版物、广播电视节目、音像制品、网络作品、科普教育作品和游戏软件、展览品等给予奖励,繁荣科普创作。各级科学技术协会和有关单位对在公民科学素质建设中做出突出贡献的先进集体和先进个人予以表彰。

此外,建立科技人员从事科普工作激励机制,将科普业绩纳入科技人员的总体考核指标,解决专职科普工作人员在职务、职称、待遇等方面的问题。建立科普项目竞争机制。通过科普项目招投标制度,加强对科普项目资金的管理,提高科普资源的利用率。对承担公益性科普事业项目的单位、个人,享受国家给予研究开发机构的优惠政策。

8.3　积极推进《全民科学素质纲要》落实

8.3.1　未成年人科学素质培养的对策

教育作为一种公共产品,具有明显的社会福利性质。美国学者J.D.米勒先生的研究结果显示,决定公众科学素质水平的最主要因素是受教育程度。本书第六章也证实了广东省全民的科学素质水平与其接受教育的程度成很强的正相关关系。未成年人,尤其是青少年,是科普教育的黄金时期。一个人在未成年人阶段掌握基本的科学知识,了解科学的原理和方法,养成科学的思维方式,对其一生的成长都有着不可估量的作用。因此,强化未成年人基础教育是提升未成年人科学素质的关键。

梁启超在《少年中国说》中曾写道:"少年智则国智,少年富则国富,少年强则国强,少年独立则国独立,少年自由则国自由,少年进步则国进步。"可见未成年人的健康成长是一件关乎国运之大事,其重要意义也是不言而喻的。近几年来,广东青少年科技教育活动蓬勃开展,每年参加各类青少年竞赛的学生有上百万人,全省性的青少年创新大赛、机器人大赛、各学科奥林匹克竞赛、大学生科技节等活动已经成为广大青少年展示科技活动成果的重要平台。总结青少年科技教育活动实践,结合未成年人的成长特点与当前的基础教育实际,我们构建了对青少年科学素质培养的模式(见图8-1)。该模式通过整合社会资源,以学校为龙头、社区为平台、家庭为基础,把学校、社区、家庭三个方面力量有机组合起来,形成"三位一体"的未成年人科学素质培养网络。

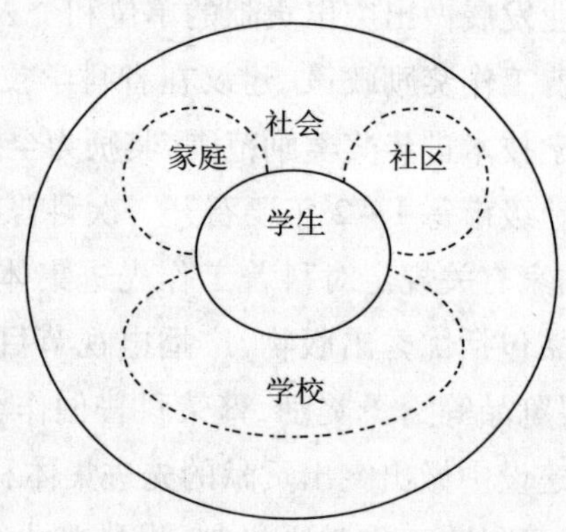

图8-1 青少年科学素质培养模式图

一、基于课程改革加强学生科学素质培养

基础教育阶段是中小学生素质培养的重要时期,通过教育改革,加强学生的素质培养是全球教育的一个重要趋势。例如,拥有完善的现代教育体系的英国,早在1988年7月,议会通过了《1988年教育改革法》,对中小学的课程进行了全国统一规定,给英国教育制度带来了根本性变革。20世纪80年代,英国政府还颁布了《全国学校课程》,相继发布了数学、科学等课程的指导方针,制定了科学教育标准,此后又制定了设计与技术课程标准。英国同时注重加强基础技术教育和科学教育,还注意科技教育与学校其他课程的关系,强调在课程中应贯穿5个最主要的主题:对经济与工业的理解、职业教育与指导、健康教育、公民教育以及环境教育。英国的科技教育改革在原英联邦国家有相当大的影响,许多国家纷纷仿效,推动本国的教育改革。

作为现代大学教育发源地的德国,2000年PISA测试结果表明,该国未成年学生的阅读素养、数学素养及科学素养水平已经低于中等水平,评估结果不仅引发了德国教育界的大讨论,也震动了德国社会各界,其间舆论一致认为,学生素质水平的下降反映出德国教育在体制、教师培养和教学方式上都必须改革,面对这种情况,德国政府从2000年起开展了声势浩大的教育改革,取得了良好成效。

教育强国——美国,同样重视教育改革。20世纪80年代以后,面对国际间经济、科技等方面的激烈竞争，为了提高公众的科学素质，美国掀起了STS科学教育改革运动，制定了"2061"计划，颁布了《美国国家科学教育标准》，这是一项旨在改革自然科学、社会科学、数学和技术方面的从幼儿园到高中毕业教育的计划。1989年2月AAAS发表了"2061计划"的第一份重要报告《面向全体美国人的科学》，此后又发表了《科学素养的基准》、《科学素养的导航图》、《科学素养的设计》、《科学教育改革的蓝本》以及《科学素养的资源》等研究成果。科学教育改革浪潮可谓一浪高过一浪。

改革开放三十多年来，广东省教育改革也取得了伟大成就，全省实现了免费义务教育的历史性跨越。当前，广东省课程改革应以教育部制定的《基础教育课程改革纲要》为指导，学习、借鉴国内外科技教育改革的有益经验，让课堂承载学生科学素质培养的任务。具体来说，可以从以下几方面着手①：

1. 端正认识是基础

科技教育不是点缀，要关注学生的全面发展。科学素质的培养须面向全体学生，关注每一个学生的发展。作为持续增强国家创新能力和竞争力的基础性工程，必须认清提高和加强青少年的科技素质的重要性，学校应将对学生科学素质的培养作为国家、民族一项长期的工程，贯穿于学生受教育的全过程，牢记"十年育树，百年育人"，不可急功近利。

2. 坚持课改是关键

教育部《基础教育课程改革纲要》（以下简称《课改纲要》）的第一个改革目标就是，"改变课程过于注重知识传授的倾向，强调形成积极主动的学习态度，使获得基础知识与基本技能的过程同时成为学会学习和形成正确价值观的过程"。改变应试教育的局面，重视对学生知识技能、掌握知识的过程和方法的培养，培养学生对科学技术的关注与学习兴趣、热忱，应该成为培养和提高广东省未成年人科学素质的主要目标。目标的动态性表明，坚持课改是十分关键的。

3. 创新课程是载体

广东省的基础教育课程主要由国家、广东省和学校的课程构成，包括必修、选修、自选课程。一些学校，如华南师范大学附属中学高中部，在周六开出不少于20项选修课程供学生选择，同时也开设了必选课程。

在我国的《课改纲要》中，已经明确提出要"改变课程管理过于集中的状况，实行国家、地方、学校三级课程管理，增强课程对地方、学校及学生的适应性"。基于此，建议广东省开设的课程不仅要符合国家战略和国家教育方针、国家的课程管理政策和课程教育计划；还要兼顾学生自身提高和发展的需求，如发达地区学生对国民经济、科技

---

① 王一凡．青少年科学素养的现状及培养策略研究——以武汉市中学生为例[D]．武汉科技大学，2009.

创新的科学术语、科技手段、科学知识的需求；要充分利用本地的课程资源，如将本地的优势和传统转换成可用之资源，像广州地区交易会、东莞地区博览会、顺德地区美食节、揭阳梅州地区生态农业等，通过开发、实施、管理、评估特色课程，践行课程创新。在“三类”课程中，地方课程与校本课程在内容上要与时俱进，吸收最先进的、世界性的、前沿性的科技知识与文化。科学精神的培养、求真求实思维的磨炼，需要不断丰富和扩展实施课程改革的方式和途径。实地教学，课外教学，与企业、社区、高校实习基地等联合教学，可以让学生走出课堂，走向社会，接触生活，提高学生对所学科学知识和方法的实践能力。虽然不能完全实现情境教育，如在下雨天讲授雨的形成和合理利用，但是为了让学生真切地感受大自然的神奇力量，学校不妨利用组织学生春游之际，让学生切实感受春天的颜色，红色、黄色、绿色，进而了解颜色的形成、季节的变化，激发学生对未知自然奥秘的好奇心和求知欲。

4. 课堂教学是主要途径

教学的本质是一种学习活动，其根本目的在于促进学生的发展。课堂教学应以学生为主体，教师为主导，教师教学活动是否有效，取决于学生是否有效地学习。《全民科学素质纲要》指出，“教师在教学过程中应与学生积极互动、共同发展，要处理好传授知识与培养能力的关系，注重培养学生的独立性和自主性，引导学生质疑、调查、探究，在实践中学习，促进学生在教师指导下主动地、富有个性地学习。教师应尊重学生的人格，关注个体差异，满足不同学生学习的需要，创设能引导学生主动参与的教育环境，激发学生学习的积极性，培养学生掌握和运用知识的能力，使每个学生都能得到充分的发展”。因此，课堂教学策略要从学生出发，创造民主和谐的学习氛围，充分尊重学生的个性需求，承认个体的差异性，努力为学生提供主动参与的时间和空间，为学生提供自我表现的机会，还学生以学习的主动权。其次，课堂教学可以采取合作互动学习的教学策略，以学习小组为教学活动的基本单位，通过小组内成员的分工协作来达成小组的共同目标，以此促使学生更有效地参与到学习活动之中，高效地学习和建构知识，同时培养学生的竞争意识和团队合作精神。最后，课堂教学可以采取探究性学习的教学策略，摈弃应试式教学，让学生自己去发现问题、提出问题、钻研问题，学生由生疑、质疑，再到思疑、解疑，以此培养学生独立思考的能力与探究的意识，培养学生科学的思维方式，塑造学生的科学精神。

5. 课堂实验是重要途径

学以致用是学习的最终目的。从某种程度上说，学习只是一个过程、一种手段，掌握知识固然重要，但是使用知识才是关键。作为人类认识自然与世界的主要科学手段之一，实验课程是测试学生对所学知识掌握程度的必要手段，也是熟练掌握知识的关键途径。不仅自然科学需要课堂实验这一环节，社会科学的学习同样离不开课堂实验。前者如化学实验课、物理实验课，后者如情景教学。在发达国家如美国，初中阶段就开设了大量的课堂实验课程，使学生有机会比较自己捏制的陶器与产品的差别、有机会尝试按照操作流程制作的可乐味道。虽然这对于学校的开支是一些负担，但是日积月累也将实现对学校资产的保值和增值。生物课中对青蛙的解剖，也许将留给学生求甚解的永恒记忆，开启学生一生的严谨求实的科学态度。求实、求新，自主创新、持续创新，以培养出一大批创新型人才都必须从小做起，从学校开启，从实验课程一步步、脚踏实地地进行。美国一些州所举办的年度 SCIENCE OLYMPIAD 大赛中的比赛项目大多为团队、实践项目，优胜者不仅是运用知识的强者，也是富有团队精神和合作技巧之人。这些值得我们学习和模仿。

6. 师资是保障

琼·托马斯曾说过一句名言："革新的成败最终取决于全体教师的态度。"长期以来，我们将"传道、授业、解惑"看作教师的神圣职责。因此，培养学生的科学素质应首先切实提高教师的科学素质。调查结果显示，广东省中小学教师具备基本科学素质的比例是7.5%，广东省教师的科学素质整体水平比我国平均水平高。

师者，传道授业解惑也，为人师表十分关键。虽说老师不一定处处都比学生强，但是为人师者，如果不是知识的掌握者和实践者，又如何能教导学生？即使老师某一单项弱于学生，但应是集大成者，应该能够教育、引导学生从正确的渠道、用正确的方法或方式了解、熟悉并运用各种知识和技能。因此，不同课程对老师的要求要有所侧重、有所不同。身为教师，应该思考教育的目的、研究教学的方法、传授的知识点包括深度、广度和评估的角度。应该完善其身，独善其身。

为此，教师要转变、创新观念，以科学的发展观，不断完善自身的知识结构，准确定位职业和职责，贴近市场和社会需求，平衡长期和近期需求，力求从知识的传授者转变为学生学习的促进者、组织者、指导者；提升自己的专业意识和水平，密切关注最新科技成果，不断完善和创新教学方式和行为。除此之外，教育部门要完善现行继续教育的内容和手段，如加强发达与欠发达地区之间以及国际之间的教师的交流，进一步提高中小学教师的科学素质。

二、开展多种形式的科技实践与科普教育活动

当前，广东学校教育由于受到应试教育的影响，以升学为竞争目标，只重视知识传授而忽视实践教育，只重视课内而忽视课外。课堂教学是青少年科学素质培养的主要途径，课外实践活动是课堂教学的延伸。现有科技教育场所、科普活动的场所等必须得到有效的、最大限度的利用。

经过多年的积累和发展，目前广东省已经拥有一批具有科普功能的基地和场所，如青少年宫、少年宫、青少年活动中心、儿童活动中心、儿童公园、科技馆、博物馆、爱国主义教育基地、青少年科普教育基地、大学实验室、科学中心等公益性普及科学与技术的场馆。这些凝聚了国家、当地等各级政府、社会团体、慈善机构、学校、企业等各类组

织的科普资源，倾注了政府、社会、企业、学校工作人员的大量心血，是培养和提高未成年人科学素质的重要基地。这些校外活动场所是学校有计划、按步骤组织未成年的在校生素质得以全面发展的必要、重要途径，他们和学校课程教育互为补充而形成一个良性循环，学习、实践，化灌输教育为主动学习，将应试教育转变为兴趣学习。利用好这些活动平台，发挥这些场所的重要作用，努力让他们成为学校开展科普教育的第二课堂，以弥补学校实验课程之不足，减轻学校实验课程的压力，有效利用社会第二课堂的公共资源。

开展学生科技课外实践活动须注意以下三点：

(1)要因生有别、因校制宜地确定科技活动的学年计划，选择多样性的活动形式。如：①科普讲座；②开展社会调查活动；③进行探索性实验，开展趣味活动；④举办校园科技节；⑤利用特殊的纪念日，开展系列主题教育活动；⑥利用新闻时事，配合当前形势，适时开展应急、主题科普教育等。

(2)要关注学生主体过程体验，采取有效评价体系。关注学生在活动实践中的体验与感受，采取相宜的评价方式，针对青少年的不同需求进行设计，易于操作，便于实现，合理有效，不断调动学生参加科技活动的积极性，激发对科学的热爱，提高其科学素质。

(3)学校应积极开展各种形式的校园科普活动和重大灾害的预防和自我保护知识。这里有两个例子：①湖南省湘乡市育才中学的学生校园踩踏惨案。2009 年 12 月 7 日，湖南省湘乡市育才中学下晚自习的初中学生在下楼过程中拥挤踩踏，造成 8 名学生当场死亡，26 名学生受伤的踩踏事故的惨剧[①]。学生的安全意识来自学校、家庭和社会长年累月的教育和示范，没有这样的土壤，突发事件一旦出现，其混乱是必然的，但是若能在平时加以重视，其结果也将截然不同。②2008 年“5·12”汶川大地震，距离惨烈的北川中学仅 40 公里的桑枣中学创造了全校师生无一伤亡的奇迹。究其原因，原来，桑枣中学从 2005 年开始，每学期要在全校组织一次事先没有通知的紧急疏散演习。学校利用课间操或者学生休息时间，通知全校紧急疏散。学校规划好每个班的疏散路线，老师站在各层的楼梯拐弯处进行指挥。当“5·12”汶川大地震发生的那天，学生们正是按着平时学校要求的方式进行疏散。地震波一来，学生们立即趴下去。老师们把教室的前后门都打开了。震波一过，学生们立即冲出了教室，连怀孕的老师都按照平时学校的要求行事。由于平时的多次演习，地震发生后，全校 2 200 多名学生，上百名老师，从不同的教学楼和不同的教室中，全部冲到操场，以班级为组织站好，用时仅 1 分 36 秒。因此，对突发事故的自我保护知识是进行科普教育的重要内容。学校可以邀请科学专家、学者走进校园，给同学们进行科普报告、讲授自然灾害的应急

① 南方网，2009http://opinion.southcn.com/o/2009-12/14/content_7082854.htm

处理等,营造科普环境①。

三、将家长变成科普教育资源

美国物理学家诺贝尔奖获得者利昂·莱德曼认为要把科学教育作为教育的一个重要部分。人的性格的形成虽然先天起了很大的作用,但后天的作用也不可忽视,这些作用包括人生的经历、所累积的经验,尤其是孩提时期、人生早期的经验和经历,对人的一生影响很大。基于此,我们应该在人的世界观、价值观形成之前、之初以及形成的过程中对其实施有利的影响,科学教育也必须从小进行。例如,一些教育专家、科普工作人员、学校等相关组织开始探讨将性的科学教育植入学校的教育课程。因此,现今教育任务的一个重要方面是使孩子们长大以后无论从事何种职业,都能对科学抱以积极的态度,用科学观看待、指导工作和生活。

不过,目前的现实是,虽然不少学校愿意将家长纳入学校的教育队伍、资源,也在学校的大门挂上了家长学校的招牌,但是,如何让家长成为合格的教育者似乎还有很长的路要走。一则,家长自身是否对必要的科学知识有足够的了解;二则,家长是否真的有意愿参与对孩子的教育特别是科学教育,还是认为这是学校在推卸、转移责任;三则家长是否能够运用教育心理学,有的放矢、有所侧重地承担学校开展科学教育的辅助角色,而不是拔苗助长,助长学生的厌学情绪。调查显示,女性在家庭教育中扮演着非常重要的角色,而女性具备基本科学素质的比例要低于男性,仅为4.48%,其中具有科普教育意识的比例也就可想而知了。此外,甚至有不少家长错误地认为,孩子的科学教育只是学校的事,并把孩子的学习成绩看成是其素质的唯一衡量指标。

家长作为孩子的第一任教师,也是任期最长的教师,在孩子的成长历程中具有非常关键的作用。东南大学某学院在新生报到时特别召开家长会,明确强调家长在大学教育中的重要作用,要求家长不能将学生的教育完全依赖校方,即使学生远离家乡异地求学。大学教育尚且如此,何况未成年人的教育。向家长灌输、强调立体教育者体系的教育观念,邀请家长参与有关的科学教育活动,适当给家长开展科学教育的压力、荣誉,可以有效地将家长转化为科学教育不可或缺的辅助教育资源、候补教育队伍,这对提高青少年的科学素质将起到难以估量的积极作用,对于加速提高学生的科学素质也十分关键。各媒体应该大力宣扬家庭科学教育的重要性,让全社会形成一种重视家庭科学教育的良好风气,为青少年的健康成长提供一个崇尚科学的社会环境,科技宣传也应该针对并充分利用家长这支后备队伍。

四、对未成年人科学素质展开定期调查评估

为了能及时、准确地了解未成年人的科学素质状况,应采取多元化、多层次、多向度的对未成年人科学素质的调查评价,这有利于有针对性地开展科技教育。

---

① 新华社,2008 http://cpc.people.com.cn/GB/64093/64387/7291599.html

目前，我国虽然已经进行了八次公民科学素质调查，但是专门针对未成年人的科学素质状况调查尚未开展。考虑到评价是教育十分重要的环节，是教育若干环节的重要组成，它可以帮助我们了解教育的效果，而且其中的现状调查还可以帮助我们分析和判断现有的教育效果的归因主要是接受方还是发送方，即教育一方还是受教育一方，以便进一步改善提高。评价的激励作用还可以通过比较、竞赛得以有效释放和发挥。评价的引导作用可以吸引更多的资源、精力投入到科学教育中，因此，广东省可以考虑在局部地区试行主要针对未成年人尤其是在校生的科学素质调查、评价，为适时调整科学教育模式、课程设置、教学方式、方法、场所的选择提供科学依据和参考。

科学素质调查和评价的方法可以选择并采取调查的方法，如普查或随机抽样调查法，访谈调查法，问卷调查法，查阅文献调查法，实地调查法，还可以采用测试法等其他方法进行评价。评价内容不仅要体现对科学知识与活动结果的重视，更要体现学生在教育过程中对科学的理解以及表现的重视，注重对学生的科学精神、创新意识、动手操作能力的评价。

五、实践科学—技术—社会(STS)教育思想

未成年人群中，青少年一直是广东省科学普及的重点人群、对象。2001 年，科技部、中国科协联合教育部、中宣部、共青团中央共同颁布了《2001—2005 年中国青少年科学技术普及活动指导纲要》(国科办政字[2001]501 号)，是广东省开展未成年人科学普及工作的主要依据、准绳和行动指南。

结合目前的教育实际，广东省教育应实践科学—技术—社会(STS)教育思想。所谓 STS 教育，即科学(Science)—技术(Technology)—社会(Society)教育，旨在最大限度地提高青少年的观察能力、科学思维能力、动手能力和创造能力，以及提高他们直接参与社会经济活动的能力，是“一个对今日学生进行理科教育最合适的方法”。STS 教育的教学方法、教育形式、内容和信息量都要与学生的实际能力、社会资源和课程计划相适应。在教法和学法上，注重科学探究，提倡多样化的学习方式，以学为主，以学法指导为主，不硬性向学生灌输 STS 思想，而是改被动接受为主动探索，让学生经历科学探究过程，经过实验、体验、讨论、分析，自觉接受 STS 思想；在教育形式上，科技活动课和社会实践课等多种课型合理选择、优化组合，贴近学生生活，符合认知特点，从生活走向科学，从科学走向社会；在内容和信息量上，深广度适当，与学科教学内容密切联系，及时反映科学技术的发展成就及与科学技术相联系的社会问题且经常更新，使学校学科教学具有时代气息，如利用宣传画报、各班的宣传栏、知识竞赛题的选择等，跟进科技的最新发展动向。2011 年 9 月 29 日，我国天宫一号的成功发射，有关信息的寻找和收集、航天飞机主题演讲比赛、探讨科技对人类的有利影响和不利影响，均是可以考虑的认识科技、强化科技知识的方法选择。

六、协同校外活动与学校教育的管理

下一代是国家、民族的未来和希望。关于未成年人特别是青少年的培养和教育，国家出台了多项政策、措施。例如，中共中央国务院《关于进一步加强和改建未成年人思想道德建设的若干意见》指出，“要积极探索实践教学和学生参加社会实践、社区服务的有效机制。要建立健全学校、家庭、社会相结合的未成年人思想道德教育体系，使学校教育、家庭教育和社会教育相互配合、相互促进。要结合各自优势，明确职责，密切配合，形成合力”。为了贯彻落实中央《关于进一步加强和改进未成年人校外活动场所建设和管理工作的意见》等一系列文件精神，推进未成年人科学素质教育的深入发展，广东应进一步完善校外活动与学校教育有效衔接的长效工作机制，保障校外青少年活动场所的科学高效利用，促进学校与校外教育活动的有效整合，具体可采取以下策略：

(1)充分利用社区资源。例如，五山小学地处高等院校、科研院所区，与华南理工大学、华南农业大学、中国科学院植物研究所、中国科学院有色金属研究所等相邻。基于把社区科技实践活动作为课堂教学的有效延伸，整合利用各种教育资源的考虑，可以组织学生参观华南理工大学的实验室、华南农业大学的实验基地，实地了解、考察科学研究的过程；充分利用五山街道的资源，组织学生参加地铁运行科技活动，实现构建以社区空间为教室、以社区文化为教材、以社区居民为老师的立体科普教育体系的目标。

(2)有计划、有目的地构建校内外教育网络。以青少年为主体进行教育的互动社区是一所大的学校，学校是社区的一个子系统，学校与社区内各类社会组织有机地结合在一起，彼此相互依存、相互影响、相互渗透。共同构建教育网络，实现教育资源共享，是社区的功能之一，也可以发挥社区潜在的教育功效，我们应该力求通过不同的层面、层次、类别、角度的科技教育互动，形成功能互补的校内外一体化教育网络，如社区、学校一体化网络，事实上也与就地入学的现行政策相符合。利用空间上的优势，让资源共享特别是硬件共享，也可以为物联网的建立出力。

(3)学校和社区无缝衔接，对青少年进行动态关注。广东省要加强学校与社区协作在教育时间上的衔接，增强青少年在社区和家庭受教育时间里的教育实效，保证教育的一致性和持续性。例如，建立社区的家庭档案，涵盖各家庭中青少年成长的全过程，社区与学校共建信息共享平台，以实现社区、学校工作的双赢。

未成年学生科学素质的培养是一个渐进的过程，需要在基础教育阶段，立足学校教育实际与青少年的认知特点，搭建培养平台，构建立体教育网络，营造培养氛围，循序渐进地进行，这不仅是未成年人成长的需要，而且是广东省未来发展的需要，是一项长期的战略任务，任重而意义深远。

8.3.2　提高农民科学素质的对策

据广东省民政厅的数据，目前广东省农村有约 5 146.58 万人口，农民命运和农村发展状况直接影响着广东省经济和社会的可持续发展，影响着广东省全面建设小康社会和建设创新型广东的战略实施。“三农”问题始终是制约广东省社会发展的根本性问题之一，没有农业的稳定，就没有国民经济的稳定；没有农村的发展，就没有国家的真正发展。解决农村和农民问题，需要依赖先进适用技术，改造农业和农村经济，需要依赖工业化和城市化，实现农业人口向非农产业转移。这些目标的最终实现很大程度上取决于农民的科学素质水平。

改革开放以来，广东省的农村发生了深刻变化，农业经济得到了发展，农民收入有了提高，农民的思想观念和生活方式也出现了重大转变。广东省委宣传部、省科技厅等有关部门每年都开展文化、科技、卫生三下乡活动，组织专家深入农村开展各类科技服务，平均每年举办技术培训班 1 200 多期，培训农民 13 万人次，取得了良好的效果。但是，三农问题依旧严峻，如农业产业化进程缓慢，农村交通、通信、农田水利等基础设施严重不足，文化教育与卫生等社会事业发展滞后，农民素质参差不齐，农民收入水平明显偏低，增收难度加大等，这些与和谐社会建设的目标有着一定的距离，针对广东省农民科学素质明显偏低的状况，广东省可以从以下几个方面着手提高农民科学素质水平。

一、科技推广促进农民科学素质提高

从 2004 年开始，广东省每年开展“四个一工程”（即提出一条科技支农建议、介绍一项农业实用技术、赠送一个新品种、扶助一户农家）活动，通过实施“双百千万”农业科技普及活动，切实推进“科技入户工程”。该项工程实施以来，共派出农业科普人员 5 万多人，收回“科技入户工程”反馈意见登记表 4 万多份，涉及学科 50 多个。工程覆盖全省所有市（县）95%以上的村庄，向农户提出的科技支农建议涉及发展生态农业的具体措施、沼气利用、广泛应用收割机、选用优质的作物品种等多种实用技术。2007 年，广东还实施田园农业科技服务专家行动计划。支持农业科技专家到全省各地开展“点对点”技术服务工作，在 2008 年的冰冻灾害以及几次台风风灾期间，田园农业科技服务积极配合农业科技应急专家的工作，及时到受灾现场指导救灾抢险，专家所到之处均受到农民的欢迎，效果良好。

科技推广给广大农民带来的实惠是显而易见的。不过。目前还存在农业科技推广不能适应农民需要的情况，科研机构与推广机构双轨运行、缺乏推广资金、推广行政倾向性强、推广结构单一、基层农技推广力量正在弱化、农村基层人才缺乏，加之农村空心化日趋严重、农村留守儿童人数增多的情况，健全农业科技推广机制以适应市场经济需求，健全和完善适合广东省各地市情、县情、镇情的长效的农业科技推广、农业

科技培训、农村科技宣传机制已经迫在眉睫、势在必行。

既然农业科技推广可以有效促进农村人口科学素质的提高，而目前的农业科技推广机制所存在的弊端在一定程度上又阻碍了科技的推广，所以有必要找出影响农业科技推广的关键制约因素，寻求对策。

调查研究表明，关键的制约因素包括：

(1)激励不到位：缺乏激励科技人员深入农村的机制。

(2)供求不匹配：农业科技人员的农业科技成果与农民对技术的吸收转化能力不匹配，成果与实际需求错位，成果与吸收能力、吸收条件不匹配，农业技术推广和服务人才、机构缺乏等。

(3)信息不匹配：农民的工作具有一定的地域限制，局限较大，获取信息的渠道有限。

(4)认识的局限性：农村人口受教育程度普遍较低，对科技新成果的认识和接受程度均有限，科技意识、创新意识较缺乏，也在一定程度上限制了现有科技成果的推广与采用，更打击了科技创新的源动力。

鉴于此，可以从以下几方面展开提高农民科学素质的工作：

(1)加速农业技术创新。农业技术创新也有其周期性、时效性，而且周期呈递减趋势，因此必须加速。这一点袁隆平的水稻发明为我们提供了很好的示范。从时间序列看，袁隆平1973年才发表论文正式宣告中国籼型杂交水稻“三系”配套成功；1976年208万亩增产全部超20%；1995年“两系法”杂交水稻平均产量比“三系”增长5%～10%；2000年亩产达700公斤；2004年亩产已达800公斤；2005年可达900公斤；2011年9月亩产已经可以达到970公斤。

(2)建立健全并稳定经营农业科技推广机构，包括推广平台、推广服务机构，创新服务体系。现行的一体化运作的农技站分设为公益性的农技站和经营性的农业综合服务公司，公益性的机构和经营性的机构必须互为补充、相得益彰。按照全国事业单位统一改革的要求，农技站作为事业单位必须接受以农业主管部门管理为主的双重管理，以农村市场为导向，并接受垂直管理，连同经营性的农业综合服务公司一起，完成农业科技成果的应用及其技术转移。

(3)积极推广先进实用的农业技术，让农民在学习、采用新科技中，加深对科技的认识。农民认识科学、了解科学，往往是从使用科学开始的。“十五”以来，广东省共引进或选育新品种(系)8 842个，引进和研究开发相关新工艺659种(套)、新设备或新装置11 812台(套)。广东省各种农作物品种进行了数次更新，生产性能不断提高，粮、油、糖、果、菜、茶、桑、花都有一批当家品种。尤其突出的是对水稻品种的改良，广东省培育出国内第一个优质籼稻三系不育系，选育推广了20多个杂交稻新品种和10多个优质稻新品种，推动了粮食增产和稻米优质化，达到世界先进水平。据统计，广东省的水稻播种面积减少了一半，而总产量却增加了80%。农村小水电和沼气工程蓬勃发展，农村清洁能源技术的广泛应用，有力地解决了山区，尤其是贫困地区农村能源和生态环境保护问题。广大农民亲身感受到科技进步给自身经济社会发展带来的好处，把用科学逐步发展成为爱科学，离不开科学，使农业由“靠天吃饭”向“靠科技谋发展，靠科技求效益”转变。广东省人多地少，“七山一水二分田”，农业发展资源制约问题突出。推广先进实用农业技术，让农民享受科技带来的实惠，是一项复杂的系统工程，需要全社会共同努力。积极推广先进实用的农业技术可以采取以下方法：

(1)完善农业科技推广服务体系。据不完全统计，到2003年，共有省级农业技术推广机构18个；市级农业科研机构和农业推广机构55个；县(市、区)农业技术推广机构899个；乡(镇)农业技术推广机构6 650个，成立了各种类型的农民专业技术协会2 528个，共有会员89 459人。通过建立农业科研机构、高校和技术推广服务组织三大科技平台，促进新成果和新技术在广大农村快速应用推广。

(2)大力发展效益特色农业。根据当地农作物种植的优势和特色，推动特色农产品产业的形成，使优势特色农产品生产逐步向基地化、规模化、区域化方向发展，形成一村一品、一乡一品、数乡一品乃至一县一品的呈现规模优势，并有计划地建设一批农业专业镇、农产品特色村。

(3)建立“公司+基地+农户”的科技成果推广的利益机制。通过“科技+公司+基地+农户”等模式，由龙头企业采用市场化的运作机制，为农业新技术迅速产业化创造了优异的转化场所，进而带动农业增效、农民增收。

(4)基于现代服务业的全新思维，构建全新的农业科技推广体系。技术溢出、技术转移、技术扩散，均需要一定的策略安排，广东省各级政府应借建立现代服务业之机，选择标杆，并加以学习和借鉴，通过提高农业科技的使用方、需求方——农民的科学素养，对科技作用的认识，增加对科技成果的需求，加大农业科技创新的需求拉力，吸引更多的资源投入农业科技。此外，也需要通过激励措施，吸引更多的具有科学素质的农民，在干中学，不断充实农业科技的研发队伍，增加有应用价值的农业科技成果的输出。在科研机制改革中，要兼顾农村的实情，保证研发资金的拨款和到位，以现有各农业科研单位为载体，在更大的范围、更广的领域、以更大的力度，留住、吸引农民对科学技术发展的现状、趋势之关注。考虑到现实的可行性，可以拨出一些资金，引导外出的农村人口回流，如利用科技成果创业、利用科技的配套服务或者供应链的延长链就业，加大对农民的培训等，以授人以渔的方式，从根本上确保农民在提高科学素质的同时，提高生存、就业、致富能力，真正实现科技富农，缩小城乡差别。

(5)实施新的先进手段，开启农村信息化建设，让科学技术的信息送到广大农民手里。2003年广东启动和实施了“农村信息直通车”工程，成立了市、县(市、区)、镇三级科技信息服务和技术推广网络，全省先后建成了2万多个镇村级信息服务站点，覆盖了全部的行政村，形成了一个统一、有效、向全社会开放的农业科技推广服务信息传播系统，惠及5 000多万农民。广东要继续完善信息网络设施，发挥农村科技信息"直通车"的效能，逐步设立和完善适应农民生活、生产需要的政策法规、农业农村新闻、科技公告、行业分析、实用技术等专题栏目，向农民提供农业科技、供求信息、价格信息等多项适时适用的信息内容。在农村，也应该建立面向公众的科普网、流动科技馆、科普电视频道和广播频道、农业科技信息报、科普大院、科普竞赛，免费播放科技纪录片、发放科普连环画、科普手册、利用好科技特派员的政策、功能及其扩展资源。

二、引导农村劳动力合理流动

农村劳动力流动是改革开放的产物，也是改革开放的助推器。从总体趋势看，随着经济体制改革的深化和经济结构的重大调整，广东省农村劳动力向非农产业部门的流动是在不断加速的。引导农村富余劳动力合理有序流动，是解决当前农村经济发展中许多深层次矛盾和问题的切入点，对于推进农业和农村经济结构战略性调整，促进农民增收，实现城乡经济社会协调发展具有重大意义。一方面，农村人口外出工作或学习，可以拓展视野，有利于增长见识、增长见闻、缩小与城镇居民在认识、文化、行为、价值观等方面的差异，更近距离接触新科技，从而在根本上有利于提高农民的科学素质，为农村现代化奠定坚实的基础；另一方面，大量剩余劳动力的外流，使得农村留守儿童数量猛增，对于农村下一代、未成年人、青少年的科学教育产生不利影响。事实上，现阶段农村剩余劳动力的流动多伴有无序现象，导致即使农民工子女随父母进城，但受到生存问题、流动频繁、入学问题等困扰的农民极易忽视子女的教育，导致其子女受教育的正常化、规范化也必将大打折扣，虽然广东省近期已经出台了许多关于农民工子女的教育（包括学校建设、入学等政策措施），但也难以在短期内完全解决这些问题，最终由于农村劳动力的大量外流，导致农民子女科学素质的提高在很大程度上被阻碍，输在起跑线上的情况极有可能再次发生，不利于广东省提高公民的科学素质。我们认为应以政策为导向，促进农村劳动力在合理的区域范围内、向合理的方向流动。

引导农村劳动的合理流动应做好以下几项工作：

（1）加强政策宣传，努力减少劳动力的盲目流动。政府可以成立相应的负责机构或者利用已有的职能部门，如人力资源和社会保障局、就业办、就业中介机构等，统筹人口流动的协调、组织和管理工作，建立公共的人力资源管理网站；或者利用已有的科普网站或者其他公共平台，及时、适时地向农民提供省内外用工单位的需求信息、概况，如单位规模、效益、待遇、发展战略等，提高农民工求聘的针对性、成功率，努力减少外出农民工个人的流动成本，降低因盲目流动造成的负面影响。

（2）引导与鼓励农村劳动力在农业内部流动。首先，扩大农业的内需；其次，加速农业的发展；第三将一些特色手工产业推向国际。只有将农业做大做强，才能从根本上做到稳定农村劳动力，使农村人口安居乐业。事实上，一些发达地区的农村、一些城镇化进程较快的农村、一些创业环境较好的农村已经出现了明显的人口回流现象。例如,有条件的地方将农产品加工业引进农村,实现农产品产、供、销一体化,或者进行生态农业开发,开展生态旅游等。政府在这方面予以政策上的支持,积极鼓励农副产品深加工、鼓励配套产业向农村扩散,最大限度地使劳动力在农业内部实现合理流动。

(3)缩小城乡的培训资源差距。城镇居民获得智力资源的数量、渠道均优于农村,必须采取措施加以改变。可以考虑在教育资源集中的高校进行合理的制度安排,以政策导向引导一部分优质教育资源向农村移动。例如,在免推研究生的制度上,可以考虑增加"1 +3"或者"2 +3",优先录取本科毕业后在农村工作、服务一年或两年的学生回校攻读硕士学位。可以考虑安排一些师范生先去农村施教一段时间,对拥有这些经历的人优先录用为公办教师,等等。应该安排一些资金用于农村青壮年的科学素质、科技知识和技能的培训。总之,可以进行一些制度安排,将提高农民的科学素质落到实处。

三、加强农村管理人才队伍建设

按照西方经济学的观点,资源总是流向资源最大化的地方。人口资源、劳动力资源、人力资源、人才资源、资金资源均为资源,都有资源的共性,它们的流向大体依据同样的法则。

基于战略的考虑,多年前在改革之初邓小平指出要让一部分人先富起来,优先发展城市的战略也的确在最短时间、最大限度内让中国跻身金砖四国、新兴国家、第二大经济大国之列,广东省得益于改革之先动优势多年位居各省 GDP 前列。但是,区域发展的均衡问题、城乡收入差别问题、科学素质差异问题、分配的公平问题也在改革多年后浮出水面。为了从根本上解决这些问题,使全社会公平和谐地发展,人人安居乐业,广东省必须重视农村问题,特别是可持续发展问题。如何发展,人、人力资源、人才都是必要的前提。一定要采取积极的政策引导原有的农村人口回流,辅以吸引城镇人口向农村的流动。许多顺德人认为,正是广州的"星期六工程师"造就了如今顺德强势的工业基础,使得小小的顺德(县级市、广东省特区)2010 年的 GDP 达到 1 935.6 亿元,高出许多省份。前车之鉴,后人之师。

四、加速农村科普工作的多元化

自 20 世纪改革开放以来,改革开放的前沿广东珠三角地区经济得以率先发展。经济特别是制造业的快速发展吸引了大量的农村剩余劳动力大批拥向城镇,城乡差距加大。留守在农村的劳动力收益远低于走向城镇的农民工。而走向城镇的农民工在城镇又属于社会最底层,不仅他们自身的生存质量、生活质量远低于城镇人口,其少量带在身边的未成年人所接受的教育不仅低于应有的水平,更远低于他们打工所在城镇的受教育水平,父辈的落后直接导致了他们下一代的先天不足,接着又间接影响了其后天所得到的营养,使其形成了一个巨大的特色层,这一层聚集了许多农村人口,使之成为社会的底层及弱势群体,其弱势地位不仅仅是经济上的贫困,在更大程度上表现为政治参与的"结构性缺席"、公民权利的缺失、发展机会的匮乏和文化的贫困,集结到农民身上就表现为科学素质的低下①。他们不仅成为造成社会动荡的潜在因素,受教育不足更让他们极易被不法分子利用、被伪科学蒙蔽,在急于改变整个社会落后局面的巨大压力、首要需求之下,一段时间,人们忽视了他们的获得平等地受教育的权利、享受广东省经济快速发展成果的权利。在建立科技强省、科教兴省、建立创新型省份和人力资源强省的今天,这一状况必须得到彻底改变。

广东省实现提高公民科学素质的目标,关键之一就是实现提高农村人口科学素质的目标。一旦科学素质得以提高,农民识别真伪科学的能力、运用科学方法和手段改变现状的能力就会大幅度提高。改变农村落后现状、建设社会主义新农村的目标和理想就可以实现,因此,加强科技宣传和科学普及的力量十分重要。几千年封建社会统治下的封建残余特别是陈年遗留下来的盲目、迷信,亟待通过科学的力量改变。源于此,广东省的科普工作任重而道远。

目前,广东省农村科普工作还存在着一些问题,如科普内容与农民实际需求结合得不够紧密、科普工作的形式不够丰富多彩、对科普工作效果的评价不够重视、农村科普队伍建设有待加强等问题。正如城镇居民一样,广大农民需要的也是实实在在的科学普及,需要那些能学会、易学会、能够学以致用、使用效果明显、丰富农村生活的科学常识、科学方法,与日常生活距离太远、纯学术、太生涩的知识、词语难以受到农民的欢迎,也使科普的效果大打折扣,变相造成了已经不多的科普资源的浪费。

据2004年广东省农调队对广东省30个县2 560户农村住户的抽样调查显示:广东省农村居民户均常住人口、户均劳动力、户均在校生分别为5.01人、3.27人、1.24人,农村劳动力中文化程度为初中及初中以下的占85.0%,虽然经过八年的努力,农村教育仍然任务艰巨。

受制于经济发展迟缓、封建文化残余、信息闭塞、生活压力的影响,农村中对于科学的了解、兴趣、重视程度还很低下,科普对他们的作用也尚未能显现。这给我们拓展农村科普、科技宣传的深度、广度,建设社会主义新农村提出了挑战。中国经济的高速、持续发展,广东省经济实力的不断加强又为农村科普工作提供了强大的经济基础,使得农村科普工作上一个新台阶成为可能,也是一个难得的契机。制定基于提高广东省全民科学素质纲要的提升农村人口科学素质的战略,分析可能遇到的困难、面临的挑战,可以调动的资源,不妨从以下几个方面着手加强广东省农村科普工作:

(1)加强政策引导。要利用好政策杠杆,运用制度经济学,引导多方资源走向农

① 李骏. 昆明市农村公众科学素养状况分析及改进研究[D]. 浙江大学,2008.

村科普，加强农村科普队伍建设。首先，基于战略框架，组建由各县、镇专职科普领导或管理者领导的集结专职科普人员、兼职科普人员和一切愿意投身于科普特别是农村科普的社会资源的立体、多维的农村科普队伍，吸引调动一切可以调动的人力资源。其次，稳定现有的科普队伍，通过给予培训机会、考核测评、改善工作条件、提升社会地位、给予物质激励和精神激励，吸引、留住、发挥现有农村科普人员的才智。此外，拓展外围队伍，如果有社会各界对于科普宣传工作的重要性的充分认识、共同关注、全力支持，农村科普宣传新形势就能形成。

(2)力求在农村形成尊重科学、崇尚科学、依赖科学进而热爱科学的文化氛围，从根本上留住科普人才。例如，从事农业科技的专业人员、教师、在校大学生、科普作家、城镇科普工作者等，包括在农村一线从事创新工作的人员。随着科技发展的日新月异，要确保农村科普人力资源的称职、胜任力，必须提供相应的培训机会，可考虑的措施包括脱产培训、“在干中学”等，同时考虑定期组织城镇科技人员和教育送科技下乡、将科技宣传送到偏远、贫穷的穷乡僻壤。目前，愿意投身于广东省农村从事专职科普的人员十分有限，从现实的可行性看，消除城市与农村科普队伍的差距有相当大的困难。资金短缺、人口分散、人员编制有限、农民对科学的热忱不足等问题，我们均必须正视，不能回避。目前的一些有效措施必须坚持，一些省份的先进经验应该借鉴，社会管理创新必须提到议事日程上来。例如，组织退休的专业人员构建农村电影巡回放映队伍，在热门电影前免费加放科学纪录片，如如何应对突发火灾等，组织热心人士利用业余时间制作流动图书馆、流动科技博物馆、科技作品巡回展等。

(3)构建农村科普网络体系。目前，广东省已经拥有多种公共平台，充分利用现有的平台使其增添科普的功能不仅可以克服资金不足的困难，而且可以借由原有网络的用户口口相传，实现大科普，全员科普。

目前，广东省农村科普工作由四个方面的工作组成：①以大型专题科普活动、专项科普展览为主要形式，辅以科普宣传资料、科普宣传栏、科普活动站、科普广播、具有科普功能的网站所进行的科普活动；②以构建科普示范县、科普示范村、科普示范基地为核心的科普示范体系建设；③以县科协为中心，以农业技术推广站、镇村科协，各种学会、协会、研究会成员单位为基础的垂直网络体系建设，为科普提供了组织保证；④以远程教育、继续教育为核心的科普培训体系建设。这些体系、机构如果能协同工作，可以最大限度地完成提高农村人口科学素质的任务。将协同效果的好坏列入对有关领导的绩效考核指标中，则可以在更大程度上提升其对科普工作的重视。

(4)加强科普宣传的针对性。农村科普宣传的对象是广大农民，科普内容需要贴近农村生活。例如，广东省夏季雨水较多，气候潮湿，适宜蕈类(野蘑菇、野生菌)生长，每到繁殖时期，因误食有毒野生菌而引起食物中毒事故时有发生，最终致人死亡或伤残，给广大群众的身心健康和生命安全造成了极大的损害和威胁。2007 年 8 月，广东大埔县三河镇梓里村的云南民工梁某和6位同事及1名年仅3岁的小孩吃了山里的野蘑菇后集体中毒，经当地医院全力抢救才逃过一劫。这样的例子还很多。因此，广泛进行有关识别毒蘑菇等贴近农村生活的科普宣传，是农村科普工作的重要内容①。

调查显示，农村公众获取信息来自电视、广播媒体的比例高达75.3%。广东必须重视发挥文艺的科普宣传功能。用文艺的形式宣传科学，政府应该给予一定的补贴，为满足公众的需求服务，鼓励艺术家们积极运用动漫、漫画、微博、博客、图片、宣传画、连环画、地方剧等传统、现代媒介和表现手段，投入到科普创作中，创作出农村需要、形式多样、寓教于乐、低成本及便于流通的科普读物。随着广东省出版业事业单位改制的完成，运用好强大的广东出版资源、新闻资源，狠抓优秀科普作品的评选、出版、展演、展映、展播、展示、展览工作，可以使农民在观看、欣赏艺术作品中获得科学知识，接触、了解科学知识，受到科学熏陶。一些观看过美剧《越狱》的人均感叹培根的名言，“知识就是力量”。观念的改变就是重视科学最好的起点。

(5)强化农村科普设施建设。研究表明，全民参加科普活动或参观科技场馆的频率与其科学素质水平有较强的正相关性。调查显示，有53.8%以上的农村公众参加科普活动或参加科技场馆次数少或没有的原因是周围没有科技场馆等活动场所。因此，要提高农村公众的科学素质水平，需要加强农村科普基础设施建设，利用各类科普设施广泛开展科普宣传。科普设施建设须在党委、政府的领导下，统筹安排，统一部署，加强协调，因为它是一项系统工程，涉及城乡建设规划、社区乡村管理等多个方面。各级党委和政府应把科普设施建设纳入经济社会发展的计划之中，在政策、人力、物力、财力上，为提高科学素质水平创造更好的条件。各行政村要在社会主义新农村建设进程中不断加强科普活动站和科普宣传栏等宣传阵地的建设，面向农民群众开展好科普宣传。各级政府要按照《科普法》规定，将科普经费列入同级财政预算，并随财政收入稳步增长。应加强和改善科普设施建设，着力研究改进科普活动的方式方法，不断丰富和创新科普工作手段，努力营造浓郁的科普文化氛围。要加大科普画廊、科普活动场所等科普设施建设的经费投入，因地制宜地建设各种专业馆、特色馆、青少年科技馆、科技博物馆、科普文化广场、科普休闲公园、社区科普活动中心、社区科普图书阅览室、社区科普学校等。

(6)要关注农村公众科学素质调查。国家和全国各地都在展开农村科普工作调动等一系列调查，但是对于农民自己如何看待农村科普工作的调查较少。就广东省而言，虽然进行了两次公众科学素质调查，但对农民科学素质的研究还缺乏科学性和系统性。但农民群体科学素质较低已是不争的事实。农民科学素质的提高，已成为了提

① http://www.med66.com/html/2007/8/zh06153291802870029936.html

高全民科学素质的难点和关键。因此,建立广东省农村公众科学素质定期调查机制,是了解农民的科普需求,从而有效提高农民科学素质的必然要求。此外,做调查时,应该在体现"投入"和"产出"的关系上有所侧重,系统分析科普工作的成效。

总之,农村公众科学素质的提升是一项长期的系统性的工程,它的实现有赖于农村社会经济、教育、政治、文化等各方面的全方位配合。事物的变化发展是事物的内外因共同作用的结果,只有通过政府各项行政政策的外部支持和农村内生性机制的双重培育才能把农民科学素质这一系统性工程全面展开,从而达到提高农民科学素质,实现农村经济社会全面协调的可持续发展的目的。

8.3.3 提高城镇劳动人口科学素质对策

建立幸福广东、快乐广东、和谐广东、创新型广东,提高城镇劳动人口科学素质是基础。作为城镇建设和经济社会发展的主体,城镇劳动人口所具有的科学素质程度的高低直接决定其劳动生产率的高低,直接影响广东省经济和社会发展的成效。据统计,"十一五"期间,广东省技能劳动者达 1 157 万人,其中高技术工水平以上的高技能人才占技能劳动者的比例达到 20% 左右。它不仅为广东经济的可持续发展奠定了基础、提供了保障,也是"十二五"规划得以顺利完成的重要保证。但是还不足以支撑广东省全面完成、实施"科教兴粤、人才强省、建设文化大省、跻身创新型省份行列"的目标。只有加速对人才的培养,立足于本地人才、辅以吸引外地人才,按照《广东省实施〈全民科学素质行动计划纲要〉工作方案》的要求,实现提升城镇劳动人口科学素质的目标才是根本。为此,广东要加快对于创新型人才的培养步伐,不仅要设计顶层人才的培训计划、机制,更要面向广大城镇劳动人口设计提高其素质,特别是科学素质的培养计划、培训机制,以实现从人口大省转变为人力资源强省的目标。智慧城的建设需要公众的高素质,现代化、创文明城市需要大众的高素质,社会管理的创新也要基于人民群众的高素质。

调查结果显示,城镇劳动人口的科学素质在整体上仍然偏低,广东省生产工人、运输设备操作及有关人员、商业及服务人员的整体科学素质水平在社会各职业中均属于比较低的人群,与其他职业群体的科学素质水平存在较大的差距。例如,广东省服务性工作人员具备基本科学素质的比例只有 3.5%,比广东省全民科学素质平均水平低 0.96 个百分点。这从侧面说明,广东省城镇劳动人口的科学素质还不能完全适应广东省经济社会发展和国际竞争的需要。

依据《广东省实施〈全民科学素质行动计划纲要〉工作方案》,广东城镇劳动人口科学素质行动有四个主要目标必须实现:

(1)加强科技宣传的力度和广度,宣传、落实科学发展观,宣传、普及、倡导可持续发展、节约资源、保护环境、节能减排、安全文明生产、健康生活、幸福生活、快乐工作、和谐社会等观念和知识，促进经济增长方式的有效转变，加速形成科学、文明、健康、安全的生活方式、生活态度、生存环境。

(2)围绕实现新型工业化、发展现代服务业等需求，以学习能力、职业技能、技术创新能力、创业能力为核心，以组织开展技能提升计划、创建学习型组织、加速转型升级、提高社会管理水平等活动为载体、契机，提高城镇从业人员的科学素质。

(3)提高失业人员的进取精神、学习能力、就业能力、创业能力。

(4)配合城镇化进程，有的放矢地提高进城务工人员的职业技能水平、运用科学知识的能力、适应城市生活的能力以及与城镇人口谋求公平竞争的能力。

一、企业应当成为提高公民科学素质的重要力量

企业作为社会主义市场经济的主体，承担城镇人口就业的重要任务，也必须承担提高城镇劳动人口科学素质的社会责任。对广东省乃至全国而言，企业作为新型工业化的实践主体，对保证新型工业化社会良性运行以及对推动人与社会、人与自然的协调发展都具有重要意义。若没有企业职工整体素质的提高，工业化进程会受阻，建设创新型广东则基础不牢，后劲不大。因此从工业化进程来看，企业人员的科学素质直接影响到工业化进程，企业应当成为提高公民科学素质的重要力量。

目前，很多企业，尤其是小型企业对职工开展的比较规范的技能培训还不普遍，特别是对进城务工人员进行系统职业教育的环节十分薄弱。因此，有必要倡导企业做负责任的社会公民，大力宣传企业开展职工技能培训和科普，有利于企业发展和社会进步的观念。政府要大力宣传那些对职工技术培训和科普开展好的企业，提高这些企业在社会上的美誉度。

《中华人民共和国劳动法》第八章第六十八条规定①，用人单位应当建立职业培训制度，按照国家规定提取和使用职业培训经费，根据本单位实际，有计划地对城镇劳动人口进行职业培训。建立科学完善的企业培训体系，有计划地对本单位职工和新进人员进行职业教育和培训十分必要。带薪学习制度，基于阿罗的“在干中学”，在岗学习、脱产学习，岗位培训、学历教育，构建以企业为主体、自我投资为辅的人力资本投资体系，确保培训所需要的资金来源——提取足额经费、建立培训预算制度，培养和营造崇尚学习、进取、创新、科学看待事物的软环境，建立 E－LEARNING 培训平台，养成员工自觉自愿学习、自身学习的习惯，是企业谋求自身持续发展的关键策略，也是为社会尽责。可以考虑将技能培训和科普纳入企业发展规划和企业文化建设的内容，与企业经营活动和创新活动密切结合，大力提高职工的科学素质和企业的创新能力。

二、动员城镇劳动人口参与学习

公民是科学素质建设的参与主体和主要受益者。社会提供机会和途径只是公民

① 《中华人民共和国劳动法》。

科学素质建设的一个方面,为了实现提高公民科学素质和提高综合国力的目标,还需要把公民学习和运用科技的积极性和主动性充分调动起来。因此,能否动员广大城镇劳动人员参与学习,是城镇劳动人口科学素质行动成败的关键。《科学素质纲要》提出,“要在广大城镇宣传科学发展观,重点倡导和普及节约资源、保护环境、节能降耗、安全生产、健康生活等观念和知识,促进经济增长方式的转变和科学文明健康生活方式的形成”。因此,广东省政府应通过各种媒体广泛宣传,提高全社会对提升科学素质重要性的认识,让城镇劳动人员明白:为扩展自身的发展能力,提高生活质量,构建美好生活,主动参与全民科学素质行动是最明智的选择!

与此同时,全社会要大力提倡城镇劳动人口通过自身努力,自学成才,坚持终身学习科学文化,提高学习能力、职业技能、技术创新能力和创业能力;鼓励城镇劳动人口不断提升自己的职位层次、职业水平、职业变化能力和延长就业生涯的能力;减少由于长期从事体力劳动而缩短就业年限的状况,避免由于知识贫困而被边缘化和贫困化。城镇劳动人口应积极参与行动计划,享受这一政府与社会提供的社会福利,从全民科学素质行动计划中最终受益。

三、加强城镇劳动人口技能培训管理

虽然在 2010 年中国科协组织的全国公民科学素质调查中显示,广东省的公民基本科学素质为 3.3%,略高于全国平均水平,但是人们不会忘记,仅仅基于对远方日本核泄漏的恐惧,在广东省区域内竟然引发了抢盐的危机,而这只是因为据说“摄入含碘盐中的碘可以对抗核辐射”。面对规模庞大的城镇劳动人口和亟待提高的科学素质,以及科普资源的不足,如何优化、整合、合理使用这些科普资源变得十分关键。

只要有深刻的认识,只要高度重视,提高城镇劳动人口的科学素质就会有多种机会和途径。例如,近期佛山市公益性图书馆出台措施,只要出示第二代身份证,就可以办借书卡,每卡一年可刷三次,一共可以借 3 本书。在此措施出台之前,图书馆办理的借书卡仅为可办卡总量的 1/70,大量的图书资源被闲置,无形损失巨大。得知这一措施,公众普遍欢迎,即使会出现一定的损耗,但随着认识水平的提高,人们对公共物品的爱护会加强。实际上,多年前,美国的图书馆、中国高校的图书馆等早就开始实施了免费借阅制度,学习的成本大幅下降,资源得到了最大程度的利用。

加强对城镇劳动人口的科技教育和培训,需要政府加强宏观管理和统筹协调,调动社会各方面的积极性共同参与,进行专门的规划、组织实施和监督检查,具体需要做好以下工作:

(1)按照“科学化、规范化、现代化”的要求,加快人力资源市场建设,强化配套服务,提高就业服务水平,逐步建立和形成城乡一体的人力资源市场。

(2)加强人力资源市场的信息化建设,实现市、乡镇(街道)、社区三级人力资源市场信息联网,为各类用人单位、求职者及下岗失业人员提供及时有效的信息。

(3)进一步建立和规范各级各类职业介绍机构,完善公共就业服务体系,充分发挥市场机制在优化配置人力资源方面的基础性作用。

(4)随着社会管理体系改革进程加快,城镇社区也必须在提高城镇劳动人口科学素质方面一显身手,尽力尽责。整合社区资源,有效开展通用、专项科普活动。利用社区医院、社区图书室、社区科普活动室、科普场地和场所、科普长廊和画廊、科普协会、学会、研究会等机构和设施,开展多元化、形式多样化的科普宣传、科技宣传,将社区变成管理的实体。

(5)加强科普教材、科普读物的建设,协同全民阅读计划一起实施。教材、读物的投资远低于场馆等硬件投资,又不受空间时间的限制,应该优先予以安排。针对城镇劳动人口开展科普的读物,必须先调查目标读者的阅读需求,减少盲目性,组织科技工作者学习科普的技巧与技能,针对有关的科学知识、科学方法、科学思想、科学精神和科学价值内容,编译教材、读物,并将这些成果纳入科技成果的范畴。2011 年9 月,第六版《十万个为什么》编纂已经启动,因为知识已经更新,《十万个为什么》也需要充实、更新。它不仅吸引了百余位中国科学院院士、中国工程院院士的参与,也吸引了一大批科普作家的加入。它以50 年发行一亿册的战绩,明确表达了对于提高全民科学素质所作出的贡献。

四、开展有针对性的职业培训

依据“从事技术工种的城镇劳动人口,上岗前必须经过培训”(《中华人民共和国劳动法》第 68 条)、“国家实行城镇劳动人口在就业前或者上岗前接受必要的职业教育的制度”(《中华人民共和国职业教育法》第 8 条)、“积极推行劳动预备制度,坚持实行‘先培训、后上岗’的就业制度”(《中共中央国务院关于深化教育改革全面推进素质教育的决定》),必须以不同形式针对不同职业、不同类别的员工在不同阶段开展不同形式的培训。在广东,与科技关联的机构很多,要整合所有的力量,协同完成任务。政府科协、企业科协、研究机构、研究基地、大学生实习基地、院士办公室等都是可用之资源。针对构成城镇劳动大军的各种不同成分,如失业人员、应届生、退转军人、从业人员、农民工等,就业培训、再就业培训、劳动预备制培训、农村劳动力转移培训、创业培训、“4050 工程”培训等,无论继续教育、例行教育、滚动教育、终身教育资源,政府都可以组织整合、集成并加以统筹安排使用。

据统计,2009 年广东省城镇失业率约 2. 56% ,属全国较低的省份。其中,广东省16 ~29 岁的城镇失业人口占到了广东省总失业人口的 45. 5% ,20 ~24 岁失业人口所占比重最高,达22. 5% ,与2005 年相比,比重提高了 1. 6 个百分点,失业人口趋于年轻化。识别失业的类型和原因,找出其就业的关键制约因素,可以提高失业人员再就业的成功率。事实上,每个人的价值均需要在一定的平台上实现、体现,每个人需要的生存空间和生存机会大多来自就业,具有高科学素质的人不仅有能力快速适应形势的新要求，而工作的机会也是他们不断提升科学素质的机会和源泉。

此外，广东是一个农民工的大省，仅外来农民工就达一千万人以上，因此，农民工培训应该也纳入到城镇劳动人口培训体系中来。

五、开展各种主题活动

广东省各地区可根据中央以及省政府的相关部署，同时结合当地实际，开展各种主题活动，如节能降耗、安全生产知识与能力培养等，使大多数城镇劳动者了解节约能源的知识、技术与方法，从一点一滴的小事做起，了解国家在安全生产方面的法律法规，掌握本岗位安全生产基本操作规程和安全生产技能，了解本岗位存在的危险因素、防范措施及事故应急预案并适当进行突发事件演练。同时，要加强发生在身边的科普知识教育。例如，在日常生活中，到影剧院观看电影和戏剧是市民休闲娱乐的一种方式。影剧院内空间大、电器设备多、结构复杂、有相当数量的可燃物，在演出和集会时常常处于人员高度集中的状态。发生火灾后，火势容易蔓延，人多但疏散通道少，这就给逃生带来了很大的困难，很容易酿成群死群伤的惨剧。2008 年 9 月 20 日，广东深圳龙岗区舞王俱乐部发生火灾事故就是一个惨痛的教训①。

开展主题活动可以多管齐下，形成合力，具体来讲，可以采取以下几种方式：

(1)课程学习，将主题活动的观念、知识和方法列入科学技术教育和培训课程，作为面向城镇劳动人口开展科学素质教育、培训和考核的重要内容。

(2)媒体宣传，利用各种媒体开展形式多样的宣传教育活动，培养城镇劳动者的科学素质。

(3)技能竞赛，鼓励各类企业、行业协会及职业院校、培训机构开展知识竞赛及评选节约型单位、班组和节约型个人等活动。

(4)橱窗陈列，组织企业广泛开展知识宣传、橱窗陈列等活动。

8.3.4 提高领导干部和公务员科学素质对策

一、提高领导干部和公务员对科学素质的认识

领导干部处于重要岗位，负有重大责任，起着关键作用，是党和政府的组织核心，是领导队伍的中坚，起着领头羊的作用，其标榜功能不可忽视。我们必须意识到，领导干部的科学素质水平是现代科学决策的基本要求，是其综合素质的重要方面，领导干部的科学素质高低不只是个人以及某个部门和单位的问题，它将直接关系到一个地区、一个区域的发展方向和方式，乃至经济实力、社会进步、科技发展等方面。在学习型社会的大环境下，应将提高领导干部的科学素质水平作为当前贯彻落实科学发展观的一项重要任务来抓。为加强领导干部的教育培训工作，广东省委组织部制定和实施

① http://www.sinahrb.com.cn/news/lj/2009-03-25/wMMDAwMDAwMDMwMg.shtml

《2006—2010 年广东干部教育培训规划》，强化科学培训的内容。广东省人事厅也启动了公务员能力建设培训工程，截至 2009 年 12 月，共培训公务员 852 497 人次，专业技术人员 1 109 772 人次，取得了良好效果。在取得成绩的同时，我们也应清醒地认识到部分领导干部的科学素质仍迫切需要提高。例如，调查显示，仍有 10.9% 的领导干部和公务员相信算命具有科学性。领导干部和公务员自身也应提高对科学素质重要性的认识，自觉提升科学素质水平。

二、加强对领导干部和公务员科学素质的培训

为了能促进领导干部和公务员的科学素质的提高，党校、行政学院等干部培训机构应将领导干部科学素质培训纳入干部培训的正式内容，并研究制定规划、计划，使领导干部科学素质培训方式、内容更加系统化、全面化。具体来讲，党校、行政学院等干部培训机构，应密切结合当前形势与任务，对领导干部进行能源、环境、人口、生态、高新技术等纵向与横向科学知识的培训；安排适当比例的课时，增加科学素质培训内容，逐步建立精品课程和统一规范专用教材；加强领导干部科学决策能力的培训，重点进行协同科学、系统科学、信息科学、创造科学以及统计科学等科学思维与科学方法、手段的培训；要注意结合未来一段时间内经济社会发展的总体任务与目标，对领导干部科学素质进行预备性培训。针对部分公务员对封建迷信辨别力较差的问题，在培训中增加分析社会上形形色色的假科学、伪科学和封建迷信活动的泛滥及其产生和发展的社会根源、认识根源和历史根源等内容，强化求真务实、批判继承的科学精神，塑造领导干部实事求是的态度、不懈探索与无私奉献的精神和独立思考的气质。还要以领导干部当前存在的科技素养方面的问题为中心，重点突破。科学方法能够指导人们更有效地进行思维，更有效地学习科学知识、运用科学知识、解决实际问题。因此，科学方法的确立，比具体知识的学习更为重要。调查显示，广东省公务员了解科学方法的比例仅为 36.1%，在了解所在地区政府发展规划方面，有 8% 的公务员和领导干部完全不了解，有 37.2% 的公务员和领导干部只是有点了解。针对这些问题，我们认为，在培训中应加强对领导干部科学方法的培训。在科学方法的培训中，以辩证唯物主义的世界观和方法论为统领，使领导干部和公务员了解和掌握观察、调查、分析、综合、分类、归纳、比较、演绎等基本的科学方法，开拓思维的广度和深度，掌握和运用静态与动态、继承与创新、正向与逆向等创新性、多向性的思维方式，使他们的思维能力能够跟上知识时代的发展变化，进而提高其运筹、决策的能力①。此外，在对领导干部和公务员的培训过程中，建议从领导者主面认识入手，提高他们对科学素质重要性的思想认识，使他们认识到，科学素质是领导干部综合素质的重要方面，应对当社会的各种挑战需要科学素质，否则难以担负起科学决策的重任。

---

① 陈巧云，领导干部必须具备的哲学社会科学素养[J]. 领导科学，2008(9):44-46。

三、在测评体系中增加科学素质的内容

2006年11月,国家已将与科学素质有关的内容列入公务员录用考试大纲。今后应在广东省公开选拔党政领导干部、公务员的考试中,加大考核科学素质的考题份额。各级组织部门应将领导干部科学素质作为考察领导干部综合素质的一个重要方面,引导、激励领导干部更加积极主动地学习现代科技知识,从而进一步提高科学决策与科学管理能力。应形成制度,定期对干部科学素质进行评测,以考察领导干部的科学素质状况,确定提高干部科学素质的内容和方向,为有计划、有目的地进行领导干部科学素质培训提供依据。各级政府部门应将科学素质的考核列入更大范围、更高层次的考核中。如建立一种系统完整的"他律"机制,并鼓励"自律","二律"并行,促进、监督领导干部提高科学素质。对在职干部的年终考评、提拔、晋升、培训结果进行检测等过程中,将科学素质作为一项考察内容,设立科学素质指标考核体系,制定科学素质量化考评细则。与此同时,我们一方面应加快相关政策措施的制定实施,另一方面逐步完善科学素质评估测评理论,共同促进领导干部和公务员科学素质建设。

四、充分利用科技成果

有效利用因特网,在科普网站和政府网站上有针对性地设立提高领导干部科学素质的专题。随着信息技术的发展,因特网已成为广东省领导干部获得科技信息、提高科学素质的重要手段。调查显示,有超过81%以上的公务员通过"因特网",79%的公务员通过电视、报纸等获得科技发展信息,"因特网"已超过电视报纸等其他渠道成为公务员和领导干部信息获取的第一渠道。调查结果也表明,公众上网浏览信息的时间与其科学素质具有很强的相关性,随着互联网的普及,各类科普网站在提高领导干部和公务员及其他网民的科学素质方面可以大有作为。鉴于因特网已成为广东省领导干部和公务员比较频繁接触和获得信息的重要工具,相关的一些网站尤其是科普网站和政府网站应根据他们的需要,设立一些能有效提高他们科学素质的专题。在专题内容设置上,应根据领导干部的需求和兴趣,增加这些方面的内容。注意内容的原创性、科学性,避免原创作品与转载信息比例严重失调造成的信息重复。在栏目设置上注重参与性和互动性,在表现形式上灵活多样,充分利用数字化信息处理技术,达到化繁为简、生动直观的效果。

此外,充分利用电子政务、网上行政等现代科技手段,使行政工作更加公开、公正、便捷、高效,让广大人民群众能监督政府政务,这将更加有利于领导干部做出科学的决策和民主化的领导,更加有利于公务员各项工作的规范化、透明化。

8.4 切实提高广东全民科学素质水平

国务院颁布的《全民科学素质纲要》,是我国第一部提高全民科学素质的纲领性

文件,标志着我国公民科学素质建设步入一个新的历史时期。当前,我们正处于改革发展的关键阶段,深入贯彻落实科学发展观,加快全面小康社会建设,对提高全民科学素质提出了新的更高要求。加强公民科学素质建设,是坚持走新型工业化道路、以自主创新为主建设创新型广东、幸福广东的一项基础性重要社会工程,是一项由政府牵头提出、规划、实施,全民广泛参与的社会大行动,对实现人的全面发展,推进广东省经济社会既好又快发展,构建和谐广东,有着十分重要的推动作用。

8.4.1　进一步完善科普政策法规

2002 年 6 月 29 日颁布实施的《中华人民共和国科学技术普及法》为科普工作提供了法律保障,对提高公众科学素养起到了非常大的作用。广东省委、省政府历来高度重视科普工作,出台了一系列促进科普工作的政策措施。早在 1987 年,经省委常委会议研究,在财政设立科普专项经费,按各级人口每年人均 3 ~ 5 分钱的标准安排科普专项经费,率先在我国出台科普经费的政策;1992 年,省委省政府做出决定,每年 6 月作为全省科技活动月,组织和动员全社会开展科普工作;1996 年,省政府建立了广东省科普工作联席会议制度,对全省的科普工作进行统一协调;1997 年,省委、省政府发出了《关于加强科学技术普及工作的通知》,明确领导科普工作是党委政府的一项重要职能,决定建立省级科普专项基金 2 000 万元,科普专项经费标准提高到年人均 3 ~ 5 角;2000 年,省人大常委会批准颁布《广州市科学技术普及条例》,规定了科普的管理体制、保障措施,科技教育、宣传出版、科技社团的科普职责,规范了科普场所设施的建设,得到全国人大和国家科技部充分肯定;2004 年,省财政、税务、科技等有关部门出台《广东省科普税收优惠政策实施细则》,该细则结合广东省实际情况,对进一步贯彻和实施国家科普税收优惠政策的具体操作程序做出了详细的规定。这是广东省第一个专门为鼓励和促进科普事业发展而制定的税收优惠政策实施细则。2007 年,省教育厅、省科技厅、省科协联合出台了《关于进一步加强青少年科技教育工作的意见》,提出要以实施“五个一”工程为重点,全面推进青少年的科技教育工作。

但是我们也应看到,与世界不少发达国家相比,我国在科学普及方面的政策仍存在一定的滞后。例如,美国政府早在 1985 年就开始举办“国家科学技术周”;1986 年美国科学促进会提出“2061 计划”,目的是培养具有科学头脑和创造力的“科学美国人”。英国政府在 1986 年成立了“公众理解科学委员会”,旨在提高公众的科学素养和对科学技术的理解水平。日本政府 1960 年就设立“科学技术周”,旨在增进国民对科技的理解。德国政府 2000 年起开展“科学年”活动,每年以一门学科为主题,开放科学实验室,开展科学界与公众的交流活动。

根据国家《科学技术普及法》及有关规定,省直有关部门正在组织制定《广东省科学技术普及工作条例》,完善广东省加强科普工作的政策法规,将全民科学素质工作纳入法制化、规范化轨道。根据《科普法》的精神和形势发展需要，重点围绕科普投入、基地建设等问题，逐步解决科普工作者在工作、生活、奖励、职称、待遇等方面存在的困难和问题，健全和完善政策措施，增强各项政策措施的可操作性。各地各级政府在制定区域经济和社会发展规划、科学技术发展规划中，要体现公民科学素质建设的目标和要求；要加强公民科学素质建设政策保障体系和社会动员方式的研究，完善相关政策，广泛吸引海内外机构、个人等社会力量，允许他们以多种形式依法兴办科学技术教育、科技传播与普及机构；要制订科普税收优惠政策实施办法的实施细则，逐步完善科普政策法规体系。

8.4.2 加大政府对科普经费的投入

科普是社会公益性事业，要有稳定的投入，要建立科普经费的支撑保障制度。在这方面，美国、英国等一些发达国家的做法值得我们借鉴。在美国，政府建立了由国家科学基金会管理的科普基金支持制度，并建立了一套调动企业和社会资金实施科普项目的机制，有效地保证了全国科普工作的连续性、资金筹集的社会化、经费投入的高强度。通过这种计划，政府向愿意从事科普的专业机构、科技团体、大众传媒、大学、研究机构等提供资助，支持它们开展科普项目。不少发达国家的政府对科普项目普遍采取了“费用分担”的资助方式。英国、法国的政府科普拨款计划明确规定，政府对科普项目的资助不超过项目总费用的50%；美国科学基金会仅为科普项目提供部分经费，支持强度视项目的范围和性质而定，其余经费由项目机构从其他渠道获得。在一些发达国家，政府、民间机构和个人对科技馆的资助也是相当可观的。政府向科技馆提供资助并不局限于财政拨款的单一渠道。英国议会建立的国家彩票基金会就支持了众多的科技馆项目，为英国科技馆事业的发展做出了重大贡献。企业及个人赞助科技馆相当踊跃，是因为这些国家的法律规定，企业与个人赞助公益事业，只要不超过税前总收入的一定比例，就可享受减免税收的待遇。与此同时，科技馆也积极争取公司等的社会赞助。英国伦敦科学博物馆从1991年起设立了“公司伙伴关系计划”，鼓励公司向本博物馆捐款。美国旧金山探索馆和日本科学技术馆的年经费支出中，有40%～50%是来自企业赞助，个人赞助科技馆也不乏其例。这些国家这样做的目的是希望以政府的支持作为种子经费或催化剂，吸引更多的社会力量共同支持科普事业，由此逐步建立起了科普组织、科技团体等积极参与，企业、基金出资赞助的科普实施运行框架。

保障科普事业的持续发展、科普活动的开展都需要经费的投入。各级人民政府要将科普经费列入同级财政预算，并随财政收入的稳步增长，逐步增加财政对科普工作的投入，同时在政府财政的科研经费支出项目中列入相应的科普经费。建立科普经费的使用与管理制度，提高科普经费的使用效果。推行重大科技项目和重大工程项目的科普经费配套制度，要求科研经费按一定比例用于相关的科普工作，促进科技创新与科学普及的结合。要设立全国科技活动周、全国科普日、全省科技进步活动月专项资金、科普创作专项资金和科普书籍出版专项资金。要引导社会资金投入科普事业，鼓励社会各界和海内外热心科普事业的团体和个人捐赠。制定团体、个人捐赠公益性科普事业的所得税减免政策，鼓励社会各界和海内外团体、个人捐赠科普事业。对进口科普设施、制作设备、展示制品和图书资料等，按国家政策实行免税。建立"广东省科普基金会"，鼓励有条件的社会团体、民间机构和个人建立科普基金，制定科普基金管理办法，形成科普事业多元化资金投入机制。在这方面，广东已经有不少成功样例。例如，广州航天奇观、深圳海上田园、珠海农科中心、潮州神奇果园、广东枫溪陶瓷研究所等都是依靠企事业投资建成的具有科普功能的大型场所，共计投入资金超过25亿元。广州市引入外资，在南沙建立了科普馆。深圳仙湖植物园、中山丰本农业科技园、韶关丹霞山风景区等也积极投入资金，完善科普功能设施，开辟科普景区和科普宣传专栏。这些成功的例子都说明，科普事业的发展离不开社会多方的共同努力。

要利用科技计划项目，引导科研人员开展科普活动。建立重大科技和工程项目的科普经费配套制度，要求科研机构和科技人员投入一定比例的科研经费在相关的科普工作上，促进科技创新与科学普及的结合。单位承担的科技项目均应安排不低于总经费的1%用于科学普及，其中政府资助的科技项目不能低于4%，用于该项目的科普活动，向公众宣传介绍项目的最新进展和意义。设立全国科普日、省科技活动月专项资金和科普创作、科普出版专项资金，以推动科普事业的更快发展。根据《中华人民共和国公益性事业捐赠法》，制定团体、个人捐赠公益性科普事业的所得税减免政策，要继续支持社会投资建设科普设施及支持科普事业发展，鼓励社会各界和海内外团体、个人捐赠科普事业。对进口科普设施、制作设备、展示制品和图书资料等，按国家政策实行免税。

8.4.3 抓好科普基础工程建设

以《全民科学素质纲要》提出的科学教育与培训、科普资源开发与共享、大众传媒科技传播能力和科普基础设施工程等"四项工程"为主线，努力改善公民科学素质建设的基础条件。突出社会公益性，加强对科普基础设施建设的宏观指导。制定科普设施的发展规划、建设标准、认定办法和管理条例，规范科普设施的建设与管理。将科普基础设施建设纳入国民经济和社会事业发展总体规划及基本建设计划，加大对公益性科普设施建设和运行经费的公共投入。

一、加强科普场所的建设

科技馆是以普通公众为教育对象，以发现与探索为核心，通过展览教育，动手探索、动脑思考，启发观众的创新能力，进行科普宣传教育，提高公众的科学素养的重要阵地和基础设施，也是传播科学技术的重要阵地。调查结果显示，公众参观科技场馆与其科学素质有很强的正相关性。近年来，一些发达国家对科技馆建设十分重视，兴起了新一轮的科技馆和科学中心建设高潮。美国现有 7 000 多所博物馆，其中科学博物馆和科学中心占 1/5 左右（科学中心达 300 个以上），利用博物馆获取科学信息的认识比例为 61%，仅次于收看电视新闻的情况。英国至今已建立起 30 多座独立的科技中心，如布理斯托尔探索馆、威尔士技术探索馆和哈利法 · 尤利卡儿童科技馆等。澳大利亚人口不足 2 000 万，全国拥有现代化的、展览设施完备的科技中心（科技馆）14 个，平均 140 多万人就有一个科技馆，完善的科普设施为澳大利亚国民科普提供了良好的物质条件。

科技馆、自然博物馆、天文馆、青少年科技活动中心（站）、社区科普工作室（站）、科普画廊（橱窗）、科普基地等设施，是一个国家科学技术发展水平和社会文明进步的重要标志。目前，广东建有各级科技馆 102 座，展厅面积 109. 8 万平方米，科学技术博物馆 85 座，展厅面积 9. 5 万平方米。广东市县一级的科技馆有 30 多个，大多都有一定的特色。例如，佛山科学馆，2000 年 8 月进行全面改造后，形成近 6 600 平方米的科普展厅和科技活动区域；设有 5 个科普展区，并设有儿童创作室和反映佛山陶瓷特色的陶艺创作室；95% 以上的展品项目是互动或演示项目。广州青少年科技馆通过举行“暑期科技特训夏令营”，让青少年通过游戏、参观考察和亲自动手操作，学会了撰写科普小论文，观看了电子显微镜下妙趣横生的微生物世界，了解了电脑智能机器人的简单拼装和编程，掌握了使用小机床加工制作小玩具的技巧，掌握到大自然中近距离认识外来入侵生物并探讨如何治理的办法。东莞科技馆与市消防支队联手播放 4D 影片《灾难启示录》，进行消防安全教育，使科技馆成了市中小学生的热门场所。以政府出资兴建的综合性大型科普场馆——广东科学中心在 2007 年已经对外开放，广东科学中心的用地面积 45 万平方米，建筑面积为 13 万平方米，总投资将达 19 亿元。广东科学中心的主要展区有人与健康、感知与思维、儿童天地、实验与发现、交通世界、数码世界、绿色家园、飞天之梦等，展项反映了科学技术的最新进展，尽量在做到集国内、国际优秀科普展项之大成的基础上进行创新；其中科技影院区建有激光数字球幕、3D 巨幕、4D 虚拟航行动感电影等 4 座全世界最新颖、最先进的特种影院，宏大的科学广场设有丰富、精彩的室外展项和观众体验设施。

我们要大力加强科普场馆建设，要对科普教育功能薄弱的设施进行更新改造，增加展厅面积和科普展品数量，完善基层科普设施的功能；引进可开发并符合公众需要的活动项目，创新活动方式，增强吸引力，提高管理水平和服务质量。科技场馆要成为广东科学普及的主要舞台，成为创新科普形式的示范。广东科学中心与其他的科技馆在内容和科普宣传工作上构成体系，科学中心还要通过自身的发展，在我国或世界科技馆体系中找到自己的位置。科学中心的部分展项还可以到其他科技馆展示，或者帮助其他科技馆设计、制造科普展项。

二、完善科普基地的功能

广东是较早开始创建科普基地的省份之一，广州市近10年来引导社会力量投资兴建具有科普功能的大型科普旅游场所的投资累计超过10亿元。例如，广州南沙科学展馆是广州市第一家科技类民办非企业单位，由霍英东基金会捐赠建立；广州航天奇观，由天河区东圃农民投资近3亿元建设。深圳市野生动物园在全国同行中率先投资近千万元兴建科普馆，配置科普设施和展品，走出一条科普办园、科普兴园的路子。广东省在引导社会力量投资建设科普设施，支持科普事业发展方面呈现良好的发展势头。目前，广东依托社会资源建立的科普教育基地有730多个，其中国家级基地13个、省级基地253个，社区科学画廊4 737座，社区科普活动室2 198个，科普基地的数量超过了科技馆等其他科普场馆。科普基地大多数都在野外，与大自然融为一体，集知识、景观、休闲、娱乐为一体，这使其更能发挥科普基地的特点和得天独厚的科普功能优势，使大众在科普活动中学习更多的知识、体会更多的乐趣，从而更易于选择和接受科学知识。科普基地都拥有丰富的自然科技类资源，要积极开展科普报告、讲座、展览等科普工作，把相关的科普资源都转化成图片、电子音像的形式。科普基地要把科技与社会、自然环境结合起来，提高公众对伦理观的认识，保护生物的多样性，促进人与自然的和谐统一，全省要进一步建立和完善一批各行业参与的学科齐备的科普教育基地。

三、实现科普设施的网络化

近年来，国际上兴起了新一轮的科技馆和科学中心的热潮。有关资料显示，美国现有博物馆7 000多所，其中科学博物馆和科学中心占1/5，利用博物馆获取科学信息的人数为61%，仅次于电视。瑞典首都斯德格尔摩人口100万，科学博物馆就有50多座。在挪威的斯匹茨卑尔根岛上，平均1 000人就有1座博物馆。进入20世纪90年代，随着网络技术的发展，国外许多科技馆开始寻求在网上拓展事业，这为公众了解科学技术提供了更多的渠道和便利。

各级政府要将科普场馆及设施建设纳入城乡建设规划，逐步建成布局合理、水平先进的三级科普基础设施体系；要建设省级大型现代化科学中心（目前才建好了第一期）、自然科学博物馆。珠江三角洲各中等城市都应建立一座以上科技馆（科学中心）、专业性科技博物馆；其他地级市至少应建立一座科技馆或综合性科技文化活动中心；县（市、区）级以下应逐步建立科技馆，青少年科技活动中心及社区、乡村科普图书室，科普宣传栏，科普活动室（场）等基础设施。县级科技局、科协要逐步配备科普宣传车和必要的电教设备，有固定的科普教育培训基地，以科普大篷车等“流动科技馆”的形式，为边远地区提供科普服务。

要整合社会相关资源，利用闲置或古旧建筑物，建设一批中、小科技馆，充分发挥科研基础设施的资源优势，发展青少年科普教育基地。科研单位和大学的实验室，应积极创造条件对社会开放。自然保护区、森林公园等要发挥科普教育作用。要鼓励企业、事业单位利用自有资源建设行业科技馆、博物馆、科普教育基地。应在城乡社区建设科普画廊、科普活动室、运用网络进行远程科普宣传教育的终端设备等设施；增强未成年人校外主要活动场所的科普教育功能，公园、广告、商场、机场、车站、码头等各类公共场所，应设立必要的设施加强对公众的科普宣传。有条件的市(地)和县(市、区)可建设科技馆等专门科普场馆。

8.4.4 建立与完善科普人才体系

发展科普事业就是要以人为本，构建科普工作的价值体系，建立一支高素质的科普队伍。在发达国家，很多大学都开设了科学传播专业，有的还招收科学传播专业硕士生。广东应该制定科普人才培养计划，加强对科普人员的培养和训练。例如，可通过高等院校和有关研究机构在部分高校设立科技传播与科技教育等与科普相关的专业，培养大批科学技术传播及专门人才，为不同类型科普场馆培养适应性广泛的专业人才。

然而，科普是一项宏大的事业，仅依靠大学培养的有限人才显然远不能满足需要。为此，国外普遍采取的做法是发展和培养各种科普实践者。在科学家、工程师中配置科普骨干力量是发展科普人员队伍最经济有效的途径，科学家在传统科普事业中一直发挥着主力军的作用。有计划地培养一批从事科普教育的优秀指导教师和管理工作者，培养一批从事科普宣传的名记者、名作家、名编导、名主持人、名出版家，培养一支有项目策划、资金筹措、组织协调能力的管理人才队伍。很多发达国家的科技周之类的大型科普活动都动员了大批的科学家、工程师作为科普志愿者开展活动，政府有关机构及科普组织会为愿意从事科普工作的科学家提供一切方便，如向他们提供科普实践指南和科普活动咨询，帮助科学家与当地的中小学校建立对口联系等。此外，在发达国家，政府非常重视对科普人员的技能培训，美国国家科学基金会非正规科学教育计划经费的5%用在了科普人员及其能力发展上。对已发现的科普人才，有关机构会精心管理，如 NASA 和英国的公众理解科学委员会都建有科学讲演者数据库或档案，供需用者查询。美国等国家在科普人员发展上是不拘一格的，很多科技馆往往培训大、中学生作为它们的辅助工作人员。广东可以借鉴国外有益的做法，组建“专家科普报告团”、“实用技术推广团”、“高校大学生科普服务团”等各类科普宣传组织，扩大科普志愿者队伍。同时，定期对科普人员进行专业培训，如开展科普旅游、科普教育基地讲解员的培训，为大力发展科普事业提供人才。

改善科普人才的待遇是吸引、发展科普人才所必须要解决的一个问题。科研机构和高等院校应把科技人员从事科普工作的职效纳入考评指标之中，要通过体制、机制创新，使科普工作的劳动成果得到应有的承认，使科普工作者得到应有的待遇。政府要从改革现行体制入手，稳定现有科普人员，发展壮大科普队伍。对从事科普工作和热心科普事业的人进行适当奖励，鼓励更多的人投身到科普队伍中来。建议在对有志于科普事业的教师、医生、科技工作者等人员的职称评定时，将其发表的科普文章也作为评定依据之一。

8.4.5　发展经营性的科普产业

尽管在将来的很长一段历史时期，科普仍将是一项必须由政府支持的社会公益事业，但是我们也应该看到那种政府包办科普的思路的弊端：受多年计划体制的影响，中国科普的民间化、市场化程度极低，官方直接组织的科普工作较多形式化，以造声势见长，实效不大。按照市场核算的眼光看，投入与收效不成比例，这是制约中国科普工作可持续发展的一大瓶颈。广东科普在"大联合"思路下，可以考虑以市场运作为动力，稳步推进科普的市场化。电影《宇宙与人》走向市场的巨大成功以及电影《阿凡达》的热播所带来的关于3D电影、IMAX技术的科普影响，充分显示了市场这只看不见的手能够在推进科普事业中发挥巨大的作用。

广东可以积极探索对科普会展、科普项目策划和科普制作等工作进行市场化运作的路子，把科普活动与旅游、环保、文化艺术、休闲娱乐等行业有机结合起来，开拓科普产业的新形式、新途径。例如，可以大力发展科普旅游，推动旅游管理与国际接轨，在景点、景区的规划与建设中，重视注入科普内容；大力发展农业生态、自然生态保健旅游，发展工业科普旅游、商业科普旅游、高新技术普及旅游等，促进科普与其他产业形态密切结合，推动经营性科普产业发展；建立民间资本和海外资金进入科普产业的准入制度，鼓励企事业单位、社会团体和个人兴办科技培训机构、科普期刊、科普网站、科普展览公司、科普场馆和具有科普教育内容的旅游文化设施等。此外，还可以通过加大对科普创作的支持力度，积极培育科普图书、影视作品等科普作品出版发行产业，通过联合、合作、股份制形式，组建有一定规模和影响力的科普文化产业集团。

8.4.6　攻克一批支撑科普产品的公共技术和核心技术

有不少科普产品，如动漫、电子游戏、卡通等，都是公众喜闻乐见的。有很多科普活动，也要采用各种手段，使它生动活泼，公众才能在娱乐中体现到科技的内涵。这些都需要技术支撑。近年来，广东重点组织了包括新一代宽带无线移动通信系统、高端家电、软件、核心芯片设计与制造、大众传媒的运用技术，文化影音产品、数字化动画制作技术，文化型滨海旅游产品生态设计等共性技术，亚热带气候条件下文物的保护、防腐及鉴别技术，水下文物的考古、保护技术等与文化及其相关领域的科技攻关，取得一批优秀的科技成果。例如，获得广东省科技进步一等奖的“纳米冷阴极及其器件研制”技术用于平板显示、“OptiX OSN9500 智能光交换系统”用于通信网络建设，获得二等奖的“高速无轴传动纸张凹版印刷机”用于高速彩色印刷、“平板电视音视频DDHD2、DDAS 等关键技术”等，为文化产业的发展起了较好的支撑作用。一批属于科技发展的前沿研究和具有深厚的岭南文化特色的科技项目的攻关，如“近海海洋水下考古及沉船打捞数字化控制系统和‘南海Ⅰ号’沉船保护中的海洋理化与生物环境研究”、“岭南地区博物馆藏品虫害及防治技术研究”、“广东数字图书馆建设与图书馆数字化参考咨询系统”、“广东省两汉时期城址的遥感考古学研究”等，解决了文化研究领域的一系列技术难题，使科技普及的水平大大提高。

广东省技术集成性和带动性强的科技项目和科技型的文化产品 600 多个，主要包括印刷复制、录音录像、电子排版、网络传输、数字化等技术在文化领域的广泛应用，发掘了一批具有国际先进水平的文化领域项目和产品，改造和提升文化艺术品的技术性、复制性和商品化，为文化产业化发展奠定了基础。例如：数字化的应用带来各种产品——PC、手机、数码相机、数字电视等；互联网、电视网、手机网、光纤网、广域网、局域网的网络化产生了网上电影、网上出版等；智能化的家居整合了家电、通讯、家具等多种产品，形成了一系列新的文化形态，促进文化产业发展成为促进知识的传播和普及的重要手段，提供知识、教育、审美和休闲娱乐的重要载体和逐步成为知识经济时代的先导性产业。广东要继续促进高新技术特别是信息技术与文化的结合，为更多的科普作品提供更多更好的表现形式，从而使科学普及的效果更好。

8.4.7 充分发挥大众媒体的科技传播功能

一、重视大众媒体的传播功能

提高公民科学素质是广东省当前迫切和重要的任务，大众传媒具有很好的科技传播功能，从理论上和实际上应该承担起广东省提高全民科学素质的责任。纵观海外，大众传媒在科技传播方面的高效性，使其在科普中的作用日益受到重视，大众传媒参与科技传播是国际趋势。

以美国为例，其科普事业的发展主要通过市场运作获得资金，成功的运作首推大众媒体的节目制作，如美国著名的科普节目《美国国家地理》和《发现》就是完全按照娱乐节目的方式和要求制作，画面精美，主题多样，富于启发性，对公众有很强的吸引力。《美国国家地理》杂志和频道已经成为全球知名品牌，不仅深入美国人心，而且具有世界影响力。许多观众都是从《美国国家地理》了解世界地理、历史，新闻媒介特别是大众媒体一直选择站在传播科学知识的前沿，肩着传播科学的神圣使命。《科学美国人》、《大众科学》这样的刊物，不仅肩负着科学普及的使命，其科普功能的发挥已经延续了一百多年。随着对科学认识的深入，对科技力量的感知，越来越多的大众媒体参与科普行列，一些综合类杂志开设了科普专栏，纯科学杂志也有了生存空间，早在20世纪70年代，类似《史密森尼》、《新闻周刊》等大型刊物或新闻性杂志也将触角伸向科学技术领域，在第一时间报道相关的内容，如诺贝尔获奖名单及其获奖内容介绍，将读者的视角向科技延伸。传统的大众媒体如电台、电视台如美国的公共电视广播系统（PBS）也承担制作、发布、传播大型专题科普节目的任务，美国电影行业也不遗余力地在制作科学纪录片方面，承担大量的紧密结合当前形势的科普工作，如制作环保纪录片等，同时更是将许多科学技术的元素注入各类电影的拍摄中，如科幻片《后天》，《星球大战》；电视工作者也同样如此，如影响力较大的电视剧《越狱》。不仅在拍摄中应用了高科技的手段，其中蕴涵的科技元素、科技知识对大众来说，无论其文化程度高低、知识层次高低、地位高低、群体属性如何，均可以通过视角直观地了解科学、感知科学、重视科学，为公众通过非正规渠道学习科学技术开启一扇窗，产生了巨大的作用。如面向不同群体的《芝麻街》、《美国国家地理》。有历史记录显示，德国的电台和电视台都曾在政府的干预和引导下，开办科学教育节目，比如，德国政府规定，所有国家电视台必须在黄金时间段，如周六下午，播放科技节目，使更多的公众有机会观看这类节目，尽量扩大受众面。创刊于1897年的《科技展望》在德国也有悠久的历史，为德国的科普做出了多年贡献。日本的《朝日新闻》、《读卖新闻》、《日本经济新闻》等最有影响力的几家报纸，都有专门的版面报道科技新闻，而且设立了科技部。英国的传媒如BBC广播公司承担了传播科学信息的工作，所有全国发行的大报都报道科学新闻，还开设科学专栏，如《新科学家》。选择标杆，我们可以借鉴美国、日本的经验，如广播电视厅规定电视台播出科技类节目的时间比为15%～20%。在内容上，发达国家无论从新闻作品题材还是制作技巧上，均用平易近人的方式向公众传播新闻和知识，讲究贴近性和大众化，让媒体工作者面向受众，使报道为人们喜闻乐见，这些做法，无疑值得我们借鉴。事实上，广东的《家庭医生》，正是因此获得了受众的支持和喜爱。2009年4月23日，即世界读书日，启动了“书香岭南”活动，该活动也是由包括广东省委宣传部、广东省新闻出版局等拥有大众传媒在内的多部门联合展开，同日宣告成立的全民阅读专家指导委员会也有包括资深出版人、著名作家、传媒人在内的大众媒体人参加。

广东省大众媒体有着比较坚实的基础，力量雄厚。例如，2008年广东省图书出版种数达6 318种、总印数28 005万册，杂志出版380种、总印数24 608万册；报纸出版101种、总印数439 352万份；始于2005年的国家科学技术奖之科普类科技进步奖至今才颁布7次，由广东的出版社组织编辑的科普书就获得了一次国家科技进步奖。

近年有一项调查显示，电视是所有大众媒体中广东省公众科技信息的最主要来源，高达76.1%的公众通过电视获得科技发展信息；位列第二的则是报纸杂志，比例为74.3%；图书、广播的贡献分别为29.6%、17.6%；通过口口相传和其他途径获得科技发展信息的比例为28.5%；音像制品的贡献最低，仅为4.1%。可以预计，随着新闻媒体的多样化，媒介技术、传播技术等方面科技的快速发展，新型媒体也必将跻身科普的舞台。广东省目前拥有多品种、多元化的传播媒介，受读者拥戴的手机新闻报、微博、博客、DM、动漫作品等新型大众传播渠道，覆盖面极广。传统的媒介如报纸、杂志，都是科普传播可以使用、选择的渠道。利用专业化传媒工具、选择多样化的媒介，覆盖数量大、分布面广、需求差异大的受众科普需求，是广东省传播科普知识、进行科学素质教育的必然趋势。正如广告的频繁播出可以使受众在不经意间耳熟能详一样，大众媒体之于科学技术的传播也可以深入人心，发挥出整体的、综合性的效果。

二、建设一支高水平高素质的科学传播人才队伍

沟通、交流在现代社会中的重要性毋庸置疑。舆论的导向、传播的作用，正如水之于鱼。传播内容、形式以及表现手法的选择，因人而异，效果也可以显著不同。尤其是传播公众难以理解的科学技术，更必须依赖宣传及传播人员的专业、职业水平和道德水平的高低。加之科技发展日新月异，捕捉关键的科技信息并加以合适形式、在适合的时机适时向公众传播，实为不易。应急科普更是难上加难。这对科普队伍的人才建设提出了高要求：既懂科技又懂传播，复合型人才不仅难以培养，而且难以留住，似乎更多的科技人员有更多的意愿在科技领域显身手而不是在普及领域现才华。许多人虽然记住了高士其这位科普大家，但并不认为他的才能和贡献高于陈景润，社会评价更倾向于赞许科技一线的工作人员。

发达国家的科技传播的队伍建设，源于其公众的高科学素质，源于其具有高科学素质的编辑、记者、作家、漫画家等媒体工作者，源于发达国家拥有更多的高科学素质的复合型人才供科普工作来选择。例如，BBC从事科普关联工作的人员可能只是工作方式有别于专职科技工作人员的特殊的科学家、技术专家，因为这些负责科普片摄制的工作人员本身也有很高的科学修养，一些人已超越了传媒工作者的身份。美国《纽约时报》的著名科技记者中，既有拥有医学博士学位、具有行医执照的专家型医学记者，也有连续跟踪采访多个科技主题、跑遍五大洲的探险采访专家型记者。这些发达国家之所以将科普做得有声有色，主要在于培养了一支实力强大的人才队伍。媒体可以在招聘时定向选择一些具有科技专业背景的人才加入，更应该实施终身教育，向在职人员输送科普知识、更新科普手段，认同科普工作的贡献。早在1981年，布兰斯康就提出了科学素质的八个范畴，包括技术的科学素质、方法的科学素质、专业的科学素质、业余的科学素质、新闻业的科学素质、通用的科学素质、科学政策素质和公共科学政策素质①，建立一支具有科学素质的、可以效力于科普事业的公共传媒队伍显然

① Laugksch. R. C. Scientific literacy：a conceptual overview（2000）［M］. Sci. Edu，1984：77.

是可行的。

为了建设一支知识结构合理、素质优良、业有所长的高水平专兼结合的科学传播队伍,可以通过对现有主要从事科学传播人员的培训及系统教育,通过培养造就专业科学传播人才,同时建立合理的评价体制和给予合理的待遇,稳定科学传播队伍,并建立合理的队伍动态调整机制。与此同时,要在广大科研人员中倡导正确的价值观和自觉传播科学知识、科学方法、科学思想、科学精神和科学价值的社会意识,使他们认识到科学传播对于广东省乃至全国社会进步的重要意义,认识到作为科技工作者,有责任和义务使公众充分了解最新的科学进展,了解国家投入科研经费的产出与效益,了解科技发展可能带来的积极意义,以及不恰当使用科学技术成果可能产生的社会及伦理等方面的副作用,了解社会热点问题中的科学背景和科学知识。

此外,广东可以发挥老科学家队伍在科普方面的重要作用。例如,可以组织院士开展有针对性和影响力的科学传播活动,动员和组织已经离开科技创新一线的老科学家积极投入到科学传播活动中去。继续组织开展“科学与中国”院士巡讲活动,形成品牌;支持院士发表高水平的科学传播作品,鼓励院士通过个人网站或博客从事科学传播。

三、提高科技传播的数量和质量

广东省媒体数量不少,广东卫视、南方卫视也已经专设了科教频道或开设了科教专栏,并适时跟踪播放科技要闻,但仍然有“万绿从中一点红”的色彩,广度、力度均需要加强。

针对当前广东科技传播的数量偏少,质量参差不齐的状况,各大众媒体,如广东电视台及地级市电视台应该设立专门的科普频道,自办或转播中央电视台有关频道的科普节目或引进国外优秀科普电视节目。各地电视台科技节目在全部播出时间中的比例不低于8%。广播电台、综合性报纸应设立固定的科普节目、科普栏目,建立科普信息网络平台。各科普网站也应适时更新科普内容,注重科普形式的趣味性,同时将科普与现时的社会生活相联系,让浏览网站的公众都能学到与生活密切相关的科普知识。

广东省现在的电视广播普及率非常高,分别有76.3%和17.6%的广东省全民是以电视、广播作为科技信息的主要渠道。但是有关调查显示,全民看电视、听广播所花时间并未与其科学素质水平存在正相关性,这也说明,电视、广播媒体在科技传播方面需要加强,需要充实内容,提高公信力。制定切实可行、行之有效的科技传播策略非常必要。比如,调查显示,广东省社会公众的科学素质普遍不高,与经济发展不相匹配,要接收科技信息不难,但是接受困难。由此,我们的科技传播更要以受众为起点、始点,更要花费精力在表现手法上选择受众能接受、理解、消化、吸收的通俗易懂、喜闻乐见、耳目一新的方式,从而让科技走进大众、走入人心。市场细分、市场定位、竞争策略、效果衡量都需要有长期的战略规划。

四、强化媒体的责任感

许多大众传媒的商业化倾向以及一些传媒工作者科学素质水平的低下，对经济利益的追求，导致媒体目前尚不能很好地完成向公众传播科技知识的责任，他们缺乏使命感。

由于娱乐八卦广受欢迎，越来越多的媒体配置越来越多的资源在娱乐新闻上，最终恶化为低俗、粗俗的节目泛滥，国家广电部不得不实施行政干预，出面叫停，负面影响连连。而科技新闻、频道由于对公众自身要求甚高而出现“水至清则无鱼”、曲高寡欢的局面被逼边缘化。也许这只是社会发展的必经过程，大众媒体以公司的形式出现，为了盈利而存在，而随着公司的壮大，社会发展的完善，公司将越来越深刻地了解和感知，必须承担相应的社会责任、公益责任，否则公司将被社会所不容、将被社会抛弃。另外，公众自身也将随着社会进步而进步。中国电影、话剧曾经因为电视、网络等新媒体的出现而频临灭绝，但是通过自身的改革、观众的素质的提高又春天再现。广东省公众科学素质处于较低阶段，不利于社会的进步和发展，培养和提高公众的科学素质具有迫切性和重要性，广东大众传媒作为公众接受科技信息的重要来源，有能力也有义务承担起培养和提高公众科学素质这一重任，为广东经济社会和谐发展做出应有的贡献。

8.4.8 加强科普的对外合作与交流

科普是一项系统工程。构成科普的最基本要素是科普授者、科普受众、科普内容、科普方式等。科普是把人类在认识自然和社会实践中产生的科学技术知识、科学精神、科学思想、科学方法，通过多种有效的手段和途径向社会公众传播，并尽量要为公众所理解和掌握，从而不断提高公众科学文化素质，这是一项艰巨的工作，必须加强对外的交流与合作。要充分发挥广东的区位优势和经济优势，研究国外开展科普工作的相关计划和政策，借鉴国际上开展科技传播和公众理解科学活动的经验，推动广东省科普工作的国际化。鼓励各级科技部门和科技团体通过多种渠道和方式开展对外交流与合作，如科普专题报告会、研讨会和科普作品展示会等。

建立泛珠三角洲区域科普合作机制，加强区域内科普组织的交流，推动科普资源的共享，联合开展相关的科普协作行动。促进社区科普与传媒科普的互动，引导城乡居民充分利用大众传媒和电子网络进行科技学习，组织社区公众间的交流。加强科学家、科研机构、科技团体与公众互动平台与网络建设。建立教育界、科学界、传媒界相互之间的合作与协调机制，人员的定期互访制度、专家参与创作和协商的制度等，使三者在科学知识传播扩散活动中形成良性互动和互补。

8.4.9　建立科学素质定期调查机制和有关考核制度

目前,世界发达国家和国内一些省、市都已相继建立公众科学素养定期调查的制度。广东要建立全民科学素质状况和《全民科学素质纲要》实施的监测指标体系,并纳入全省社会发展指标体系。委托有关监测评估机构定期对全省《全民科学素质纲要》实施情况进行监测评估,并提出相应的对策和建议。

公众科学素质调查本身也是一次影响大、范围广的科普宣传活动,为党委政府和有关部门制订政策和工作方案提供依据,对提高公众科学素质水平有着导向和推动作用。同时,要根据科学传播的能力建设、可持续发展、队伍建设以及科学传播活动的社会影响等,建立一套符合科学传播发展规律和省情的科学传播考核指标体系;将科学传播指标纳入地方政府的综合评价体系中。加强科普监督机制,对科普经费投入和使用情况实行检查,对收费性科普活动进行价格监督和质量控制。通过以上多种措施,为贯彻执行《全民科学素质纲要》提供保障。

附录1 广东省全民科学素质调查问卷(Ⅰ)

您好:

首先感谢您在学习和工作之余抽空填写此问卷。本问卷主要针对全民科学素质的现状进行调查,您只需依照自己的真实情况填写即可。问卷所得的全部资料仅供学术研究之用,绝不对外公布或用于商业目的,也不做个别处理或披露,敬请放心作答。

一、基本信息

性别:□男 □女

年龄:□18岁以下 □18-19岁 □20-29岁 □30-39岁 □40-49岁 □50-59岁 □60-69岁

文化程度:□小学以下 □小学 □初中 □高中或中专 □大专 □大学 □研究生(包括硕士与博士)

职业分类:

□服务性工作人员 □中小学生 □专业技术人员 □家务劳动者
□农林牧渔劳动者 □大学教师 □商业工作人员 □个体劳动者
□小学、中学教师 □农民 □其他从业人员 □离退休人员
□生产、运输设备操作人员及有关人员 □办事人员和有关人员
□国家机关、党群组织、企事业单位负责人 □丧失劳动能力者

地区:

□广州市 □深圳市 □珠海市 □汕头市 □韶关市 □佛山市
□江门市 □湛江市 □茂名市 □肇庆市 □惠州市 □梅州市
□汕尾市 □河源市 □阳江市 □清远市 □东莞市 □中山市
□潮州市 □揭阳市 □云浮市

民族:□汉族 □壮族 □瑶族 □土家 □苗族 □侗族 □其他少数民族

户籍:□城镇 □农村

二、公民科学素质

1.(1)下列科学技术术语您听说过吗?

	了解	不了解	没听说过
a. Internet			
b. 分子			
c. DNA			
d. 纳米			
e. 酸雨			
f. 通货膨胀			

(2)如果对这些名词,您听说过或已经知道,您自认为对它们有怎样的了解?

◆ 您觉得“Internet(因特网)”是什么?

A. 它是全球通信网络和计算机网络的总和

B. 由一些使用公共协议互相通信的计算机连接而成的全球网络

C. 由多台计算机和线路连接而成的区域网络

◆ 您认为“分子”是什么?

A. 与物质的化学性质有关,是构成物质的基本微粒

B. 是组成原子的基本微粒,有原子核和核外电子组成

C. 物质中能够独立存在并保持该物质一切化学特性的最小微粒

◆ 您认为“DNA”是什么?

A. 生物的遗传物质,存在于一切细胞中,是脱氧核糖核酸

B. 存在于人体内的一种蛋白质,它存在于血液中,是白细胞的简称

C. 是一个生物学名词,与遗传有关

◆ 您知道“纳米”是什么吗?

A. 属于长度计量单位之一　B. 一种高科技材料　C. 一个水稻新品种

◆ 酸雨是什么?

A. 酸性气体与天上的水蒸气相遇,使雨水酸化,这时落到地面的雨水就成了酸雨

B. 酸雨就是显现酸性的雨水

C. 酸雨其实并不显现酸性,只是一个雨水的名称而已

◆ 通货膨胀是什么?

A. 因货币供给大于货币实际需求而引起的一段时间内物价持续而普遍地上涨的现象

B. 因货币供给小于货币实际需求而引起的一段时间内物价持续而普遍地上涨的现象

C. 因货币供给小于货币实际需求而引起的一段时间内物价持续而普遍地下降的现象

2. 判断以下观点的正误。

	正确	错误	不知道
1. 地心非常热			
2. 人类呼吸的氧气来自植物			
3. 激光因汇聚声波而产生			
4. 电子比原子小			
5. 抗菌素能杀死病毒			
6. 千百年来我们生活的大陆一直在缓慢地漂移			
7. 就我们目前所知,人类是从早期动物进化而来			
8. 早期人类与恐龙生活在同一时代			
9. 地球围绕太阳转			
10. 父亲的基因决定孩子的性别			
11. 被辐射过的牛奶经过煮沸后可以安全饮用			
12. 相信直觉是一种唯心主义的表现			
13. 月亮本身不会发光			
14. 光速比声速快			

3. 如果科学家希望知道某种降压药品的疗效,应该采取哪种试验方式?

A. 给1000个高血压病人服用,观察看看有多少人血压下降

B. 分两组,给一组500个高血压病人服用,另一组500个不服用,对比两组各有多少人血压下降

C. 分两组,给一组500个高血压病人服用该药,给另一组500个服用无效无害的安慰剂,观察两组各有多少人血压下降

D. 不清楚

4. (1)一个六面的骰子,六面的点数分别是1、2、3、4、5、6。将此骰子随机抛出,点数为1的那面朝上的概率是多少?

A. 1/6　　B. 1/3　　C. 1/2　　D. 不确定

(2)若是六面的点数分别是1、1、1、4、5、6。将此骰子随机抛出,点数为1的那面朝上的概率是多少?

A. 1/6　　B. 1/3　　C. 1/2　　D. 不确定

5. 如果想知道一片树叶的周长,以下哪种测量方式最为科学?

A. 在树叶边缘涂上点面膜之类的,干了后拉直再测即可

B. 用一根棉线,在树叶周围围一圈,然后量一量棉线的长度,那个数据就是树叶的周长

C. 抓一只蚂蚁让它沿叶片边缘跑,计下时间。计算蚂蚁跑的速度,树叶的周长=时间×速度

D. 不清楚

6. 您认为根据生辰八字来算命是否科学?

A. 非常科学　B. 比较科学　C. 不太科学　D. 完全不科学　E. 说不清楚

7. (1)我国七大水系中有一半河段有机物或重金属污染,86%的城市河段水质污染超标,全国35个较大的淡水湖,有17个遭到严重污染。你对以上问题有何看法?

A. 这主要是人类的不合理行为造成的

B. 这主要是自然环境本身的问题

C. 其他原因造成了上面的问题

(2)你认为人类能够很好地解决上面的问题吗?

A. 能,而且比较容易　B. 能,但是很难做到　C. 不能　D. 不清楚

8. 党的十六届三中全会提出了科学发展观作为我国经济社会发展的根本指导思想,科学发展观具体包括哪些内容?(可多选)

A. 以经济增长为本的发展观　B. 以人为本的发展观　C. 全面的发展观

D. 协调的发展观　E. 可持续的发展观

9. 随着科技的发展,人类能通过制造大型风扇、人工降雨实现"呼风唤雨",能通过网络实现"千里眼""顺风耳"的愿望,由此可见,人类已经可以摆脱自然界客观规律的束缚。您是否赞成这种观点?

A. 完全赞成　B. 基本赞成　C. 基本不赞成　D. 完全不赞成

10. 在生活中,我们经常会遇到以下新鲜的名词,如3G时代,和谐社会,绿色GDP等,对这些新概念,你是怎么看的?

A. 毫无兴趣

B. 不太感兴趣,但还是会了解一下概念的大意

C. 比较感兴趣,会去了解概念的内涵

D. 很感兴趣,会深入了解这些概念的内涵及相关背景

11. 在学习、工作中,我们经常会与他人的看法不一致,对自己和他人提出的观点、数据、方法,你会去对比验证,看谁对谁错吗?

A. 一般不会

B. 一般会

C. 不想他人难堪,放弃自己的观点

D. 不确定,看情况

12. 假如你会去验证的话,你会通过什么方法进行验证?(可多选)

A. 找权威(如专家等)

B. 上网查相关资料来进行验证

C. 通过查阅相关书籍、杂志等刊物

D. 其他方法

13. 假如现在您要制定一项计划来实现一个目标，您非常清楚，要达到那个目标起码需要一年的时间，但是您周围的很多人都认为其实九个月的时间就够了，而且其中有些是您比较敬重的人。您会怎么办？

A. 会采纳周围人的意见，把自己的计划改为九个月

B. 不会改变自己的计划

C. 进行折中，如把自己的计划改为 10 个月等

D. 看看再说

14. 你认为“科学技术是第一生产力”对吗？

A. 对　　B. 不对　　C. 无法判断

15. 随着核技术的发展，核能给人类提供了一个重要的能量来源，但同时核泄漏、核武器等也给人类带来了危害。你认为核技术的发展给我们生活带来的利弊分析是什么？

A. 有利有弊，但利大于弊

B. 有利有弊，但弊大于利

C. 有利无弊

D. 有弊无利

16. 针对核泄漏、核武器给人类带来的危害，你有何看法？（选两项）

A. 主要责任在人

B. 主要责任在核技术

C. 这种危害可以预防，但无法根除

D. 这种危害无法预防，也无法根除

17. 对于核技术是否应该被禁止，你有何看法？

A. 不应该禁止，反而应该积极支持其发展

B. 应该禁止

C. 支持其发展，但应该加强对使用者的约束

D. 不禁止，也不支持，保持现状

E. 无所谓

18. 21 世纪，中国的发展进程不可避免地遭遇到很多问题，如人口三大高峰（即人口总量高峰、就业人口总量高峰、老龄人口总量高峰）相继来临的压力，能源和自然资源的匮乏，生态环境的恶化，等等。你认为科学技术能解决以上问题吗？

A. 完全能解决问题

B. 完全不能解决问题

C. 能解决一部分问题，但不能解决所有问题

D. 不清楚

19. (1)下图中,哪个城市规模以上工业增加值最多?

A. 深圳　　B. 肇庆　　C. 佛山　　D. 无法判断

(2)下图中,哪个城市规模以上工业增加值增长最慢?

A. 深圳　　B. 肇庆　　C. 佛山　　D. 无法判断

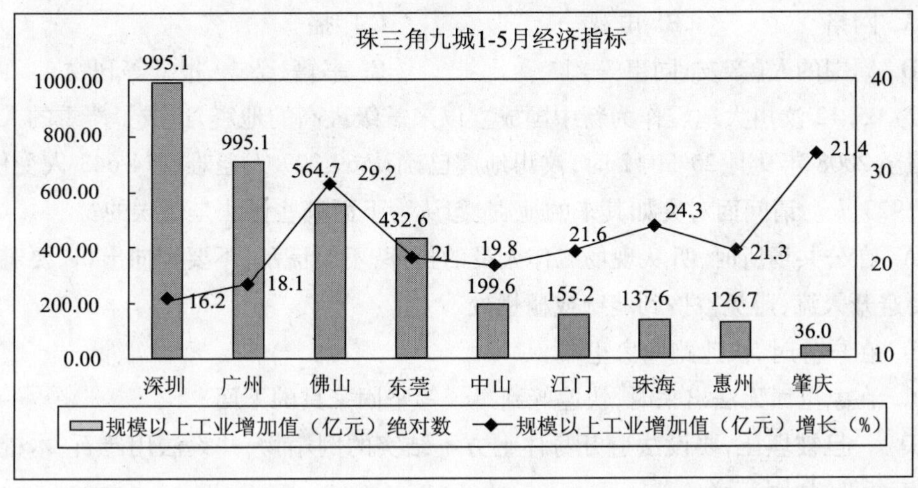

20. 中国各省、自治区和直辖市均不同程度地受到自然灾害的影响,其中约占国土面积69%的山地、高原区域因地质构造复杂,泥石流、滑坡、山体崩塌等地质灾害频繁发生;70%以上的城市、50%以上的人口分布在气象、地震、地质、海洋等自然灾害严重的地区,有2/3以上的国土面积受到洪涝灾害威胁。东北、西北、华北等地区旱灾频发,西南、华南等地区不时发生严重的干旱,东部、南部沿海地区以及部分内陆省份经常遭受热带气旋侵袭;各省(自治区、直辖市)均发生过5级以上的破坏性地震。综上所述,您认为中国自然灾害的特点有哪些?(可以多选)

A. 分布地域广　　B. 自然灾害种类多　　C. 发生频率高　　D. 造成损失大

21. 传染性非典型肺炎(严重急性呼吸综合征 SARS)是由 SARS 冠状病毒引起的一种具有明显传染性、可累及多个脏器系统的特殊肺炎。其症状主要有哪些?(可多选)

A. 发热　　B. 呼吸加速甚至呼吸困难

C. 浑身发痒　　D. 腹部胀痛　　E. 四肢乏力

22. 你认为有哪些措施可以预防传染性非典型肺炎?(可多选)

A. 保持良好的个人卫生习惯。打喷嚏、咳嗽和清洁鼻子后要洗手。洗手后,用清洁的毛贴和纸巾擦干,不要共用毛巾

B. 保持办公室和居所的空气畅通,经常打开窗户,使空气流通。勤打扫环境卫生,勤晒衣服和被褥等。保持空调设备的良好性能,并经常清洗隔尘网

C. 多喝食用醋

D. 避免前往空气流通不畅、人口密集的公共场所

E. 多吃水果,少运动

23. 你主要是通过什么途径知道传染性非典型肺炎的症状以及预防措施的?(可多选)

A. 网络　　B. 电视　　C 广播

D. 周围的人(亲友、同事等)　　E. 书籍、杂志、报纸等刊物

24. 5.12 汶川大地震作为新中国成立以来震级最高的地震,造成了严重的人员伤亡,截至 2008 年 9 月 25 日 12 时,汶川地震已确认 69 227 人遇难,374 643 人受伤,失踪 17 923 人。请问面对突如其来的地震,您认为下面哪些做法是错误的?

A. 在公共场所时,听从现场工作人员的指挥,不要慌乱,不要拥向出口,要避免拥挤,要避开人流,避免被挤到墙壁或栅栏处

B. 在户外时,快速跑回家里

C. 在家里面无法出来时,快速躲到桌子等坚固家具的下面

D. 一旦被埋压,要设法避开身体上方不结实的倒塌物,并设法用砖石、木棍等支撑残垣断壁,加固环境

25. 绿色亚运是 2010 年广州亚运会的重要理念之一。您做过哪些支持环保的行为?(可多选)

A. 使用虽然价格更贵但是节能环保的产品,如节能灯、环保袋

B. 尽量骑自行车、电瓶车或步行等,少开车,减少尾气排放

C. 节约用水、用电废物利用

D. 废物利用

26. 小明的妈妈有三个孩子,大的叫"大毛",二的叫"二毛",请问最小的孩子叫什么名字?

27. 在一次考试中,一对同桌交了一模一样的考卷,但老师认为他们肯定没有作弊,这是为什么?

28. 一只瓶子装有一升葡萄酒,另一只瓶子装有一升水,从第一只瓶子里取出一匙酒,放到第二只瓶子里,然后从第二只瓶子里取出一匙水酒混合液。放到第一只瓶子里。是第一个瓶子里的水多呢,还是第二个瓶里的酒多?

A. 第一个瓶子的水多于第二个瓶里的酒

B. 第一个瓶子的水少于第二个瓶里的酒

C. 第一个瓶子的水等于第二个瓶里的酒

D. 无法判断

三、公民行为

1. 您知道的有关科学技术的消息主要来源于下列渠道中的哪些?(三个以内)

A. 报纸、杂志 B. 图书 C. 广播 D. 电视 E. 因特网

F. 和亲友、同事的谈话 G. 音像制品 H. 培训 I. 其他渠道

2. 在过去的一年里,您是否有过下述活动?

	1. 经常(6次以上)	2. 较多(3~5次)	3. 偶尔(1~3次)	4. 几乎没有
a. 观看电视中的科学节目				
b. 收听广播电台的科学节目				
c. 阅读科普出版物				
d. 观看科普画廊				
e. 在互联网上浏览科技信息				
f. 参加有关科技培训				
g. 观看相关科普音像制品				

3. 您参加过以下哪些科普活动?(多选)

A. 科技周 B. 科普宣传车 C. 科技咨询 D. 科技培训

E. 科普讲座 F. 听说过,但没参加过 G. 不知道

4. 在过去的一年里,您是否有过下述活动?

	1. 经常(6次以上)	2. 较多(3~5次)	3. 偶尔(1~3次)	4. 几乎没有
a. 参观动物园、水族馆、植物园				
b. 参观科技馆或自然历史博物馆				
c. 参观科技展览				
d. 去公共图书馆或图书阅览室				
e. 美术馆、展览馆				
f. 科普画廊、科普宣传栏				
g. 科技示范点或科技活动站				

5. 如果上题所说的对方没去过或去的次数较少,您认为原因是?(可多选)

A. 周围没有科技馆等科普活动场所 B. 没有时间 C. 不感兴趣

D. 门票太贵 E. 交通不方便,懒得去

F. 不知道

6. 您是否经常阅读报纸?是否经常上网浏览信息?

	1. 每天	2. 一个星期两次或两次以上	3. 一个星期一次	4. 少于一个星期一次	5. 几乎不会
报纸					
互联网					

7. 对您来说,有没有定期阅读的刊物?

A. 有　　B. 没有

8. 对您来说,每天看电视、听广播所花的时间是多少?

	少于0.5时	0.5~1时	1~2时	2~3时	3小时以上
您平均每天看多少小时的电视					
您平均每天听多少小时的广播					

9. 对您来说,每天了解新闻所花的时间是多少?

	少于0.3时	0.3~0.5时	0.5~1时	1~1.5时	1.5~2时	2时以上
在您看的电视节目中有多少小时是新闻						
在您听的广播节目中有多少小时是新闻						

10. 这一年里,您买过书吗?买过多少本?买过录像带吗?买过多少盘?

书	5本及以上	5本以下	没买过
录像带	5盘及以上	5盘以下	没买过

11. 您对下列新闻的内容了解吗?

	非常了解	比较了解	不太了解	一无所知
a. 科学新发现				
b. 新发明、新技术的应用				
c. 新的医学发现				
d. 科技教育				
e. 空间探索				
f. 防灾与减灾				
g. 环境污染				
h. 原子能用于发电				
i. 农业问题				
j. 国际与外交政策				
k. 经济与商业状况				
l. 军事与国防				

12. 您的工作单位或家里有电脑吗?

	有	没有
您的工作单位有电脑吗?		
您家里现在有个人电脑吗		

13. 您一个星期平均使用多少小时的电脑?

0小时	1小时以内	1~2小时	2~3小时	3~4小时
4~5小时	5~6小时	6~7小时	7~8小时	8小时以上

14. 您使用的电脑是否已经联网(参加某种联网服务系统,如Internet或局域网)?

联网	没有联网	不懂什么是联网

15. 在下列的几种职业中,哪种职业的声望最好?(可选1~3项)

科学研究人员		新闻记者、编辑	
医生		银行管理人员	
工程技术人员		会计师	
律师		大学教师	
企业管理人员		中小学教师	
政府官员		服装设计师	

16. 如果您有孩子,您最希望您的孩子从事下述职业中的哪种或者哪几种?

科学研究人员		新闻记者、编辑	
医生		银行管理人员	
工程技术人员		会计师	
律师		大学教师	
企业管理人员		中小学教师	
政府官员		服装设计师	

17. 谈谈下列社会上的各种机构在您心目中的威信程度。

社会机构	威信高	威信一般	威信低
医疗卫生机构			
军事机关			
科研机构			
教育机构			
宗教机构			
工会			
大企业			
银行(金融机构)			
报纸、电台、电视台			
国家机关			

附录2 广东省全民科学素质调查问卷(Ⅱ)

您好:

首先感谢您在学习和工作之余抽空填写此问卷。本问卷主要针对广东省全民科学素质的现状进行调查,您只需依照自己的真实情况填写即可。问卷所得的全部资料仅供学术研究之用,绝不对外公布或用于商业目的,也不做个别处理或披露,敬请放心作答。

一、基本信息

性别:□男 □女

年龄:

□18岁以下 □18-19岁 □20-29岁 □30-39岁 □40-49岁

□50-59岁 □60-69岁

文化程度:□小学以下 □小学 □初中 □高中或中专 □大专 □大学

□研究生(包括硕士与博士)

职业分类:

□服务性工作人员 □学生 □专业技术人员 □家务劳动者

□农林牧渔劳动者 □大学教师 □商业工作人员 □个体劳动者

□小学、中学教师 □农民 □其他从业人员 □离退休人员

□生产、运输设备操作人员及有关人员 □办事人员和有关人员

□国家机关、党群组织、企事业单位负责人 □丧失劳动能力者

地区:

□广州市 □深圳市 □珠海市 □汕头市 □韶关市 □佛山市 □江门市

□湛江市 □茂名市 □肇庆市 □惠州市 □梅州市 □汕尾市 □河源市

□阳江市 □清远市 □东莞市 □中山市 □潮州市 □揭阳市 □云浮市

民族:□汉族 □壮族 □瑶族 □土家 □苗族 □侗族 □其他少数民族

户籍:□城镇 □农村

(注明:为了方便查阅各题分值,各测试题目的分值及各答案的分值都在相应的位置做了标注。)

二、公民科学素质

(一)科学知识

1.(1)下列科学技术术语您听说过吗?

	了解	不了解	没听说过
a. Internet			
b. 分子			
c. DNA			
d. 纳米			
e. 酸雨			
f. 通货膨胀			

(2)如果对这些名词,您听说过或已经知道,您自认为对它们有怎样的了解?

◆ 您认为"Internet(因特网)"是什么?

A. 全球通信网络和计算机网络的总和　1分

B. 由一些使用公共协议互相通信的计算机连接而成的全球网络　2分

C. 多台计算机和线路连接而成的区域网络　0分

◆ 您认为"分子"是什么?

A. 与物质的化学性质有关,是构成物质的基本微粒　2分

B. 是组成原子的基本微粒,有原子核和核外电子组成　0分

C. 物质中能够独立存在并保持该物质一切化学特性的最小微粒　1分

◆ 您认为"DNA"是什么?

A. 生物的遗传物质,存在于一切细胞中,是脱氧核糖核酸　2分

B. 人体内的一种蛋白质,存在于血液中,是白血球的简称　0分

C. 与遗传有关的一种高科技生物医学技术　1分

◆ 您认为"纳米"是什么?

A. 长度计量单位之一　2分　B. 一种高科技材料　1分　C. 水稻新品种　0分

◆ 酸雨是什么?

A. 酸性气体与天上的水蒸气相遇,使雨水酸化,这时落到地面的雨水就成了酸雨　2分

B. 酸雨就是 pH 大于5.6 的大气降水　0分

C. 酸雨其实并不显现酸性,只是一个雨水的名称而已　0分

◆ 通货膨胀是什么?

A. 因货币供给大于货币实际需求而引起的一段时间内物价持续而普遍地上涨的现象　2分

B. 因货币供给小于货币实际需求而引起的一段时间内物价持续而普遍地上涨的现象　1分

C. 因货币供给小于货币实际需求而引起的一段时间内物价持续而普遍地下降的现象 0分

2. 判断以下观点的正误。

	正确	错误	不知道
1. 地心非常热 1分	1		
2. 人类呼吸的氧气来自植物 1分	1		
3. 激光因汇聚声波而产生 1分		1	
4. 电子比原子小 1分	1		
5. 抗菌素能杀死病毒 1分	1		
6. 千百年来我们生活的大陆一直在缓慢地漂移 1分	1		
7. 就我们目前所知,人类是从早期动物进化而来 1分	1		
8. 早期人类与恐龙生活在同一时代 1分		1	
9. 地球围绕太阳转 1分	1		
10. 父亲的基因决定孩子的性别 1分		1	
11. 被辐射过的牛奶经过煮沸后可以安全饮用 1分		1	
12. 相信直觉是一种唯心主义的表现 1分	1		
13. 月亮本身不会发光 1分	1		
14. 光速比声速快 1分	1		

(二)科学方法

1. 如果科学家希望知道某种降压药品的疗效,应该采取哪种试验?

A. 给1000个高血压病人服用,观察有多少人血压下降 0分

B. 给500个高血压病人服用,500个不服用,对比两组各有多少人血压下降 2分

C. 给500个高血压病人服用该药,500个服用无效无害的安慰剂,观察两组各有多少人血压下降 4分

D. 不清楚 0分

2. 骰子问题:

(1)一个六面的骰子,六面的点数分别是1、2、3、4、5、6。将此骰子随机抛出,点数为1的那面朝上的概率是多少?

A. 1/6 2分 B. 1/3 0分 C. 1/2 0分 D. 不确定 0分

(2)若是骰子六面的点数分别是,1、1、1、4、5、6。将此骰子随机抛出,点数为1的那面朝上的概率是多少?

A. 1/6 0分 B. 1/3 0分 C. 1/2 4分 D. 不确定 0分

3. 面试是成功的招聘程序中必要的一部分,因为有了面试以后,性格不符合工作需要的求职者可以不予考虑。以上论证在逻辑上依据下面哪个假设?

A. 如果一项招聘程序是包含面试的,它一定是成功的 0分

B. 一项成功的招聘程序中,面试比求职信的情况更重要 0分

C. 面试可准确识别出性格不符合工作需要的求职者 4分

D. 面试的目的是评价求职者的性格是否符合工作需要 0分

E. 在做出招聘决定时,求职者的性格符合工作需要曾经是最重要的因素 0分

(三)科学思想

1. 您是否根据生辰八字算过命以及您对算命的看法?

A. 曾经算过,认为具有一定的科学性 0分

B. 曾经算过,但觉得没有科学性 1分

C. 没算过,以后有机会,可能会尝试 0分

D. 没算过,不相信算命,完全不科学2分

2. 我国七大水系中有一半河段有机物或重金属污染,86%的城市河段水质污染超标,全国35个较大的淡水湖中,有17个遭到严重污染。您对以上问题有何看法?

A. 这主要是人类的不合理行为造成的 2分

B. 这主要是自然环境本身的问题 0分

C. 无法判断到底是何种原因造成的 1分

3. 党的十六届三中全会提出了科学发展观作为我国经济社会发展的根本指导思想,科学发展观具体包括哪些内容?(可多选)(共4分,选对一个加1分,选错一个扣0.5分)

A. 以经济增长为本的发展观

B. 以人为本的发展观

C. 全面的发展观

D. 协调的发展观

E. 可持续的发展观

4. 随着科技的发展,人类能通过制造大型风扇、人工降雨实现"呼风唤雨",能通过网络实现"千里眼""顺风耳"的愿望,如此可见,人类已经可以摆脱自然界客观规律的束缚。请问,您赞成这观点吗?

A. 完全赞成 0分 B. 基本赞成 0分 C. 不确定 0分

D. 基本不赞成 1分 E. 完全不赞成 2分

(四)科学精神

1. 您是如何对待生活中碰到的诸如"3G""绿色""GDP"等新鲜名词的?

A. 毫无兴趣,也完全不会关注这些新名词 0分

B. 不太感兴趣,但在日常生活中会稍加留意 1分

C. 比较感兴趣,可能会主动了解一些相关信息 2分

D. 很感兴趣,会详细了解其具体内涵及相关背景 3分

2. 当您的观点、数据或方法与其他人不一致时,您会去对比验证,看谁对谁错吗?

A. 一定会这么做 3分 B. 经常这么做 2分 C. 偶尔这么做 1分

D. 从来不这么做 0 分

3. 假如您会去验证的话,您会通过什么方法进行验证?(可多选)

A. 找权威(如专家等)　B. 上网查相关资料来进行验证

C. 通过查阅相关书籍、杂志等刊物　D. 其他方法

4. 假如现在您要制定一项计划来实现一个目标,您非常清楚,要达到那个目标起码需要一年的时间,但是您周围的很多人都认为其实 9 个月的时间就够了,而且其中有些是您比较敬重的人。您会怎么办?

A. 会采纳周围的人的意见,把自己的计划改为 9 个月　0 分

B. 不会改变自己的计划　3 分

C. 进行折中,如把自己的计划改为 10 个月或 11 个月　2 分

D. 看看再说　1 分

(五)科学价值

1. 您认为"科学技术是第一生产力"对吗?

A. 对　2 分　B. 不对　0 分　C. 无法判断　0 分

2. 随着核技术的发展,核能给人类提供了一个重要的能量来源,但同时核泄漏、核武器等也给人类带来了危害。您认为核技术的发展给我们生活带来的利弊分析是什么?

A. 有利有弊,但利大于弊　2 分　B. 有利有弊,但弊大于利　1 分

C. 有利无弊　0 分　D. 有弊无利　0 分　E. 无法判断　0 分

3. 针对核泄漏、核武器给人类带来的危害,您有何看法?

A. 这种危害可以预防,但无法根除　3 分

B. 这种危害可以预防,也可以根除　1 分

C. 这种危害无法预防,也无法根除　0 分

D. 不确定　0 分

4. 21 世纪,中国的发展进程不可避免地遭遇到很多问题,如人口三大高峰(即人口总量高峰、就业人口总量高峰、老龄人口总量高峰)相继来临的压力,能源和自然资源的匮乏,生态环境的恶化,等等。您认为科学技术能解决以上问题吗?

A. 完全能解决问题　1 分

B. 完全不能解决问题　0 分

C. 能解决一部分问题,但不能解决所有问题　3 分

D. 不清楚　0 分

(六)科学能力

1. (1)下图中,哪个城市规模以上工业增加值最快?

A. 深圳 1 分　B. 肇庆　0 分　C. 佛山　0 分　D. 无法判断　0 分

(2)下图中,哪个城市规模以上工业增加值增长最慢?

A. 深圳2分 B. 肇庆0分 C. 佛山0分 D. 无法判断0分

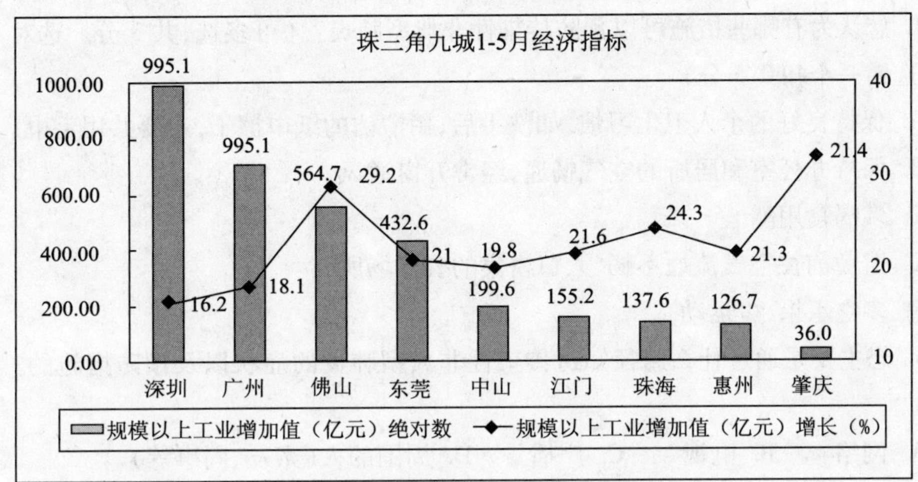

2. (1)中国各省(自治区、直辖市)均不同程度受到自然灾害影响,70%以上的城市、50%以上的人口分布在气象、地震、地质、海洋等自然灾害严重的地区。2/3以上的国土面积受到洪涝灾害威胁。东部、南部沿海地区以及部分内陆省份经常遭受热带气旋侵袭。东北、西北、华北等地区旱灾频发,西南、华南等地的严重干旱时有发生。各省(自治区、直辖市)均发生过5级以上的破坏性地震。约占国土面积69%的山地、高原区域因地质构造复杂,滑坡、泥石流、山体崩塌等地质灾害均有发生。综上所述,您认为中国自然灾害的特点有哪些?(可以多选,共3分。选对一个1分,选错一个扣0.5分)

A. 分布地域广 B. 自然灾害种类多 C. 发生频率高 D. 造成损失大

(2)在众多灾害中,泥石流是水与泥沙石块相混合的流动体,其往往来势凶猛、威力无比,远比洪水来得突然,也更加惨烈。当泥石流发生时,您认为下面哪些是正确的防灾、救灾方法?(可多选,共3分。选对一个1.5分,选错一个扣0.5分)

A. 顺着泥石流沟,向上游或向下游跑

B. 迅速躲到陡峻山体下

C. 迅速爬到树上

D. 沿山谷徒步时,一旦遭遇大雨,迅速转移到附近的高地。

E. 将压埋在泥浆或倒塌建筑物中的伤员救出后,应立即清除口、鼻、咽喉内的泥土及痰、血等,排除体内的污水。

3. 传染性非典型肺炎(严重急性呼吸综合征SARS)是由SARS冠状病毒(SARS-CoV)引起的一种具有明显传染性、可累及多个脏器系统的特殊肺炎。其症状主要有哪些?(可多选,共3分。选对一个1分,选错一个扣0.5分)

A. 发热　B. 浑身发痒　C. 呼吸加速,甚至呼吸困难　D. 腹部胀痛

E. 四肢乏力

4. 您认为有哪些措施可以预防传染性非典型肺炎?(可多选,共3分。选对一个1分,选错一个扣0.5分)

A. 保持良好的个人卫生习惯,如洗手后,用清洁的纸巾擦干,不要共用毛巾

B. 保持办公室和居所的空气畅通,经常开窗通风

C. 多喝食用醋

D. 避免前往空气流通不畅、人口密集的公共场所

E. 多吃水果,少运动

5. 您主要是通过什么途径知道传染性非典型肺炎的症状以及预防措施的?(可多选)

A. 网络　B. 电视　C. 广播　D. 周围的人(亲友、同事等)

E. 书籍、杂志、报纸等刊物

6. 5.12汶川大地震作为新中国成立以来震级最高的地震,造成了严重的人员伤亡,截至2008年9月25日12时,汶川地震已确认69 227人遇难,374 643人受伤,失踪17923人。请问面对突如其来的地震,您认为下面哪些做法是错误的?(3分。选对一个3分,选错一个扣0.5分)

A. 如果在商场、书店等处,应避开玻璃门窗、橱窗和玻璃柜台,以及高大、摆放不稳的重物或易碎的货架

B. 在户外时,快速跑回家里

C. 如在家里,应快速躲到桌子等坚固家具的下面,或是卫生间、厨房等开间小、有支撑的地方

D. 一旦被埋压,不要慌张,要保存体力,并设法向外发出求救信号,并设法用砖石、木棍等支撑残垣断壁,加固环境

7. 火灾作为最经常、最普通地威胁公众安全和社会发展的主要灾害之一,在发生时,您认为下面哪些应对措施是正确的?(可多选,共3分,选对一个1分,选错一个扣0.5分)

A. 万一身上着火,应该快速奔跑,或者是用力拍打衣服

B. 当火势很小时,在报警的同时,应奋力将小火控制、扑灭,如电器起火先切断电源,燃器设施起火时应及时关闭阀门等

C. 当火势难以控制时,应该先抓紧寻找贵重财物,然后携带好财物撤离火灾现场

D. 火灾现场浓烟呛人,可采用湿毛巾、口罩蒙住口鼻

E. 不要盲目地跟从人流和相互拥挤,乱冲乱撞,要朝空旷处或有安全出口标志的地方跑

8. 请问,您了解您所在地区的政府制定的地区发展规划吗?(3分)

A. 完全不了解　B. 有点了解　C. 基本了解　D. 完全了解

9. 日常生活习惯对个人的身体健康有重要的影响,请问,您认为下列哪些日常生活习惯是健康的?(可多选,共3分,选对一个1.5分,选错一个扣0.5分)

A. 吃饱饭后,随即喝杯热茶

B. 吃饭前,做一些剧烈的运动

C. 睡觉前,喝一杯牛奶

D. 睡觉时,用被子蒙住头

E. 在黄昏时段跑步

三、公民行为

1. 您知道的有关科学技术的消息主要来源于下述渠道中哪些?(三个以内)

A. 报纸、杂志　B. 图书　C. 广播　D. 电视　E. 因特网

F. 和亲友、同事的谈话

G. 音像制品　H. 培训　I. 其他渠道

2. 在过去的一年里,您是否有过下述活动?

	1. 经常 (6次以上)	2. 较多 (3~5次)	3. 偶尔 (1~3次)	4. 几乎 没有
a. 观看电视中的科学节目				
b. 收听广播电台的科学节目				
c. 阅读科普出版物				
d. 观看科普画廊				
e. 在互联网上浏览科技信息				
f. 参加有关科技培训				
g. 观看相关科普音像制品				

3. 在过去的一年里,您是否有过下述活动?

	1. 经常 (6次以上)	2. 较多 (3~5次)	3. 偶尔 (1~3次)	4. 几乎 没有
a. 参观动物园(水族馆)、植物园				
b. 参观科技馆或自然历史博物馆				
c. 参观科技展览				
d. 去公共图书馆或图书阅览室				
e. 美术馆、展览馆				
f. 科普画廊、科普宣传栏				
g. 科技示范点或科技活动站				

4. 如果上题所说的地方没去过或去的次数较少,原因是?(可多选)

A. 周围没有科技馆等科普活动场所　B. 没有时间　C. 不感兴趣
D. 门票太贵　E. 交通不方便,懒得去　F. 不知道

5. 您是否经常阅读报纸?是否经常上网浏览信息?

	1. 每天	2. 一个星期两次或两次以上	3. 一个星期一次	4. 少于一个星期一次	5. 几乎不会
a. 报纸					
b. 互联网					

6. 对您来说,有没有定期阅读的刊物?

A. 有　B. 没有

7. 对您来说,每天看电视、听广播所花的时间是多少?

	少于0.5时	0.5-1时	1-2时	2-3时	3小时以上
a. 您平均每天看多少小时的电视					
b. 您平均每天听多少小时的广播					

8. 您对下列新闻的内容感兴趣吗?

	非常感兴趣	比较感兴趣	不太感兴趣	完全不想知道
a. 科学新发现				
b. 新发明、新技术的应用				
c. 新的医学发现				
d. 科技教育				
e. 空间探索				
f. 防灾与减灾				
g. 环境污染				
h. 原子能用于发电				
i. 农业问题				
j. 国际与外交政策				
k. 经济与商业状况				
l. 军事与国防				

9. 您一个星期平均使用多少小时的电脑?

0小时	1小时以内	1-2小时	2-3小时	3-4小时
4-5小时	5-6小时	6-7小时	7-8小时	8小时以上

10. 如果您有孩子,您最希望您的孩子从事下述职业中的哪种或者哪几种?

科学研究人员		新闻记者、编辑	
医生		银行管理人员	
工程技术人员		会计师	
律师		大学教师	
企业管理人员		中小学教师	
政府官员		服装设计师	

11. 谈谈下列社会上的各种机构在您心目中的威信程度。您完全相信它吗?

社会机构	威信高	威信一般	威信低
a. 医疗卫生机构			
b. 军事机关			
c. 科研机构			
d. 教育机构			
e. 宗教机构			
f. 工会			
g. 大企业			
h. 银行(金融机构)			
i. 报纸、电台、电视台			
j. 国家机关			